Refractories & Clean Steel Technology
By Lin Yulian

耐火材料与洁净钢生产技术

林育炼 编著

北 京
冶金工业出版社
2012

内 容 提 要

本书以典型的洁净钢精品 IF 钢为代表的洁净钢为例，从洁净钢的冶炼工艺和生产装置的特点、条件和要求出发，全面深入地叙述了涵盖洁净钢生产集成技术中各个方面和环节使用的各种基本耐火材料和功能耐火材料在洁净钢生产中的作用和功能、技术基础、工艺原理和生产工艺、选择和应用以及损毁机理，并紧紧围绕洁净钢生产中最为关切的因耐火材料导致的钢水增氧、增碳和夹杂物缺陷等问题，着力论述耐火材料使用中遇到的难题，应对策略和开发方向，无疑，对提高洁净钢的质量，开发和创新新型耐火材料有启迪意义。

全书共 9 章，图 441 幅，表 204 张，参考文献 410 条；书末附有洁净钢－耐火材料英文缩略语义释，英文目录和具有导读功能的分类索引。

本书理论与实用紧密结合，是一部很有科学价值的实用参考书，适用于从事耐火材料和钢铁工业的生产和管理、应用和开发研究的各类人员，以及大专院校师生，尤其是青年学者。

图书在版编目（CIP）数据

耐火材料与洁净钢生产技术/林育炼编著．—北京：冶金工业出版社，2012.4

ISBN 978-7-5024-5881-2

Ⅰ.①耐… Ⅱ.①林… Ⅲ.①耐火材料—生产工艺 ②超纯钢—炼钢 Ⅳ.①TQ175.6 ②TF762

中国版本图书馆 CIP 数据核字（2012）第 055675 号

出 版 人　曹胜利
地　　址　北京北河沿大街嵩祝院北巷 39 号，邮编 100009
电　　话　（010）64027926　电子信箱　yjcbs@cnmip.com.cn
责任编辑　铁　边　美术编辑　李　新　版式设计　孙跃红
责任校对　王贺兰　责任印制　牛晓波
ISBN 978-7-5024-5881-2
三河市双峰印刷装订有限公司印刷；冶金工业出版社出版发行；各地新华书店经销
2012 年 4 月第 1 版，2012 年 4 月第 1 次印刷
850mm×1168mm　1/32；19.25 印张；513 千字；594 页
68.00 元
冶金工业出版社投稿电话：（010）64027932　投稿信箱：tougao@cnmip.com.cn
冶金工业出版社发行部　电话：（010）64044283　传真：（010）64027893
冶金书店　地址：北京东四西大街 46 号（100010）　电话：（010）65289081（兼传真）
　　　　　（本书如有印装质量问题，本社发行部负责退换）

序　言

在"十二五"开局之年，我欣喜先睹本书稿，发现有许多特色。

第一，《耐火材料与洁净钢生产技术》一书的选题好，起点高，有长远意义。洁净钢生产技术和洁净钢生产是当代世界钢铁业界的主导理念，大力推动发展洁净钢生产技术也是我国从钢铁生产大国转变为钢铁生产强国的战略发展方向。耐火材料是洁净钢生产不可或缺的基本高温筑炉材料和功能材料，作者准确把握时代前进的脉搏和现实的需要，这一点我有切身体验。2000年北京利尔耐火材料公司创立时，我就把发展洁净钢生产用耐火材料作为公司发展的主攻方向。通过与高校和大型钢企的合作，北京利尔耐火材料公司开发的系列洁净钢冶炼用功能耐火材料，荣获国家科技进步二等奖，迅速发展成为洁净钢生产用耐火材料的重要生产供应基地，向多家知名钢铁公司提供大中型钢包定形与不定形系列全套无碳耐火材料，精炼中间包系列全套环保型碱性耐火材料，精炼用各种喷枪，每年十五万套各种新型透气砖，10000t连铸三大件耐火材料和滑板等功能耐火材料。我目睹和见证了耐火材料和洁净钢生产企业团结合作，互相促进，全面实现双赢的喜人景象。

第二，《耐火材料与洁净钢生产技术》全书的结构系统周密，论述严谨。全面论述耐火材料在洁净钢生产集成技术各个环节中所起的作用和功能，耐火材料的技术基础，工艺原理和生产工艺，耐火材料的选择、应用和损毁机理。并紧紧围绕洁净钢生产中最为关切的洁净钢的纯净度和降低夹杂物缺陷等关键问题，着力论述在相关耐火材料的生产，应用和研发中所采取的策略和应对措施。

第三，《耐火材料与洁净钢生产技术》一书的可读性强，有创见性。全书不仅尽力展示了洁净钢生产技术和耐火材料两大领域的发展状况和研究开发成果，并对目前正在研究和有待研究开发的重要课题进行深入探讨。本书作者在对重要课题的论述中，不乏陈述独特己见，这无疑可引发读者进一步的思索、研究和创新。

第四，《耐火材料与洁净钢生产技术》一书的内容丰富，书中汇集了大量的数据、图表和参考文献，并详细标引，可方便读者日后查阅研读。针对国内外文献中存在许多令人费解的英文缩写词汇，作者用心搜集，特附"洁净钢－耐火材料英文缩略语义释"。书末分类索引不仅可为读者提供快捷查寻途径，还兼备有导读功能。

第五，纵览全书，行文通俗流畅，引人入胜，让人体味专业的价值和自豪。本书确实是业界不可多得的具有很高学术水平和实用价值的一本好书，案头摆放，可成良师益友。

最后还有一点值得一提，作者林育炼在能源天下无忧的 1990 年代，出版《耐火材料与能源》一书，论述材料、能源、环保三大课题。"十二五"是我国从钢铁生产大国向钢铁生产强国转变的重要时期，冶金工业出版社适时推出他的《耐火材料与洁净钢生产技术》新作，值得期待。

我深信，本书有助于促进我国耐火材料与钢铁冶金行业的发展。因此，我乐于支持本书的出版，并向读者特别是青年学者推荐，共享新知。

赵继增

2011 年 5 月 28 日

赵继增：教授级高级工程师，享受政府特殊津贴专家，北京利尔耐火材料（集团）有限公司创始人，董事长；中国金属学会炼钢辅助材料专业委员会副主任委员。曾任洛阳耐火材料研究院常务副院长，耐火材料学会秘书长。荣获国家、部省级科技进步奖 10 项，"国家发明专利"及"实用新型专利"近 20 项；荣获国家科委评选的"全国先进科技工作者"等殊荣。

前　　言

2005 年我国钢产量连续 10 年居世界第一。同年，中国工程院公布了题为"新一代钢铁制造流程"的钢铁科技发展战略研究成果报告。该报告指出，发展高效率低成本的洁净钢生产集成技术是确保我国 2020 年实现 GDP 翻两番所需钢铁材料、克服制约我国钢铁工业发展的资源能源不足和环境负担沉重的难题、保持可持续发展和提高竞争力的一条重要途径。自然，洁净钢生产技术的发展离不开高效优质的耐火材料。于是，在作者心中萌生撰写包含洁净钢生产技术与耐火材料专著的想法，以助耐火材料和洁净钢生产技术的发展。

2007 年应邀参访位于北京中关村科技园的北京利尔耐火材料有限公司。如果不是亲眼所见，真难让人置信，创业仅数年，北京利尔耐火材料公司与我国洁净钢生产发展同行，迅速发展成为一家充满现代高技术气质的洁净钢生产用耐火材料的重要生产供应企业。更让我感动的是，赵继增董事长诚邀著书，使我写书的信心和成稿速度倍增。

在本书编写过程中，得到许多好友的鼓励、支持和帮助，在此表示衷心感谢。书中引用了许多参考文献，在此对文献作者表示谢忱，并对被漏误的文献作者表示歉意。

由于本书超越学科界限，涉及面广，并图深究难点热点课题，作者相信，书中必然存有不妥之处，因此，诚祈读者赐教。

林育炼　教授级高级工程师

2011 年 8 月 1 日

于洛阳耐火材料研究院

E-mail：lin_yulian@ sina. com

目　　录

1 导　　论

1.1　洁净钢理念与炉外精炼技术

洁净钢（Clean steel）理念源于 1960～1970 年代，由此衍生的洁净钢生产技术（Clean steel technology）在 1980～1990 年代得到快速发展，2000 年代走向成熟，成为现代和今后钢铁工业生产的发展方向和重要的核心集成技术[1~3]。

尽管洁净钢理念已存在半个多世纪，被广泛高度认知，但迄今仍未见到它的确切定义。通常，洁净钢系指钢中有害成分（S，P，O，H，N）含量非常少，非金属夹杂物不仅数量少而且尺寸很小和形态得到控制，合金元素成分精准并且均匀分布的高性能高品质钢材[4]。例如，汽车薄板钢要求总氧含量小于 2×10^{-4}%，夹杂物尺寸 φ＜20μm，以防止飞边裂纹和减少表面缺陷[5]。

传统的炼钢方法，如平炉炼钢，氧气转炉炼钢和电炉炼钢，乃至现代的顶底复吹转炉，高功率电炉和超高功率电炉，由于受到自身固有存在的弱点和条件的限制，都无法达到洁净钢的高标准要求。1960～1970 年代，为提高钢的质量和炼钢炉的生产效率，西欧发明了许多在当代钢厂仍然得到广泛应用的钢水炉外处理新技术（表 1-1）。这些炉外处理方法采取了与炼钢炉完全不同的精炼技术，如 RH 真空脱气精炼法、钢包底部吹氩、喷粉精炼、真空脱氧脱碳等，可将钢水中的气态和固态夹杂物含量降至很低，调整和均化钢水的成分和温度，从而可大大提高钢的质量和可靠性。洁净钢的发展序幕在那个年代徐徐启动。

1970～1980 年代，钢铁业界加速技术改革创新步伐，如日本开发成功一系列具有真正意义的洁净钢生产装备，如 LF-VD、

RH – OB、RH – KTB 和 CAS – OB 等精炼法（见表 1 – 2$^{[1,6~8]}$），把洁净钢的生产技术推进到快速发展阶段，奠定了洁净钢生产的技术基础。由此洁净钢的生产从理念走向可能的现实（表 1 – 3$^{[9]}$），

表 1 – 1　1975 年前发明的典型炉外精炼方法简况

方法简称	方法简述	开发公司	年代	中国应用示例
RH	钢水真空循环脱气精炼法	联邦德国 Rheinstahl-Herraeus	1956	1966 大冶钢厂 武钢
GAZID	真空吹氩搅拌钢包脱气精炼法	法国 Usinor	1963	
ASEA–SKF	钢包加热电磁搅拌精炼法	瑞典 ASEA–SKF	1965	东北重型机器厂
VOD	真空吹氧脱碳法	联邦德国 Witten		大连钢厂
SL	喷射冶金，钢水脱硫	瑞典	1965	齐齐哈尔特殊钢厂
VAD	真空电弧加热脱气法	美国 Finkl	1967	抚顺钢厂
TN	钢水喷吹 Ca 合金脱硫及 Al_2O_3 夹杂物的形态控制	联邦德国 Thyssen-Nederhein	1970	
LF – VD	钢包精炼炉 + 真空脱气法	日本特殊钢	1971	1990 天津钢管厂
RH – OB	真空 + 侧吹氧脱碳 + 加 Al 提温，冶炼超低碳、铝镇静钢	日本新日铁 室兰制铁所	1972	1985 上海宝钢

表 1 – 2　1975 年后发明的典型炉外精炼方法简况

方法简称	方法简述	开发公司	年代	中国应用示例
CAS	钢包密封吹氩 + 合金成分和温度调整钢包炉外处理	日本新日铁 八幡制铁所	1975	1989 宝钢
RH – IJ	RH + 喷吹脱硫剂处理法	日本新日铁	1985	
RH – KTB	RH + 顶部吹氧真空脱碳法冶炼超低碳薄板钢、IF 钢	日本川崎制铁所	1988	宝钢、武钢
RH – KPB	RH + 喷吹精炼粉剂	日本川崎制铁所	1989	
ANS – OB	鞍钢研制的类似 CAS – OB 的钢包处理法	中国鞍钢	1990	鞍钢
RH – PB	RH + 顶部喷枪喷吹精炼粉剂	日本住友金属 和歌山制铁所	1992	
RH – WPB	武钢引进 RH – KTB 后自行开发的顶喷法	中国武钢		武钢
CAS – OB	在 CAS 基础上加氧枪吹氧	日本新日铁	1985	武钢、宝钢、重钢
CAS – OB – RP	CAS – OB 基础上加装真空系统减压脱碳法	日本新日铁	1995	武钢

表 1-3 洁净钢的性能指标要求及生产工艺水平

钢　种	性能要求	洁净度 $w/10^{-4}\%$	生产工艺	1990 年代水平 $w/10^{-4}\%$
海洋结构钢 石油管线钢 化学容器钢	高强度,超低温,高韧性,抗氢耐裂性能	$[S] \leqslant 10$ $[P] \leqslant 50$ $[N] \leqslant 30$ $[O] \leqslant 15$ $[H] \leqslant 2$	铁水脱硫-复吹转炉-LF-真空喷粉精炼	$[S] \leqslant 50$ $[P] \leqslant 50$ $[N] \leqslant 50$ $[O] \leqslant 15$
深冲钢 (IF 钢) 电工钢 涂镀层钢	提高深冲性,淬透性,抗时效性 提高导磁性和表面质量,外观平整光滑	$[C] + [N] \leqslant 50$ $[S] \leqslant 10$ $T[O] \leqslant 20$ 非金属夹杂物 $Al_2O_3 = 5 \sim 10$ 个/cm³	铁水脱硫-复吹转炉-RH-吹氧喷粉脱碳,脱硫,脱氮	$[C] + [N] \leqslant 50$ $[S] \leqslant 10$ $[O] \leqslant 15$
轴承钢 高速钢等 合金钢	提高表面硬度和滚动接触疲劳寿命 提高强度和韧性控制碳化物和氧化物夹杂	$[O] \leqslant 10$ $[S] + [P] \leqslant 50$ $[P] \leqslant 50$ $[N] \leqslant 30$	电炉-IP (喷粉脱磷-扒渣)-LF-VD(喷粉脱硫脱气)	$[O] \leqslant 7$ $[S] \leqslant 10$ $[P] \leqslant 40$ $[N] \leqslant 30$
高强度钢	强度≥8MPa 良好的冷拔拉伸性能	$[O] \leqslant 20$ 钢中氧化物夹杂 $\leqslant 15$ 个/cm³ $[P] \leqslant 40$ $[S] \leqslant 10$ $[N] \leqslant 30$ $[H] \leqslant 1.5$	铁水脱硫,复吹转炉-RH(或 VD)-喷粉,脱气	$[O] \leqslant 15$ $[S] \leqslant 40$ $[P] \leqslant 10$ $[N] \leqslant 25$ $[H] \leqslant 1.5$

炉外二次精炼工艺和设备也就自然地成为洁净钢生产的核心技术。

　　1978 年改革开放后,我国钢铁工业积极引进和利用国外先进技术,加速发展洁净钢生产,并在技术上有所创新 (参见表 1-2)。

1.2 铁水预处理和无氧化保护连铸——洁净钢生产集成技术的重要构成

为了保证连铸作业的正常运行，使经过炉外二次精炼处理获得的洁净钢水转化成优质钢坯，在现代化钢厂，连铸过程普遍采用全程无氧化保护浇注，以避免钢水在连铸过程中再度受到外界的污染，纯度降低。在处于接近炼钢终结位置的中间包和结晶器内，炼钢工作者仍不失时机地抓住任何机会，采用种种技术手段对钢水继续进行精炼处理，即如所谓的中间包冶金（Tundish metallurgy）或三次冶金（Ternary metallurgy）和新近出现的结晶器内的四次冶金（Quaternary metallurgy），在炼钢终点前的最后阶段进一步优化钢水[10]。现在，中间包冶金理念已得到高度普遍认同和被广泛采用。例如，在上海宝钢 IF 钢生产中，在连铸中间包内通过净化处理技术，可使从钢包流入的钢水总氧含量减少 20%~30%，成为生产 IF 钢的重要技术措施之一[1]350。

按钢铁生产流程，再向前看一看高炉炼铁和铁水预处理的技术发展情况。现代化高炉朝大型化和超大型化方向发展。例如，日本新日铁大分厂 2 号高炉容积高达 5775m³（2004 年投产）；武汉钢铁公司 6 号高炉为 3200m³，年产铁水 2463t（2004 年 7 月投产）；上海宝钢 4 号高炉为 4300m³，年产铁水 350 万吨（2005 年投产）；首钢唐山曹妃甸高炉 5500m³（2009 年投产）。

对于高炉生产者来说，重中之重的中心工作是维持高炉生产的顺行和千方百计降低焦比。为达到此目标，可以采取宁可牺牲铁水质量为代价，换取高炉的稳产、高产、低耗。铁水预处理技术，即脱硫、脱磷、脱硅、单脱、双脱或三脱，正好迎合了高炉操作者的愿望，可减轻高炉炼铁的负担，将其部分冶炼任务转移至下续工序炉外进行。这样，如图 1-1 所示[1]143，可使炉渣碱度和焦比都下降，有利于高炉的冶炼顺行和提高生产效率，带来很高的经济效益。

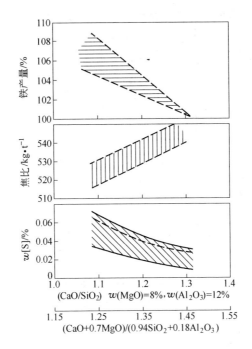

图 1-1   高炉炉渣碱度对铁水含硫量、焦比和铁产量的影响

铁水经过预处理后，如图 1-2 所示[1]144，也可给转炉炼钢
带来许多好处：降低炼钢炉渣碱度，减少石灰加入量，渣量减
少，有利于提高钢水收得率和改善热平衡。例如，用含硅 0.6%
的铁水吹炼含硫 0.018% 的钢时，铁水的硫含量从 0.025% 降至
0.017% 时，可使炼钢炉渣碱度从 4.0 降至 3.0，钢水收得率提
高 0.6%。

由于技术上的合理性和经济上的高回报率，铁水预处理技术
无论在工艺上和还是在推广应用方面都获得很大的发展，处理技
术也不断完善。例如，武汉钢铁公司采用 KR 法喷镁预处理铁
水，浅脱后硫含量降至 0.01%，深脱后降至 0.005%，超深脱后
降至 0.002%[11]。铁水预处理技术不但为采用优质铁水冶炼优质
钢水，提高钢的质量，扩大钢的品种，提高效率和增强企业的市

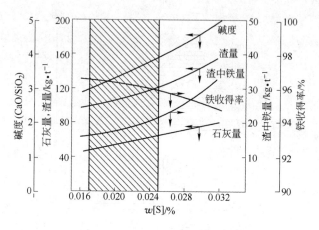

图 1 - 2   铁水的含硫量对转炉炼钢的炉渣碱度和金属收得率的影响

（铁水中 $w[Si] = 0.6\%$ ；钢中 $w[S] = 0.018\%$ ）

场竞争力打下了良好的基础，同时也自然成为洁净钢生产所必不可少的前提条件之一。如在优质深冲 IF 钢生产中，要求铁水必须进行预处理，其主要作用是：

（1）减少转炉炼钢的渣量，从而减少出钢时的下渣量。

（2）由于转炉炼钢时无需再脱硫脱磷，因而可降低炼钢终点钢水和炉渣的氧化性，还有利于降低钢水的氢含量。

（3）提高转炉炼钢终点的炉渣碱度和氧化镁含量，有利于排出钢水的杂质成分和非氧化物夹杂物。

在此以上海宝钢为例，2000 年宝钢的高炉铁水预处理率达到 70%，充分表明铁水预处理已成为洁净钢生产集成技术的第一步重要工序[12]。

1.3   洁净钢生产集成技术与耐火材料的重要性[13,14]

洁净钢生产集中了现代各种先进炼钢工艺技术的应用，为便于理解洁净钢生产集成技术的基本内涵，在此以 IF 钢的生产工艺为例加以说明。IF 钢，即无间隙原子钢（Interstitial free steel / Interstitial atom free steel）的简称，系典型的洁净钢，为杂质含量很低的超低碳纯净铁素体钢（C < 0.005%），其代表性用钢如新一代汽车用薄板钢，包括：以减轻重量节能为目标的高强度钢板系列；以提高冲压成型性能为目标的深冲钢板系列；以提高防腐性能为目标的镀层钢板系列。IF 钢生产要解决的主要问题是：降低杂质含量，真空精炼脱碳和防止增碳，保持钢水的洁净度和微合金控制。上海宝钢 IF 钢的生产基本工艺路线为：

铁水预处理（铁水脱硫，除渣）→

转炉吹炼（前期脱磷，造双渣脱磷）→

RH 真空脱气精炼（二次炼钢）→钢水钙处理→

无氧化保护连铸 $\left[\begin{array}{c}\text{精炼中间包（三次炼钢）}\\\text{结晶器冶金（四次炼钢）}\end{array}\right]$→热轧→冷轧

　　表 1-4 示出了日本新日铁公司生产 IF 钢的优化生产工艺和所采取的技术措施[1]345,[13]，这里笔者增添了一栏评注耐火材料的重要性。应当特别指出的是，在表中所列的 20 多项优化工艺和技术措施中，绝大多数项目都需要有优质耐火材料或功能耐火材料的配合才能取得成效。显而易见，耐火材料是 IF 钢生产中不可或缺的耐高温材料，其中一些功能耐火材料，例如，精炼中间包的钙质涂料，挡流堰-钢水过滤器，可调节控制钢水流态的浸入式水口等各种功能耐火材料，为确保 IF 钢质量的关键性耐火材料元部件。

　　以上所述清晰表明，洁净钢的生产实际上涵盖了从高炉出铁后至连铸终结的一系列先进钢铁生产工艺的集成技术，通常包括：在高炉出铁后的铁水预处理，脱硫、脱磷、脱硅，以减轻炼钢炉的负荷和提高钢的质量；钢水出炉后进行的炉外二次精炼处理；在精炼后期为调控夹杂物的形态和保证钢水的可浇性而进行的钢水钙处理；连铸全过程实施的无氧化保护浇注和采用合理的中间包冶金技术，以降低钢中 N、H、O 和夹杂物的含量；在结晶器中采用的结构合理的浸入式水口，保护渣和电磁技术，为夹杂物的排除创造条件。耐火材料在洁净钢的生产集成技术中起着

表1-4　日本新日铁公司 IF 钢生产工艺和技术措施

冶炼系统	处理工艺	预定目标	措　　施	耐火材料[1]
铁水预处理	脱磷	减少转炉渣量	(1)铁水喷粉脱磷	+
转炉	吹炼	减少 Al_2O_3 量	(2)控制终点[C]	
	出钢	减少炉渣流出量	(3)采用堵塞器或挡渣球	++
二次精炼	钢包	防止耐火材料污染	(4)使用对钢水不增氧的耐火材料	++
	熔渣处理	减少渣的氧化	(5)采用等离子装置	
	RH	减少 Al_2O_3 生成量	(6)脱氧前[O]的管理	
		促使夹杂物上浮	(7)循环时间的管理	
连铸	钢包水口	防止熔渣卷入	(8)滑动水口	+
		防止熔渣流出	(9)钢包下渣自动监测	+
	中间包	防止钢水氧化	(10)密封中间包	++
		防止耐火材料污染	(11)使用无硅耐火材料	++
		温度稳定操作	(12)等离子或感应加热	+
		防止熔渣卷入	(13)中间包形状的优化设计	+++
		促使夹杂物上浮	(14)H 型中间包	
	浸入式水口	防止夹杂物卷入	(15)控制 Ar 流量,压力	++
		防止夹杂物浸入	(16)优化水口形状	+++
		防止水口堵塞	(17)用防堵塞耐火材料	+++
	结晶器	防止保护渣卷入	(18)高黏度保护渣	+++
		防止保护渣浸入	(19)控制液面	+++
		防止表层局部富集偏析	(20)控制振动	
		防止表层局部富集偏析	(21)电磁搅拌	
		防止富集偏析	(22)立弯式铸机	

[1] 耐火材料所起的作用: +—重要; ++—很重要; +++—关键性的作用。

极为重要的作用。

1.4 洁净钢生产集成技术中的耐火材料

1.4.1 钢中夹杂物与耐火材料

钢中常见的夹杂物有氧化物、硫化物、氮化物和碳化物等，它们的组成和特性列于表 1-5[15]，其中氧化物为主要夹杂物，

表 1-5 钢中常见的夹杂物组成和熔点

夹杂物的化学式	物质名	晶型	密度/g·cm⁻³	熔点/℃
$FeO,(Mn,Fe)O$	锰富氏体(固溶体)	立方	5.747	1420
MnO	方锰矿	立方	5.365	1780
$2MnO \cdot SiO_2$	锰橄榄石	斜方	4.1	1340
$MnO \cdot SiO_2$	蔷薇辉石	三斜	3.7	1270
$SiO_2(\alpha)(\beta)$	方石英	正方	2.32	1710
SiO_2	硅质玻璃	无定形	2.07~2.22	1695~1720
$FeO \cdot Al_2O_3$	铁尖晶石	立方	4.08~4.45	2135
$MnO \cdot Al_2O_3$	铁尖晶石	立方	4.03	1560
$Al_2O_3(\alpha)$	$\alpha-Al_2O_3$,刚玉	六方	3.987	2030
$3Al_2O_3 \cdot 2SiO_2$	莫来石	斜方	3.16	1830(分解)
$3MnO \cdot Al_2O_3 \cdot 3SiO_2$	锰铝榴石	等轴	4.32~4.57	1200
$Cr_2O_3 \cdot FeO, FeO$	铬铁矿(固溶体)	立方	5.085	1850
Cr_2O_3	氧化铬	六方	5.23	1990
$FeO \cdot TiO_2$	钛铁矿	六方	4.44~4.90	1370
$ZrO_2 \cdot SiO_2$	锆英石	正方	4.56	2420
FeS	磁黄铁矿	六方	4.58~4.79	1195
$MnS,(Mn,Fe)S$	硫化锰,硫化锰铁	立方	4.05	1170~1197
CrS	硫化铬	六方	4.1	1550
TiS	硫化钛	六方	4.05	2000~2100
TiN, TiC	氮化钛,碳化钛	立方	5.4	3150,2930
ZrN, ZrC	氮化锆,碳化锆	立方	7.09	3532,2950

危害钢的加工性能和使用性能。从组成上可以判断,它们大都与耐火材料使用时受到的侵蚀和磨损有关。例如,钢中的合金元素锰(Mn)可将耐火材料中的 SiO_2 还原为 Si,自身被氧化为 MnO,并进一步与 SiO_2 反应生成锰硅酸盐。结果是耐火材料遭受熔损,在钢中形成含锰夹杂物。

图 1-3 按冶金过程示出了氧化物夹杂物的来源,按形成机理可归纳为下列四方面:

(1) 从熔渣卷入的夹杂物。

(2) 耐火材料被侵蚀和磨损,脱落进入钢中的碎粒。

(3) 钢中的合金元素被耐火材料组分氧化形成的氧化物夹杂物,如 MnO 和锰硅酸盐等。

(4) 钢水脱氧产物,如铝镇静钢的脱氧产物 Al_2O_3。

以上所述表明,选用合适的优质耐火材料和功能耐火材料对保证洁净钢的洁净度有多么的重要。因此,炼钢过程的每个工艺细节都应采取切实有效的措施,在利用耐火材料的作用和功能的同时,尽量消除耐火材料的不利影响,本书将着重进行分析讨论。

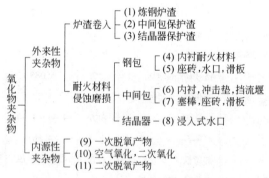

图 1-3　钢中氧化物夹杂物的来源

1.4.2　洁净钢生产对耐火材料的要求

基于洁净钢的理念,洁净钢冶炼的基本任务和目标可归纳为以下四个方面：

（1）尽可能减少钢中有害成分（主要为 S、P、O、H、N）和非金属夹杂物（氧化物、硫化物、氮化物等）的含量和危害性。

（2）精确调整和均化钢水的成分和温度。

（3）防止洁净的钢水再次遭受污染。

（4）将洁净的钢水转化为优质钢坯。

于是，洁净钢生产对耐火材料的总的要求可归纳为下述五个方面：

（1）与高温钢水和熔渣尽可能相容，以减少耐火材料的熔损造成对钢水的污染。

（2）有利于钢水中的夹杂物的排除，最好还可起净化和吸收钢中夹杂物的作用。

（3）保护钢水的洁净度，避免钢水遭到再氧化污染。

（4）改善精炼效率，促进钢水中夹杂物的分离。

（5）便于施工维护，与环境友好。

1.4.3 洁净钢生产中耐火材料的应用

耐火材料是确保钢铁安全生产、优质、高效、低耗和环保所必需的耐高温基础材料。在洁净钢的生产中，与通常情况一样，耐火材料大量用于修砌精炼处理设备的内衬，但须特别强调的是耐火材料对钢水的洁净度的危害程度应尽可能降低。随着洁净钢生产技术的进步和发展，为满足洁净钢生产对耐火材料各种各样的要求，耐火材料工作者研制成功许多具有独特功能的耐火材料元部件，不但满足了洁净钢生产的要求，也促进了洁净钢生产技术的不断完善和进步。

表1-6举例列出了耐火材料在洁净钢生产中的应用、作用和功能。虽然中间包和结晶器通常归属于连铸系统，但由于中间包冶金和结晶器冶金在洁净钢生产技术中的作用日益重要，并逐渐形成相应的冶金学，在此将它们单独列出，以期引起更大的关注。

表 1-6　耐火材料在洁净钢生产中的应用举例

冶炼系统	应用场合	耐火器材	作用与功能	评 注
冶金过程主体设备	炉体内衬	各种优质耐火材料	营造安全洁净的冶炼环境	优质基本筑炉材料
铁水预处理	铁水罐	搅拌器	加速反应过程提高效率	机械搅拌
	鱼雷铁水罐车	喷枪	喷射冶金器具	引进净化剂
转炉,电炉(一次炼钢)	出钢	挡渣器	减少初炼炉的氧化性炉渣进入钢包	为炉外精炼创造良好条件
炉外精炼(二次炼钢)	钢包, LF 炉, VOD, VAD 等	透气砖	气泡冶金器具,加速精炼,均化钢水,助推夹杂物上浮	气体搅拌,简便、显效、经济、不占场地空间
连铸系统	钢包至结晶器	滑动水口三大件功能耐火材料	全程无氧化保护连铸耐火材料	显效,不妨碍铸工操作
中间包(三次炼钢)	中间包	挡流堰墙缓冲器	调整钢流运动减少炉渣卷入	临近炼钢终点,杜绝钢水纯度下降,进一步优化
		钢水过滤器	过滤钢水夹杂物	
		透气砖透气梁	气泡冶金器具	
		钙质涂料	吸收夹杂物	
结晶器(四次冶金)	保护渣和钢液弯月面以下	浸入式水口	调控钢流运动减少炉渣卷入	对钢坯质量和铸机作业有最直接的影响
		结晶器保护渣	保护钢水、钢坯和结晶器	
监测控制	钢水测温钢水测氧	热电偶套管 ZrO_2 测氧探头	保护热电偶钢水氧含量监测	钢水温度监测钢水洁净度监测

这里还需要特别说明的是，中间包和结晶器内使用的覆盖保护粉料（Powder），也称保护渣（Flux），有人很早就已认为，是一种特殊的连铸功能耐火材料，影响钢的质量和连铸生产的最敏感的要素（Senstituent）[16]。虽然它们对钢水具有一定的保温隔热功能，但按现代耐火材料的定义，不能把它们归入耐火材料的范畴。尽管如此，由于科学技术的相互渗透，耐火材料工作者也同样关注，并且耐火材料企业也在研发和生产这一类产品供钢厂使用，在此也就权宜将它们列入本书。

1.5 耐火材料在洁净钢生产集成技术中的作用与功能

从铁水预处理开始至钢水在连铸结晶器凝固冶炼结束，洁净钢生产中应用的耐火材料可分为两类：

（1）各种冶炼和精炼装置的筑炉用优质基础耐火材料，包括定形耐火制品和不定形耐火材料。

（2）具有特殊冶金功能的耐火材料，如透气砖、连铸用三大件等功能耐火材料。

上述两类耐火材料在洁净钢生产中起着不相同的作用和功能，概述如下。

1.5.1 营造有利于洁净钢生产的友好环境

作为炉衬或功能元部件的耐火材料在冶金过程中不可避免地会受到熔损，成为危害钢水洁净度的主要源头之一。耐火材料对钢水洁净度的影响取决于耐火材料与熔融钢水和熔渣的相容性。

图1-4、1-5和1-6分别示出了各种不同的耐火材料在与钢水接触时耐火材料对钢水洁净度的影响[17~19]，它们存在明显的差异，有的危害大，有的影响小，也有一些不但无害反而表现出有利于钢水的净化效果。因此，在修筑精炼装置内衬时，根据使用条件，选用适当的耐火材料，不但能减轻耐火材料对钢水的污染作用，还有可能起到一定的钢水净化作用。如精炼钢包，

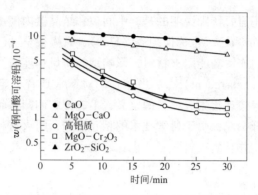

图 1-4　钢包耐火材料内衬对钢水脱氧（钢中酸可溶铝）的影响

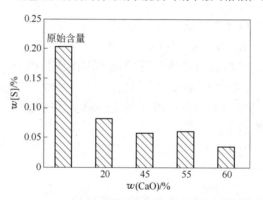

图 1-5　耐火材料内衬中的氧化钙含量对钢水中残余硫含量的影响

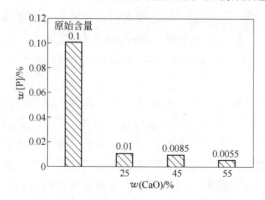

图 1-6　耐火材料内衬中的氧化钙含量对钢水中残余磷含量的影响

AOD、VOD 炉等内衬，采用镁白云石质耐火材料，既经济又有利于钢水的净化。

1.5.2 钢水搅拌器具

在洁净钢生产过程中，为加快反应速度，提高冶炼效率，均化钢水的成分和温度，需要对熔融的钢水进行搅拌。常用的搅拌方法有：机械搅拌（用耐火材料搅拌器）；气体搅拌（通过透气砖吹入氩气）；钢水虹吸循环自流搅拌，即吸吐搅拌（RH，DH真空脱气法）和电磁搅拌等（表1-7）。其中，通过透气砖的气体搅拌方式有许多独特的优越性，例如，在搅拌能密度相同的条件下，气体搅拌的钢水脱硫效率要比机械搅拌的高 5 倍以上（图 1-7[20]）。

表 1-7 各种钢水搅拌方法

搅拌方法	气体搅拌	机械搅拌	电磁搅拌	吸吐搅拌
主要装置	透气砖	耐火搅拌器 机械旋转机构	ASEA - SKF 电磁感应机构	RH，DH真空 脱气装置
工作原理	气泡受热膨胀 上浮带动 钢水运动	机构旋转 搅拌钢水	电磁效应 钢水运动	真空作用，吸吞 流吐钢水
装置构造	非常简单，不 占场地空间	复杂、占用 场地空间	复杂、占用 场地空间	非常复杂、占用 庞大场地空间
功能	除搅拌均化外， 还有净化作用	单纯搅拌	单纯搅拌	搅拌为真空循环 脱气的附加作用
投资与运行 费用	很少	少	大	高昂
适用性	非常灵活 应用广泛	很小	很小	较广

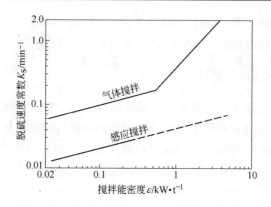

图1-7   钢水脱硫速度常数 K_S 与 搅拌能密度 ε 的关系

　　由于通过透气砖吹入氩气的气体搅拌方法具有方法简单，灵活方便，显效，不占场地空间和经济等诸多优点，在洁净钢的生产中得到非常广泛的应用，现在我国钢厂的大部分钢水都要经过透气砖吹氩处理（参见图1-8[1]2）。

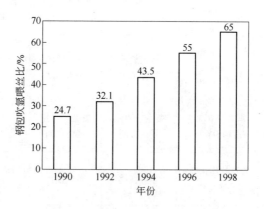

图1-8   中国钢包喂丝吹氩的发展情况

1.5.3 气泡冶金器具

　　气泡(气相)是一般钢铁冶炼和精炼过程中必不可缺的参与

冶金过程的要素，在钢水内部的流动贯穿于冶炼和精炼过程的始终，成为气泡冶金的一个重要组成部分。在钢水精炼的条件下，如果没有外界吹入搅拌气体或清洗气体时，气泡的来源仅仅依靠碳的氧化反应，气泡不但在数量上很有限，并且无序发生，其数量多寡、直径大小、分布和流动状态都无法控制。为满足气泡冶金的需要，耐火材料工作者研制开发了多种类型的透气砖（元件），供不同冶金过程和目的应用。

用透气砖向钢水吹氩具有其他方法难以实现的许多优点：安全可靠，方法简单，并且吹气数量，气泡大小，在钢水中的分布情况和流动状态都能控制。例如，通过透气砖向钢水吹氩可使钢水的温度和成分均匀，避免偏析（图1-9）；有利于钢水的脱氧（图1-10）和脱氢（表1-8）[21]。鞍钢第三炼钢厂采用具有氩气搅拌、成分调整和温度控制功能的 ANS-OB 钢包精炼装置，能保证钢水温度波动精确控制在 ±3℃，钢水成分均匀，满足大板坯连铸机对钢水的要求[1]323。

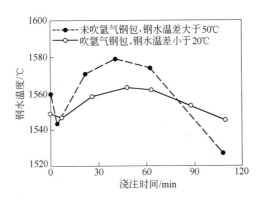

图1-9 150t钢包浇注过程中钢水温度变化情况

透气砖吹氩技术除了在钢包精炼有广泛的应用之外，在洁净钢生产中还有许多其他用途，如用于清除夹杂物防止水口堵塞，精炼中间包的透气梁和透气墙等。

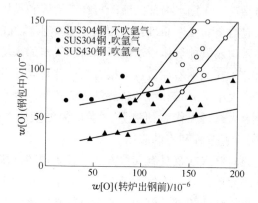

图 1-10 钢包吹氩对钢水脱氧的影响

表 1-8 钢包吹氩的脱氢效果

吹氩作业条件		测定时间	氢含量/10⁻⁴%	脱氢率/%
钢水重量	25t	吹氩前	2.52	0
钢种	碳素钢,$w[C]=0.35\%$,$w[Mn]=0.60\%$	吹氩后 1 min	2.50	0.8
透气砖	$\phi110mm \times 250mm$	吹氩后 2min	2.38	5.6
Ar 气压力	0.45 ~ 0.50MPa	吹氩后 3min	1.89	25
Ar 气用量	2.0 ~ 2.5m³	浇注钢水流	1.42	43.6

1.5.4 防止钢水再氧化的保护屏障

连铸时钢水从大钢包经中间包注入结晶器的过程中,如图 1-11 所示,钢流会卷入空气,可造成钢水再氧化污染[17]。采用长水口和浸入式水口可为钢水流股形成保护屏障,与外界空气隔绝,能有效防止钢水再氧化污染(图 1-12)。自然,连铸也可采用其他方法保护钢水流股,如保护罩加氩气保护,但方法繁杂,有碍铸工作业,技术经济效果不如长水口和浸入式水口(表 1-9)。

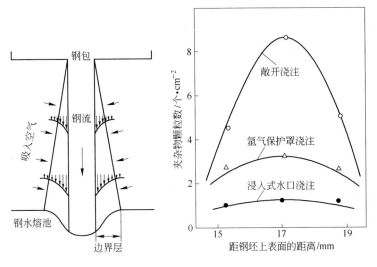

图 1-11 连铸时钢流吸入
外界空气的情况

图 1-12 浸入式水口防止
钢水再氧化污染的效果

表 1-9 连铸保护方法比较

保护方法	耐火材料保护管	金属-氩气保护罩
保护地点	钢包至中间包，中间包至结晶器	钢包至中间包，中间包至结晶器
主要器具	长水口，浸入式水口	金属保护罩+氩气
器具设置	简单，不占操作空间，无碍铸工作业	复杂，占用操作空间，妨碍铸工作业
操作使用	简单	繁杂
保护效果	好	好
适用性	广泛使用	很少使用

1.5.5 具有净化钢水作用的功能涂料

在对钢包钢水进行脱氧后，钢水中留下许多形状无序的固态

Al_2O_3 夹杂物。为避免它们堵塞水口，影响连铸作业和钢水质量的不利作用，精炼中常采取无害化处理，即向钢水中喷入钙处理剂，将固态 Al_2O_3 夹杂物颗粒液化，转化为无害的细小球形液珠。中间包内衬钙质涂料基于类似的原理，起着类似钢水净化剂的作用，因而也被称作中间包功能涂料。

1.5.6 分离钢渣清除夹杂物的器具

具有这种功能的耐火材料有：转炉出钢时使用的挡渣球，监控转炉和电炉出钢时炉渣流出的滑动水口装置，中间包内装设的挡流堰墙和钢水过滤器等。例如，中间包中安装 CaO 质钢水过滤器，能有效地净化中间包内的钢水，非金属夹杂物可减少 20% ~ 40%。并且在夹杂物数量大大减少的同时，如图 1 – 13 所示，由于大颗粒夹杂物被清除，钢中夹杂物的尺寸变小，对改善钢的质量十分有利[22]。

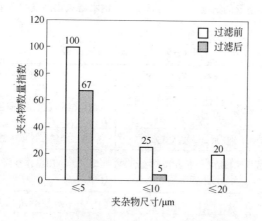

图 1 – 13 钢水过滤器前后的夹杂物尺寸分布变化情况

1.5.7 改善钢水流动状态，减少夹杂物卷入的器具

具有这种功能的耐火材料有中间包内的钢水缓冲器，挡流堰墙，钢水过滤器，结晶器内的浸入式水口等。这里顺便指出，挡

流堰墙通常称之为"挡渣堰/墙"。实际上，它除起挡渣的作用外，更主要的是冶金功能作用，即调节中间包内的钢水流态。因此，本书称为挡流堰/墙。

在位于冶炼流程最后位置的结晶器内，钢水的停留时间虽然短暂，但仍有可能受到污染和进行再净化的机会，耐火材料在此最终位置仍然能够对提高钢坯的洁净度发挥作用。实验研究表明，结晶器内钢水的流动状态对夹杂物的上浮或被卷入钢水中有着密切关系。合理设计浸入式水口的钢水流出口的形状、方位和布局，可改善钢水的流动状态，避免湍急无序流动，减少钢坯的夹杂物。独特设计制造的薄板坯浸入式水口是近终形连铸成功浇注洁净钢坯的一项关键技术。

1.6　洁净钢生产技术的发展与耐火材料产业

从 20 世纪 80 年代以来，由于冶金技术和新型耐火材料的出现，导致钢铁生产用耐火材料发生了很大的变化。作为一个事例，表 1 – 10 列出了美国先进钢厂的耐火材料消耗[23]。由于一代高炉寿命提高到 10 ~ 15 年，炼钢转炉的内衬寿命从约 1000 炉次跃升至万炉以上，炉衬耐火材料消耗大大降低。另一方面，由于对洁净钢的需求旺盛，炉外精炼发展强劲和连续铸钢稳步发展，使得这部分耐火材料的用量不断攀升，已大大超过炼钢炉衬所需的耐火材料，我国钢铁工业用耐火材料也出现同样的趋势[24,25]。这些情况明晰表明，耐火材料产业的枯荣与洁净钢的生产与发展紧密相连。

表 1 – 10　美国先进钢厂的耐火材料消耗

炼钢路线	高炉 – 转炉 – 连铸		电炉 – 连铸	
	kg·t^{-1}	比率/%	kg·t^{-1}	比率/%
炼钢炉	1.5	25	3.5	50
二次精炼	3.0	50	2.5	36
连铸	1.5	25	1.0	14
合　计	6.0	100	7.0	100

　　洁净钢生产用耐火材料大多属于科技含量高、经济效益好、资源消耗少和环境污染少的产品，这正好迎合我国耐火材料工业的结构调整和发展的需要。大力发展洁净钢生产技术作已为钢铁工业的重要发展方向之一，必将为加速耐火材料工业的现代化步伐注入持久强劲的动力，使耐火材料朝优质，高效，功能化，经济效益好，低污染（绿色）的方向发展。

参 考 文 献

[1] 赵沛，成国光，沈甦主编. 炉外精炼及铁水预处理实用技术手册 [M]. 北京：冶金工业出版社，2004：1～16

[2] 夏杰生. 中国工程院公布"新一代钢铁制造流程"建议构想 [N]. 中国冶金报，2005 - 01 - 11 (1)

[3] 林育炼. 洁净钢生产技术的发展与耐火材料的相互关系 [J]. 耐火材料，2010，44 (5)：377～382

[4] 师昌绪 主编. 材料大辞典 [M]. 北京：化学工业出版社，1994：99

[5] 潘国民，闻玉胜. 为了炼出优质洁净钢各大厂纷纷强化洁净钢质量控制 [N]. 中国冶金报，2005 - 09 - 20 (9)

[6] 陈肇友. RH 精炼炉用耐火材料及提高其寿命的途径 [J]. 耐火材料，2009，43 (2)：81～95

[7] 蒋国昌. 纯净钢及二次精炼 [M]. 上海：上海科技出版社，1996：103

[8] 袁政和. 鞍钢耐火材料应用的现状与发展 [C]. 第三届国际耐火材料学术会议论文集（中文版）. 北京，1998：169～174

[9] 戴云阁，李文秀，龙腾春. 现代转炉炼钢 [M]. 沈阳：东北大学出版社，1998：163

[10] Rigaud M, Zhou Ningsheng. Major Trend in Refractories Industry at the Beginning of the 21st Century [J]. China's Refractories, 2002, 11 (2)：3～8

[11] 王庆. 铁水预处理技术是发展洁净钢生产的必由之路 [N]. 中国冶金报，2003 - 12 - 05 (5)

[12] 袁茂田，段正兵，李胜起. 大型高炉用 $Al_2O_3 - SiC - C$ 铁沟浇筑料的研制与使用 [J]. 耐火材料，2002，36 (2)：226～228

[13] LinYulian. Roles and Progress of Refractories for Clean Steel Technology [J]. China's Refractories, 2011, 20 (2)：8～15

［14］ 林育炼. IF 钢生产用耐火材料的技术发展［J］. 耐火材料，2011，45（2）：130～136

［15］ 池本正. 鋼中介在物と耐火物［J］. 耐火物，1998，50（2）：65－75

［16］ McPherson N. A, Henderson S. The Effect of Refractories Materials on Slab Quality ［J］. Iron and Steel International. 1983，56（6）：203～206

［17］ Schruff F, Oberbach M, Muschner U, et al. High Quality Refractory Materials and Systems for the Clean Steel Technology ［C］. Proceedings of the Second International Symposium on Refractories，Beijing, China，1992：34～53

［18］ 李楠，匡加才. 碱性耐火材料的脱硫作用［J］. 耐火材料，2001，35（2）：63～65

［19］ 战东平，姜国华，王文忠. 耐火材料对钢水洁净度的影响［J］. 耐火材料，2003，37（4）：230～232

［20］ 何平，胡现槐，梁泽基. 钢包吹氩一些问题的分析［J］. 炼钢，1992，（4）：35～38

［21］ May C. Porous Ceramics for Steelmaking ［J］. Steel Times，1981，209（9）：504～512

［22］ 陈炎. 中间包钢液净化的新动向［J］. 炼钢，1993，（6）：46～49

［23］ Semler C. E. Review of the United States Refractories Industry ［J］. China's Refractories，2003，12（1）：3～5

［24］ 马军. 中国钢铁工业用耐火材料市场分析［J］. 耐火材料，2001，35（5）：249～251

［25］ Tao Ruozhang, Zhang Yongfang. China's Refractory Industry-Review and Rrospect ［J］. China's Refractories，2000，9（4）：3～5

2 铁水预处理用耐火材料

2.1 铁水预处理工艺装置与耐火材料

图 2-1 示出了日本神户制钢加古川厂为洁净钢生产提供低硅低磷低硫铁水的铁水预处理新工艺流程,与耐火材料有关的基本工艺参数列于表 2-1[1]。铁水脱硅作为铁水脱磷和脱硫的先行处理工艺通常在出铁沟内进行,而铁水脱磷和脱硫则在鱼雷铁水罐车或铁水包中进行。铁水预处理用耐火材料一般包括用于下列几方面的耐火材料:

(1) 出铁沟用耐火材料。

(2) 鱼雷铁水罐车和铁水包用耐火材料。

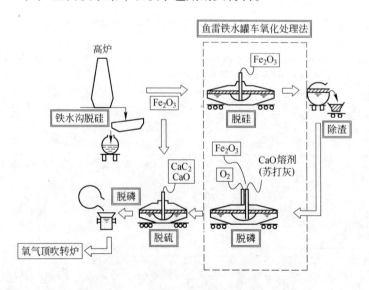

图 2-1 铁水预处理新工艺流程

表2-1 铁水预处理基本装置和工艺参数

系 统 装 置		预 处 理 工 艺	
预处理系统	高炉出铁沟－鱼雷 铁水罐车－铁水包	处理工艺	喷粉＋吹氧
出铁沟 鱼雷铁水罐车 数量 容量	 33辆 350t/辆	喷粉 吹氧（标态） 脱硅剂 脱磷剂	max. 600kg/min max. 60m³/min 氧化铁 CaO－氧化铁－CaF₂

（3）喷枪用耐火材料。

（4）铁水搅拌器用耐火材料。

2.2 铁水预处理用耐火材料的技术基础

2.2.1 铁水预处理对耐火材料的作用与要求

尽管铁水预处理在不同工厂可在不同的装置内以不同的工艺进行，但耐火材料在铁水预处理过程中受到的作用有许多相似之处，在此以鱼雷铁水罐车为例说明铁水预处理对耐火材料的作用。图2-2示出了在鱼雷铁水罐车内进行铁水预处理脱硫的情况[2]，预处理剂（CaC₂）用载气（氮气或空气）通过喷枪喷入铁水中。为了提高预处理效率，通过喷嘴向铁水中喷入搅拌气

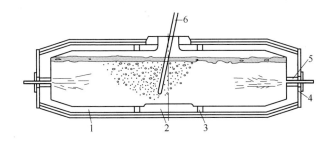

图2-2 德国鱼雷铁水罐车内的铁水预处理脱硫方法和耐火材料内衬
1—白云石质耐火材料；2—高铝耐火材料；3—镁质耐火材料；4—密封砖；
5—通过透气砖喷吹搅拌气体；6—喷枪向铁水喷吹 CaC₂ 预处理剂

体，或用搅拌器搅拌铁水，使预处理剂与铁水充分混合，加速反应进程和使反应充分完全。鱼雷铁水罐车内的耐火材料受到铁水和预处理剂的严重化学侵蚀作用。

从成分和作用上看，铁水预处理剂主要有下述几种类型：

在进行脱硅处理时，使用氧化铁系（FeO）预处理剂，一般使用轧钢铁鳞或铁矿石，用作脱硅预处理过程中的氧源，并使用石灰（CaO）调节炉渣碱度。

在进行脱磷处理时，一般用石灰系（$CaO - CaF_2 - FeO$）或苏打灰系（Na_2CO_3）预处理剂。

在进行脱硫处理时，使用石灰系 $CaO - CaF_2$ 或 CaC_2 预处理剂。

各种预处理剂对耐火材料都有很强的侵蚀作用。尤其是在苏打灰系预处理剂中，Na_2O 具有很好的脱磷、脱硫效果，但它的熔点很低（852℃），对耐火材料的侵蚀作用很激烈。Na_2O 还是一种强氧化剂，可使石墨和碳化硅氧化。在用石灰系预处理剂时，石灰（CaO）、萤石（CaF_2）和氧化铁（Fe_2O_3）混合使用，氧化铁和萤石对耐火材料有强烈的侵蚀作用，不过它们的侵蚀作用要比 Na_2O 轻。此外，由于处理过程中添加石灰，炉渣的碱度变化大，从酸性渣变为碱性渣，耐火材料遭受到酸性渣和碱性渣的侵蚀作用。

在铁水预处理过程中，耐火材料遭受的侵蚀破坏作用主要为：

（1）高温铁水和炉渣的强烈冲刷磨损作用。

（2）各种预处理剂的化学侵蚀作用。

（3）炉渣的渗透和侵蚀作用。

（4）间歇操作带来的温度骤变作用。

因此，对铁水预处理用耐火材料的要求是：

（1）高温强度大，耐磨损。

（2）耐各种预处理剂的侵蚀作用。

（3）抗炉渣的侵蚀性能好。

（4）抗热震性能好，不发生开裂、剥落掉片。

（5）便于现场应用和施工，对环境污染少。

2.2.2 预处理剂对耐火材料的侵蚀作用[3]

铁水预处理剂中的苏打灰、石灰、氧化铁、萤石和 CaC_2，对耐火材料有强烈的侵蚀作用，进一步分别解析如下。

2.2.2.1 苏打灰（Na_2CO_3）

苏打灰的熔点（852℃）比铁水温度（1250~1450℃）低得多，加入到铁水中就立即熔融分解，生成的 Na_2O 是腐蚀性很强的熔剂，它与耐火材料中的 SiO_2 反应形成低熔点化合物偏硅酸钙（$Na_2O \cdot SiO_2$，熔点1088℃），导致耐火材料熔损：

$$2Na_2O + SiO_2 =\!=\!= 2Na_2O \cdot SiO_2 \qquad (2-1)$$

$$2Na_2O \cdot SiO_2 + SiO_2 =\!=\!= 2(Na_2O \cdot SiO_2) \qquad (2-2)$$

2.2.2.2 石灰（CaO）

CaO 可与耐火材料中 SiO_2 和 Al_2O_3 反应，生成 $CaO \cdot Al_2O_3 \cdot 2SiO_2$，$2CaO \cdot Al_2O_3 \cdot SiO_2$，铝酸钙和玻璃相低熔物质，引起耐火材料的蚀损：

$$CaO + Al_2O_3 + 2SiO_2 =\!=\!= CaO \cdot Al_2O_3 \cdot 2SiO_2 \qquad (2-3)$$

$$2CaO + Al_2O_3 + SiO_2 =\!=\!= 2CaO \cdot Al_2O_3 \cdot SiO_2 \qquad (2-4)$$

$$mCaO + nAl_2O_3 =\!=\!= mCaO \cdot nAl_2O_3 \qquad (2-5)$$

2.2.2.3 氧化铁

氧化铁是两性氧化物，对酸性耐火材料来说，作为强碱性的 FeO 起作用，生成 $FeO-Al_2O_3-SiO_2$ 系低熔点物相和 $2FeO \cdot SiO_2$、$FeO \cdot Al_2O_3$ 等化合物，侵蚀耐火材料。含有高浓度 FeO 的低黏度 $FeO-SiO_2$ 系炉渣，不仅对 $Al_2O_3-SiO_2$ 系耐火材料有很大的侵蚀性，而且对碱性耐火材料的侵蚀也很严重。

2.2.2.4 CaC_2

CaC_2 的侵蚀作用是氧化后的生成物 CaO 与耐火材料的侵蚀反应。

2. 2. 2. 5 CaF₂

CaF₂ 是强熔剂,可降低炉渣的熔点和黏度,加速对耐火材料的侵蚀作用,分解产物 CaO 也与耐火材料发生侵蚀反应。

2. 2. 3 相平衡关系[4]

在铁水预处理剂中,对耐火材料侵蚀作用大的主要成分为 Na₂O、FeO 和 CaF₂,图 2 - 3 为它们与常见耐火氧化物在 1400℃ 下反应生成液相量的平衡状态图。铁水预处理的操作温度在 1300 ~ 1400℃ 之间,可用图 2 - 3 来预测各种耐火材料抵抗铁水预处理剂侵蚀能力的优劣。

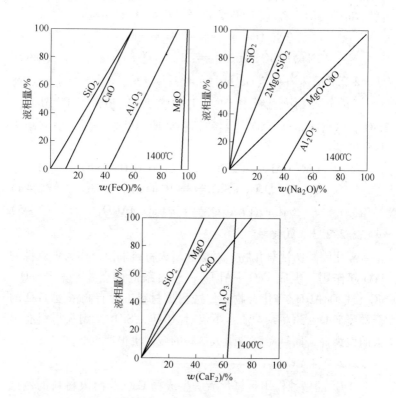

图 2 - 3　铁水预处理剂与耐火氧化物在 1400℃ 下反应生成的液相量

对于 Na_2O 和 CaF_2 预处理剂，Al_2O_3 是最不容易生成液相的耐火氧化物；而对于 FeO 处理剂，MgO 是最稳定的耐火氧化物。根据图 2-3 的平衡状态图，耐火氧化物抵抗预处理剂侵蚀能力强弱的顺序为：$MgO > Al_2O_3 > CaO > SiO_2$。

2.2.4 耐火材料抵抗铁水预处理剂侵蚀的性能

图 2-4 示出了苏打灰系预处理剂对各种耐火材料的侵蚀试验结果比较[4]。与上述从平衡状态图的判定相似，Al_2O_3 质和 MgO 质耐火材料具有高的抗侵蚀性能。应当特别提出的是，添加碳(石墨)和碳化硅可显著提高耐火材料的抗浸透性和抗侵蚀性。

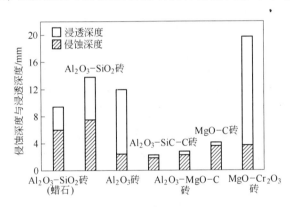

图 2-4　苏打灰处理剂对各种耐火材料的侵蚀试验结果比较

试验条件：高频感应炉；渣 $Na_2O/SiO_2 = 3$；加热周期：1500℃，30min，6 次

现在获得国内外普遍认可和广为流行的铁水预处理用的主体耐火材料为 $Al_2O_3 - SiC - C$ 质耐火材料，包括定形耐火砖和不定形耐火材料两大类。

2.3 高炉出铁沟用耐火材料

2.3.1 出铁沟耐火材料内衬的工作环境条件和对耐火材料的要求

图 2-5 示出了大型高炉出铁时出铁沟的工作状态[5]，耐火

材料内衬的使用环境条件列于表 2 - 2[6,7]。高炉出铁沟系统由主
出铁沟、铁沟（即支沟）和渣沟等部分构成。大型高炉的主出
铁沟长约 20 米，宽和深约 2.5m，有一定的坡度，大致分为铁水
冲击区（湍流区）和渣 - 铁分离区两个区段，在分离区的后段
装有挡渣坝以阻挡炉渣进入出铁沟。高炉出铁时，从出铁口放出
的带渣铁水的速度高达 8 ~ 12m/s，汹涌冲入主出铁沟的铁水冲
击区，随后湍急铁流速度减慢，炉渣上浮，铁水下沉，经渣 - 铁
分离后，炉渣经渣沟排走，铁水经铁沟流入鱼雷罐运输车。在出
铁沟系统实施铁水预处理时，预处理剂可在不同地点投入铁水
中。预处理剂对耐火材料有强烈的腐蚀作用，使出铁沟内衬耐火
材料的使用条件更加恶化。

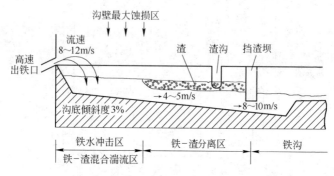

图 2 - 5　高炉出铁时的主铁沟纵剖面图

表 2 - 2　高炉出铁沟内衬耐火材料的使用环境条件

环 境 条 件	上 海 宝 钢		日本新日铁福山厂	
	1 号高炉	3 号高炉	4 号高炉	2 号高炉
高炉容积/m³	4063	4350	4288	2323
生产能力/t·d⁻¹	9000	11000	10000	5500
出铁口数量/个	4	4	4	2
每日出铁次数	8	11	12	10 ~ 11
出铁温度/℃	>1510	>1510		
出铁速度/t·min⁻¹	5.8	7.5	7	6
主出铁沟(长×宽)/m	19 ×2.95	19 ×2.4	22	16

现代高炉为提高生产效率和节能，普遍实行高风温、高顶压和喷吹煤粉或碳氢化合物操作。高炉出铁时，铁水温度高达1450~1570℃，流经出铁沟的铁水量依高炉大小不同，每分钟达4~7t。铁水中含有大量炉渣，每吨铁水有180~340kg炉渣。高炉每昼夜出铁多达15次，每次持续70~120min。这样，出铁沟耐火材料内衬工作层反复频繁地受到高温铁水和熔渣的冲刷、磨损和腐蚀作用，使用条件相当恶劣，尤其是主出铁沟的耐火材料内衬受到的侵蚀作用更甚，成为高炉炼铁系统内消耗耐火材料最多的部分。

出铁沟工作衬用耐火材料，特别是用在主出铁沟渣线部位的含碳不定形耐火材料，为能承受严酷的使用条件和满足施工要求，应具备如下性能：

（1）抗化学侵蚀。即耐熔渣和高温铁水的化学侵蚀和渗透，特别要求在温度高于1500℃时抗侵蚀性要好，同时还要求抗熔渣、铁水的渗透性要好。

（2）高温力学性能好。具有优良的高温耐磨性，即要耐熔渣和铁水的冲击与冲刷。

（3）具有致密的结构。在高温下的体积稳定性要好（或稍有膨胀）。

（4）抗氧化性好。对于含碳耐火材料，要求具有良好的抗氧化性能。

（5）抗热震性好。出铁沟内衬在周期性的加热、冷却循环过程中，不开裂，不剥落。

（6）良好的施工性能。施工快速、简便，快速干燥而不爆裂，可以迅速投入使用。

（7）环境污染少。在施工过程噪声小粉尘少，使用过程中不排放有害气体。

2.3.2　耐火材料的应用与性能

20世纪60年代以前，世界高炉大多是中小高炉，出铁沟工作衬多以廉价的焦炭粉、黏土熟料与焦油混合，经捣打制成。20世纪 60 年代以后，高炉大型化，冶炼技术改进，采取提高风温，提高顶压，提高鼓风的富氧量，以及喷吹碳氢化合物和煤粉等措施，大大地提高了高炉的生产能力。这些改进均提高了出铁沟系统的负荷，增大了对出铁沟耐火材料的侵蚀破坏程度，使筑衬与修补费用大大提高，导致各国对出铁沟耐火材料的种类和施工性能进行了一系列的科学研究，开发了品种各异、适应于不同场合的不定形耐火材料。图 2－6 示出了出铁沟用不定形耐火材料的开发进程[8]，表 2－3 列出了武钢开发的不同类型出铁沟浇注料的性能比较[9]。

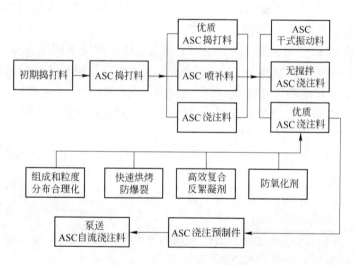

图 2－6　出铁沟用不定形耐火材料的开发进程

　　图 2－7 示出了典型的出铁沟耐火材料内衬的剖面结构图[5]。出铁沟修筑在钢板沟槽内或混凝土基础上，永久层一般用黏土砖或不定形耐火材料修筑，工作层采用含碳捣打料或含碳耐火浇注料，其中以含碳耐火浇注料为当今流行的出铁沟用耐火材料。

表 2-3　不同类型的出铁沟浇注料的性能比较

浇注料类型	低水泥浇注料	快干浇注料	自流浇注料
材质 结合方式	$Al_2O_3 - SiC - C$ 水泥 + 微粉	$Al_2O_3 - SiC - C$ $(Al_2O_3 + SiO_2)$ 溶胶 + 微粉	$Al_2O_3 - SiC - C$ $(Al_2O_3 + SiO_2)$ 溶胶 + 微粉
体积密度/$g \cdot cm^{-3}$	2.94[1]/(2.90)[2]	2.88/(2.76)	2.91/(2.88)
显气孔率/%	15.0/(18.7)	14.9/(20.0)	15.9/(19.5)
常温耐压强度/MPa	35.94	24.38	20.1
高温抗折强度/MPa	/(1.41)	/(2.79)	/(4.64)
烧后线变化率/%	/(-0.15)	/(-0.2)	/(+0.15)
抗氧化性（40mm 厚 试样加热后表面氧化层 厚度)/mm	/(3~10)	/(1.5~3)	/(0.5~1.2)
施工性能	好	优	优
养护烘烤时间	长	短,1h 后脱模,快速烘烤 2~3h 后可投入使用	
加热时感观	加热时冒烟	加热时无冒烟	加热时无冒烟
加热时有机挥发物在 空气中的浓度/$mg \cdot m^{-3}$	4.89[3]/(19.27)[4]	0.29/(1.05)	
一次通铁量/kt	80~120	150~200	150

①110℃, 24h；②试样处理条件：1450℃, 3h, 埋碳；浓度测定时的温度；③500℃；
④800℃。

2.3.2.1　中国高炉出铁沟耐火材料

　　在 20 世纪 80 年代以前，我国高炉的容量相对较小，高炉出
铁沟内衬采用沥青结合的高铝熟料-焦炭粉捣打料捣固而成。这
种捣固内衬的现场施工环境恶劣，内衬使用寿命很短。1985 年
宝钢建成 4063 m^3 大型现代化高炉，出铁沟耐火材料最初使用日
本的 $Al_2O_3 - SiC - C$ 质捣打料，不经修理的通铁量为 3~5 万吨

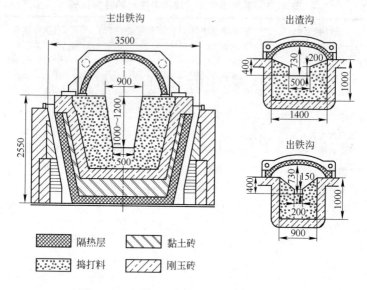

图 2-7　出铁沟耐火材料内衬的剖面结构

（以下称一次通铁量）。从 1987 年开始改用引进日本技术的
$Al_2O_3 - SiC - C$ 质浇注料，它突破耐火材料的传统理念和施工技
术，不仅使耐火材料内衬寿命大幅度提高，并使施工现场条件大
为改观[10,11]。随着大力开展技术攻关，经十几年的努力，从实
现国产化到发展创新，高炉出铁沟的使用寿命不断提高，1994
年的一次通铁量为 5.3 万吨，1998 年达到 12 万吨，一代沟龄通
铁量达到 120 万吨。表 2-4 列出了宝钢出铁沟用 $Al_2O_3 - SiC -$
C 质浇注料的性能[6]。

　　在此期间，我国出铁沟耐火材料也随着我国炼铁工业的发展
得到快速发展，研制成功多品种、多系列的 $Al_2O_3 - SiC - C$ 捣打
料和 $Al_2O_3 - SiC - C$ 质浇注料，生产和使用效果均已接近或达到
世界先进水平。例如，鞍钢容积为 3200m^3 的新 1 号高炉，使用
自主研发的 $Al_2O_3 - SiC - C$ 质出铁沟浇注料，一次通铁量达到
15 万吨[12]。

表2-4 上海宝钢4063m³ 高炉出铁沟用 Al_2O_3 – SiC – C 质浇注料的性能

材料代码	TX	ZX	TG	ZG	IK	LS
化学组成 $w/\%$						
Al_2O_3	80.0	60.9	78.4	58.9	68.6	71.2
SiC	13.3	35.4	10.8	15.5	17.5	15.7
C						
体积密度/ $g \cdot cm^{-3}$						
110℃, 24h	3.04	2.93	2.93	2.49	2.99	2.78
1450℃, 3h	2.98	2.87	2.87	2.34	2.94	
常温耐压强度/MPa						
110℃, 24h, 冷后	33	38.6	41.6		27	68.9
1450℃, 3h, 冷后	35	49.2	55		34.9	
常温抗折强度/MPa						
110℃, 24h, 冷后				6.1		6.6
1450℃, 3h, 冷后				3.1		9.3
线变化率/%	+0.19	+0.13	+0.11	-0.19	+0.2	-0.11
使用部位	主沟铁线	主沟渣线	铁沟	渣沟	倾斜槽	主沟盖

　　我国许多中小高炉的出铁沟还采用 Al_2O_3 – SiC – C 质捣打料修筑，材质上有以矾土熟料为骨料的捣打料和以电熔刚玉为骨料的捣打料。表2-5列出了鞍钢炼铁厂以电熔棕刚玉为骨料的 Al_2O_3 – SiC – C 质捣打料的配料组成和性能，使用寿命比矾土质捣打料高2倍[13]。

表2-5 刚玉质出铁沟捣打料的配料组成和性能

配料组成/%		性　　能	
电熔棕刚玉		化学组成 $w/\%$	
1~8mm	56~65	Al_2O_3	66.72
<0.088mm	5~15	SiC	10.25
碳化硅(<0.088mm+0.5mm)	12~20	C	7.46
		灼减	9.3
硬质沥青 0.5mm	5~10	物理性能(1300℃,3h,冷后)	
蓝晶石(0.074~0.149mm)	5~10	体积密度/ $g \cdot cm^{-3}$	2.48
黏土粉(<0.088mm)	5~10	线变化率/%	+0.55
水	8~10	耐压强度/MPa	26.5

2.3.2.2　日本高炉出铁沟耐火材料[14,15]

日本对出铁沟耐火材料的材质与施工方法的研究比较广泛深入，效果较为显著。20 世纪 60 年代以前，采用廉价原材料，使用焦油作结合剂人工捣打成型，通铁量在 1 万吨以下。60 年代以后，开发了 $Al_2O_3 - SiC - C$ 质捣打料，通铁量可达 5 万吨。70 年代以后，出铁沟内衬的施工方法由人工捣打发展为机械捣打，并开始进行喷补维修。70 年代后期，开发了 $Al_2O_3 - SiC - C$ 系振动浇注料，相继研制成功振动成型法（VF 法），干式振动成型法（SVP 法），以及浇注成型法（N - Cast 法）等施工方法和施工机械，大大减轻了劳动强度。80 年代以后，又陆续研制开发了多种出铁沟耐火材料，如抗侵蚀性良好的致密 $Al_2O_3 - SiC - C$ 质浇注料。为缩短 $Al_2O_3 - SiC - C$ 质浇注料的烘烤时间，研制开发添加金属铝粉的抗爆裂的出铁沟耐火材料。为排除加铝粉浇注料因氢气爆炸产生的孔洞现象，研制出有机气体发生剂代替金属铝粉的抗爆裂出铁沟耐火材料。近年来，日本人又研制出了一种热硬性的无搅拌 $Al_2O_3 - SiC - C$ 质浇注料，这是一种在生产厂预混合的浇注料。它以泥料态直接送到高炉炉前施工现场浇注，减轻了筑衬的作业量，改善了劳动环境。现在，日本又研制了自流浇注料，可以提高浇注体的均匀度，又可减轻工人的劳动强度。当前，日本除在部分小型高炉出铁沟上仍使用矾土 - SiC - C 质捣打料外，在几乎所有的高炉出铁沟上均使用 $Al_2O_3 - SiC - C$ 质浇注料。这种浇注料的不修补通铁量已超过 10 万吨。日本还开发了喷补料，用以喷补维修出铁沟内衬。出铁沟内衬经过修补和喷补维修后，通铁量已达到 50 万吨以上。表 2 - 6 列出了日本出铁沟耐火材料的性能。

2.3.2.3　韩国高炉出铁沟耐火材料

韩国生产的出铁沟耐火材料的性能列于表 2 - 7。中、小型高炉的出铁沟内衬，由于受到施工空间小和出铁间歇时间短等条件的限制，一般使用捣打耐火材料或预制件。大型高炉的主出铁沟的渣线部位采用 SiC 含量较高（SiC > 34%）的 $Al_2O_3 - SiC - C$

表 2-6　日本出铁沟耐火材料的性能

材料种类	无搅拌浇注料		浇 注 料			自流浇注料	喷补料	浇注料
	ML-Z	ML-F	LC-Z	LC-F	AC-Z	FC-F	GA	AM
化学组成 $w/\%$								
Al_2O_3	53	68	46	73.5	75(73)	73	79	94
SiO_2				2.5	4(3)	5	6	1
SiC	43	26	47	16.5	15(19)	15	8	
C	2.5	2.5	2.0	3.0	1	3		
MgO					3		1~4	3
体积密度/$g \cdot cm^{-3}$								
110℃干燥					2.84	2.87		
1000℃,3h					2.75	2.85	3.25	3.26
1450℃,3h					2.84	2.84	2.31	(1500℃,3h,冷后)
常温耐压强度/MPa								
1000℃,3h,冷后	95	90	68	40	20	35		78.5
1450℃,3h,冷后	105	100	53	53	40	45	24	(1500℃,3h,冷后)
常温抗折强度/MPa								
110℃,3h,冷后					4	6		
1000℃,3h,冷后	14	13	10.7	4.5	4	8		40.2
1450℃,3h,冷后	12	15.0	9.0	7.5	10	12	4.5	(1500℃,3h,冷后)
高温抗折强度/MPa								
1100℃,3h					1.0	1.2		
1450℃,3h					2.3	0.6		
线变化率/%								
1000℃,3h	+0.06	±0.01	+0.01	-0.04	±0.0	±0.0		-0.12
1450℃,3h	+0.09	+0.06	+0.10	+0.02	+0.2	+0.02		(1500℃,3h)
显气孔率/%								
110℃干燥					15	16		
1000℃,3h	16.6	16.2	16.5	14.5	20	17		13.9
1450℃,3h	15.0	16.1	16.8	17.0	18	18		(1500℃,3h)
施工用水量/%				5.0	5.6	5.6		
使用部位	主出铁沟,渣线	主出铁沟,铁线	主出铁沟,渣线	主出铁沟,铁线	主出铁沟	主出铁沟	主出铁沟喷补	出铁沟脱硅沟

表 2-7　韩国高炉出铁沟用耐火材料的性质

材料种类	Al$_2$O$_3$-SiC-C 质浇注料			Al$_2$O$_3$-SiC-C 质捣打料			出铁沟用预制块	喷补料
	AU1	AU3	HK8H	AN210	RP210	CI-210	82	RGM-20
化学组成 w/%								
Al$_2$O$_3$	74	56	64.4	55	18	22	65	62
SiO$_2$	3	4		10	41	50	10	12
SiC	14	36	14.5	SiC+C	SiC+C	SiC+C	SiC+C	19
F. C	3	2	2.8	19	24	12	10	
线变化率/%								
1450℃,2h	+0.05	+0.07	+0.01	+0.25	+3.0	+0.55		-0.07
体积密度/g·cm^{-3}								
110℃,24h	2.75	2.72	2.57	2.60	2.10	1.92	2.65	2.31
1450℃,2h	2.73	2.67	2.51	2.45	1.75	1.83		2.26
显气孔率/%								
110℃,24h	17.3	16.3	17.6					24.3
1450℃,2h	27.5	21.2	22.6					27.2
常温抗折强度/MPa								
110℃,24h,冷后	5.52	1.36	5.06					2.13
1450℃,2h,冷后	2.95	4.62	7.05					7.56
常温耐压强度/MPa								
110℃,24h,冷后	27.8	6.9	30.2	15.0	17.5	11.0	25.0	15.9
1450℃,2h,冷后	17.6	31.7	62.5	13.0	9.0	6.0		32.1
浇注时加水量/%	6.5	6.5	7.0					
施工方法	浇注成型,振动成型	同左	同左	捣打成型	同左	同左	装配	喷射
使用部位	主出铁沟,铁线	主出铁沟,渣线	出铁沟	主出铁沟	出铁沟	渣沟		主出铁沟
施工需用量/t·m^{-3}	2.750	2.740	2.570	2.600	2.100	1.920	2.600	2.320

系列浇注料，铁线部位采用 Al_2O_3 含量较高（$Al_2O_3 > 65\%$），而
SiC 含量较低（$SiC \approx 15\%$）的系列浇注料。在渣沟、铁沟上使
用 $Al_2O_3 - SiC - C$ 质捣打料以降低成本。主出铁沟还采用 $Al_2O_3 -$
$SiC - C$ 质喷补料进行修补，以便延长出铁沟使用寿命，降低耐
火材料消耗。

韩国生产的出铁沟耐火材料具有下列特性：（1）施工用水量
少；（2）体积稳定；（3）可以直接与出铁沟残衬相结合；（4）
可以在极短时间内干燥、烘烤；（5）安装迅速（预制件的砖型
设计合理）；（6）节省劳动力；（7）施工需要空间小；（8）耐
火材料的性价比较高。

2.3.3 $Al_2O_3 - SiC - C$ 质浇注料

2.3.3.1 $Al_2O_3 - SiC - C$ 质浇注料的构成和各组分的作用

出铁沟用 $Al_2O_3 - SiC - C$ 质浇注料是应用微粉技术开发的低
水泥和超低水泥结合的高性能浇注料，一种典型的高技术不定性
耐火材料[16]。出铁沟用 $Al_2O_3 - SiC - C$ 质浇注料由 Al_2O_3 质骨
料、SiC、碳、水泥及各种添加剂等多种物料配合而成，如第
3.3.2 节所述，主辅原材料多达 10 余种，它们在浇注料中的作用
示于图 2-8[8]。其中超细 SiO_2 和 Al_2O_3 微粉用于取代部分铝酸
钙水泥，使浇注料的使用性能和施工性能大大改善。

表 2-8 $Al_2O_3 - SiC - C$ 质高炉出铁沟浇注料的原材料一览表

原料名称	规格指标 $w/\%$	原料名称	规格指标 $w/\%$
电熔致密刚玉	$Al_2O_3 > 98$	SiO_2 微粉（1）	$SiO_2 > 98$
电熔亚白刚玉	$Al_2O_3 > 97.5$	SiO_2 微粉（2）	$SiO_2 > 92$
电熔棕刚玉	$Al_2O_3 > 95$	$\alpha - Al_2O_3$ 微粉	
一级矾土熟料	$Al_2O_3 > 85$	铝粉	
碳化硅（1）	$SiC > 97$	沥青或沥青球	
碳化硅（2）	$SiC > 90$	石油焦，鳞片石墨	
铝酸钙水泥		防爆纤维	

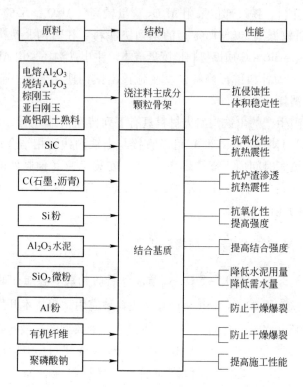

图 2 - 8　$Al_2O_3 - SiC - C$ 质浇注料中各组分的作用

2.3.3.2　$Al_2O_3 - SiC - C$ 质浇注料的配料选配

A　Al_2O_3 骨料

可用于配制 $Al_2O_3 - SiC - C$ 质浇注料的 Al_2O_3 骨料有电熔刚玉、棕刚玉、亚白刚玉、烧结氧化铝和高铝矾土熟料。骨料的性能对浇注料的性能有很大的影响，应根据使用条件选定，高档浇注料的主体材料为电熔致密刚玉，中档用电熔棕刚玉，低档用烧结矾土熟料。亚白刚玉是基于我国丰富的高铝矾土资源自主开发的一种电熔氧化铝原料，使用亚白刚玉配制 $Al_2O_3 - SiC - C$ 质浇注料是我国出铁沟浇注料的一个特点。

B SiC

SiC 原料的添加主要出于以下几种考虑：①可以防止 C 的氧化，提高出铁沟耐火材料的抗氧化性；②SiC 的膨胀系数较低，仅仅是 Al_2O_3 的一半，可以防止耐火材料在使用过程中因反复的加热、冷却所引起的脆化；③SiC 原料的导热率高，可以提高耐火材料的抗热震性，这对提高出铁沟耐火材料的抗剥落性大有好处。图 2-9 示出 SiC 加入量与 Al_2O_3 - SiC - C 质浇注料的抗热震性能的关系[17]。

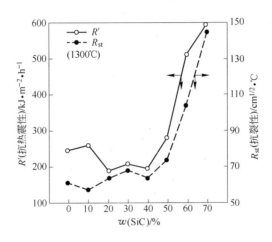

图 2-9 Al_2O_3 - SiC - C 质浇注料中 SiC 含量与 R'、R_{st} 的关系

图 2-10 示出 SiC 含量与 Al_2O_3 - SiC - C 质浇注料的抗侵蚀性能的关系[18]，加入 SiC 可使浇注料的性能大大改善，其作用原理为使用中发生如下反应：

$$SiC + O_2 \longrightarrow SiO_2 + C \qquad (2-6)$$

$$2C + O_2 \longrightarrow 2CO \uparrow \qquad (2-7)$$

$$2CO + O_2 \longrightarrow 2CO_2 \uparrow \qquad (2-8)$$

氧化后的产物为二氧化硅（SiO_2）和 CO、CO_2，SiO_2 可以形成一层保护膜，防止耐火材料进一步氧化。当外界环境中的

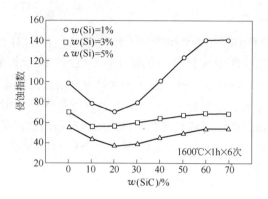

图 2 - 10　SiC 含量对抗渣性的影响

O_2 向耐火材料内部扩散和 CO、CO_2 向外扩散时，均需穿透这层保护膜，CO、CO_2 逸出过程中可抑制 O_2 向内扩散，逸出后的 CO、CO_2 在耐火材料表面形成气泡又限制了氧气的流入，最终抑制了耐火材料的氧化。

但是，SiC 加入量超过 20% 以后，浇注料的抗侵蚀性能变坏，这是因为 SiC 加入量过多时，高温强度下降（图 2 - 11[18]）。

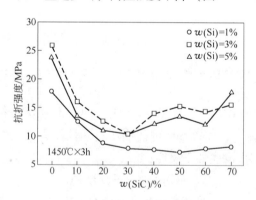

图 2 - 11　SiC 含量对抗折强度的影响

当脱硅剂的主要成分为氧化铁时，SiC 被氧化铁氧化，发生如下反应：

$$2FeO + SiC \longrightarrow 2Fe + SiO_2 + C \qquad (2-9)$$

$$3FeO + SiC \longrightarrow 3Fe + SiO_2 + CO \uparrow \qquad (2-10)$$

$$4FeO + SiC \longrightarrow 4Fe + SiO_2 + CO_2 \uparrow \qquad (2-11)$$

实际使用中主要发生式(2-10)反应。该过程在1400℃以上会急剧进行，因为此温度下，FeO为液相，反应产生大量气体，使SiC颗粒很快被侵蚀。

尽管如此，如图2-12所示[19]，SiC仍能有效地防止富FeO炉渣的渗透和提高浇注料的抗侵蚀性。只是 $Al_2O_3 - SiC - C$ 浇注料在脱硅出铁沟中使用时，SiC的含量需控制在10%以下。

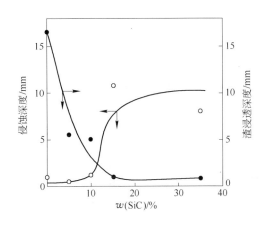

图2-12　浇注料的SiC含量与对铁鳞渣的抗侵蚀性的关系

试验条件：旋转炉；温度：1150℃；渣：轧钢皮

C　碳

在 $Al_2O_3 - SiC - C$ 质浇注料中，碳主要起阻止炉渣渗透的作用，将炉渣限定在耐火材料内衬的表层。同时，碳还使浇注料的热传导率提高，降低弹性模量，提高浇注料的抗热震性，减轻出铁沟内衬的结构剥落和开裂。碳可选用石墨、炭黑、沥青球作为碳系原料加入。碳在浇注料中的作用效果与其加入量和碳原料的种类有关（图2-13[20]）：碳的加入量约为4%时，浇注料的抗

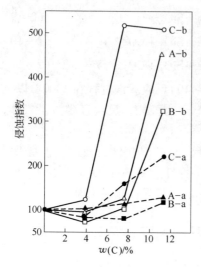

碳的种类	固定碳 /%	挥发分 /%	灰分 /%
A	64.0	35.8	0.2
B	85.8	13.8	0.4
C	98.9	0.8	0.4

图 2 – 13　碳的含量和种类与 Al_2O_3 – SiC – C 质浇注料的抗侵蚀性的关系
试验方法：a—高频感应炉法；b—旋转炉法

蚀性最高。选用挥发分适中的碳原料，浇注料的抗侵蚀性能好，这是由于：

（1）碳原料中挥发分气化，在该气化性气体的压力作用下，碳进入到耐火材料的气孔内壁，形成涂层，可防止熔渣向气孔内渗透。

（2）分散于出铁沟耐火材料中的碳可以改变熔渣对耐火材料内衬的润湿性，使渣对其润湿性变坏，从而防止了渣的渗透。

因此，Al_2O_3 – SiC – C 质浇注料中通常配加沥青球作碳原料。

D　水泥

出铁沟用 Al_2O_3 – SiC – C 浇注料通常用高铝水泥和纯铝酸钙水泥作结合剂。水泥使浇注料获得强度，但加入水泥的同时，向浇注料中也加入了 CaO，CaO 不利于浇注料的抗侵蚀性。并且，水泥用量增加，浇注料的需水量增加，导致浇注料的气孔率提高，体积密度降低，抗侵蚀性降低。因此，出铁沟用 Al_2O_3 – SiC – C

浇注料一般为低水泥浇注料和超低水泥浇注料,浇注料中 CaO 含量控制在 1.0% ~ 2.5% 以下。

E　SiO$_2$ 微粉

SiO$_2$ 微粉为低水泥浇注料和超低水泥浇注料的关键性添加剂,用于填充浇注料的微细孔隙,从而减少加水量和水泥用量,可显著提高浇注料的强度并改善施工性能。

F　金属 Si 粉

在高炉出铁沟浇注料中加入金属 Si 细粉,在一定温度下,它与浇注料中的 C 发生反应:Si + C →SiC,生成的这种 SiC 呈两种形态存在于基质中。一种是非常细小的,直径 0.1 ~ 0.5μm 的纤维状 SiC,它分布于基质的颗粒与颗粒之间,起到一种架桥衔接作用,具有 SiC 纤维的补强效应,因而,可明显提高浇注料的烧后强度;另一种是呈蠕虫状或絮状 SiC,它改善了浇注料的显微结构,使浇注料形成 SiC 结合的 Al$_2$O$_3$ – SiC – C 材料,提高了出铁沟料的抗氧化性和抗渣性。图 2 – 14 和图 2 – 15 分别示出了金属 Si 粉的加入量对浇注料高温强度和抗氧化性的影响[21]。

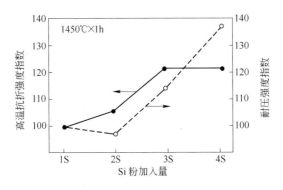

图 2 - 14　Si 粉加入量对浇注料高温强度的影响

实际使用后观察,在渣 – 空气界面,添加的金属 Si 细粉,可提高出铁沟耐火浇注料的抗侵蚀性。当金属 Si 粉的加入量在 5% 左右时,抗侵蚀性最好。当金属 Si 细粉加入量达到 5% 以上

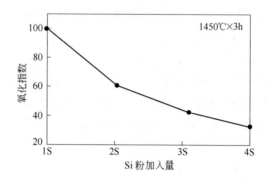

图 2 - 15　Si 粉加入量对浇注料的抗氧化性的影响

时，由于 C 含量不足，未参与反应的金属 Si 增多，抗侵蚀性会变差。

　　但在渣 - 铁水界面，添加的金属 Si 细粉并不能提高耐火材料的抗侵蚀性。由于渣 - 铁水界面处，氧分压低，即使 Si 与 C 反应生成了 SiC，也会因发生 SiC + 2CO →SiO$_2$ + 3C 反应而生成 SiO$_2$，结果由于 SiO$_2$ 的增加反而导致出铁沟耐火材料的抗侵蚀性下降。

　　G　金属 Al 粉

　　出铁沟浇注料中加入金属 Al 粉之后，Al 粉遇水会发生如下反应：

$$Al + 3H_2O \longrightarrow Al(OH)_3 + 3/2H_2 \uparrow + 393.47kJ \qquad (2 - 12)$$

　　反应后，生成的 H$_2$ 在浇注料内部形成贯通的均匀细小排气孔，有利于内部水分的排出，脱掉部分游离水，防止在烘烤过程中产生爆裂。反应过程中放出的热量也可加快脱水速度，加速浇注料的凝结硬化过程，提高出铁沟浇注料的强度。另外，反应后生成的 Al(OH)$_3$ 凝胶可形成新的结合相，也可能提高浇注料的强度。

　　图 2 - 16、图 2 - 17 示出了金属 Al 粉的加入量与浇注料的强度和抗氧化性的关系[21]。

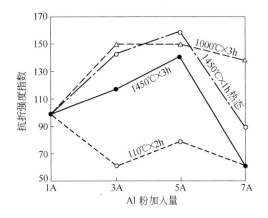

图 2 - 16 Al 粉加入量对浇注料的抗折强度的影响

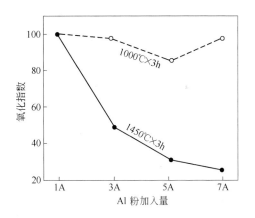

图 2 - 17 Al 粉加入量对浇注料的抗氧化性的影响

尽管添加金属 Al 粉对提高出铁沟浇注料的中温和高温强度有一定的好处，但加入量不宜过多，否则，会因 Al 粉与水反应放出大量的氢气，在浇注料体内形成大量贯通气孔，使其结构疏松而导致强度下降，抗渣侵蚀性变差。

H 有机纤维

出铁沟浇注料中加入一些有机纤维也可防止烘干过程中发生

爆裂,这是由于有机纤维在浇注料烘干过程中被烧失,遗留下排气通道。

除了金属铝粉和有机纤维外,为增强出铁沟浇注料的抗爆裂性,还可采用添加有机气体发生剂法,添加无机化合物发泡剂法等。

I　聚磷酸钠

聚磷酸钠、聚氰铵类缩合物和萘磺酸盐缩合物等,用作浇注料的减水剂,具有分散减水效果,可提高浇注料的体积密度,降低气孔率,提高强度。

2.3.4　$Al_2O_3 - MgO$ 质浇注料

在主铁沟内以铁鳞为预处理剂进行铁水脱硅时,富 FeO 炉渣对 $Al_2O_3 - SiC - C$ 质浇注料中的 SiC 和 C 发生下列反应:

$$SiC + 3FeO \longrightarrow SiO_2 + 3Fe + CO \uparrow \qquad (2-13)$$

$$C + FeO \longrightarrow Fe + CO \uparrow \qquad (2-14)$$

上述反应导致 SiC 和 C 被氧化,浇注料受到严重侵蚀。

对以氧化铁为主要预处理剂的出铁沟,日本钢管公司与品川耐火材料公司使用 $Al_2O_3 - MgO$ 质浇注料,取得满意效果。表2-9列出了脱硅出铁沟试用的 $Al_2O_3 - MgO$ 质浇注料的性能[19]。$Al_2O_3 - MgO$ 质浇注料使用过程中发生如下反应:

(1) 氧化铝与氧化镁反应,在氧化铝颗粒周边生成镁铝尖晶石。

(2) 生成的镁铝尖晶石与渣中的氧化铁发生反应,氧化铁被尖晶石吸收形成高熔点的固溶体。

(3) 氧化铝与渣中的 CaO 发生反应,生成 $Al_2O_3 - CaO$ 系反应物。

(4) $Al_2O_3 - CaO$ 系反应物与渣中 SiO_2 发生反应,生成 $Al_2O_3 - CaO - SiO_2$ 系反应物。

表 2-9 Al$_2$O$_3$-MgO 质浇注料的理化性能

材 料 种 类	AM-1	AM-2	AM-3
化学组成 w/%			
Al$_2$O$_3$	94	87	76
SiO$_2$	1	1	2
MgO	3	10	20
物理性质（1600℃，3h，冷后）			
体积密度/g·cm^{-3}	3.26	3.07	3.00
显气孔率/%	13.9	17.4	16.5
常温耐压强度/MPa	78.5	55.9	58.8
常温抗折强度/MPa	40.2	7.8	16.7
线变化率/%	-0.12	+1.47	+1.18

以上反应的生成物的熔点高，可使炉渣的熔点和黏度提高，抑制炉渣的浸润，提高浇注料的抗侵蚀性。

Al$_2$O$_3$-MgO 质浇注料的抗侵蚀性与 MgO 含量、炉渣碱度及 FeO/SiO$_2$ 比有关，如图 2-18 和图 2-19 所示[19]，有如下规律：

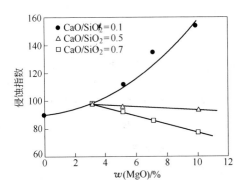

图 2-18 炉渣的碱度对 Al$_2$O$_3$-MgO 质浇注料的抗侵蚀性的影响

炉渣组成 w：FeO 15%；SiO$_2$ x%；CaO（70-x）%；

MgO 10%；CaF$_2$ 5%

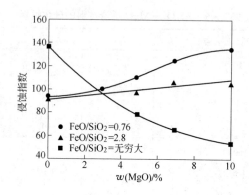

图 2 - 19　炉渣的 FeO/SiO_2 比对 $Al_2O_3 - MgO$ 质

浇注料的抗侵蚀性的影响

炉渣组成 w：FeO 39% ~95%；SiO_2 51% ~0%；MnO 5% ~10%

（1）当炉渣碱度高于 0.7 时，浇注料的抗侵蚀性随 MgO 含量增多而提高；但炉渣碱度小于 0.5 时，抗侵蚀性随 MgO 含量增多而降低。

（2）在仅用铁鳞作脱硅剂时，FeO/SiO_2 比很高的情况下，添加 MgO 可提高浇注料的抗侵蚀性能；但炉渣的 FeO/SiO_2 小于 2.8 时，加入 MgO 反而使浇注料的抗侵蚀性能变坏。在实际应用时，MgO 的适宜加入量为 3%。

2.3.5　出铁沟耐火材料内衬的损毁

2.3.5.1　出铁沟耐火材料内衬的损毁形态

图 2 -20 示出了大型高炉出铁沟在出铁和停歇时的工作状态，在主出铁沟的内衬上清晰呈现上、下两条渣线和铁水线，由此造成两处局部的严重侵蚀[17]。

2.3.5.2　铁水和炉渣的机械冲刷磨损

出铁沟内衬使用时受到高速含渣铁水流的严重冲刷磨损作用，耐火材料的耐磨损性能与材料的强度密切相关。图 2 -21 示

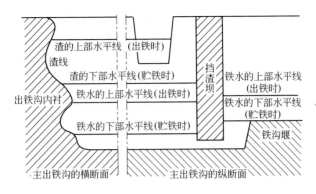

图 2 – 20 高炉出铁沟在出铁和停歇时的工作状态

出的出铁沟内衬的损毁速度与 $Al_2O_3 - SiC - C$ 质浇注料的高温抗折强度的关系[22]，呈现很高的相关性，随着材料的高温抗折强度增加，侵蚀速度显著下降。因此，浇注料的高温抗折强度被用作衡量浇注料的耐用性或质量的一项基本性能指标，人们因此设法提高浇注料的高温抗折强度，以提高使用寿命。

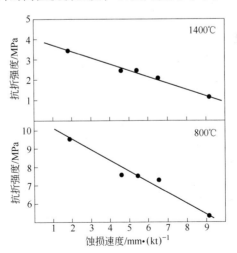

图 2 – 21　$Al_2O_3 - SiC - C$ 质浇注料在出铁沟铁水区渣线带的
侵蚀速度与高温抗折强度的关系

2.3.5.3　化学侵蚀作用[17,23,24]

出铁沟内衬使用过程中，在上渣线和下渣线部位，空气（氧）、炉渣和铁水与耐火材料发生一系列的化学侵蚀作用（表2-10），结果造成上、下渣线的局部严重损毁（图2-22）。

表 2-10　$Al_2O_3 - SiC - C$ 质出铁沟浇注料使用中
发生的化学侵蚀作用

反　应　区	受损过程/结果
耐火材料 - 空气/氧气	C、SiC 的氧化
耐火材料 - 空气 - 熔渣	游离 C 氧化 熔渣渗入耐火材料的开口气孔
耐火材料 - 熔渣	熔渣渗入耐火材料的开口气孔 基质与结合剂被侵蚀
耐火材料 - 熔渣 - 铁水	发生综合反应 基质、结合剂被侵蚀 SiC 被氧化、侵蚀，属高侵蚀区
耐火材料 - 铁水	铁水渗入耐火材料的开口气孔 SiC、C 可能被氧化、熔解

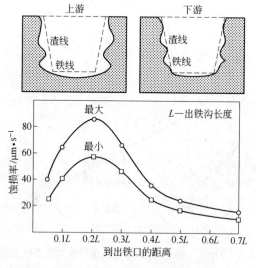

图 2-22　主出铁沟的典型侵蚀模型和侵蚀率

图 2-23 示出了上渣线部位 Al_2O_3 - SiC - C 质浇注料的局部
损毁图解。以 Al_2O_3 - SiC - C 为主成分的出铁沟内衬被炉渣浸
润，炉渣可沿内衬表面上升，形成很薄的一层渣膜（90 ~
120μm）。空气通过这层渣膜进入内衬，使 SiC 氧化，氧化生成
的 SiO_2 溶解于渣膜中。渗透的空气沿渣膜的高度方向增加，使
渣膜中的 SiO_2 的浓度存在着浓度差。由于表面张力的变化，使
炉渣产生上下方向运动，结果造成局部损毁。因此，控制上渣线
局部损毁的措施是阻断空气渗透和提高 SiC 的抗氧化的性能。

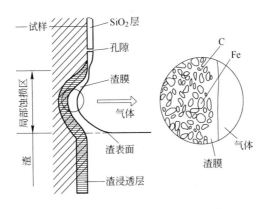

图 2-23 出铁沟内衬上渣线的局部损毁区和显微结构示意图

图 2-24 为下渣线部位的耐火内衬的局部损毁图解。熔渣粘
附在耐火材料内衬的表面或渗透到内衬耐火材料之内，在内衬与
铁水之间形成渣膜，耐火材料与渣膜发生反应。如渣膜中的 FeO
与出铁沟耐火材料中的 SiC 反应，$2FeO + SiC \longrightarrow SiO_2 + 2Fe +$
C，使 SiC 颗粒氧化，促进了耐火材料的结构蚀损。渣膜不断运
动，促进了新鲜渣补充渣层，同时除去了被蚀损的成分。又由于
熔渣中的 SiO_2 与铁水反应，$SiO_2 + 2Fe \longrightarrow 2FeO + Si$，生成新的
FeO，可以不间断地供给 FeO，更加速了耐火材料的局部损坏。
因此，控制下渣线局部损毁的措施是提高 SiC 的抗氧化的性
能。

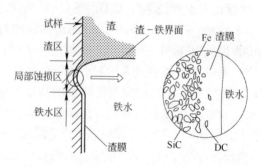

图 2 - 24　出铁沟内衬下渣线的局部损毁区和显微结构示意图

Fe—细小颗粒铁；DC—从 SiC 中分解的碳

实际上，在冶金用耐火材料的使用过程中时常可见到，在耐火材料与气相/熔渣或熔渣/铁水接触的相界面上发生上述的局部熔损现象，造成严重的局部过早损毁，使耐火材料的使用寿命大大降低。所谓的马兰戈尼效应（Marangoni effects），即由于相界面上的表面张力梯度差引起的液相反复运动，是造成耐火材料发生局部损毁的一个主要机理[25]。深入研究发生这种现象的原因，可为寻求谋划解决策略时提供新的思路。

2.3.5.4　热震损毁

热震损毁是出铁沟内衬的主要损毁机理之一。出铁沟内衬施工后在干燥和烘烤时可能会出现裂纹。使用过程中，由于反复受到 $500℃ \rightleftharpoons 1500℃$ 的温度循环变化作用，结果产生横向和纵向裂纹，加剧内衬的浸透和侵蚀，如图 2 - 25 所示[17]。

2.3.6　出铁沟内衬的施工

出铁沟内衬施工方法有多种（参见表 2 - 11），分别叙述如下。

2.3.6.1　捣打成型法

早期，高炉出铁沟内衬的施工为人工捣打成型，后发展到用气动或电动捣锤对捣打料进行捣固施工。此法劳动强度大，内衬

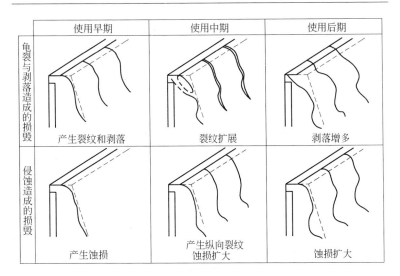

图 2-25 出铁沟内衬的损毁模型

表 2-11 高炉出铁沟内衬筑衬方法

| 筑衬方法 | 捣打成型法 | 振动成型法 | | 利用固定模型 | | 大砖及预制件 | 喷补方法（迄今仅用于修补） |
		重力作用下振动模型下沉	使用内部带振动器的模型	浇注和振动	自流浇注		
筑衬机械	压缩空气或电动捣锤（60次冲击/min）	专用成型机（VF），振动频率3600～12000次/min，振幅0.2～0.5mm，功率1.2kW	专用成型机（SVP）频率260次/min，振幅0.3～0.8mm，功率1.2kW	固定模型插入式振动加压	固定模型不必振动加压	适当的运输、安装工具	喷补机的喷补压力0.5MPa，不用模板
优点	致密性好	组织致密、均匀、砌筑时间短，修补方便	筑衬简单，不需干燥，可迅速升温，350～400℃/h，修补方便	组织非常均匀，修补方便	组织均匀，无噪声，省力，易修补	砌筑迅速	快速进行冷修补和热修补
缺点	捣固不均匀，容易分层	噪声大，干燥时间长	出铁沟上部的致密性差	含水较多干燥时间长	含水较多干燥时间长	存在接缝问题	喷补料回弹损失大，气孔率高，易分层

结构易分层，不均匀。现已开发出自动捣打机械，可对出铁沟的不同部位进行自动捣打成型。

2.3.6.2　振动成型法[5,14]

振动成型法如图 2 - 26 所示，将混合好的泥料注入出铁沟模型内，装上带有振动器的模芯，从上面对模芯一边加压，一边通电给予数千周波的频率进行振动，泥料因振动而流动、充填，模芯则边振动边逐渐下沉，使泥料致密成型。该法成型的出铁沟内衬致密均匀。

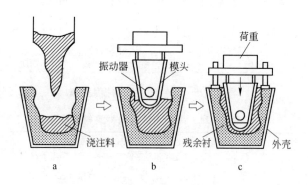

图 2 - 26　出铁沟振动成型示意图

a—投入振动成型料；b—放入模型；c—加荷重振动，模型下沉

2.3.6.3　干法振动成型法

图 2 - 27 为干法振动成型法示意图。此法是用含水分极少的干式料，经过振动而成型的。成型后的内衬几乎不需干燥就可以快速升温（350 ~ 400℃/h）使用。该法节省能源，但出铁沟内衬的上部致密性稍差。

2.3.6.4　浇注成型法

浇注成型法见图 2 - 28。这种浇注施工法使用含水量较多的（5% 左右）浇注料，直接浇灌到已安放好的出铁沟模型内，利用插入式振动棒振动成型。这种成型方法的施工效率高，省力，内衬的组织均匀，密度较大。

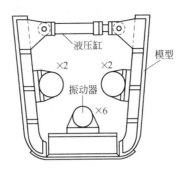

图 2-27 干式振动成型法示意图

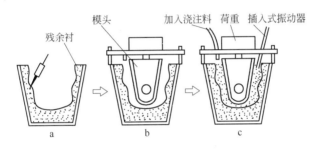

图 2-28 出铁沟浇注成型法示意图

a—除去残渣；b—放入模型；c—浇注与振动

2.3.6.5 自流浇注料成型法

将自流浇注料混合之后，投入出铁沟内衬模型内，靠泥料自身良好的流动性，自行充填到模型内的每一个角落。该法可将狭小的孔隙填满，成型体质地均匀。

2.3.7 出铁沟内衬喷补维护

现代大型高炉出铁沟的作业条件十分苛酷，为了减少出铁沟内衬的损耗，纷纷采用高级耐火原料，这就导致了出铁沟内衬耐火材料生产成本上升，因而，又不得不采取某些措施来降低成本。

出铁沟内衬在使用过程中不是全部均匀地受到侵蚀，到使用后期，会产生局部的损坏、剥落、龟裂等，特别是在贮铁式主出铁沟中，受到从出铁口倾注出的铁水的直接撞击。该部位的内衬侵蚀深度可达到 200mm 以上，常使铁水滞留，导致出铁沟底部内衬损坏殆尽。这时的出铁沟内衬因局部损坏不能继续使用，若丢弃的话，很多耐火材料被白白浪费掉，提高了内衬的使用成本。为了有效充分利用各部位内衬的耐火材料和提高其使用寿命，就要平衡耐火材料内衬的损耗，较好的手段就是采用热喷补法。

出铁沟内衬的热喷补维修的最适宜时机为在铁线处、渣线处损坏出现凹状并达到某种程度，喷补时间应选在出铁沟内衬工作的表面温度从 800℃（呈赤红色）到开始变黑（约 500～600℃）时，维修作业程序见图 2－29[26]。

图 2－29　出铁沟喷补方法示意图

a—工作表面粘着板状、块状渣的出铁沟；b—用撬棒将渣清落到出铁沟底部，
使铁线凹处显露出来，用气吹净表面尘埃；c—允许保留工作表面上
粘着的薄的渣及飞溅物，在其表面直接喷补

热喷补料通常都采用 Al_2O_3－SiC－C 质材料（见表 2－12）。这些喷补料在喷枪嘴处与水混合后，成为湿的均质无粉尘状喷补料，可以稳定喷出，粘结性良好，又能迅速硬化，成为非常致密的喷补层。

目前对出铁沟内衬实施喷补有两种形式：

（1）全面喷补法。对主要的易损坏部位，采取有计划的预防性全面喷补，以取得均衡的损坏。在这种情况下，应注意调整

表2-12 高炉出铁沟喷补料的种类和理化性能

材料种类	RGM-20	GA-80G	GC-20G	GC-8G	GC-15G	GA-65G	G-GP
化学组成 w/%							
Al_2O_3	62	77	65	72	62	68	≥55
SiO_2	12	6	8	10	13	14	
SiC	19	8	21	8	15	8	≥16
喷补层物理性质							
显气孔率/%							
110℃，24h	24.3						
1450℃，2h	27.3	31	29	31	28	30	
体积密度/ g·cm^{-3}							
110℃，24h	2.31						2.4
1450℃，2h	2.26	2.31	2.23	2.28	2.18	2.20	
常温耐压强度/MPa							
110℃，24h，冷后	15.9						17.7
1450℃，2h，冷后	7.56	24	28	21	23	20	16.1
常温抗折强度/MPa							
110℃，24h，冷后	2.13						
1450℃，2h，冷后	7.56	4.5	5.5	4.0	4.2	3.8	
喷补水分/%		9~11	9~11	10~12	10~12	10~12	
喷补需料量/ t·m^{-3}	2.32	2.35	2.28	2.31	2.23	2.25	
应用部位	大型高炉主出铁沟	大型高炉主出铁沟铁线	大型高炉主出铁沟渣线	大型高炉主出铁沟铁线、渣线	中小型高炉主出铁沟渣线	中小型高炉出铁沟渣线、铁线	主出铁沟

出铁沟的使用周期。全面喷补法的喷补料使用量大，出铁沟内衬的使用寿命可以得到大幅度提高，又可大大缩短喷补时间，减轻作业强度。

（2）局部喷补。当出铁沟内衬的渣线、铁线等处因龟裂、剥落、侵蚀等原因造成局部损坏后，对这些部位实施喷补维修，采用局部喷补法。这种方法可以用较少量的喷补料进行维修，使得出铁沟内衬的整体损耗达到均衡，它还能够调整出铁沟的使用周期，可大幅度地提高其使用寿命，又能降低耐火材料单位消耗并减少单位成本。

另外，热喷补还可对出铁沟内衬出现的龟裂、剥落等进行应急性喷补维修，以防止因这些损坏而引起漏铁事故。

总之，可以依据出铁沟内衬的损坏情况以及所具备的施工条件，选择不同形式的喷补策略。其宗旨就是最大限度地发挥出铁沟内衬的潜力，降低耐火材料消耗，降低单位生产成本。

2.4　鱼雷铁水罐车用耐火材料

2.4.1　耐火材料内衬的工作环境

在现代化大型钢铁厂，鱼雷铁水罐车是生产线上的重要设备之一，不仅是承担运输和贮存铁水的容器，同时还是进行铁水预处理的设备。宝钢有 70 台 320t 鱼雷铁水罐车，每天投入运行的达 45 ~ 48 台，日运输、处理铁水 30000t 左右。

铁水预处理鱼雷铁水罐车的耐火材料的工作状况参见图 2 - 2，耐火材料的工作环境列于表 2 - 13 [1,27]。铁水车采用间歇式作业方式，日利用次数在 1 ~ 4 次之间，平均达 2.5 次。接受铁水的温度为 1450 ~ 1500℃，循环使用中罐体内衬材料的温度波动大，最高可达 1100℃。铁水滞留时间平均每次为 3 ~ 4h。铁水预处理用"三脱"剂主要有 CaC_2、烧结矿粉、石灰粉、萤石和苏打灰等。宝钢一炼钢采用 TDS 法单脱硫，二炼钢改用 TDP 法进行"三脱"。在铁水预处理过程中，熔渣和铁水在预处理剂的高压载气的喷吹搅拌下形成涡流，对铁水罐车内衬，包括直筒部分和锥体顶部内衬，造成严重的侵蚀损毁作用。铁水罐车内衬耐火材料使用时受到的作用可归结为：

（1）在铁水流入流出时，装入侧内衬受到铁水直接的强烈冲击磨损作用。

（2）渣线部位的耐火材料受到预处理剂的严重化学侵蚀作用。

（3）铁水罐车空罐温度为 700~800℃，流入罐内的高炉铁水温度为 1450~1500℃，使耐火材料内衬遭受严重的热震作用。

（4）由于强烈的气流搅拌，耐火材料内衬受到铁水和炉渣的冲刷磨损作用。

表 2-13　铁水预处理鱼雷铁水罐车耐火材料的使用环境

工　　厂		上海宝山钢铁公司	日本神户制钢所
公称容量/ t		320	350
铁水温度/℃		1450~1500	
空罐温度/℃		700~800	
预处理剂：种类		CaO，CaF_2，Na_2CO_3	氧化铁，CaO，CaF_2
用量		10kg/t	600kg/min（最大）
喷吹方式		喷粉	喷粉+吹氧
喷吹气体速度/$m^3 \cdot min^{-1}$			60（O_2）
处理时间/min		20~30	
日使用次数		2.5	
预处理比例/%		71~91	20（脱磷）

2.4.2　耐火材料的应用与性能

鱼雷铁水罐车耐火材料内衬，按使用条件和耐火材料的应用，大致分为：隔热安全衬，罐口，罐顶，渣线，渣线以下和铁水冲击垫衬等部位。通常，铁水罐车耐火材料内衬，在不同部位上采用不同材质的耐火材料综合砌筑。不进行铁水预处理的铁水罐车内衬一般用优质黏土砖和高铝砖砌筑，在渣线部位有采用 $Al_2O_3 - SiC - C$ 砖代替硅酸铝系耐火砖的趋向。在进行铁水预处理的铁水罐车中，由于使用环境恶化，黏土砖和高铝砖已不能满足使用要求，已普遍改用抗侵蚀性能好的 $Al_2O_3 - SiC - C$ 砖砌筑内衬。

2.4.2.1   中国鱼雷铁水罐车用耐火材料

上海宝山钢铁公司的 320t 鱼雷铁水罐车，在未进行铁水预处理时，采用致密黏土砖砌筑内衬，渣线部位使用莫来石砖，内衬寿命约 700 次。在采取铁水预处理脱硅、脱磷后，从 1990 年，混铁罐车内衬改用 Al_2O_3 – SiC – C 砖砌筑。图 2 – 30 示出了宝钢320t 鱼雷铁水罐车耐火材料内衬结构。表 2 – 14 列出了内衬各部位使用的主要耐火材料品种和性能，鱼雷铁水罐车的脱硫率100%，脱硅率 10% ~ 13%，脱磷率 8% ~ 13%，耐火材料内衬寿命提高到 1050 ~ 1700 次[29,30]。

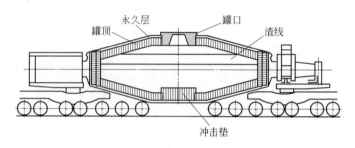

图 2 – 30   上海宝钢 320t 鱼雷铁水罐车的耐火材料内衬结构

2.4.2.2   日本鱼雷铁水罐车耐火材料

日本鱼雷铁水罐车耐火材料内衬因混铁车采取铁水预处理工艺发生两次大的改变[31]。1972 年在鱼雷铁水罐车内实施脱硫处理，耐火材料内衬从优质黏土砖内衬改为高铝砖、高铝 –SiC 砖、高铝 – SiC – C 砖或镁白云石砖为主的耐火材料内衬。1979 年在鱼雷铁水罐车内开始进行三脱，即脱硫、脱硅和脱磷，耐火材料内衬改为以 Al_2O_3 – SiC – C 砖为主要耐火材料的内衬。

图 2 –31 示出了日本神户制钢厂 350t 鱼雷铁水罐车耐火材料内衬结构，各部位使用的耐火材料性能列于表 2 –15，铁水罐车耐火材料寿命为 1453 次[1]。

鱼雷铁水罐车内衬的渣线和铁水流入流出侧部位，耐火材料

表 2 – 14　上海宝钢 320t 鱼雷铁水罐车用耐火材料的性能

使用部位	永久层	罐口	罐顶	渣线	渣线以下，铁水冲击垫
耐火材料	黏土砖	高铝浇注料	Al_2O_3 – SiC – C 砖	Al_2O_3 – SiC – C 砖	Al_2O_3 – SiC – C 砖
化学组成 w/%					
Al_2O_3	44.03	≥50	74.6	74.3	73.4
Fe_2O_3	1.97				
SiC			12.3	5.8	9.8
C			6.8	13.8	10.5
显气孔率/%	20				
体积密度/g·cm^{-3}	2.21	≥2.20 (1500℃，3h)			
常温耐压强度/MPa	57.8	≥25 (110℃，24h)	58.2	54.7	64.2
抗折强度/MPa 常温 1400℃，0.5h			33.1 21.7	26.3 20.4	32.8 18.8
耐火度/℃	≥1750	≥1770			
荷重软化点/℃	1427				
重烧线变化率/%	-0.1	0~1.5 (1500℃，3h)			抗热震性>100 次 (1000℃，水冷)

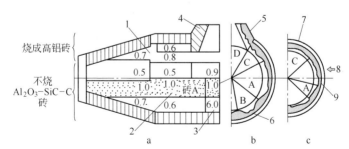

图 2 – 31　日本 350t 鱼雷铁水罐车耐火材料内衬

a—图中数字表示相对侵蚀指数；b—铁水罐车中心横断面；c—铁水罐车尾端横断面

1—烧成高铝砖；2—不烧 Al_2O_3 – SiC – C 砖 A；3—不烧 Al_2O_3 – SiC – C 砖 B；

4—高铝浇注料；5—罐口；6—铁水冲击垫；7—残余内衬；

8—渣线；9—渣线下部

表 2-15　日本鱼雷铁水罐车用耐火材料的性能

使用部位	罐口	罐顶	渣线以下	铁水冲击垫
耐火材料	高铝浇注料（D）	高铝砖（C）	$Al_2O_3 - SiC - C$ 砖（A）	$Al_2O_3 - SiC - C$ 砖（B）
化学组成 w/%				
Al_2O_3	85	85	65	68
SiO_2	11	13		8
SiC			15	6
C			13	10
CaO	0.8			
钢纤维	2			
显气孔率/%	15.4	17.2	4.9	6.3
体积密度/g·cm^{-3}	2.83	2.83	3.12	2.99
常温耐压强度/MPa		115	64	78
抗折强度/MPa				
常温	12.4	10.8	18.5	19.3
1400℃			22.1	12.9

局部蚀损严重，日本研究开发添加 $\beta - Al_2O_3$ 和 $\beta - Si_3N_4$ 的抗侵蚀 $Al_2O_3 - SiC - C$ 砖。

向 $Al_2O_3 - SiC - C$ 砖中添加 $\beta - Al_2O_3$ 的目的是增强耐火材料的抗炉渣浸透性能。其原理是，一方面，$\beta - Al_2O_3$ 作为 Al_2O_3 源，使侵入砖中的炉渣黏度提高，在热面上形成保护层；另一方面，由于 $\beta - Al_2O_3$（$Na_2O \cdot 11Al_2O_3$）分子中含 Na_2O，在还原气氛下与碳和 SiC 反应，使砖内气氛压力提高，可阻止炉渣侵入。表 2-16 列出了添加和未添加 $\beta - Al_2O_3$ 的 $Al_2O_3 - SiC - C$ 砖的性能比较[32]。在神户钢厂鱼雷铁水罐车上试用，含 $\beta - Al_2O_3$ 的 $Al_2O_3 - SiC - C$ 砖的抗侵蚀性能提高约 20%，内衬寿命提高约 30%。

$\beta - Si_3N_4$ 具有化学稳定性好，耐热冲击性好，高温强度大和耐磨损等优良性能。日本第一耐火材料公司用 $\beta - Si_3N_4$（Si

58.9%，N 37.8%，Fe 0.5%）取代部分电熔氧化铝，试制生产含 $\beta - Si_3N_4$ 的 $Al_2O_3 - SiC - C$ 砖。表 2 - 17 列出了添加与不添加 Si_3N_4 的 $Al_2O_3 - SiC - C$ 砖的性能[1]。在神户钢厂的鱼雷铁水罐车铁水流入流出部位使用，含量 $\beta - Si_3N_4$ 的 $Al_2O_3 - SiC - C$ 砖抗侵蚀性能提高 10%。

表 2 - 16 添加 $\beta - Al_2O_3$ 的 $Al_2O_3 - SiC - C$ 砖的性能

砖 种	普通 $Al_2O_3 - SiC - C$ 砖	含 $\beta - Al_2O_3$ 的 $Al_2O_3 - SiC - C$ 砖
化学组成 $w/\%$		
Al_2O_3	66	65
$SiC + C$	28	28
Na_2O		0.6
$\beta - Al_2O_3$		10
显气孔率/%	7.5	9.5
体积密度/g·cm⁻³	3.01	2.95
常温耐压强度/MPa	46.1	46.1
常温抗折强度/MPa	18.6	17.7

表 2 - 17 添加 $\beta - Si_3N_4$ 的 $Al_2O_3 - SiC - C$ 砖的性能

砖 种	普通 $Al_2O_3 - SiC - C$ 砖	含 $\beta - Si_3N_4$ 的 $Al_2O_3 - SiC - C$ 砖
化学组成 $w/\%$		
Al_2O_3	65	57
SiC	15	15
C	13	13
$\beta - Si_3N_4$	0	8
显气孔率/%	5.4	7.5
体积密度/g·cm⁻³	3.03	2.95
常温耐压强度/MPa	85	76
抗折强度/MPa		
常温	23	19
1400℃	16	13

2.4.2.3　德国鱼雷铁水罐车耐火材料

德国鱼雷铁水罐车内衬用耐火材料的使用和发展进程与日本类似。在 1970 年以前，鱼雷铁水罐车为单纯的铁水运输工具，内衬用优质黏土砖砌筑。在 70 年代采取脱硫预处理后，鱼雷铁水罐车内衬改用高铝砖，沥青和树脂结合红柱石砖，沥青结合白云石砖。大约在 1985 年以后，在鱼雷铁水罐车内进行脱硫、脱硅和脱磷三脱处理，内衬改用高铝矾土 – SiC – C 砖，红柱石 – SiC – C 砖和 Al_2O_3 – SiC – C 砖。

表 2 – 18 列出了德国鱼雷铁水罐车用耐火材料的性能[33]。渣线部位用的 Al_2O_3 – SiC – C 砖是以刚玉为骨料制造，抗侵蚀性强，用于砌筑 300t 鱼雷铁水罐车内衬。以高铝矾土熟料和红柱石为骨料生产的 Al_2O_3 – SiC – C 砖适用于不接触炉渣的其余内衬。

表 2 – 18　德国鱼雷铁水罐车用耐火材料的性能

使用部位	安全衬	罐顶	渣线	渣线以下	
耐火材料	黏土砖	高铝砖	Al_2O_3 – SiC – C 砖	红柱石 – SiC – C 砖	高铝 – SiC – C 砖
化学组成 $w/\%$					
Al_2O_3	45.8	60 ~ 61	75	50	68
SiO_2	48.0	37 ~ 38		29	5
Fe_2O_3	1.8	< 1.0	0.4	1	1.3
TiO_2				0.2	2.6
SiC			8	8	8
C			10	10	10
显气孔率/%	14 ~ 18	10 ~ 15	5.0	4.0	4.5
体积密度/g·cm^{-3}	2.1 ~ 2.2	2.5 ~ 2.6	3.00	2.80	2.93
常温耐压强度/MPa	40 ~ 60	60 ~ 100	60	50	50
高温抗折强度/MPa		5 ~ 12 (1500℃)			

2.4.3 鱼雷铁水罐车用 $Al_2O_3-SiC-C$ 砖

2.4.3.1 $Al_2O_3-SiC-C$ 砖配料中各成分的作用

$Al_2O_3-SiC-C$ 砖是由氧化铝、碳化硅和碳等物料组成的树脂结合不烧砖。氧化铝为砖的颗粒骨料，对苏打灰和氧化铁型炉渣具有很强的抗侵蚀性能，但氧化铝因热膨胀率较高，抗热震崩裂性能较差。碳（石墨）可有效地防止炉渣的浸透和改善耐火材料的抗崩裂性能，这正好弥补氧化铝的弱点。碳化硅是防止碳被氧化的一种有效的抗氧化剂，还可提高耐火材料的热稳定性。此外，$Al_2O_3-SiC-C$ 砖还添加抗氧化剂等添加剂。图2-32示出了 $Al_2O_3-SiC-C$ 砖中各种成分在耐火材料中所起的作用[34]。

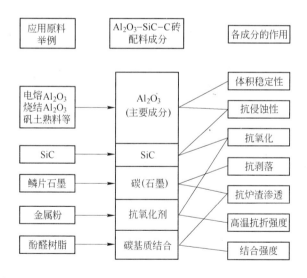

图2-32 $Al_2O_3-SiC-C$ 砖的原材料组成和作用

2.4.3.2 $Al_2O_3-SiC-C$ 砖的配料组成选配

$Al_2O_3-SiC-C$ 砖的性能和使用效果与其原料质量、组成及颗粒配比等因素有关，简述如下：

A　氧化铝骨料

可用作 $Al_2O_3 - SiC - C$ 砖的氧化铝骨料原料有人造原料电熔氧化铝和烧结氧化铝，以及天然原料高铝矾土熟料和红柱石。天然原料的 Al_2O_3 含量低，杂质含量高，抗侵蚀性能差。电熔氧化铝和烧结氧化铝的纯度基本相同，但由于电熔氧化铝的结晶粒度大，它的抗侵蚀性能明显优于烧结氧化铝（图 2 - 33[35]）。

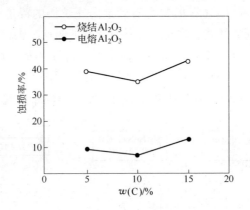

图 2 - 33　$Al_2O_3 - SiC - C$ 砖的抗侵蚀性能与碳含量
和 Al_2O_3 原料种类的关系

B　碳

$Al_2O_3 - SiC - C$ 砖的侵蚀率与碳（石墨）的添加量的关系如图 2 - 33 所示，含碳量约为 10% 时 $Al_2O_3 - SiC - C$ 砖的抗侵蚀性能最好。

C　碳化硅

$Al_2O_3 - SiC - C$ 砖中加入 SiC 的主要目的是控制砖中碳被氧化，其抗氧化原理示于图 2 - 34[36]。在还原气氛条件下，$Al_2O_3 - SiC - C$ 砖中的 SiC 颗粒表面发生下列反应，生成 SiO，同时析出 C：

$$SiC_{(固)} + CO_{(气)} \longrightarrow SiO_{(气)} + 2C_{(固)} \qquad (2 - 15)$$

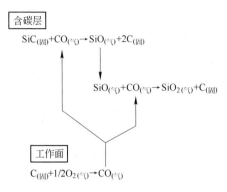

图 2 - 34 SiC 在 Al_2O_3 - SiC - C 砖中的行为

并继续发生下列反应：

$$SiO_{(气)} + CO_{(气)} \longrightarrow SiO_{2(固)} + C_{(固)} \qquad (2-16)$$

于是，SiC 的抗氧化机理归结如下：

（1）SiC 和砖中的 $CO_{(气)}$ 反应产生 $SiO_{(气)}$，同时析出 $C_{(固)}$，使基质致密。

（2）部分 $SiO_{(气)}$ 在 Al_2O_3 颗粒表面和气孔中并与 $CO_{(气)}$ 反应生成 $SiO_{2(固)}$，充填于砖中的空隙使砖致密。

（3）固定碳的析出使热面上被氧化的碳又返回砖中，使砖结构又变得致密。

D 其他添加剂

除了上述主成分外，在 Al_2O_3 - SiC - C 砖中添加 MgO、β - Al_2O_3 和氮化硅等可改善耐火材料的性能，参见图 2 - 35 ~ 图 2 - 37 和表 2 - 19[1,36]。

2.4.3.3 Al_2O_3 - SiC - C 砖的蚀损

Al_2O_3 - SiC - C 砖的蚀损机理示于图 2 - 38[36]。在一般情况下，Al_2O_3 - SiC - C 砖在鱼雷铁水罐车内衬上使用时，工作面上的碳首先被氧化，其过程为：苏打灰（Na_2CO_3）加入铁水中时立即熔融分解：

$$Na_2CO_3 \longrightarrow Na_2O + CO_2 \uparrow \qquad (2-17)$$

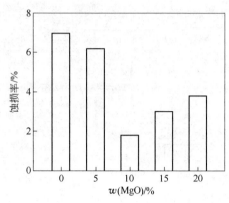

图 2-35 添加 MgO 对 Al_2O_3 - SiC - C 砖的抗渣性能的影响

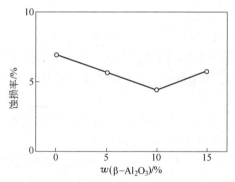

图 2-36 添加 β - Al_2O_3 对 Al_2O_3 - SiC - C 砖的抗渣性能的影响

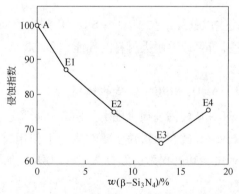

图 2-37 添加 β - Si_3N_4 对 Al_2O_3 - SiC - C 砖的抗渣性能的影响

表 2 - 19 图 2 - 37 中所用耐火砖的种类与理化性能

材料种类	A	E1	E2	E3	E4
化学组成 $w/\%$					
Al_2O_3	65	62	57	52	47
SiC	15	15	15	15	15
F. C	13	13	13	13	13
$\beta - Si_3N_4$	0	3	8	13	18
显气孔率/%	5.4	4.6	7.5	9.8	10.7
体积密度/$g\cdot cm^{-3}$	3.03	3.03	2.97	2.88	2.83
常温耐压强度/MPa	85	86	76	59	59
抗折强度/MPa					
常温	23	22	19	17	18
1400℃	16	15	13	11	12

Na_2O 是碳的强氧化剂，可使耐火材料发生脱碳作用：

$$Na_2O + C \longrightarrow 2Na\uparrow + CO\uparrow \qquad (2-18)$$

并使砖中的 SiC 分解：

$$2Na_2O + SiC \longrightarrow SiO_2 + CO\uparrow \qquad (2-19)$$

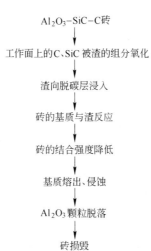

图 2 - 38 $Al_2O_3 - SiC - C$ 砖的蚀损机理

耐火砖工作层脱碳后，炉渣随之浸入砖内脱碳层，与基质反应生成低熔物，结合基质受到破坏，Al_2O_3 颗粒脱落，耐火材料遭受损毁。$Al_2O_3 - SiC - C$ 砖损毁是脱碳—渣渗透—渣渗透层腐蚀—熔损的循环侵蚀过程。因此，改进 $Al_2O_3 - SiC - C$ 砖的性能和使用效果的方向是提高砖的抗氧化性，其措施有：提高砖的致密度，降低砖的透气性，添加抗氧化剂。

2.4.4　鱼雷铁水罐车耐火材料内衬的喷补

鱼雷铁水罐车耐火材料内衬使用过程中，铁水冲击垫、渣线等部位易磨损，出现局部损坏，需进行小修，中修维护。

图 2 - 39 示出了日本的鱼雷铁水罐车内衬喷补装置[34]，该装置由计算机控制并配备电视监视系统，表 2 - 20 列出了日本喷补料的性能[37]。

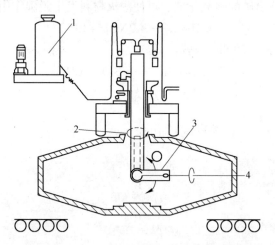

图 2 - 39　日本鱼雷铁水罐车内衬喷补装置
1—料罐；2—喷枪；3—喷嘴转臂；4—喷嘴

表 2 - 21 为上海宝山钢铁公司铁水罐车 $Al_2O_3 - SiC - C$ 砖内衬的修补料的性能[38]，STP - 100 修补料用于填补侵蚀的凹坑，SGL - 1 修补料用于喷补整个内衬。

表 2-20 日本鱼雷铁水罐车喷补料的性能

喷补料材质	高铝-SiC质	物 理 性 能	
化学组成 $w/\%$		线变化率/%	
Al_2O_3	51.9	干燥后	0
SiO_2	32.9	1000℃,3h	+0.03
SiC	10.0	1500℃,3h	+2.50
		常温耐压(抗折)强度/MPa	
		干燥后	9.8 (3.1)
		1000℃,3h,冷后	8.0 (2.0)
		1500℃,3h,冷后	15.3 (6.7)
粒度/%		体积密度/g·cm^{-3}	
>2.38mm	5.0	干燥后	2.15
<74μm	34.0	1000℃,3h,冷后	2.06
		1500℃,3h,冷后	1.96

表 2-21 宝钢鱼雷铁水罐车 Al_2O_3-SiC-C 砖内衬用修补料的性能

修补料编号	STP-100	SGL-1
化学组成 $w/\%$		
Al_2O_3	82.4	76.0
SiO_2	4.5	7.8
SiC	9.0	8.1
C	4.4	4.8
体积密度/g·cm^{-3}		
110℃,24h	2.75	2.54
1450℃,3h	2.70	2.55
常温耐压(抗折)强度/MPa		
110℃,24h,冷后	37.0 (5.0)	2.00 (0.50)
1450℃,3h,冷后	55.0 (9.0)	4.20 (0.80)
线变化率/%		
1450℃,3h	-0.2	-0.4
流动度/mm	>150	
加水量/%	~5.5	~10

2.5 铁水预处理喷枪用耐火材料

2.5.1 喷枪耐火材料的工作环境

喷枪为铁水预处理的重要装置。在鱼雷铁水罐车、铁水包内对铁水进行脱硅、脱硫、脱磷预处理时，喷枪浸入到铁水中，预处理剂通过喷枪以氧气、氮气为载气吹入铁水中，与铁水充分混合和反应（参见图 2-2）。表 2-22 列出了铁水预处理喷枪耐火材料的工作环境[39~41]。喷枪工作时，不同位置上的耐火材料受到不同的损伤作用，图 2-40 示出了喷枪各部位耐火材料所遭受的作用和对耐火材料的要求[42]。

表 2-22   铁水预处理喷枪的工作环境

工　厂	宝山钢铁公司	鞍钢第三炼钢厂	新日本制铁大分制铁所
铁水包容量/ t	320	80	300
铁水温度/℃	1400 ~ 1425	1209 ~ 1385	
处理剂	CaO，CaC$_2$	CaO 90% CaF$_2$ 5% C 5%	氧化铁 氧化铁 - CaO CaF$_2$
用量/kg·min^{-1}	50 ~ 60，40 ~ 45	8 ~ 10kg/t	600
喷吹载气流量/m^3·min^{-1}	430 ~ 480	3 ~ 3.5	4
处理时间/min	20	6 - 17	
炉渣碱度	0.87 ~ 1.14		
喷枪			
长度/mm	6650	7377	
直径/mm	250	205	
耐火材料用量/kg·支$^{-1}$	455		

在喷枪头部的喷出口周围，耐火材料在高温下受到气体和粉料的激烈磨损作用，并受到下列侵蚀作用：

$$O_2 \rightarrow \begin{matrix} Fe \rightarrow FeO \\ Si \rightarrow SiO_2 \end{matrix} \xrightarrow[>1200℃]{温度升高} \begin{matrix} 2FeO \cdot SiO_2（1205℃） \\ FeO \cdot Al_2O_3（1450℃） \end{matrix} 熔融分解$$

在铁水浸渍的中间部位，熔损作用较小，主要是龟裂和剥落造成的损伤。

在渣线部位，主要受到下列侵蚀反应的作用：

$$Al_2O_3 + FeO \longrightarrow FeO \cdot Al_2O_3 \qquad (2-20)$$

$$SiO_2 + 2FeO \longrightarrow 2FeO \cdot SiO_2 \qquad (2-21)$$

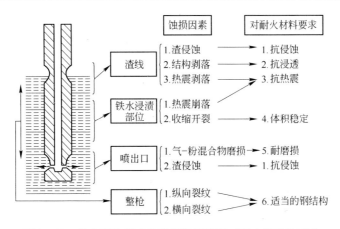

图 2-40 铁水预处理喷枪的损毁因素及对耐火材料的要求

$$2Na_2CO_3 + SiO_2 \longrightarrow 2Na_2O \cdot SiO_2 + 2CO_2 \uparrow \qquad (2-22)$$
（1060℃分解）

$$2Na_2O \cdot SiO_2 + SiO_2 \longrightarrow 2(Na_2O \cdot SiO_2) \qquad (2-23)$$
（熔点 1088℃）

由于喷枪使用时受到预处理剂的强烈侵蚀作用，温度骤变作用，喷粉过程中产生的震动作用，因此，铁水预处理喷枪耐火材料必须具有优良的抗侵蚀性能，抗热震性能，足够的高温强度和安全可靠的结构。

2.5.2 喷枪耐火材料的应用与性能

铁水预处理喷枪的外形尺寸大，长 4~7m，直径 200~300mm，重 0.5~1t。考虑到使用时的安全性和便于制造，喷枪由金属管芯和耐火浇注料构成，管芯为普通厚壁无缝碳素钢管，外层为高铝耐火浇注料，以振动成型法制成整体喷枪。研究和实际使用表明，用耐热钢纤维增强的高铝质浇注料能满足对喷枪耐火材料的使用要求，耐热钢纤维的含量约为 4%。据图 2-41 所示试验结果[43]，浇注料的氧化铝含量的适宜范围为 60%~80%，具有较好的抗侵蚀性能和抗热震性能。

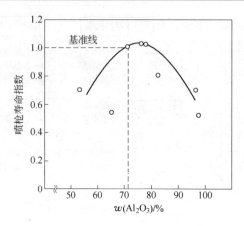

图 2 - 41　浇注料的 Al_2O_3 含量与喷枪使用寿命的关系

　　上海宝山钢铁公司于 1985 年从日本引进 TDS 铁水预脱硫装置，1989 年后使用国产耐火浇注料制作喷枪，平均使用寿命为 22 次，表 2 - 23 列出了中国铁水预处理喷枪用浇注料的性能[44]。

表 2 - 23　中国铁水预处理整体喷枪耐火浇注料的理化性能

材料种类	1	2	3
化学组成 $w/\%$			
Al_2O_3	60	66.44	54.74
SiO_2			37.31
CaO			3.67
体积密度/g·cm^{-3}			
100℃，16h	2.5	2.64	2.22
1450℃，2h		2.61	
常温耐压强度/MPa			
100℃，24h，冷后	25	64.0	
1500℃，3h，冷后	40	116.0	
		(1450℃，2h)	
常温抗折强度/MPa			
100℃，16h，冷后	4.0		11.62
1350℃加热，冷后			7.49
耐火度/℃	1790		
线变化率/%	+0.5	-0.2	1.91
	(1500℃，3h)	(1450℃，2h)	(1400℃)

日本铁水预处理喷枪的使用寿命为 25~35 次，喷枪用浇注料的性能列于表 2 -24[45]。

表 2 -24　日本铁水预处理整体喷枪耐火浇注料的理化性能

使用条件	CaO 型预处理剂	FeO + Na$_2$CO$_3$ 预处理剂
耐 火 材 料	高铝浇注料	高铝浇注料
化学组成 w/%		
Al$_2$O$_3$	55	74
SiO$_2$	42	23
显气孔率/%		
105℃ , 24h	14. 0	13. 5
1000℃ , 3h	16. 3	16. 0
1500℃ , 3h	15. 8	18. 0
常温抗折强度/MPa		
105℃ , 24h , 冷后	7. 7	8. 0
1000℃ , 3h , 冷后	8. 0	9. 0
1500℃ , 3h , 冷后	17. 4	16. 0
高温抗折强度/MPa		
1200℃	7. 6	10. 5
线变化率/%		
105℃ , 24h	- 0. 05	- 0. 03
1000℃ , 3h	- 0. 06	- 0. 10
1500℃ , 3h	+ 0. 68	+ 0. 50
热膨胀率/%	0. 50（1000℃）	0. 60（1000℃）

2.5.3　喷枪耐火材料的蚀损[45,46]

铁水预处理喷枪的损毁形态示于图 2 -42。影响喷枪使用寿命的最主要原因为：

（1）喷口孔上部的损毁；

（2）纵向和层状开裂、龟裂引起的粉体泄漏和剥落。

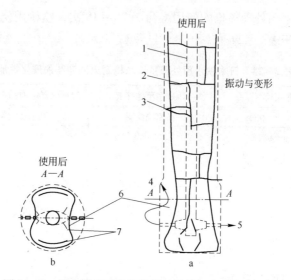

图 2 - 42   铁水脱硅喷枪浇注料的损毁（虚线为使用前）

a—喷枪；b—A—A 剖面；

1—钢管；2—横向裂纹；3—纵向裂纹；4—喷出口铁水的反冲击；

5—喷粉与气体；6—喷吹孔上部蚀损；7—剥离

在喷口孔上部附近，由于预处理剂和铁水的搅拌作用，加速了耐火材料的磨损和熔损。另外，由于反复加热、冷却引起热剥落，以及喷枪的振动、摇动等机械作用，使耐火浇注料产生龟裂和剥落。

使用时喷枪反复受到浸入铁水中受热 - 间歇时在空气中冷却的循环热震作用，耐火材料内外层的温度变化情况如图 2 - 43 所示。由于内外温差的作用，在耐火材料内外不同部位产生不同的热应力。在圆柱形的耐火浇注料中，如图 2 - 44 所示，出现沿圆周方向的周向热应力 σ_θ 和沿直径方向的径向热应力 σ_γ。当喷枪受到急热作用时，表面受到压缩热应力的作用，而内部则相反为受到拉应力的作用。在约经过 10min·后，耐火材料内部受到的拉应力作用达到最大（图 2 - 45），为耐火浇注料的抗拉强度的 50 ~ 60 倍，致使耐火材料浇注料产生圆周方向和直径方向的裂纹。

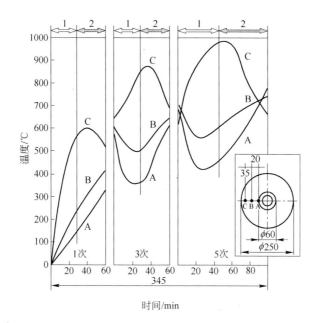

图 2-43 铁水预处理喷枪使用时耐火浇注料内的温度变化情况
1—浸入铁水期；2—空气中冷却期

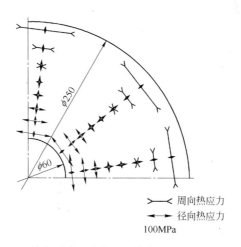

图 2-44 铁水预处理喷枪浸入铁水（1400℃）10min 后，
耐火浇注料中的热应力分布

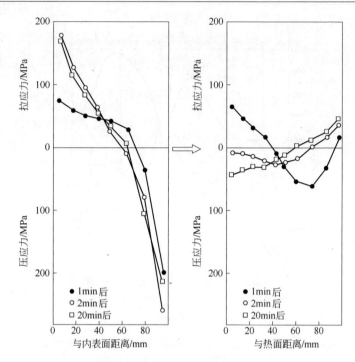

图 2 - 45　铁水预处理喷枪在受到急热（1400℃）和
冷却时，耐火浇注料的热应力分布

而在浇注料和钢管之间，由于两种材料的热膨胀系数不同，导致
产生纵向裂纹。

改进喷枪使用寿命的主要措施是在材质上选择使用抗热震抗
侵蚀性能好的耐火浇注料，添加耐热钢丝纤维，在钢管与浇注料
之间留出膨胀缝隙等。

2.6　KR 铁水脱硫搅拌器耐火材料

2.6.1　KR 搅拌器耐火材料的工作环境

KR 铁水脱硫装置示于图 2 - 46，耐火材料搅拌器的使用条
件和工作环境列于表 2 - 25[47~49]。在铁水脱硫处理时，十字形
桨式搅拌器浸入到铁水包中，以 100 ~ 140r/min 的转速旋转搅

拌，铁水呈漩涡运动，铁水与脱硫剂充分混合反应。KR 搅拌器耐火材料受到铁水和炉渣的激烈冲刷磨损，脱硫剂的化学侵蚀作用，以及由于间歇式作业遭受温度急变作用，使用条件比较苛酷。

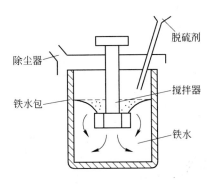

图 2 – 46   KR 铁水脱硫装置示意图

表 2 – 25   KR 铁水脱硫搅拌器耐火材料的使用环境条件

工 厂	武汉钢铁公司	日本鹿岛制铁所
铁水处理量/t·次$^{-1}$	75 ~ 85	250
铁水温度/℃	>1300	
搅拌时间/min	10 ~ 15	11 ~ 14
搅拌器		
高/mm	2685	2620
转轴直径/mm	400	600
旋转直径/mm	1200	1310
转速/r·min^{-1}	90 ~ 120	140
转矩/kN·m	8.09	
脱硫剂		
种类	CaC_2，CaO，Na_2CO_3	CaO，Na_2CO_3
用量/kg·t^{-1}	3 ~ 4	
日处理次数	17	

2.6.2　耐火材料的应用与性能

　　图 2 – 47 示出一种 KR 搅拌器的形状和尺寸[49]。由于 KR 搅拌器的形状复杂和外形尺寸大,用一般的耐火材料生产工艺难于制作,因而采用耐火浇注料制造,比较简单容易。表 2 – 26 列出

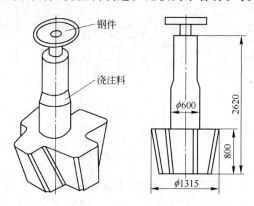

图 2 – 47　日本 KR 搅拌器的形状和尺寸

表 2 – 26　武钢 KR 搅拌器用耐火浇注料的性能

材　料　种　类	1	2
化学组成 $w/\%$		
Al_2O_3	50. 81	52. 38
SiO_2	35. 2	35. 86
线变化率/%		
105℃烘干	– 0. 16	– 0. 02
1000℃,3h	– 0. 14	
1300℃,3h	– 0. 67	0. 06
热导率(350℃)/W·(m·K)$^{-1}$	0. 55	0. 62
常温抗折强度/MPa		
105℃烘干,冷后	10. 3	4. 9
1000℃,3h,冷后	3. 9	6. 1
1300℃,3h,冷后	8. 9	10. 4
常温耐压强度/MPa		
105℃烘干,冷后	58. 6	25. 3
1000℃,3h,冷后	31. 7	39. 3
1300℃,3h,冷后	68. 1	40. 8

武汉钢铁公司的 KR 搅拌器用耐火材料的性能，耐火浇注料的配料比列于表 2 - 27[47]。

表 2 - 27　武钢 KR 搅拌器用耐火浇注料的配比 w/%

材 料 种 类	1	2
焦宝石熟料，<7mm	60	60
高铝熟料，<0.088mm	25	37
生黏土粉，<0.088mm	3	3
纯铝酸钙水泥	12	
矾土水泥		2
浓度50%的磷酸		13
减水剂（NNO）	0.12	
水	10	

日本的 KR 搅拌器的使用寿命一般在 220 ~ 300 次，最高达 500 次，浇注料的性能列于表 2 - 28[49]。使用损毁的主要原因

表 2 - 28　日本 KR 搅拌器用耐火浇注料的性能

材 料 种 类	1	2
化学组成 w/%		
Al_2O_3	58	56
SiO_2	29	29
SiC	10	13.5
线变化率/%		
1500℃，3h	+0.13	+0.30
体积密度/g·cm^{-3}		
105℃，24h	2.63	2.56（110℃）
1000℃，3h	2.58	
1500℃，3h	2.59	2.56
常温抗折强度/MPa		
105℃，24h，冷后	6.1	13.2
1000℃，3h，冷后	5.9	5.13（HMOR 1400℃）
1500℃，3h，冷后	10.0	14.5
常温耐压强度/MPa		
105℃，24h，冷后	38.2	
1000℃，3h，冷后	56.8	
1500℃，3h，冷后	76.4	

为热震造成龟裂和开裂，炉渣浸透，侵蚀和磨损。改进耐火材料性能和延长搅拌器使用寿命的主要措施有：

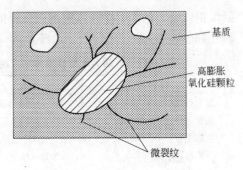

（1）配料中添加 5% 高膨胀性硅石颗粒骨料，如图 2 - 48 所示，在受到热的作用时，由

图 2 - 48　耐火浇注料添加硅石颗粒的作用

于硅石颗粒周围形成微裂纹，起缓冲热应力的作用，从而提高抗热震性能[50]；

（2）添加 2% 氧化铝微粉，水泥用量减少至 2%，以提高耐火浇注料的抗侵蚀性和耐磨性；

（3）添加 SiC 以改善耐火材料的抗侵蚀性和抗热震性。当碳化硅加入量达到 5% ~ 10% 以上时，抗侵蚀性和抗热震性明显提高（图 2 - 49 [51]）。

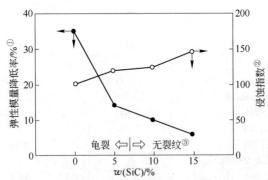

图 2 - 49　SiC 含量对 KR 搅拌器用耐火浇注料的抗侵蚀性和
耐热稳定性的影响

渣：铁水预处理后的渣。

① 1400℃，1h ⟷ 空气冷却（10 次循环）；

② 1400℃，1h ⟷ 空气冷却（4 次循环）；

③ 1400℃，1h ⟷ 水冷（15min）+ 空气冷却（15min）（10 次循环）

参 考 文 献

[1] 山本宪治，三宅和信，源间信行，ほか. 溶铣予备处理用混铣车耐火物の寿命向上 [J]. 耐火物，1997，49 (5)：285~294

[2] Kottemann M. Torpedo Ladle Refractories in West Germany [J]. Taikabutsu Overseas. 1985，5 (2)：35~40

[3] 杉田 清. 溶铣用耐火物の进步 [J]. 铁と钢，1983，69 (15)：1931~1937

[4] 田畑 胜弘，市川健治，藤原祯一，ほか. 溶铣予处理用耐火物 [J]. 品川技报，1986：(30)：11~22

[5] Routschka G. , Majdic A. Feuerfeste Erzeugnisse für das Stichloch und das Rinnesystem vou Hochöfen im Spiegel der Literatur [J]. Keram. Z. 1982，34 (9)：468~475

[6] Li Tai. Present Situation and Development of Refractories for Blast Furnace Trough in BaoSteel [J]. Proceedings of UNITECR，Berlin，German，1999：148~150

[7] 户田增实，森正 志. 乾干式振动成型方法の大型高炉出铣樋への适用について [J]. 耐火物，1980，32 (2)：85~87

[8] Wang Zhanming, He Xia, Zou Ningsheng, et al. Monolithic Refractories in Casting House of Blast Furnace [J]. China's Refractories，2000，9 (4)：6~17

[9] 徐国涛. 高炉长寿顺行中的耐火材料研究进展 [J]. 中国冶金，2006，16 (5)：7~9

[10] 王允和. 生产用耐火材料国产化进程及其展望 [J]. 宝钢技术，1989，(4)：6~11

[11] 吴金源. 宝钢钢铁技术发展前景与耐火材料的任务 [C]. 第六届耐火材料技术研讨会论文集. 湖南，辰溪，2000.7：63~68

[12] 佟新，何家梅，鲍士学，等. 鞍钢冶炼用耐火材料的现状及新进展 [J]. 耐火材料，2005，39 (2)：130~140

[13] 吴延辉. 以电熔棕刚玉为骨料的 Al_2O_3 – SiC – C 质高炉出铁沟捣打料的研制与应用 [J]. 鞍钢技术，1994，(12)：12~15

[14] 大庭 宏. 最近の不定形耐火のとその施工方法 [J]. 耐火物，1978，30 (1)：45~57

[15] 井上泰雄，後藤莞爾，严古 清はが. 高炉樋流込み技术の确立 [J]. 耐火物，1997，31 (8)：416~419

[16] 林育炼，刘盛秋. 高技术耐火材料的发展与应用 [J]. 硅酸盐通报，1990，9 (5)：28~33

[17] 吉野一，杉田一行，铃木 孝，ほか. 高炉樋用流しみ材の损伤 [J]. 耐火物，

1992, 44 (4): 193 ~ 204

[18] 吉野 一，杉田一行，铃木 孝，ほか. 樋材の耐食性，耐スポール性に及ぼすSi の添加効果 [J]. 耐火物，1991，43 (6): 293 ~ 298

[19] 炭胜隆志，牧章，西 正明，ほか. 脱硅樋用流しみ材の开発 [J]. 品川技报，1989, (32): 45 ~ 60

[20] 城野腾文，室井信昭，马丹 倬三，ほか. 高炉樋流しみ材の品質に及ぼすカーボンの影响 [J]. 耐火物，1993，45 (9): 538 ~ 539

[21] 李再耕，王守业，王战民. 添加 Si, Al, Si_3N_4 对 Al_2O_3 – SiC – C 质浇注料性能的影响 [J]. 耐火材料，1994，28 (5): 251 ~ 252

[22] 吉田 毅，笹 岛康，森田孝博. 樋材热间曲げぃをと耐用性について [J]. 耐火物，1977，29 (12): 614 ~ 616

[23] 向井楠宏，增田龟彦，吉富丈记，ほか. 高炉出铣樋材のスラゲ表面にぉける局部溶损 [J]. 铁と钢，1984，70 (8): 823 ~ 830

[24] 吉富丈记，平栉敬资，向井楠宏. 高炉出铣樋材のスラゲ – 溶铣界面にぉける局部溶损机构と防策 [J]. 铁と钢，1987，73 (11): 1535 ~ 1542

[25] Mukai K. Marangoni Flows and Corrosion of Refractory Wall [J]. Phil. R. Soc. Lond. A: 1998, (356): 1015 ~ 1026

[26] 笹 岛康，山本君二，内田 修. 高炉出铣樋の吹付补修 [J]. 耐火物，1977，29 (12): 626 ~ 629

[27] 吴学贞，张晔，郭立中. 铁水预处理用 Al_2O_3 – SiC – C 砖的使用及其损毁机理 [J]. 耐火材料，1997，31 (2): 82 ~ 84

[28] 钱元荣，范广举. 耐火材料实用手册 [M]. 北京：冶金工业出版社，1992: 718

[29] 刘伟，王希波，蔡国庆，等. 混铁车用新型 Al_2O_3 – SiC – C 砖的研制和应用 [J]. 耐火材料. 2003，37 (4) 223 ~ 225，232

[30] 陈守平. 炼铁系统用耐火材料 [J]. 耐火材料，1997；31 (3): 169 ~ 172

[31] 日本耐火物技术协会编. 发展する耐火物工学——その步みと展望 [C]. 东京：耐火物技术协会创立 40 周年纪念出版，1987: 31 ~ 36，52 ~ 64

[32] 斋藤 忠，江波户矿，金场泰夫，ほか. 脱磷混铣车用内张りれんがの开发 [J]. 品川技报，1990；(33)；73 ~ 86

[33] Stapper V. Resin Bonded SiC-Containing High Alumina Bricks for Torpedo Ladles [J]. Radex-Rundaschau, 1987, (2): 333 ~ 339

[34] 片岗慎一郎. 制钢用耐火物の现状——日本に於ける制钢用耐火物の变迁 [J]. 耐火物，1996，48 (5): 201 ~ 227

[35] 西尾英昭，松尾 晃. 混铣车用 Al_2O_3 – SiC – Cれんが [J]. 耐火物，1995，47 (4): 167 ~ 176

[36] Nishio H, Matsuo A. Al$_2$O$_3$ – SiC – C Briks for Torpedo Car [J]. Taikabutsu Overseas, 1995, (4): 39 ~ 46

[37] 赤羽润治, 堂里晃司, 寄田荣一. 混铣车の吹付施工について (Shot Cast 法) [J]. 耐火物, 1978, 30 (6): 351 ~ 353

[38] 李永全, 袁万青, 沈家华. 混铁车用 Al$_2$O$_3$ – SiC – C 质修补料的研制与应用 [J]. 宝钢技术, 1993; (1): 35 ~ 38

[39] 李宏鸣. 铁水脱硫喷枪耐材国产料试验 [J]. 宝钢技术, 1989, (2): 33 ~ 36

[40] 姚福国. 鞍钢第三炼钢厂铁水脱硫试验 [J]. 鞍钢技术, 1994, (11): 7 ~ 11

[41] 山村 隆, 浜崎佳久, 金重利彦, ほか. 溶铣予备处理ランスパィプの寿命向上 [J]. 耐火物, 1991, 43 (8): 392 ~ 399

[42] 桐生幸雄, 三泽伸一. 溶铣予备处理脱けぃランス寿命延长对策 [J]. 耐火物, 1987, 39 (10): 558 ~ 559

[43] 丸川雄净, 广木伸好, 城田良康. 溶铣予备处理技术の今後の展開について [J]. 耐火物, 1984, 36 (9) 498 ~ 507

[44] 岳增文, 胡延恕. 铁水炉外脱硫用整体喷枪的研制与试用 [J]. 耐火材料, 1985, 19 (5): 15 ~ 20

[45] 户田增实, 京田洋, 市川健治, ほか. 制铣制钢用ランスパィプの开发 [J]. 品川技报, 1983, (27): 35 ~ 48

[46] 花桐诚司, 原田茂美, 藤原茂, ほか. 高アルミナ质脱けぃランス用キャスタブル [J]. 耐火物, 1992, 44 (2): 65 ~ 74

[47] 吴炳华, 李再耕. KR 铁水脱硫搅拌器耐火材料的研究和应用 [J]. 耐火材料, 1979, (6): 1 ~ 5

[48] 肖忠敏, 陈复汉. KR 铁水脱硫技术的应用 [J]. 炼钢, 1990, (6): 9 ~ 13

[49] 桑原明夫, 城口弘, 吉田正明, ほか. KRインペラーの最适形状について [J]. 耐火物, 1994, 46 (6): 322 ~ 329

[50] Matsumura C, Sudo S, Kawal M, et al. Extending the Refractory Life for a KR Impeller [J]. Taikabutsu Overseas, 1996, 16 (3): 34 ~ 39

[51] 西正明, 田边治良, 谷昌纪, ほか. 溶铣, 溶钢处理用不定形耐火物の延命化 [J]. 耐火物, 1993, 45 (2): 67 ~ 76

3 炉外精炼用耐火材料

3.1 炉外精炼方法与炉外精炼用耐火材料

  钢液炉外精炼的方法和设备的种类繁多，与之相应，炉外精炼用耐火材料也是多种多样，包括筑炉用各种优质耐火材料和功能耐火材料。根据炉外精炼的冶金过程特点和耐火材料的应用情况，如图 3 - 1 所示，炉外精炼用耐火材料可归并为下列几类：

  （1）RH、DH 真空脱气精炼装置用耐火材料；

  （2）CAS 精炼法，AOD 炉、VOD 炉等用耐火材料；

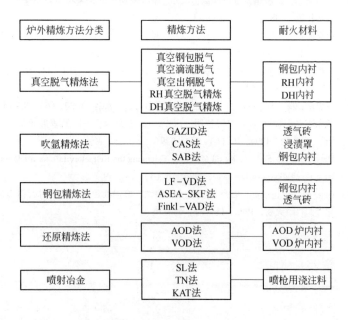

图 3 - 1 炉外精炼方法与耐火材料

（3）吹氩透气砖；

（4）喷射冶金喷枪用耐火材料；

（5）精炼钢包内衬耐火材料。

3.2 炉外精炼用耐火材料的技术基础

3.2.1 炉外精炼用耐火材料的使用条件

尽管炉外精炼的方法和设备的种类繁多且彼此间存在着很大的差异，但从耐火材料所遭受的作用和损毁状况看，它们存在着许多共同之处。在前述的各种炉外精炼方法中，通常包括下列数项精炼冶金过程：

（1）钢包吹氩，促进夹杂物上浮。

（2）搅拌钢液，加快冶金反应速度，均化钢液的成分与温度。

（3）真空脱气精炼，提高钢液洁净度，优化钢液质量。

（4）吹氧脱碳。

（5）加热钢液，补偿精炼过程中钢液热量的损失。

（6）添加熔剂，调整炉渣成分，脱硫脱磷。

（7）添加还原剂，脱氧处理。

（8）添加合金，调整钢液成分。

（9）钢水钙处理—Al_2O_3 夹杂物的无害化处理。

图 3-2 以几乎涵盖上述各项精炼工艺过程的 LF-VD 真空钢包精炼炉为例，示出了炉外精炼对耐火材料的作用[1]。表 3-1 列出了 LF-VD 真空钢包精炼炉用耐火材料的实际工作条件和环境[2,3]。由此可以看到，炉外精炼用耐火材料的使用条件恶劣，它们普遍遭受的作用包括：

（1）长时间高温、真空作用。

（2）炉渣的严重侵蚀作用。

（3）炉渣的浸透作用。

（4）炉渣和钢液的强烈冲刷和磨损作用。

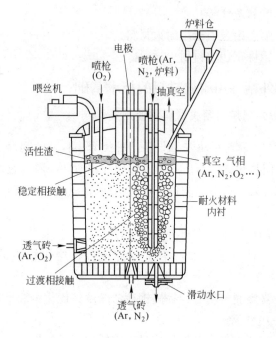

图 3 – 2　LF – VD 真空钢包精炼炉的工作状态和耐火材料的应用

（5）温度骤变的热震作用。

3. 2. 2　耐火材料在炉外精炼中受到的损毁作用和对耐火材料的要求

3. 2. 2. 1　高温真空和温度骤变作用

　　炉外精炼处理过程通常都是在真空下进行，真空度一般小于 166Pa，耐火材料在高温真空下会蒸发损失。由于炉外精炼处理过程时间长，钢液的热量损失大，为了保持钢液有足够的温度，通常要求炼钢炉的出钢温度提高 50～150℃，或在炉外精炼装置中采用电弧、吹氧以及加 Al、Si 的化学加热方式等给钢液补充热量。显然，随着钢水和炉渣温度的提高，耐火材料熔损于渣中的速度加快，炉渣对耐火材料的浸透

表 3 – 1 LF – VD 真空钢包精炼炉的典型技术参数和
耐火材料的使用环境

工　厂	天津钢管公司	日本制钢室兰制作所
钢包容量/t	150	100 ~ 150
电弧加热变压器/kV·A	20000	12500
二次电压/V	150 ~ 370	140 ~ 300
二次电流/A	15.4 ~ 34.3	
电极直径/mm	450	360
电炉出钢温度/℃	1650 ~ 1670	
LF 精炼结束温度/℃	1600	1600 ~ 1700 （钢液温度）
LF 处理时间/min	50 ~ 60	
VD 处理真空度/Pa	< 166.7	66.7 ~ 93.3
VD 处理时间/min	20 ~ 25	
每炉钢包总装钢时间/h	3 ~ 5	2 ~ 6
包底透气砖吹氩	全程	
炉渣成分：CaO/SiO$_2$	4 ~ 5	1 ~ 3
CaO/Al$_2$O$_3$	1.15 ~ 1.45	
每日处理次数	3 ~ 4	
冶炼钢种	油田、锅炉无缝钢管	合金钢，不锈钢
钢包预热温度/℃	1000 ~ 1100 （轻油）	1000 （重油）

加剧。同时由于给钢液加温，可使耐火材料内衬局部温度过高，导致严重的局部损毁。

由于炉外精炼设备都是非连续操作的，两次操作之间温度变化剧烈，温差可达 500 ~ 800℃ 或更大。从本质上看，所有的耐火材料均属于脆性材料，在受到急剧的热冲击作用后，在工作面上会出现裂纹，导致热面剥落损毁。例如，图 3 – 3 示出了 RH 精炼炉真空室下部镁铬砖的蚀损速度与每日处理次数的关系[4]，随着每天处理次数的增加，即两次处理之间的间隙时间缩短，真空室内的温度下降减少，耐火材料遭受的急冷急热作用程度减轻，耐火材料内衬寿命延长。这表明，热震损毁为炉外精炼用耐火材料的重要损毁机理之一。

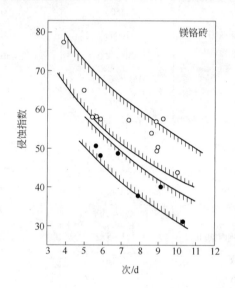

图 3 - 3　RH 真空室下部耐火材料的蚀损速度与日处理次数的关系
○镁铬砖：工作面积为 1；●镁铬砖：工作面积为 1/3
镁铬砖的性能：MgO 58.7%，Cr_2O_3 18.8%，Al_2O_3 13.0%；
体积密度 3.05 ~ 3.25g/cm³

3.2.2.2　炉渣侵蚀

图 3 - 4 示出了各种初炼炉渣和炉外精炼炉渣的化学组成范围[5]。前者的主要成分为 CaO、SiO_2 和 Fe_2O_3/FeO；后者的主要成分为 CaO、SiO_2、Al_2O_3 和 MgO。由于精炼方法和精炼目的不同，各种炉外精炼炉渣的组成和性质之间存在较大的差异，突出表现在炉渣的碱度上。炉渣的碱度（CaO/SiO_2）在 1 ~ 1.8 之间，耐火材料受到中等碱度炉渣的侵蚀作用。但当钢液需要进行脱硫脱磷处理时，炉渣的碱度要求大于 2.0 以上。实际上，如图 3 - 5 所示[6]，炉渣的组成和碱度是随着精炼过程不断

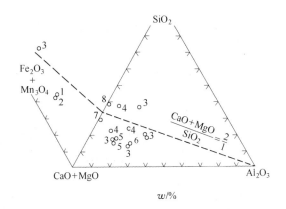

图 3 - 4　炼钢炉渣和炉外精炼炉渣的组成范围
1—BOF（氧气转炉）法；2—EAF（电弧炉）；3—LF（钢包精炼）法；
4—ASEA 法；5—VAD 法；6—VOD 法；7—AOD 法；8—CLU 法

变化的。如在还原精炼法（VOD）中，精炼初期为酸性渣，炉渣碱度 0.5 ~ 1.0，精炼中后期转为高碱度炉渣，炉渣碱度 2.0 ~ 3.0，甚至可达 4.0 ~ 4.5。在这种情况下，耐火材料不仅要受到酸性炉渣和低碱度炉渣的侵蚀作用，同时还要遭受到高碱度炉渣的侵蚀作用。

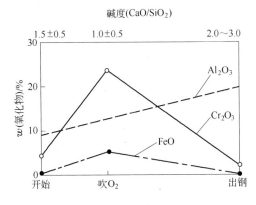

图 3 - 5　VOD 精炼炉渣的组成与碱度随精炼过程的变化情况

3.2.2.3　炉渣浸透

炉渣对耐火材料的浸透深度取决于炉渣和耐火材料的性质，有如下关系[7]：

$$I = \sqrt{\sigma \cdot \cos\theta \cdot r \cdot t / 2\eta} \qquad (3-1)$$

式中　I——炉渣浸透深度；

　　　σ——炉渣的表面张力；

　　　θ——炉渣与耐火材料的接触角；

　　　r——耐火内衬的毛细管内径；

　　　t——时间；

　　　η——炉渣的黏度系数。

通常，转炉渣和电炉渣属于 $CaO-SiO_2-FeO$ 系炉渣，炉外精炼炉渣属于 $CaO-Al_2O_3-SiO_2$ 系炉渣。与初炼炉渣相比，炉外精炼炉渣的流动性好，黏度小，因此，炉外精炼炉渣对耐火材料的浸透作用比较严重。图 3-6 示出了 $CaO-Al_2O_3-SiO_2$ 系炉渣的等黏度曲线，组成和温度对炉渣的黏度影响很大。

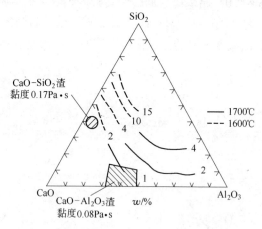

图 3-6　$CaO-Al_2O_3-SiO_2$ 系的等黏度曲线

由于绝大多数的耐火氧化物都可被钢液和炉渣润湿，因此，当耐火材料与钢液和炉渣接触时，炉渣可以通过耐火砖内的气孔渗透到耐火砖中。在炉外精炼处理中，通常使用优质高纯耐火材料，如优质一级、特级高铝砖，高纯镁砖和镁铬砖等。当炉渣浸入到这些耐火材料中时，由于这些砖的纯度高，低熔点杂质含量少，炉渣黏度不致因成分改变而发生很大变化，使炉渣可沿着气孔渗透到砖的深处才凝固。在长期高温作用下，渗入砖内的炉渣与周围材质反应，结果在砖的工作层后面会形成厚的反应变质层。这种变质层的组成与性能，特别是热膨胀系数，与原砖层有很大差别，当受到热震作用时，在耐火材料内衬的工作面上常常发生崩落掉片损毁。在炉外精炼的条件下，由于精炼温度高，炉渣的黏度降低，加上炉衬内部温度也较高，炉渣可以渗入到耐火材料内部更深的部位，形成更厚的变质层，这将加剧耐火材料内衬的熔损和产生严重的崩裂掉片损毁作用。

3.2.2.4 钢液和炉渣的冲刷磨损作用

在大多数的炉外精炼过程中，钢液和炉渣对耐火材料的冲刷磨损作用非常严重。如在 RH 真空循环脱气法中，钢液的循环流速 $80 \sim 200t/min$，在浸渍管内的流速 $1 \sim 1.5m/s$。在 VOD 炉中，喷吹氩气的速度为 $100L/min$，而在 AOD 炉中，气体（Ar，O_2）的喷吹速度高达 $1.8m^3/(min\cdot t)$。

3.2.2.5 炉外精炼对耐火材料的要求

基于前述耐火材料在炉外精炼中的使用条件和受到的侵蚀损毁作用，炉外精炼对耐火材料的要求如下：

（1）耐火度高，稳定性好，能抵抗炉外精炼条件下的高温真空作用；

（2）气孔率低，体积密度大，组织结构致密，以减少炉渣的浸透；

（3）强度大，耐磨损，能抵抗钢渣冲刷磨损作用；

（4）抗侵蚀性好，能抵抗酸性和/或碱性炉渣的侵蚀作用；

（5）热稳定性好，不发生热震崩裂剥落；

（6）对钢液污染作用小，最好有利于钢液的净化；

（7）对环境的污染少。

3.2.3　耐火材料与钢水的洁净度

3.2.3.1　耐火材料在真空下的稳定性

在高温真空下，耐火材料中的大多数氧化物都会发生蒸发而损失，其中 SiO_2、氧化铁、Cr_2O_3 和 MgO 比较容易蒸发，CaO 和 Al_2O_3 比较难蒸发。表 3 - 2 列出了各种耐火材料在高温真空下的稳定性[8]，按稳定性的高低排列如下：

高纯 CaO，稳定 ZrO_2 砖，高纯刚玉砖，高纯白云石砖，石灰质砖，氧化铝砖，莫来石砖，电熔氧化铝砖，尖晶石结合镁砖，锆英石砖，再结合镁铬砖，直接结合镁铬砖，高纯镁砖，电熔镁铬砖，高铬砖。

表 3 - 2　各种耐火材料在真空中的稳定性

材料种类	耐火砖材质		失重速度 /$mg \cdot cm^{-3} \cdot min^{-1}$ 1632℃，4h × 0.67Pa
Al_2O_3 – SiO_2 系耐火材料	高纯刚玉砖	Al_2O_3 99%	0.02
	氧化铝砖	Al_2O_3 90%	0.06
	莫来石砖	Al_2O_3 72%	0.15
	高铝砖	Al_2O_3 70%	0.35
	电熔氧化铝砖	Al_2O_3 96%，Na_2O 3.4%	0.11
碱性耐火材料	高纯镁砖	MgO 97%	0.54
	直接结合镁铬砖	MgO 73%	0.52
	再结合镁铬砖	MgO 62%	0.42
	尖晶石结合镁砖	MgO 89%，Al_2O_3 9.8%	0.36
	石灰质砖	CaO 96%	0.06
	高纯白云石砖	$MgO + CaO$ 99%	0.04
	电熔镁铬砖	MgO 57%	1.20
其他	高纯 CaO 稳定 ZrO_2 砖	ZrO_2 96%	0.017
	锆英石砖	ZrO_2 66%	0.39
	高铬砖	Cr_2O_3 26%	0.75

耐火材料在高温真空长期作用下发生的蒸发损失可使耐火材料的结构和性能变差，体积密度降低，气孔率提高和强度下降。在真空炉外精炼处理钢液的情况下，耐火材料的高温蒸发还可造成对钢液成分的污染。

3.2.3.2 耐火材料与炉渣的相容性

在选用炉外精炼用耐火材料时需要考虑耐火材料与炉渣的相容性（Compatibility），因为它不仅与耐火材料使用时抵抗炉渣侵蚀的能力有关，同时还关系到对钢水的污染作用。耐火材料与炉渣的相容性取决于耐火材料和炉渣双方的性质，如耐火材料的组成和在炉渣中的溶解度，炉渣的碱度和黏度等。以镁铬砖和镁白云石砖抵抗炉外精炼渣的熔损侵蚀能力为例，如图3-7所示[9]，它们与炉渣的相容性大相径庭。这两类耐火材料在炉渣中的抗侵蚀性能随着炉渣的碱度变化朝向正好相反的方向变化。镁铬砖的熔损速度随着渣中碱度的提高明显地呈线性增大，在碱度为2.68的渣中的熔损速度约为碱度为0.6的渣中的6倍。而对于

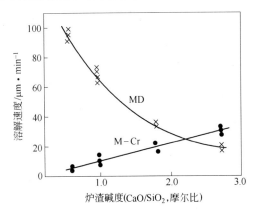

图3-7　镁铬砖和镁白云石砖在炉外精炼渣中的
熔损速度随炉渣碱度的变化情况

试验条件：1650℃，200r/min

M-Cr—共烧结镁铬砖 w：MgO 65.8%，Cr_2O_3 20.24%，Fe_2O_3 5.99%，
Al_2O_3 5.54%，SiO_2 1.36%

MD—镁白云石砖试样 w：MgO 82.03%，CaO 17.0%

镁白云砖，在炉渣中的熔损速度随着炉渣碱度的提高显著下降，在碱度为 0.6 的渣中的熔损速度约为在碱度为 2.68 的渣中的 5 倍。镁铬砖与镁白云石砖的两条熔损曲线在炉渣碱度约为 2.2 处相交。这表明，在中低碱度炉渣中，镁铬砖的熔损速度要比镁白云石砖低得多；而在高碱度炉渣中，镁铬砖在渣中的熔损速度变得比镁白云石砖的高。换言之，镁铬砖与高碱度炉渣不相容，与中低碱度炉渣相容，对中低碱度炉渣具有强的抗侵蚀性能。而白云石砖则与低碱度炉渣不相容，与中高碱度炉渣相容，对中高碱度炉渣具有强的抗侵蚀性能。

　　如前所述，炉外精炼渣的组成和性质在不同的精炼方法和精炼过程中各不相同，耐火材料在不同的炉渣中所表现出的侵蚀性状存在颇大的差别。表 3-3 列出了各种耐火材料与炉渣相容性的比较[5]。表中左列耐火材料，即硅砖、黏土砖、锆英石砖、高铝砖，铝镁碳砖、镁铬砖和镁碳砖，为与中低碱度炉渣（$CaO/SiO_2 < 2$）较相容的耐火材料；而表中右列耐火材料，即镁铬砖、碳结合白云石砖、陶瓷结合白云石砖、镁质白云石砖及镁钙碳砖，镁碳砖，为与高碱度炉渣（$CaO/SiO_2 > 2$）较相容的耐火材料。由此可见，在与中低碱度相容的耐火材料系列中，硅砖与炉渣的相容性最差，镁碳砖与炉渣的相容性最好。而在与高

表 3-3　各种耐火材料与炉渣的相容性

炉渣碱度		$CaO/SiO_2 < 2$	$CaO/SiO_2 > 2$
耐火材料与炉渣的相容性	低　↓　高	硅砖	镁铬砖
		耐火黏土砖	碳结合白云石砖
		锆英石砖	陶瓷结合白云石砖
		高铝砖	镁质白云石砖
		铝镁碳砖	镁钙碳砖
		铝镁尖晶石碳砖	镁碳砖
		镁铬砖	
		镁碳砖	

碱度炉渣相容的耐火材料系列中,镁铬砖与炉渣的相容性差,镁碳砖与炉渣的相容性好。由此可预测,对于以中低碱度炉渣为主的炉外精炼过程,比较适用的耐火材料有高铝砖、铝镁碳砖、镁铬砖和镁碳砖。而对于以高碱度炉渣为主的炉外精炼过程,比较适用的耐火材料有镁铬砖、白云石砖、镁白云石砖、镁钙碳砖和镁碳砖。

实际上,炉外精炼的炉渣成分是随着精炼过程发生不断变化的。初期渣一般为酸性渣或低碱性炉渣,随着精炼的进程,炉渣逐渐变为碱性渣至高碱性炉渣。因此,炉外精炼使用的耐火材料在实际使用中会同时遇到性质不同的炉渣的侵蚀作用,选用耐火材料时则应全面权衡利弊,选用与炉渣尽可能相容的耐火材料。

若从冶炼操作方面考虑,通过调节和控制炉渣组成及改进造渣工艺,使炉渣尽可能与耐火材料相容,则不仅可为改善耐火材料的使用条件和延长耐火材料的使用寿命创造条件,并可减轻耐火材料对钢水的污染作用。通过改进 AOD 炉的造渣操作所取得的成效是这一方面的经典事例(见第3.6.2节和第3.6.3.3节)。

3.2.3.3 耐火材料对钢水洁净度的影响[1]

耐火材料在炉外精炼过程中发生的蚀损和与钢水的反应产物可污染钢水,主要影响钢的氧化物洁净度、硫化物洁净度和钢水增碳等,分述如下。

A 耐火材料对钢水氧含量的影响

在高温真空条件下,耐火氧化物的分解和蒸发可能成为造成钢水再氧化的供氧来源。图 3-8 示出了氧化物的生成自由能和氧分压与温度的关系,它可用来比较耐火氧化物对钢水的再氧化作用。如将温度在 $-273\,^{\circ}\mathrm{C}$ 的氧分压(p_{O_2})与 p_{O_2} 坐标轴上压力为 $10^{-10}\,\mathrm{Pa}$ 点连一直线,在 $1600\,^{\circ}\mathrm{C}$ 下,Cr_2O_3 和 SiO_2 的氧分压大于 $10^{-10}\,\mathrm{Pa}$;而 TiO_2,Al_2O_3,MgO 和 CaO 的氧分压小于 10^{-10} Pa。显然,生成自由能的绝对值大的氧化物,氧化物的氧压位低,这有利于减少源于耐火材料中的氧化物对钢液的再氧化

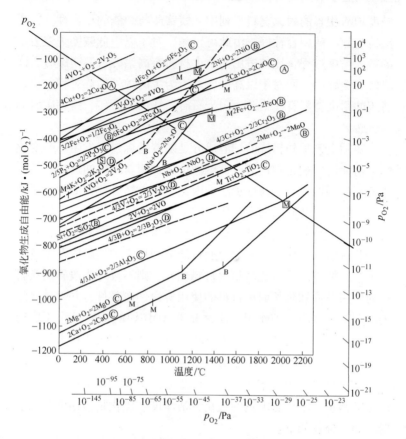

图 3-8　氧化物的生成自由能和氧分压与温度的关系

作用。

　　图 3-9 示出了炉外精炼用耐火材料的氧压位指数（IOP, Index of Oxygen Potential）与钢中氧含量的关系，相关耐火材料的性能和氧压位指数数据列于表 3-4。显然，钢中氧含量随着耐火材料的氧压位指数的提高而增加。也就是说，在高温和真空下易蒸发不稳定的耐火材料，如镁铬砖、锆英石砖和高铝砖，对钢的氧化物洁净度不利。而氧压位指数低的耐火材料，如氧化钙砖、白云石砖，有利于提高钢的氧化物洁净度。

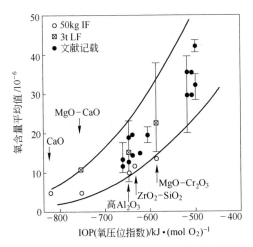

图 3-9　炉外精炼用耐火材料的氧压位指数与钢中氧含量的关系

表 3-4　图 3-9 所用的一些耐火材料组成和氧压位指数（IOP）

炼钢炉		耐火材料	化学组成 $w/\%$							IOP
			CaO	MgO	Al_2O_3	SiO_2	Fe_2O_3	Cr_2O_3	ZrO_2	
50kg 感应 炉 (IF)	炉墙	CaO	90.5	4.1	0.6	<0.1	<0.1	0.2		-196
		$MgO-CaO$	10.4	87.5	<0.1	<0.1	<0.1	0.3		-180
		高 Al_2O_3	0.3	1.6	70.9	22.4	2.5	0.2		-156
		ZrO_2-SiO_2	0.5	1.4	14.8	28.4	1.0	1.5	50.5	-152
		$MgO-Cr_2O_3$	0.5	68.2	8.4	2.0	6.9	15.6		-144
	炉底	捣打料	1.26	96.1	0.8	4.1	0.7	0.2		-160
3t LF	A、B	$MgO-Cr_2O_3$	0.9	71.6	7.6	1.4	3.6	14.2		
	A	高 Al_2O_3	0.3	0.5	79.8	11.0	1.8	0.1		
	A、B	$MgO-CaO$	8.8	83.5	<0.1	0.2	0.3	<0.002		

注：A：炉底和炉墙的下部；B：炉墙的上部。

氧压位指数（IOP）由下列公式计算：

$$IOP = \frac{\sum_i \left[\dfrac{M_i}{\rho_i}\alpha_i\right]^{2/3} \Delta G_i^{\ominus}}{\sum_i \left[\dfrac{M_i}{\rho_i}\alpha_i\right]} \qquad (3-2)$$

式中　　$\Delta G_i^{\ominus}$——标准自由能；

$\qquad$ M_i——分子质量；

$\qquad$ ρ_i——氧化物的密度；

$\qquad$ α_i——摩尔数。

B　耐火材料对钢水脱硫效率的影响

图 3 - 10 示出了在碱性渣的条件下喷吹 CaSi 脱硫时，炉外精炼用耐火材料对钢水的脱硫效率的影响。显然，耐火材料对脱硫效率有很大影响。在使用硅砖时，脱硫效率为 50% ~ 60%；用黏土砖时为 60% ~ 70%；在用白云石砖时提高到 80% 以上。图 3 - 11 和表 3 - 5 示出了钢中硫含量与所用耐火材料品种的关系。氧化钙砖和白云石砖作为耐火材料内衬时，钢的硫化物洁净度最高，以锆英石砖和镁铬砖的为最低，它们的关系大致为：

纯氧化钙砖 > 镁铝砖 > 镁砖 > 纯氧化铝砖 > 高铝砖 > 锆英石砖 > 镁铬砖

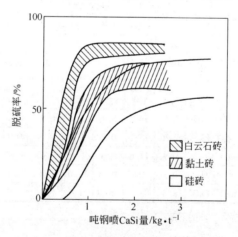

图 3 - 10　耐火材料对钢水脱硫效率的影响

这个排列顺序正好与前述的耐火材料与钢的氧化物洁净度的关系相同，因为钢液的脱硫反应为：

$$[S] + (CaO) = (CaS) + [O] \qquad (3-3)$$

式中 [ ] 表示金属熔体相，( ) 表示熔渣相。显然，炉衬使用低氧压位耐火材料有利于钢液脱硫反应向右进行。

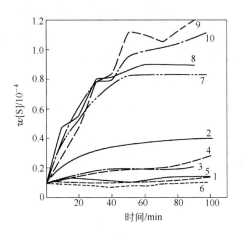

图 3 – 11 钢中硫含量与耐火材料品种的关系

（曲线旁数字与表 3 – 5 对应）

表 3 – 5 图 3 – 11 所用的耐火材料的化学组成

材料种类	试验室用耐火材料					普通耐火材料				
	1	2	3	4	5	6	7	8	9	10
化学组成 $w/\%$										
CaO	99.9		2.5	2.5		53.2				
MgO		0.1	31.0	94.0	84.5	38.2			63.2	
Al_2O_3		99.5	65.2		3.3	0.3	86.7	81.0	5.1	6.7
ZrO_2										49.5
SiO_2	0.4	0.2	0.8	1.8	3.7	1.8	8.8	12.0	2.3	38.6
Cr_2O_3			1.7		1.2				17.3	
Fe_2O_3		0.3	0.5	0.5	0.3	0.4	1.4	1.5	9.3	1.5
TiO_2						2.4	2.4	3.5		3.5
C				8.0	3.9	3.0				

C 含碳耐火材料对钢水增碳的影响

含碳耐火材料在炉外精炼中有广泛的应用,但耐火材料中的碳易溶进钢水,造成钢水增碳。如图 3 - 12 和表 3 - 6 所示,随着耐火材料的碳含量增加,耐火材料对钢水的增碳作用明显增大。因此,在冶炼对碳含量有严格要求的钢种时,应考虑含碳耐火材料对钢水增碳的不利作用。

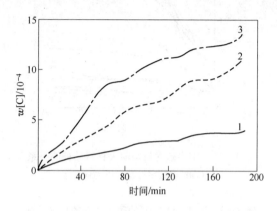

图 3 - 12   耐火材料的含碳量对钢中碳含量的影响

含碳耐火材料的加热处理条件:真空中,1200℃,10min 排除挥发分

(曲线旁数字与表 3 - 6 对应)

表 3 - 6   图 3 -12、图 3 - 13 中耐火材料的化学组成

材 料 种 类	1	2	3
化学组成 $w/\%$			
CaO	1.83	1.87	1.75
MgO	94.26	94.08	96.63
Al_2O_3	2.55	2.31	0.52
SiO_2	1.08	1.27	0.82
Fe_2O_3	0.25	0.42	0.22
C	4.95	9.60	13.75

含碳耐火材料内衬投入使用后,由于内衬工作面上的碳被逐

渐氧化损失和形成脱碳表层，或在内衬开始使用前在空气中进行加热处理，如图 3 – 13 所示，可明显减轻含碳耐火材料对钢水的增碳作用，但对于碳含量的要求极为严格的超低碳钢种，仍不能完全忽略耐火材料对钢水的增碳作用。

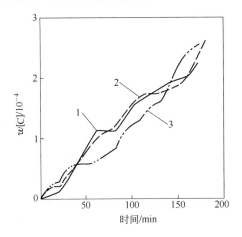

图 3 – 13　含碳耐火材料在空气气氛中加热处理后
对钢中碳含量的影响
（曲线旁数字与表 3 – 6 对应）
加热处理条件：空气中，1000℃，240min

D　镁铬砖对钢液的铬污染作用

在用镁铬砖作炉外精炼炉内衬时，在高碱性炉渣条件下，镁铬砖中的 Cr_2O_3 可被钢渣中的还原剂还原成金属铬。因此，在冶炼无铬钢时，镁铬砖可造成对钢液的铬污染。为避免耐火材料对无铬钢的污染，炉衬可采用白云石砖。

3.3　炉外精炼用基本耐火材料

3.3.1　镁铬砖

镁铬砖是以镁砂和铬矿为主要原料生产的含 MgO 为 55% ～80%，Cr_2O_3 为 8%～20% 的碱性耐火材料。镁铬砖有许多优点，如耐火度高，荷重软化温度高，抗热震性能优良，抗炉渣侵蚀，适应的炉渣碱度范围宽，为炉外精炼用的最重要的耐火材料之一。

3.3.1.1　炉外精炼用镁铬砖的种类[10]

镁铬砖的主要矿物为方镁石、尖晶石和少量的硅酸盐。尖晶石相包括原铬矿中的尖晶石和烧成过程中形成的二次尖晶石。硅酸盐相包括镁橄榄石和钙镁橄榄石。根据制品所用原料和工艺特点，镁铬砖分为：①硅酸盐结合镁铬砖；②直接结合镁铬砖；③再结合镁铬砖；④半再结合镁铬砖；⑤预反应镁铬砖；⑥不烧镁铬砖和电熔铸镁铬砖。炉外精炼用的镁铬砖主要为前五种类型的镁铬砖，简述如下。

A　硅酸盐结合镁铬砖

硅酸盐结合镁铬砖，即普通镁铬砖，是以烧结镁砂和一般耐火级铬矿为原料，按适当比例配合，以亚硫酸盐纸浆废液为结合剂，经混练和成型，约于1600℃下烧成制得。在硅酸盐结合镁铬砖中，SiO_2 杂质含量较高（SiO_2 为2.98%～4.5%），制品的烧结是在液相参与下完成的，在主晶相之间形成以镁橄榄石为主的硅酸盐液相粘结在一起的结合，又称陶瓷结合。由于 SiO_2 杂质含量高，硅酸盐结合镁铬砖的高温抗侵蚀性能较差，强度较低。在炉外精炼装置中，应用于非直接接触熔体的内衬部位。

B　直接结合镁铬砖

直接结合镁铬砖是以高纯镁砂和铬矿为原料，高压成型，于1700～1800℃下烧成制得的优质固相直接结合的镁铬质耐火材料。在直接结合镁铬砖中，由于 SiO_2 杂质含量低（<2%），在高温下形成的硅酸盐液相孤立分散于主晶相晶粒之间，不能形成连续的基质结构。主晶相方镁石和尖晶石之间形成方镁石－方镁石、方镁石－尖晶石的直接结合。因此，直接结合镁铬砖的高温机械强度高，抗渣性好，高温下体积稳定，适用于 RH、DH 真空脱气精炼装置、VOD 炉、AOD 炉等炉外精炼装置。

C 再结合镁铬砖

再结合镁铬砖,又称电熔颗粒再结合镁铬砖,系以菱镁矿(或轻烧镁粉)和铬矿为原料,按一定配比,投入电炉中熔化,合成电熔镁铬熔块,然后破碎、混练、高压成型,于1750℃以上高温烧成制得。在这种制品中,方镁石为主晶相,镁铬尖晶石为结合相,硅酸盐相很少,以岛状孤立存在于主晶相之间。再结合镁铬砖的高温强度高和体积稳定性好,抗侵蚀,抗冲刷,抗热震性介于直接结合砖和熔铸砖之间,适用于 RH、DH 真空脱气室,AOD 炉风口区,VOD 炉、LF 炉渣线等部位。

D 半再结合镁铬砖

半再结合镁铬砖系以部分电熔合成镁铬砂为原料,加入部分铬矿和镁砂或烧结合成镁铬料作细粉,按常规制砖工艺,高温烧成制得。半再结合砖的主要矿物组成为方镁石、尖晶石和少量硅酸盐,方镁石晶间尖晶石发育完全,方镁石 – 方镁石和方镁石 – 尖晶石间直接结合,硅酸盐相呈孤立状态存在于晶粒间。半再结合镁铬砖组织结构致密,气孔率低,高温强度高,抗侵蚀能力强,抗热震性能优于再结合镁铬砖,适用于 RH、DH 真空脱气浸渍管,VOD 炉、LF 炉、AOD 炉等炉外精炼装置的渣线部位。

E 预反应镁铬砖

预反应镁铬砖以轻烧镁粉和铬铁矿为原料,经共同细磨成小于 0.088mm 细粉,压制成荒坯或球,于1750~1900℃煅烧成预反应烧结料,再按常规制砖工艺生产,经破碎、混练、高压成型和在 1600~1780℃下烧成制得。预反应镁铬砖的主要矿物组成为方镁石、尖晶石和少量硅酸盐,晶间直接结合程度高。预反应镁铬砖的组织结构和成分均匀,致密,气孔率低,高温强度高,抗渣性好,抗热震性能较好,可用于 VOD 炉、LF 炉和 ASEA – SKF 炉等二次精炼炉渣线。

3.3.1.2 镁铬砖的组成与性能

镁铬砖的主要成分为 MgO 和 Cr_2O_3,还含有较多的 Fe_2O_3 和

Al_2O_3 及少量的 CaO 和 SiO_2 等氧化物，它们对镁铬砖的性能的影响错综复杂，给耐火材料的生产和选用带来困难。

图 3 - 14 为 $MgO - Cr_2O_3$ 系二元相图[11]，$MgO - Cr_2O_3$ 之间形成范围宽广的固溶体，使得镁铬耐火材料的性能对 Cr_2O_3/MgO 比值的变化很敏感。

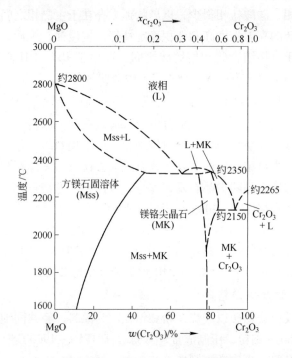

图 3 - 14　$MgO - Cr_2O_3$ 系二元相图

图 3 - 15 和图 3 - 16 分别示出了镁铬砖的 Cr_2O_3 含量与其抗侵蚀性能和抗热震性能的关系[12]。随着 Cr_2O_3 含量提高，镁铬砖的抗侵蚀性能提高；与之相反，随着 Cr_2O_3 含量提高，镁铬砖的抗热震性能降低。这个特性提示：在以炉渣侵蚀为主要损毁机理的场合下，宜选用 Cr_2O_3 含量较高的镁铬砖；而在以热震损毁为主的场合下，宜选用 Cr_2O_3 含量较低的镁铬砖。

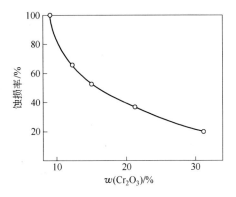

图 3-15 镁铬砖的 Cr_2O_3 含量与抗侵蚀性能的关系

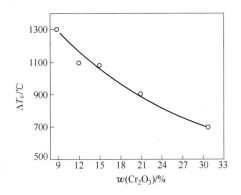

图 3-16 镁铬砖的 Cr_2O_3 含量与抗热震性的关系

ΔT_c—临界温差，热震试验后，抗折强度为0时的温差

图 3-17 和图 3-18 分别示出了镁铬砖的 Cr_2O_3/MgO 含量比对镁铬砖各种性能的影响[13]，有如下规律：

（1） Cr_2O_3/MgO 比增大，显气孔率增大，镁铬砖的组织结构变得不致密；

（2） 高温强度随着 Cr_2O_3/MgO 比增大而提高，在 Cr_2O_3/MgO 比约0.35时，镁铬砖的强度最大；

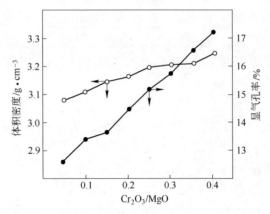

图 3 - 17　直接结合镁铬砖的 Cr_2O_3/MgO 比与气孔率
和体积密度的关系

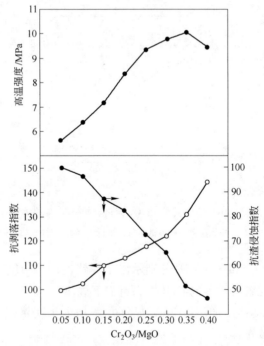

图 3 - 18　直接结合镁铬砖的 Cr_2O_3/MgO 比与
高温强度、抗热震性和抗侵蚀性的关系

（3）抗侵蚀性随着 Cr_2O_3/MgO 比增大而降低，但对抗热震性能的影响相反，镁铬砖的抗热震性能提高。Cr_2O_3/MgO 比在 0.2～0.25 范围内，镁铬砖同时兼有较高的抗侵蚀性能和抗热震性能。

上述关系提示：在以炉渣侵蚀为主要损毁机理的场合，如氩氧炉（AOD 炉），宜选用 Cr_2O_3/MgO 比约为 0.2 的镁铬砖。而在以热震损毁为主的场合，如 VOD 炉，RH 真空脱气装置，宜选用 Cr_2O_3/MgO 比约为 0.35 的镁铬砖。

镁铬砖中 Al_2O_3、Fe_2O_3、CaO 和 SiO_2 为有害的杂质成分，对镁铬砖的高温性能不利，应尽量降低。此外，它们之间的比例关系，对镁铬砖的性能也有明显影响[14]。图 3-19 示出了 Fe_2O_3/Cr_2O_3 比和 Al_2O_3/Cr_2O_3 比与抗侵蚀性能的关系，随着 Fe_2O_3/Cr_2O_3 比和 Al_2O_3/Cr_2O_3 比增大，镁铬砖的抗侵蚀性能降低。图 3-20 示出了 CaO/SiO_2 比对抗侵蚀性能的影响，CaO/SiO_2 小的镁铬砖，抗侵蚀性能较高。

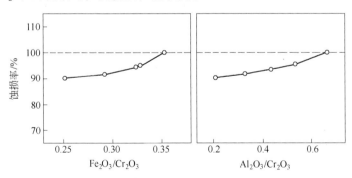

图 3-19　镁铬砖的 Fe_2O_3/Cr_2O_3 比和 Al_2O_3/Cr_2O_3 比
与抗侵蚀性能的关系

图 3-21 和图 3-22 示出了镁铬砖的结构与高温抗折强度和抗热震性的关系[15]，与上述情况相似，强度高和抗侵蚀性好的砖，抗热震性能相对较差。这里再次强调，耐火材料的应用须根据其使用条件综合考虑。

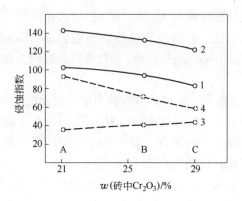

图 3 - 20 镁铬砖的 CaO/SiO₂ 比与抗侵蚀性能的关系

1—CaO/SiO₂ = 1 ，Al₂O₃ 10% ；2—CaO/SiO₂ = 1 ，Al₂O₃ 30% ；

3—CaO/SiO₂ = 3 ，Al₂O₃ 10% ；4—CaO/SiO₂ = 3 ，Al₂O₃ 30%

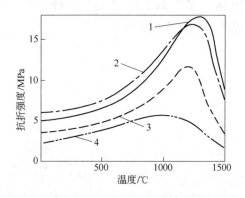

图 3 - 21 镁铬砖的高温抗折强度与其结构的关系

1—再结合镁铬砖，烧结合成料；2—再结合镁铬砖，电熔颗粒；

3—直接结合镁铬砖；4—普通镁铬砖

3. 3. 2 MgO – CaO 系耐火材料

MgO – CaO 系耐火材料的原料来源丰富，价格比镁铬砖低廉，由于对炉外精炼的高碱度炉渣的抗侵蚀性能好，并有利于钢

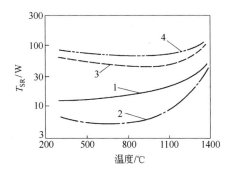

图 3 - 22 镁铬砖的抗热震性与其结构的关系

1—再结合镁铬砖，烧结合成料；2—再结合镁铬砖，电熔颗粒；
3—直接结合镁铬砖；4—普通镁铬砖

抗热震参数 $T_{SR} = K \dfrac{\lambda}{\alpha} f_B$

式中　K—常数；λ—热导率，$W/(m \cdot K)$；

　　　α—热膨胀系数，K^{-1}；f_B—弯曲变形，mm

液净化，对环境污染少等优点，在 AOD 炉、VOD 炉和精炼钢包渣线等炉外精炼装置中的应用日益增加。

3.3.2.1 MgO – CaO 系耐火材料的种类[11]145,[16]

从图 3 -23 所示的 MgO – CaO 系二元相图可以看到，CaO 和 MgO 以任何比例构成的物料都是高性能碱性耐火材料，2370℃以上才会出现液相。白云石（$CaCO_3 \cdot MgCO_3$）灼烧后的理论组成为 $w(CaO)58.18\%$，$w(MgO)41.82\%$，比值为 1.39。比值大于 1.39 的材料极易发生水化，使得生产和应用都很困难。洁净钢生产中应用的镁钙质耐火材料的种类和组成范围示于表 3 -7。

表 3 -7　镁钙质耐火材料按 $w(CaO)/w(MgO)$ 比
的分类和组成范围

材 料 种 类	$w(CaO)/w(MgO)$	$w(MgO)/\%$
白云石耐火材料	1.39	35 ~ 45
镁质白云石耐火材料	<1.39	50 ~ 70
镁钙耐火材料（高镁白云石耐火材料）	<<1.39	70 ~ 80

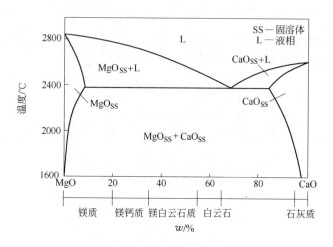

图 3 – 23   MgO – CaO 系二元相图

　　上述镁钙质耐火材料，可按制品的结合状态和是否含碳，分为含碳不烧耐火材料，烧成陶瓷结合砖和油浸砖。

　　A　白云石砖

　　白云石砖系以经高温煅烧的白云石砂为主要原料制成的含 CaO 大于 40%，MgO 大于 30% 的碱性耐火材料，有焦油结合白云石砖，轻烧油浸白云石砖和烧成油浸白云石砖等品种，后者又称陶瓷结合白云石砖。生产焦油结合白云石砖时，先将白云石颗粒和粉料烘烤预热，加入脱水的焦油或沥青 7% ~ 10%，搅拌混合，机压成型，经 250 ~ 400℃ 低温加热处理制得焦油结合砖；或经 1000 ~ 1200℃ 中温处理，再经真空—加压油浸，制得轻烧油浸白云石砖。烧成油浸白云石砖的生产工艺与上述工艺的区别在于临界颗粒减小，一般采用 5mm 或 3mm 的颗粒，结合剂采用石蜡或无水聚丙烯，砖坯经过 1600℃ 或更高温度的煅烧，形成陶瓷结合，再经真空—加压油浸，以提高制品的性能和防止水化。白云石砖对碱性炉渣的侵蚀性强，但在空气中易水化，不便长期存放。烧成油浸白云石砖的荷重软化温度达 1700℃ 以上，

1400℃的高温抗折强度可达 12MPa，适用于 AOD 炉，VOD 炉及钢包内衬等。

B 镁白云石砖

镁白云石砖有焦油结合砖，轻烧油浸砖，烧成陶瓷结合砖和烧成油浸砖，生产工艺与制造白云石砖时相似，它们的配料原料可为天然白云石熟料加镁砂，合成镁白云石熟料加镁砂。其中以用石灰或白云石加轻烧镁砂人工合成的镁质白云石熟料作主原料的镁质白云石砖，具有更均匀的组成和组织结构，以及较好的抗水化性能和抗侵蚀性等性能。与白云石砖相比，镁白云石砖的 MgO 含量高，具有较高的抗炉渣侵蚀性能，抗水化性能和高温强度。

C 镁钙砖

镁钙砖系以我国盛产的天然烧结镁钙砂或电熔镁钙砂为主要原料制造的耐火制品，有高温烧成陶瓷结合制品和不烧含碳制品，MgO 含量高，具有高的抗炉渣侵蚀性能和抗渗透性能，是我国 AOD 炉内衬的主要耐火材料。

3.3.2.2 MgO-CaO 系耐火材料的组成与性能

MgO-CaO 系耐火材料的主要成分为 MgO 和 CaO，主晶相为方镁石（MgO）和石灰（CaO）。它们都为高耐火物相，但对耐火材料的使用性能有不同的影响。在实际应用中，需根据使用条件选用适当 CaO/MgO 比的耐火材料。

图 3-24 示出了 MgO-CaO-C 系耐火材料在高温真空下的失重与砖中 CaO 含量的关系[17]，随着 CaO 含量的提高，耐火材料在真空下的稳定性提高。

图 3-25 示出了 MgO-CaO 系耐火材料在 1700℃下吸收 10%SiO$_2$ 与 10%Al$_2$O$_3$ 后，生成的液相量与 CaO/MgO 比的关系[18]，耐火材料中 MgO 含量高于 60% 时，反应生成的液相量大大降低。这表明，MgO 含量提高到 60% 以上，可显著提高白云石质耐火材料的抗侵蚀性能。

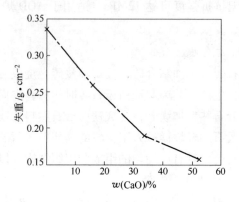

图 3 - 24　MgO - CaO - C 砖的失重与 CaO 含量的关系
（1600℃，1h，真空度 66.6Pa）

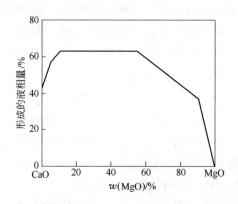

图 3 - 25　不同组成的 MgO - CaO 系耐火材料在 1700℃ 吸收
10% SiO₂ 和 10% Al₂O₃ 后生成的液相量

　　图 3 - 26 示出了 MgO - CaO 系耐火材料的炉渣侵蚀速度
（深度）和炉渣渗透深度与 CaO/MgO 的关系[19]。侵蚀速度和渗
透深度的变化趋势正好相反，即随着 MgO 含量提高，侵蚀速度
变小，但渗透深度变大。这表明，MgO - CaO 耐火材料中，CaO
可阻碍炉渣渗透，避免形成厚的反应变质层，有利于提高耐火材

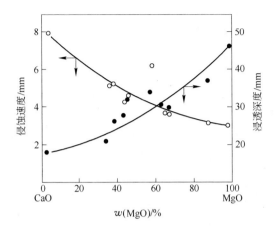

图 3-26 镁白云石砖的渣侵蚀速度（深度）和
渗透深度与 CaO/MgO 的关系

料的抗热震剥落性能，并且随着 CaO 含量的增加，防渗透的效
果增大。

图 3-27 示出了 MgO-CaO-C 砖热震试验后的强度损失率

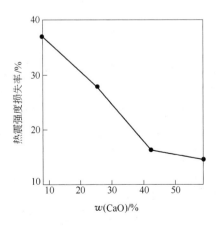

图 3-27 MgO-CaO-C 砖的热震强度
损失率与 CaO 含量的关系

与氧化钙含量的关系[20]，表明 MgO – CaO – C 的抗热震性能随 CaO 含量的增加而提高。

3.3.3　镁碳砖

镁碳砖是以电熔镁砂，高温死烧镁砂和鳞片石墨为主要原料，以酚醛树脂作结合剂制造的不烧含碳碱性耐火材料。在对高压成型后的砖坯进行热处理时，酚醛树脂结合剂在 200 ~ 250℃ 固化，使不烧制品具有较高的常温强度，在高温下使用时发生热解和焦化，形成碳结合，使制品具有较高的高温强度。为提高砖的抗氧化性能，配料中常添加 Al、Si、Mg 等金属粉及 SiC 粉。由于镁砂和炭素材料之间不存在互熔关系，在高温下使用过程中镁砂和石墨各自保持自己的特性，并可相互克服对方的缺点，使镁碳砖具有优良的抗渣侵蚀性能、抗炉渣渗透性能和抗热震性能。

按标准（YB4074—91），根据含碳量（w）高低，镁碳砖分为三类：①C 10%，MgO 76% ~ 80%；②C 14%，MgO 74% ~ 76%；③C 18%，MgO 70% ~ 72%。在炉外精炼装置中，镁碳砖主要应用于各种钢包精炼炉内衬的渣线部位，一般使用碳含量较低的镁碳砖（C < 14%）。但用镁碳砖作精炼炉钢包内衬时，由于砖中的碳易溶于钢水中，可使钢水增碳，这对碳含量要求严格的高质量洁净钢和超低碳钢特别不利。为减轻镁碳砖对钢水的增碳问题，国内外对开发低碳镁碳砖进行了许多研究，以求在降低碳含量的情况下，仍能保持镁碳砖的高抗侵蚀和高抗热震的特性[21,22]。低碳镁碳砖一般指碳含量低于 8% 的镁碳砖，低的可降低到 3% ~ 4%。

镁碳砖具有优良的抗炉渣渗透性、抗侵蚀性能及抗热震性能，这很大程度上归功于石墨（碳）所起的作用[23~25]。如图 3 – 28 所示，石墨可有效地阻止炉渣的渗透，提高砖的热导率和降低砖的弹性模量。但如图 3 – 29 所示，石墨含量增加，会使砖的强度下降和抗氧化性能降低。图 3 – 30 示出了 MgO – C 砖的蚀

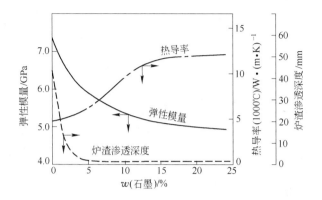

图 3 - 28 石墨对 MgO - C 砖的炉渣渗透深度、热导率
和弹性模量的影响

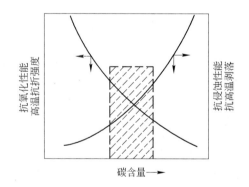

图 3 - 29 镁碳砖的性能与含碳量的关系

损速度与碳含量的关系，碳含量在 10% ～20% 范围内，镁碳砖
的抗侵蚀性能最好。

图 3 - 31 示出了镁砂的方镁石晶粒尺寸与 MgO - C 砖的抗侵
蚀性的关系[23]，镁碳砖的抗侵蚀性能随着方镁石晶粒尺寸的增
大而提高。烧结镁砂中的方镁石晶粒尺寸一般小于 100μm，电
熔镁砂中的大于 250μm，因此，镁碳砖通常采用电熔镁砂为原
料。图 3 - 32 示出了电熔镁砂含量对 MgO - C 砖性能的影响，

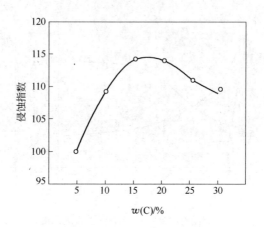

图 3 - 30　MgO - C 砖的蚀损速度与碳含量的关系

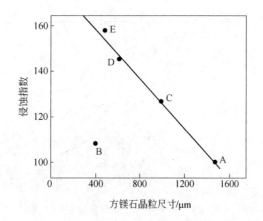

图 3 - 31　电熔镁砂的方镁石晶粒尺寸对
MgO - C 砖的抗侵蚀性的影响

为保证 MgO - C 砖的抗侵蚀性能，电熔镁砂含量不应低于 40%。

图 3 - 33 和图 3 - 34 示出了金属粉添加剂对镁碳砖的抗氧化性和抗侵蚀性的影响[25]。加入 2% ~ 4% 抗氧化金属粉添加剂可明显改进镁碳砖的抗氧化性和抗侵蚀性。

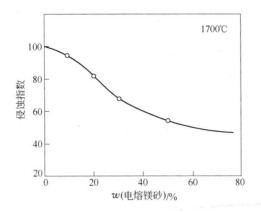

图 3-32 电熔镁砂含量对镁碳砖的抗侵蚀性能的影响

LD 炉渣, $CaO/SiO_2 = 3.3$, $w(Fe) = 14\%$

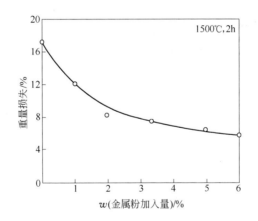

图 3-33 添加金属粉对镁碳砖抗氧性能的影响

3.3.4 $Al_2O_3 - MgO - C$ 系耐火材料

3.3.4.1 $Al_2O_3 - MgO - C$ 系耐火材料的种类

$Al_2O_3 - MgO - C$ 系耐火材料是为应对连铸和炉外精炼钢包内衬的严酷使用条件, 中国自主开发的代替高铝衬砖的钢包内衬

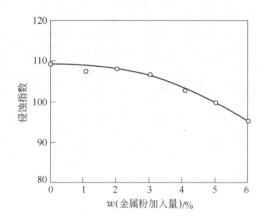

图 3 - 34　添加金属粉对镁碳砖的抗侵蚀性能的影响

专用耐火制品。按制品的主要成分和制砖原料，主要包含下列品种：铝镁碳砖，铝镁尖晶石碳砖和镁铝碳砖。

A　铝镁碳砖

铝镁碳砖是以 Al_2O_3 含量大于 85% 的特级烧结高铝矾土熟料颗粒为骨料，加入电熔镁砂或烧结镁砂细粉和鳞片石墨，以酚醛树脂作结合剂，机压成型后，经 200 ~ 250℃ 热处理而制得。铝镁碳砖含 Al_2O_3 60% ~ 70%，MgO 8% ~ 14%，C 8% ~ 10%。为提高砖的抗氧化性能，配料中可适当添加金属铝粉、硅粉和 SiC粉。铝镁碳砖具有含碳耐火材料的特性，如抗炉渣渗透，抗侵蚀性好，抗热震性好。铝镁碳砖的价格比较低，适用于各种精炼钢包内衬的非渣线部位。铝镁碳砖的使用过程中，在工作面附近的颗粒骨料周围，MgO 与 Al_2O_3 反应形成抗侵蚀的铝镁尖晶石，并伴有一定的体积膨胀，可使砖缝缩小，内衬变得致密。

为减轻普通铝镁碳砖对钢水增碳的不利作用，北京利尔耐火材料公司生产低碳铝镁碳砖，碳含量比普通铝镁碳砖减少 50%。其组成（w）为：$Al_2O_3 \geqslant 75\%$，$MgO \geqslant 10\%$，$C \geqslant 5\%$。低碳铝镁碳砖仍具有优良的抗侵蚀性能和高的使用寿命[26]。

B 铝镁尖晶石碳砖

铝镁尖晶石碳砖的生产工艺与铝镁碳砖相同，区别在于采用预先烧结合成的铝镁尖晶石熟料作原料，取代或替代部分矾土和镁砂，从而可以调整和控制使用过程中尖晶石的形成和由此产生的膨胀效应，有利于改善耐火材料的抗侵蚀性能和在高温下的体积稳定性。铝镁尖晶石碳砖的组成和性质为：Al_2O_3 74%，MgO 8% ~10%，C 5% ~9%，体积密度 3.09g/cm³，显气孔率 3%，耐压强度 92.2MPa（110℃，24h）和 32.5MPa（1600℃，3h），高温抗折强度 7.8MPa（1400℃，1h），线变化率 +1.5%（1600℃，3h），荷重软化温度大于 1700℃（0.2MPa，0.6%）[27]。

C 镁铝碳砖

镁铝碳砖与铝镁碳砖的主要差别在于作为主成分的 Al_2O_3 和 MgO 的含量作了正好相反的变化，即前者 MgO 含量高，Al_2O_3 含量低；而后者 MgO 含量低，Al_2O_3 含量高。镁铝碳砖的组成和性质为：MgO 65% ~75%，Al_2O_3 5% ~15%，C 5% ~12%。体积密度 2.89 ~2.96g/cm³，显气孔率 4.13% ~5.6%，常温耐压强度 82.7 ~98.6MPa，荷重软化温度大于 1700℃[28]。

3.3.4.2 Al_2O_3 – MgO – C 系耐火材料的组成与性能[27,29]

Al_2O_3 – MgO – C 砖在炉外精炼钢包内衬上使用时，在砖的工作面附近，砖的主要成分 Al_2O_3 和 MgO 可发生反应生成铝镁尖晶石，并伴随体积膨胀。图 3-35 示出了铝镁碳砖的 MgO 含量与烧后膨胀和抗渣性的关系。铝镁碳砖的抗渣性和热膨胀率随着 MgO 含量的增加而提高。烧后产生膨胀可使耐火材料内衬的砖缝缩小，内衬结构变得致密。但是，如果 MgO 加入量过多，砖的膨胀量过大，可造成砖的开裂和损毁，严重时可使钢包的钢质外壳变形，导致提前报废。

图 3-36 示出了 MgO 含量对铝镁碳砖的高温荷重变形的影响。随着 MgO 含量的提高，铝镁碳砖的高温荷重软化变形减少，

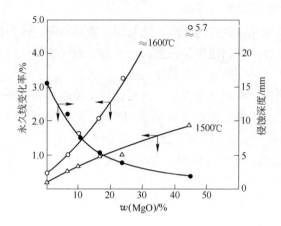

图 3 - 35   铝镁碳砖的烧后膨胀和抗渣性与 MgO 含量的关系

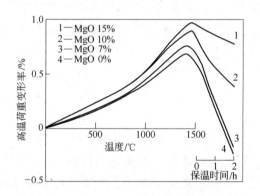

图 3 - 36   铝镁碳砖的高温荷重变形温度与 MgO 含量（w）的关系

即高温耐火性能得到改善，但膨胀也随之增大。

图 3 - 37 示出了尖晶石加入量对铝镁碳砖的抗侵蚀性能的影响。随着尖晶石加入量从 0 增加到 20%，抗侵蚀性显著提高，但当尖晶石加入量超过 20% 时，由于基质中 Al_2O_3 含量增加，砖的抗侵蚀性能反而下降。

图 3 - 38 示出了碳含量对铝镁碳砖的弹性模量和烧后膨胀的

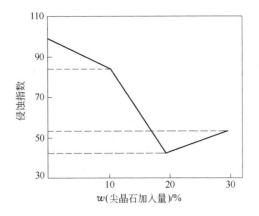

图 3-37 尖晶石加入量对铝镁碳砖的抗侵蚀性能的影响

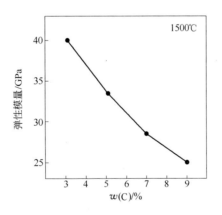

图 3-38 铝镁碳砖的弹性模量与碳含量的关系

影响，碳含量增加，弹性模量降低，烧后膨胀减少，有利于提高耐火材料的抗热震性能。图 3-39 示出了碳含量与铝镁碳砖的抗渣性的关系，增加碳含量，可阻止炉渣渗透，提高耐火材料的抗渣性。但碳的缺点是易氧化，致使砖的密度和强度降低，适宜的碳含量为 7% ~9%。

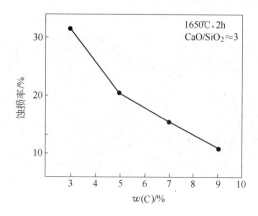

图 3 - 39   铝镁碳砖的抗渣性与碳含量的关系

3.3.5 炉外精炼用耐火材料的技术经济比较

炉外精炼用各种耐火材料的性能与价格的大致比较列于表 3 - 8[5]。

表 3 - 8   炉外精炼用耐火材料性能与价格比较

材料种类	抗渣性	耐磨性	抗热震性	钢液净化	价格
镁碳砖	优/优①	中	优	中	高
再结合镁铬砖	优/中	优	中	中/差①	
半再结合镁铬砖	优/中	优	中	中/差	
预反应镁铬砖	优/中	优	中	中/差	
直接结合镁铬砖	优/中	优	中	中/差	
镁钙碳砖	中/中	中	优	优	
烧成油浸镁白云石砖	中/优	优	优	优	
烧成油浸白云石砖	差/优	优	优	优	
轻烧油浸镁白云石砖	中/优	优	优	优	
轻烧油浸白云石砖	差/优	中	优	优	
铝镁尖晶石碳砖	优/差	中	优	中/差	
镁铝碳砖	优/差	中	优	中/差	
铝镁碳砖	优/差	中	优	中/差	
焦油白云石砖	差/中	差	优	优	
高铝砖	差/差	优	差	差	低

① 抗渣性：低中碱度渣/高碱度渣。

3.4 RH 真空脱气精炼法用耐火材料

RH 真空脱气精炼法包含由德国鲁尔钢公司（Ruhrstahl）和海拉斯公司（Heraeus）1956 年首创的 RH 真空循环脱气法（RH Vacuum Degassing）和随后在此基础上开发的一系列改进型装置，如 1972 年日本新日铁室兰制铁所根据 VOD 炉生产超低碳不锈钢原理开发的侧吹氧 RH - OB 法（Oxygen Blowing），1988 年日本川崎制铁所开发的顶吹氧 RH - KTB（Kawasaki Top Oxygen Blowing）法和喷吹脱硫剂的 RH - PB（RH - Powder Blowing）法等多种改进精炼法[30]。它们除对钢液进行真空脱气处理外，还增添了许多精炼功能，如吹氧脱碳，喷粉精炼，钢液加温和成分调整等。RH 真空脱气精炼法在洁净钢生产中应用广泛，占有极为重要的地位。

3.4.1 RH 真空脱气精炼法与耐火材料的工作环境

RH 法对钢液进行真空精炼时，如图 3 - 40 所示，真空室下端的浸渍管（snorkel）又称上升管和下降管，插入到钢包钢液中。由于真空室抽真空，钢液受到相当于 1 个大气压（≈0.1MPa）的压力作用而被迅速吸入真空室内，高约 1.5m。此时向上升管内导入氩气，上升管内的钢液因含有气泡密度变小，从而开始沿着上升管流入真空室。而在另一方面，下降管一侧则因钢液的密度较大，随之下降流回钢包。这样，钢液便反复连续循环，在流经真空室时进行脱气处理。

RH - OB 法是在 RH 真空室侧墙下部插入 Ar 冷却喷嘴向真空室内的钢液吹氧，对循环流动钢水进行脱碳的真空精炼装置（图 3 - 41），可生产超低碳不锈钢，铝镇静钢等钢种。

RH - KTB 法或 RH - TOB 法（Top Oxygen Blowing）是在 RH 真空室顶部加装水冷氧枪进行吹氧（图 3 - 42），对循环流动钢水进行吹氧真空脱碳，CO 二次燃烧可提高钢水温度，为生产超低碳 IF 钢，取向硅钢等高品质洁净钢的主要精炼装置。

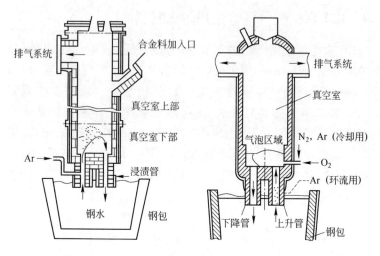

图 3 - 40 RH 真空脱气精炼气法   图 3 - 41   RH - OB 真空
                                                脱气精炼法

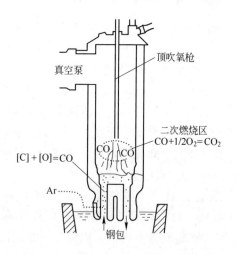

图 3 - 42   RH - KTB 真空脱气精炼法

表 3 - 9 列出了 RH 真空脱气精炼法的工艺参数和耐火材料的使用环境[31~33]。钢液在浸渍管内的流速每分钟高达数十吨至

上百吨，浸渍管、真空室底部及侧墙下部的耐火材料受到钢液的激烈冲刷、磨损和侵蚀作用。RH 法的改进方法 RH - OB、RH - KTB 法及 RH - BP 法等，在对钢液进行脱气处理过程中，通过喷嘴向真空室内的钢液中吹入氧气和精炼粉剂，与 RH 法相比，它们的耐火材料使用条件更加苛刻，耐火材料的蚀损更加严重。

表 3 - 9　RH 真空脱气精炼装置用耐火材料的工作环境

工　　厂	中国上海宝山钢铁公司	日本钢管公司福山制铁所	日本新日铁大分厂
处理方式	RH - OB	RH	RH - OB
处理能力/t·次$^{-1}$	300	250	340
真空室（内径×高度）/mm		3000×9900	3200×11000
浸渍管(内径×外径×长度)/mm	500×920×750		
加热方式	石墨棒电加热	石墨棒电加热，煤气	石墨棒电加热
真空度/Pa			
极限	1	13.3	13.3
处理时	13	8000	1300~4000
钢液循环速度/t·min^{-1}	30~85	1.0~1.5m/s	100
循环氩气速度/L·min^{-1}	1600	800	500~700
氧气喷吹速度/m^3·h^{-1}			800~1600
处理时间/min	17~30	157~25	15
钢液温度/℃	1580~1650 1700（局部）		1580~1600 1750（局部）
炉渣碱度	3.5		
日处理次数	20		35

　　RH 真空脱气精炼装置是间歇操作的，在两次处理的间隙，为保持真空室内的温度，通过装在真空室上部的石墨棒电加热系统加热，使真空室保持在 1300~1400℃之间。但由于 RH 真空室的高度很大，石墨棒发热体与真空室下部和底部，特别是与浸渍管的距离很远，不易被加热，在停歇期间温度下降多。在开始进

行真空处理操作时，浸渍管和真空室下部立刻受到 1600℃以上的高温钢液的冲击作用，耐火材料受到严酷的热震损毁作用。

3.4.2 RH真空脱气精炼装置用耐火材料的应用与性能

3.4.2.1 中国RH真空脱气精炼装置用耐火材料

中国采用 RH 真空脱气精炼始于 1965 年大冶钢厂从联邦德国引进的 100t RH 真空脱气精炼装置，耐火材料主要使用高铝质耐火材料。1985 年上海宝山钢铁公司从日本引进 300t RH - OB 真空脱气精炼装置，耐火材料主要为镁铬质耐火材料。图 3 - 43 为宝钢 RH 真空脱气精炼装置耐火材料的应用示意图，按不同部位的使用条件，从下至上大致分为浸渍管，真空室下部（包括底部），真空室上部和拱顶，表 3 - 10 列出了各部位使用的国产耐火材料性能。宝钢 RH 浸渍管的使用寿命达到 127 次，真空室下部的使用寿命稳定在 600 炉次，最高达 767 次。

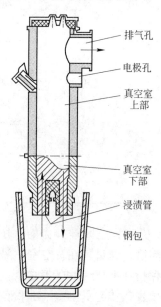

排气孔

电极孔

真空室
上部

真空室
下部

浸渍管

钢包

图 3 - 43　宝钢 RH 真空脱气精炼装置用耐火材料

表 3-10 上海宝钢 RH 真空脱气精炼装置用耐火材料

使用部位	隔热衬		真空室	浸渍管	
耐火材料	轻质砖	硅钙板	直接结合镁铬砖	半再结合镁铬砖	高铝浇注料
化学组成 $w/\%$					
MgO			$\geqslant 65$	63.23	
Cr_2O_3			$\leqslant 13$	22.40	
Al_2O_3	$\geqslant 48$				$\geqslant 90$
SiO_2			$\leqslant 5$	2.43	
Fe_2O_3	$\leqslant 2.0$				
显气孔率/%			$\leqslant 18$	14	
体积密度/$g \cdot cm^{-3}$	$\leqslant 0.9$	$\leqslant 0.25$	$\geqslant 2.95$	3.28	2.70
常温耐压强度/MPa	$\geqslant 3.5$	$\geqslant 0.5$	$\geqslant 40$	53.7	$\geqslant 40(110℃,$ 冷后) $\geqslant 30(1500℃,$ 3h,冷后)
抗折强度/MPa		$\geqslant 0.5$	26.0 (1200℃)	10.8 (1400℃,5h)	$\geqslant 3.0$ (1400℃)
耐火度/℃		1000 (最高使用温度)			1850
荷重软化点 T_2/℃			$\geqslant 1650$	>1740	
热导率/$W \cdot (m \cdot K)^{-1}$	$\leqslant 0.40$ (350℃)	0.058 (70℃)			
重烧线变化率/%		$\leqslant 2.0$ (1000℃)			0.5 (1500℃,3h)

在 RH 真空脱气精炼装置中, 浸渍管的使用条件最为恶劣, 外部受到钢包中的炉渣侵蚀, 内部受到高速钢液的冲刷。开始处理时, 浸渍管插入钢包中, 耐火材料受到强烈的热震作用。为使浸渍管能抵抗这样苛刻的条件, 浸渍管由两层耐火材料构成

（图 3 - 44），内层使用镁铬质浸渍管砖，外层为添加耐热不锈钢纤维的高铝浇注料[34]。

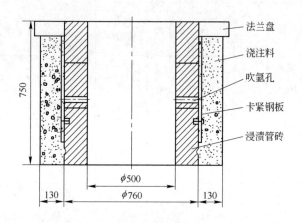

法兰盘

浇注料

吹氩孔

卡紧钢板

浸渍管砖

图 3 - 44　宝钢 RH 真空脱气精炼装置浸渍管构造

为了提高宝钢的 RH 浸渍管耐火材料的抗热震性能和抗侵蚀性能，洛阳耐火材料研究院与洛阳耐火材料厂合作，研制开发成功优质半再结合镁铬砖。在这种半再结合镁铬砖中，选用优质原料，通过合理控制电熔料与烧结料的比例，控制微裂纹的形成和微裂纹的数量及分布，使镁铬砖的高温强度和抗热震性能得到明显改进[35]。

武汉钢铁公司在 1979 年和 1989 年从联邦德国引进处理能力为 70t 和 80t 的两套 RH 真空脱气精炼装置，表 3 - 11 列出了耐火材料的应用和性能。

3.4.2.2　日本 RH 真空脱气精炼装置用耐火材料

日本 RH 真空脱气精炼装置用耐火材料的使用发展情况列于表 3 - 12，耐火材料内衬的改进包括耐火材料的材质和性能、砖型和内衬结构。图 3 - 45 示出了日本新日铁 RH 真空脱气精炼装置耐火材料的内衬结构，所用的耐火材料的种类列于表 3 - 13，

表3-11 武钢RH真空脱气精炼装置用耐火材料

使用部位	真 空 室			浸 渍 管	
耐火材料	永久层镁砖	上部镁铬砖	下部镁铬砖	半再结合镁铬砖	低水泥刚玉浇注料
化学组成 $w/\%$					
MgO	≥87	≥55	≥70	63.23	
Cr_2O_3		≥12	≥11	22.40	
Al_2O_3					≥92
SiO_2			≥2.30	2.43	
Fe_2O_3					
显气孔率/%	≤19	≤23	≤17	14	
体积密度/g·cm^{-3}			≥3.0	3.28	2.5（1500℃）
常温耐压强度/MPa	≥40	≥20	≥40	53.7	≥40（110℃，冷后） ≥300（1500℃，冷后）
抗折强度/MPa				10.8（1400℃,3h）	≥0.3（1400℃）
耐火度/℃					1700（最高使用温度）
荷重软化点 T_2/℃	≥1520	≥1550	≥1700	≥1740	
重烧线变化率/%					+0.4～-1（1500℃）

各部位使用的耐火材料的理化性能列于表3-14[33]。日本RH真空脱气精炼装置用耐火材料的主要品种为高温烧成直接结合镁铬砖和半再结合镁铬砖。真空室下部、中部和上部的耐火材料使用寿命分别为200~600次，600~1500次和1300~4500次，耐火材料消耗为0.13~1.8kg/t。

在用RH-OB法处理钢液时，从真空室的侧墙下部向钢液中吹入氧气和喷入粉剂，处理转炉的未脱氧钢或半脱氧钢，对钢液进行脱碳、脱气、调整成分和加热。真空室下部侧墙和浸渍管

表 3 – 12　日本 RH 真空脱气精炼装置用耐火材料的演变过程

项　目	发　展　过　程
真空室: 　材质 　砖型(侧壁)	黏土砖, 高铝砖 →　特殊含 Cr_2O_3 →　高温烧成直接结合镁铬砖 　　　　　　　　　高铝砖　　　　（Ⅰ）（Ⅱ）（Ⅲ） 弧形砖 ──────────────→ 楔形砖
浸渍管	黏土质浇注料 →　含铬电熔 Al_2O_3 →烧结 Al_2O_3 浇注料 　　　　　　　　浇注料 高铝砖 ──────────→ 高温烧成直接结合镁铬砖 　　　　　　　　　　　　　再结合镁铬砖
吹气环砖	通过砖缝吹→ 通过多孔砖吹→通过不锈钢管吹
耐火材料使用寿 命(真空室下部)/次	$(3 \sim 5)(4 \sim 7) \rightarrow (20 \sim 200) \rightarrow (15 \sim 150)(60 \sim 160)(200)$

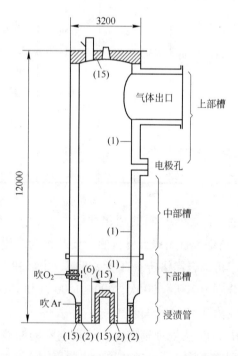

图 3 – 45　日本 RH 真空脱气精炼装置用耐火材料内衬结构

(耐火材料性能参见表 3 – 13、表 3 – 14)

表 3－13　图 3－45 中所用耐火材料的种类和性能

图 3－45 中编号	耐火材料种类	性　质				备　注
		高温抗折强度/MPa（1500℃）	抗渣性（普通砖=100）	抗热震性 1>2>3>4	抗侵蚀性（普通砖=100）	
（1）	普通砖（高温烧成直接结合镁铬砖）	4	100	2	100	
（2）	特殊高铝砖					
（3）	再结合镁铬砖	5～9	70～90	4	130～150	使用两种试验砖
（4）	超高温烧成再结合镁铬砖	10	150	4	100	
（5）	半再结合镁铬砖	1～4	70～90	3	100～110	使用两种试验砖
（6）	半再结合镁铬砖	7.5	70	2	70	用于吹 O_2 孔
（7）	超高温直接结合镁铬砖（改进型）	8.5	100	2	80	
（8）	半再结合镁铬砖（改进型）	4.5	85	2	90	
（9）	MgO－C 砖	2		1	60	用于连通管
（10）	普通砖	4	100	2	70	
（11）	普通砖	4	100	2	100～60	
（12）	烧成油浸白云石砖	1.5	90	3	100	用于普通RH 装置
（13）	电熔镁砂砖	3.2	70	2	130	
（14）	熔铸镁铬砖	26.1	140	4	100～50	
（15）	高铝浇注料					

注：（）中数字为图 3－45 中相应耐火材料。

表 3 – 14　日本 RH 真空脱气精炼装置用耐火材料的理化性能

使用部位	真空室、喉部浸渍管	喉部浸渍管	吹氧嘴	真空室、喉部浸渍管	真空室、喉部浸渍部	真空室顶浸渍管
耐火材料	高温烧成直接结合镁铬砖 (1)[①]	特殊高铝砖 (2)	半再结合镁铬砖 (6)	超高温烧成直接结合镁铬砖 (7)	半再结合镁铬砖 (8)	高铝浇注料 (15)
化学组成 $w/\%$						
MgO	74.0	0.3	78.9	75.8	71.8	0.1
Al_2O_3	8.6	80.6	7.2	8.0	7.7	96.1
Cr_2O_3	10.5	5.6	8.2	11.0	13.4	2.8(CaO)
Fe_2O_3	4.6	0.9	3.7	4.6	5.2	0.2
SiO_2	1.8	10.3	1.4	1.1	1.7	0.2
显密度/$g \cdot cm^{-3}$	3.64	3.70	3.72	3.67	3.68	3.67
体积密度/$g \cdot cm^{-3}$	3.60	3.05	3.10	3.05	3.09	2.63
显气孔率/%	16.0	17.6	19.1	16.7	15.4	28.1
常温耐压强度/MPa	55.0	120.0	50.0	60.0	55.0	6.3
抗折强度/MPa						
常温	7.5	25.2	7.8	7.0	7.0	4.0
1200℃	12.5	16.2	13.5	11.9	11.5	3.0 (1400℃)
1500℃	4.0	6.7	6.8	8.5	4.5	
抗侵蚀性（磨损率）/%						
1750℃,5h(钢+转炉渣)	100	150	85	95	85	300 ~ 400
热膨胀率/% (1500℃)	1.77	1.20	1.98	1.77	1.70	0.92
弹性模量/MPa	4×10^4	3×10^4	8×10^4	4×10^4	4×10^4	水分 11% (110℃ 烘干)

① 参见图 3 – 45。

的使用条件变得很恶劣，局部蚀损严重，寿命从一般的 RH 法的 435
次下降至不到 160 次，最低仅约 100 次，改进措施有下述几条：

（1）喷氧嘴砖改为半再结合镁铬砖，易磨损部位的尺寸加大和改进内衬设计（图 3 - 46，表 3 - 15），寿命可提高到 200 次。

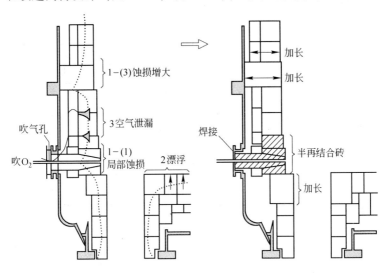

图 3 - 46　日本 RH - OB 真空脱气精炼装置耐火材料内衬的蚀损和改进

（2）改进镁铬砖的性能。镁铬砖的弹性模量与铬矿的粒度有关（参见图 3 - 47），调整铬矿的粒度可提高镁铬砖的抗热震

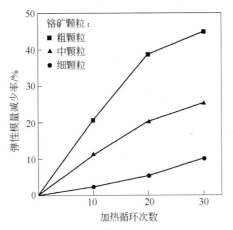

图 3 - 47　铬矿的粒度对镁铬砖的弹性模量的影响

表 3 – 15　图 3 – 46 所用耐火材料的问题和解决措施

对耐火材料的影响	部　位	原　因	蚀损情况	解决办法
1. 砖的蚀损速率加快	(1) 氧气喷嘴	吹氧，添加合金、粉状熔剂，处理未脱氧和半镇静钢	蚀损速率急剧提高，由 0.25mm/次→1.5mm/次	改进砖的质量，开发高耐久性的砖
	(2) 真空室下部的边墙		蚀损速率迅速提高由 0.25mm/次→0.6mm/次	选择更适宜的砖种
	(3) 真空室中部		蚀损速率迅速提高由 0.17mm/次→0.45mm/次	改变砖形状，加长尺寸
2. 底部砖浮起	炉底、喷嘴处	喷嘴处，因吹氧导致蚀损增大	蚀损速率增大由 0.23mm/次→0.42mm/次	改变炉底喷嘴砖的形状加长砖的尺寸
3. 吹氧嘴附近气体泄漏，引起局部蚀损	真空室下部的边墙	烧嘴热更换后，密封不良造成泄漏	不规则的局部蚀损→炉壳赤热	烧嘴外围完全焊在炉壳上，通过完全密封解决

性能。在保持镁铬砖的抗渣性的前提下，可适当增加 Cr_2O_3 含量。表 3 – 16 列出了改进的镁铬砖的性能[36]。

表 3 – 16　RH 真空脱气精炼装置用两种镁铬砖的性能比较

砖　　种	改 进 型	原 有 型
化学组成 w/%		
MgO	59.0	70.0
Cr_2O_3	19.5	16.4
显气孔率/%	14.5	15.5
体积密度/g·cm^{-3}	3.25	3.10
常温耐压强度/MPa	69	61
高温抗折强度/MPa（1400℃）	18	15
热膨胀率/%（1000℃）	1.0	1.0

(3) 开发和试用镁碳砖。在 RH 真空脱气精炼的使用条件下，要求镁碳砖更致密，抗氧化性能更好和防止 MgO – C 反应。表 3 – 17 列出了在 RH 真空脱气装置中试用的镁碳砖的性能，石墨原料选用高纯石墨并经表面钝化处理[36]。

表 3 – 17　RH 真空脱气精炼装置试用的镁碳砖的性能

砖　　　种	普通 MgO – C 砖	RH 用 MgO – C 砖
化学组成 w/%		
MgO	79.5	79.5
C	11.0	12.0
物理性能		
显气孔率/% (1000℃,还原气氛中烧后)	9.2	8.5
侵蚀指数(1700℃,3h,还原 FeO 炉渣 + 钢)	100	85
氧化层厚度/mm (1500℃,3h,空气中)	16.0	8.0

3.4.2.3　美国 RH 真空脱气精炼装置用耐火材料[37]

图 3 – 48 示出了美国伯利恒钢铁公司 (Bethlehem Steel Corporation) 的 RH 真空脱气精炼装置的耐火材料内衬设计图，耐火材料的应用划分为：浸渍管，喉口，真空室下部（包括底部），真空室上部和顶部，分别用不同的耐火材料砌筑，所用耐火材料性能列于表 3 – 18，耐火材料的使用寿命和消耗列于表 3 – 19。

为减少钢液温度损失和停歇期间的温度下降幅度，对真空室侧壁加强隔热，改进前后的耐火材料内衬结构和温度分布情况示于图 3 – 49。

浸渍管的使用条件苛刻，使用优质高温烧成直接结合镁铬砖或再结合镁铬砖，损毁的主要原因为热震损坏。表 3 – 18 中列出的浸渍管用镁碳砖为试用产品，含 50% 电熔镁砂并添加抗氧化剂，抗热震性能很好，高温抗折强度比镁铬砖高一倍，蚀损速度与高温烧成再结合砖相似，有可能作为浸渍管内衬材料，但其抗

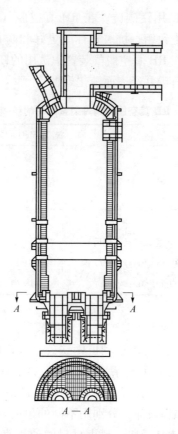

图 3 – 48   美国 RH 真空脱气精炼装置
用耐火材料内衬结构

氧化性能和砖缝的磨损问题还有待解决。

浸渍管外层为耐火浇注料保护层，为提高抗侵蚀性和降低成本，分两段用不同的低水泥浇注料浇注（图 3 – 50）。

3.4.2.4   欧洲 RH 真空脱气精炼装置用耐火材料[38]

图 3 – 51 示出了欧洲典型的 RH 和 RH – OB 真空脱气精炼装置用耐火材料内衬结构，表 3 – 20 列出所用主要耐火材料的性能。对于 RH 法，在侵蚀严重的真空室下部和浸渍管，使用优质

表 3 – 18　美国 RH 真空脱气精炼装置用耐火材料的性能

使用部位	真空室顶、上部	真空室下部、底	喉口	浸渍管		
耐火材料	硅酸二钙结合镁铬砖	再结合镁铬砖	高温烧成或再结合镁铬砖	高温烧成或再结合镁铬砖	镁碳砖	低水泥浇注料
化学组成 $w/\%$						
MgO	60.0	60.0	70.0	60.0	75	2.0
Cr_2O_3	19.7	19.5	20.4	19.3		
Al_2O_3	6.3	6.5	3.8	6.3		95
Fe_2O_3	11.9	11.7	3.6	11.5		
CaO	1.4	0.6	0.8	1.4		1.8
SiO_2	0.6	0.6	1.2	0.7		4(钢纤维)
C					15	6.0(需水量)
体积密度/$g·cm^{-3}$	3.29	3.33	3.35	3.28	2.82	2.98
显气孔率/%	14.0	13.0	11.1	15.0	6.0 13.0(焦化后)	20.8
抗折强度/MPa						
干燥后,冷后						10.6
1600℃,冷后						26.1
1500℃						12.6

直接结合镁铬砖,预反应镁铬砖和再结合镁铬砖。对于 RH – OB 法,采用含镁橄榄石基质的直接结合镁铬砖和再结合镁铬砖。在使用条件较好的真空室上部,使用普通直接结合镁铬砖。表 3 – 21 列出了耐火材料的使用寿命和消耗。一般而言,RH 真空脱气精炼装置每日处理 15 次,每次处理时间 15 ~ 35min,浸渍管的

表 3 –19　美国 RH 真空脱气精炼装置用耐火材料的
使用寿命和消耗

部　　位	使用寿命/次	耐火材料消耗/kg·t⁻¹
真空室		
顶	1500 ~ 3000	0.06
上部侧壁	>5000	
中间环	400 ~ 600	0.05
下部侧壁上段	150 ~ 200	
下部侧壁下段	300 ~ 500	0.04
底	300 ~ 500	
喉口	150 ~ 210	
浸渍管	60 ~ 90	0.1

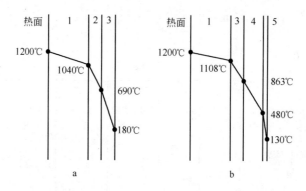

图 3 –49　RH 真空室侧壁耐火材料内衬结构和温度分布
a—原设计；b—修改设计

耐火材料：1—直接结合镁铬砖（厚 228mm）；2—轻质砖（使用温度
1650℃，厚 76mm）；3—轻质砖（使用温度 1425℃，厚 76mm）；4—轻质砖
（使用温度 1260℃，厚 163mm）；5—隔热板（使用温度 1090℃，厚 13mm）

热流：a—7.4 MJ/(m²·h)；b—4.3MJ/(m²·h)

平均寿命为 150 次，真空室下部耐火材料内衬寿命约 450 次，上
部寿命约 350 次。

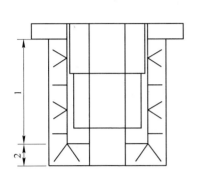

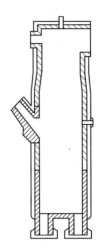

直接结合砖 B

直接结合砖 A 或
镁铬合成颗粒料砖

图 3-50 浸渍管使用的浇注料

1—Al_2O_3 95%浇注料，含钢
纤维 1.5%；2—Al_2O_3 95%
浇注料，含钢纤维 4%

图 3-51 欧洲 RH 和 RH-OB
真空脱气精炼装置的耐火
材料内衬结构

表 3-20 欧洲 RH 和 RH-OB 真空脱气精炼装置用耐火材料的性能

耐 火 材 料	直接结合 镁铬砖 A	直接结合 镁铬砖 B	预反应 镁铬砖	再结合 镁铬砖
化学组成 $w/\%$				
MgO	57	61	59	66
Al_2O_3	7	6	6	5
Cr_2O_3	21	22	20	19
Fe_2O_3	13	9	13	8
CaO	1.2	0.5	1.2	0.7
SiO_2	0.6	0.6	0.5	1.3
体积密度/$g\cdot cm^{-3}$	3.30	3.35	3.25	3.20
显气孔率/%	15.7	16	16.5	16.5
常温耐压强度/MPa	50	37	70	50
高温抗折强度/MPa（1500℃）	2.5	2	7	4

表 3 - 21　欧洲 RH 真空脱气精炼装置用耐火材料的寿命和消耗

部　位	使用寿命/次	耐 火 材 料	消耗/kg·t⁻¹
浸渍管	150	砖	0.4
真空室下部	450	喷补料	0.4 ~ 1.5
真空室上部	> 3500	浇注料、火泥、捣打料	0.15

3.4.3　RH 真空脱气精炼装置用镁铬砖的损毁机理

　　RH 真空脱气精炼装置用镁铬砖使用时同时受到多种侵蚀因素的作用,侵蚀损毁机理示于图 3 - 52[36],着重说明如下。

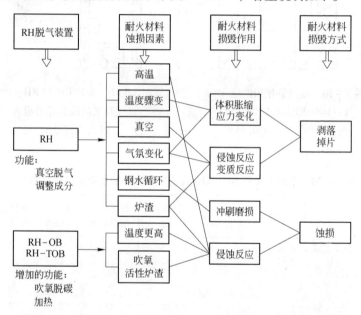

图 3 - 52　RH 真空脱气精炼装置用镁铬质耐火材料的损毁机理

3.4.3.1　炉渣的侵蚀作用

　　在单纯的 RH 真空钢水循环脱气处理时,进入真空室内的钢液中仅含很少的钢包炉渣,钢液在真空室内主要进行循环脱气处理,不产生侵蚀耐火材料的新炉渣,真空室下部耐火材料内衬遭受炉渣的侵蚀作用小,耐火材料内衬的损毁主要是受到快速流动的钢流的冲刷磨损。但在 RH – OB 法和 RH – TOB 等其他改进型 RH 真空脱气精炼装置中,由于吹氧和喷吹粉剂精炼,在真空室内形成新鲜活性炉渣及钢液温度提高,炉渣的侵蚀作用变得非常严重。

　　图 3 – 53 示出了 RH – TOB 的精炼过程中真空室下部耐火材料受到的钢液激烈流动和新鲜活性炉渣的蚀损情况[39]。顶部氧枪向钢水液面上吹氧时,钢水中的一些〔Fe〕、〔Si〕和〔Mn〕,添加合金中的 Al 和 Fe – Si 等发生氧化,在真空室下部形成主要由铁的氧化物(FeO,Fe$_2$O$_3$),Al$_2$O$_3$、SiO$_2$ 和 CaO 组成的低碱度炉渣。炉渣的碱度随所处的位置不同有较大的变化(表 3 – 22),

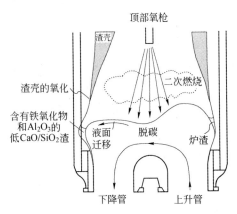

图 3 – 53　RH – TOB 真空室下部耐火材料内衬的蚀损作用

表 3 – 22　RH – TOB 真空室下部镁铬砖残砖热面上粘附炉渣的碱度

部　位	浸渍管	底部和喉部	侧　墙	
			距底部距离	
			<700mm	>700mm
A　(上)	1.8 ~ 3.3	0.4 ~ 2.0	0.4 ~ 1.4	0.4 ~ 0.7
B　｜	0.9 ~ 2.2	0.9 ~ 1.5	0.6 ~ 1.1	0.4 ~ 0.7
C　｜		1.6	0.5 ~ 0.8	0.4 ~ 0.5
D　｜	1.2 ~ 2.4		0.4 ~ 1.4	0.4 ~ 0.7
E　↓			0.4 ~ 0.5	
F　(下)	1.7	0.9	1.0 ~ 1.1	

从上至下（A→F）炉渣碱度趋向增高。在真空室侧墙下部大约500mm 高处的位置，由于受到高温、钢流和炉渣的强烈侵蚀作用，造成严重的局部蚀损，成为真空室内衬最薄弱的部位，制约内衬的使用寿命的提高。

3.4.3.2 炉渣的浸润作用

图 3 - 54 示出了 RH – TOB 真空室下部侧墙内衬上使用后的镁铬砖断面上的化学组成分布情况[39]。在热面后约 20mm 范围内，铁的氧化物（FeO，Fe_2O_3）、CaO、SiO_2 和 Al_2O_3 的含量比原砖层明显提高。这表明，在 RH – TOB 的操作条件下，顶部吹氧产生的低碱度炉渣可因钢水提温易渗入镁铬砖的内部，从而在热面后形成很厚的反应变质层。FeO 和 Fe_2O_3 的侵入量大，主要集中分布在热面厚的 10mm 范围内，形成热面变质层；CaO、SiO_2 侵入砖内较深，可达到 20mm；Al_2O_3 的侵入量较少，深度也浅。在 RH 真空精炼结束时，通常要对真空室下侧内墙热面上

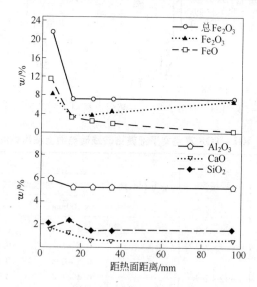

图 3 - 54　RH – TOB 真空室下部侧墙内衬的用后
镁铬砖的化学组成分布情况

的渣壳进行吹氧清洗。在吹氧清洗中，砖的热面层因受到铁的氧化物的侵蚀而流失。镁铬砖内衬可因 RH 真空精炼的间歇作业而反复受到这种蚀损作用。

3.4.3.3　热震损毁作用

热震引起的结构剥落掉片损毁为 RH 真空脱气精炼装置用镁铬质耐火材料内衬的主要损毁原因之一。其主要原因是镁铬砖易被炉渣浸透，尤其是在 RH – TOB 操作的条件下，温度提高，低碱度炉渣的黏度小，炉渣可沿着砖内的气孔通道侵入到砖的深处，在长期高温作用下，入侵的炉渣与砖的基质发生反应，形成很厚的变质层。由于变质层的热膨胀性能与原砖层不同，在受到热震作用时，热应力可导致严重的结构崩裂损毁。

3.4.3.4　气氛变化作用

RH 真空脱气精炼装置用镁铬砖损毁的另一个原因为气氛变化的作用。如图 3 – 55 所示[40]，由于铁的氧化物的存在状态易跟随气氛的变化而发生改变，在 RH 真空室内的镁铬砖工作面上的氧化铁可因气氛变化发生下列可逆反应：

$$2Fe_2O_3 \rightleftharpoons 4FeO + O_2 \qquad (3-4)$$

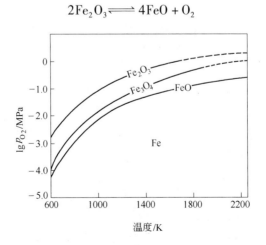

图 3 – 55　Fe – O 系凝固相间的稳定性与温度和氧分压的关系

　　在 RH 真空室处于真空状态下工作时，氧分压很低，上述反应向右进行，镁铬砖工作面的氧化铁主要以氧化亚铁的形式存在。当完成钢液处理后，停歇期间空气进入 RH 真空室，真空室内的氧分压增高，上述反应向左进行，镁铬砖工作面上的氧化亚铁被氧化成氧化铁（Fe_2O_3）。而当 RH 真空室再转入工作状态时，上述反应则向右方进行。

　　与上述情况相似，在 RH 真空室内衬中镁铬砖的 Cr_2O_3 也可在高温真空吹氧和停歇期间发生分解和氧化 - 还原反应：

$$Cr_2O_3(s) \rightleftharpoons 2Cr(g) + 3/2O_2(g) \qquad (3-5)$$

$$Cr_2O_3(s) + 3/2O_2(g) \rightleftharpoons 2CrO_3(g) \qquad (3-6)$$

　　上述可逆反应可因 RH 真空精炼装置间歇进行而反复变化，引起耐火砖组织结构疏松，加剧镁铬砖的热震破坏作用。

3.4.4　RH 真空脱气精炼装置用镁铬质耐火材料的改进

　　根据上述 RH 真空脱气装置用镁铬砖的损毁机理，表 3 - 23 列出了改进镁铬砖的性能和延长使用寿命的措施，主要是降低耐火材料的开口气孔率，降低透气性，提高强度和改善显微组织结构。

表 3 - 23　改进 RH 真空脱气精炼装置用镁铬砖
性能的主要技术措施

改进镁铬砖的技术措施	增强直接结合	原料——选用优质原料 成型——高压成型 烧成——超高温烧成
	改善显微组织结构	调整 MgO/Cr_2O_3 比——降低热膨胀率 调整 Cr_2O_3 粒度——降低热膨胀率 调整粒度——结构均匀致密，含微裂纹
	改进砖的性能	气孔率——降低 透气性——降低 高温强度——提高 炉渣渗透变质作用——减弱 抗热震性——提高

3.4.5 RH真空脱气精炼装置用镁铬砖的选用原则

如前所述，RH真空室镁铬砖内衬的损毁原因主要为炉渣侵蚀和热震破坏作用，在选用耐火材料时需要知道究竟哪一种因素起着决定性的控制作用。在实际生产条件下，它们对耐火材料内衬的损毁作用程度与许多操作因素有关，例如，所炼钢种，吹氧量，每日精炼次数，每次精炼时间，精炼温度，烧氧清洗频度等。这样，由于操作条件上的差异，便可出现不同的情况，有的以炉渣侵蚀为主要损毁因素，而有的则以热震破坏为主要损毁因素。钢厂可根据自己积累的经验和分析做出判断，为耐火材料的选用提供依据。

镁铬砖的抗侵蚀性能和抗热震性能与许多因素有关，关系复杂，幸运的是它们与 Cr_2O_3/MgO 比或 $Cr_2O_3/(Cr_2O_3 + MgO)$ 比有较好的相关性（表3-24[39]），对RH真空室侧墙内衬耐火材

表3-24 镁铬砖的性能和比较

砖 种	直接结合镁铬砖						半再结合砖	
	含烧结镁砂			含熔融镁砂				
	A	B	C	D	E	F	G	H
化学组成 $w/\%$								
MgO	66.3	55.4	49.6	65.0	56.4	48.3	60.3	55.0
Cr_2O_3	22.3	29.7	33.8	23.3	29.1	34.5	25.0	29.8
Al_2O_3	4.2	5.5	6.2	4.0	4.7	5.8	5.2	5.4
Fe_2O_3	5.6	7.6	8.4	5.8	6.9	8.3	8.0	8.1
SiO_2	1.2	1.6	1.3	1.5	1.6	1.8	0.9	1.3
$Cr_2O_3/(Cr_2O_3 + MgO)$	0.25	0.35	0.41	0.26	0.34	0.42	0.29	0.35
显气孔率/%	14.9	14.6	14.8	15.0	14.7	16.5	12.9	13.0
体积密度/$g \cdot cm^{-3}$	3.22	3.29	3.37	3.24	3.30	3.29	3.35	3.37
常温耐压强度/MPa	58.2	66.0	67.5	49.7	49.1	48.0	63.1	58.3
抗侵蚀指数	68	99	137	100	156	172	128	278
抗热震指数	131	113	127	100	105	87	70	82

注：抗侵蚀试验：含30% FeO 和 10% Al_2O_3 的低碱度炉渣（$CaO/SiO_2 = 1:1$），1750℃，5h。

抗热震试验：40mm×40mm×40mm试样，1000℃⇌水冷。

料的选择建议如下：

（1）在以炉渣侵蚀为主要损毁机理的情况下，选用 $Cr_2O_3/$（$Cr_2O_3 + MgO$）比高的镁铬砖。

（2）对于真空室下部侧墙局部损毁严重的部分，选用 $Cr_2O_3/$（$Cr_2O_3 + MgO$）比高的半再结合镁铬砖。

（3）在以热震破坏为主要损毁机理的情况下，选用 $Cr_2O_3/$（$Cr_2O_3 + MgO$）比约为 0.25 的直接结合镁铬砖。

3.4.6 RH 真空脱气精炼装置用耐火材料的热修

在 RH 真空脱气精炼装置中，真空室下部和浸渍管的使用条件最为苛刻，局部侵蚀严重，为提高耐火材料的寿命，采用热修维护。

图 3-56 示出了日本新日铁大分制铁所对 RH 精炼装置的真空室下部和浸渍管热修的方法，热修补料的性能列于表 3-25[41]。

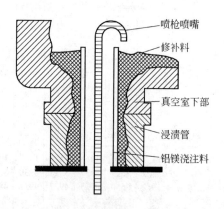

图 3-56 RH 真空室和浸渍管的热修方法

上海宝钢 RH 真空脱气精炼装置的浸渍管用热喷补料的组成和性能列于表 3-26[42]。

表 3-25　日本 RH 真空室和浸渍管热修补用耐火材料的性能

材料种类	树脂结合热修补料	水泥结合浇注料
化学组成 w/%		
MgO	84.9	9.5
Al_2O_3		87.4
C	4.5	
CaO		1.9
加水量/%	8	10
修补方法	喷补	压注
修补作业时间/min		
修补	30~60	10~30
养护	60	≥120
烘烤	120	>180

表 3-26　宝钢 RH 浸渍管用热喷补料的组成和性能

化学组成 w/%		需水量/%	10~13
MgO	≥80	气孔率/%,110℃(1500℃)	24(28)
SiO_2	5~6.5	体积密度/$g \cdot cm^{-3}$,110℃	2.2
CaO	3.2~3.6	(1500℃)	(2.3)
Al_2O_3	8~10	常温耐压强度/MPa,110℃	10~11
粒度组成/%		(1500℃,冷后)	(28~33)
>1.0mm	20~25	常温抗折强度/MPa,110℃	2.5~3.0
1~0.088mm	30~34	(1500℃,冷后)	(8.0~8.6)
最大粒度/mm	4	线变化率/%,1500℃	1.68~2.1

3.5　CAS 精炼处理装置用耐火材料

3.5.1　CAS 精炼处理装置与耐火材料的使用条件

CAS 精炼处理技术包括 CAS-OB 和 CAS-OB-RP,以及类似的 ANS-OB 和 AHF 等钢包钢水处理装置。

CAS（Composition Adjustment by Sealed Argon Bubbling）系钢包密封底吹氩气进行成分温度调节精炼法的简称，设备装置示于图 3 - 57[43]。CAS 装置开始处理时，先在钢包底部吹氩，将渣面吹开，钢液裸露时将耐火材料隔离罩放下并插入钢液中，浸入深度为 100 ~ 200mm。在隔离罩内，无熔渣覆盖和处于保护气氛条件下，添加脱氧剂和合金，对钢成分和温度进行调节和均化。

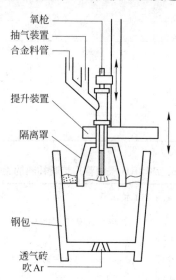

氧枪
抽气装置
合金料管
提升装置
隔离罩
钢包
透气砖
吹 Ar

图 3 - 57　CAS/CAS - OB 精炼处理装置

CAS - OB（CAS - Oxygen Blowing）是在 CAS 基础上加装氧枪吹氧脱碳功能。上海宝山钢铁公司 1989 年从日本引进 CAS 处理装置，后来发展为 CAS - OB 法，处理能力 300t/次，气体流量为 0.35 ~ 0.5m^3/min，处理时间为 10 ~ 30min，钢液温度 1640 ~ 1690℃，升温量 20 ~ 70℃。

CAS - OB - RP（CAS - OB - Reduced Pressure）则是在 CAS - OB 基础上再加抽真空装置，在减压条件下强化吹氧脱碳功能。

CAS 精炼装置为间歇式作业，隔离罩耐火材料使用时受到激烈的热震作用，局部的高温作用，钢液湍流的冲刷和合成渣的强烈化学侵蚀作用，要求耐火材料具有优良的抗热震性能和抗侵蚀性能。

3.5.2 CAS 隔离罩用耐火材料

3.5.2.1 日本 CAS 隔离罩用耐火材料[44]

图 3-58 示出了日本 CAS-OB-RP 精炼法隔离罩的耐火材料内衬结构。大体上可分为罩身和浸入钢水的罩嘴（Snorkel），分别采用不同的耐火材料修筑。

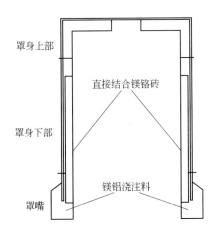

图 3-58　CAS-OB-RP 精炼法隔离罩的耐火材料内衬结构

日本新日铁名古屋厂最初采用适用于真空脱气的直接结合镁铬质作为 CAS-OB-RP 隔离罩身耐火材料内衬，耐火材料的性能列于表 3-27。在 CAS-OB-RP 条件下，渣中 FeO 对耐火材料的浸透和侵蚀作用比 RH 法的严重。同时，由于 CAS 装置的隔离罩尺寸大，热震损毁作用大，直接结合镁铬砖的使用寿命短，50~80 次。

为改进隔离罩身耐火材料内衬使用效果，日本黑崎播磨公司研究试用镁碳砖代替镁铬砖。表 3-28 列出了试验镁碳砖的性能，试验使用效果示于图 3-59。含 C 12% 和 Al-Si 合金粉抗氧化剂小于2%的镁碳砖具有适当的抗热震性能和高的抗 FeO 的浸透性能，使用寿命比镁铬砖高 1.7 倍。

表 3-27　CAS-OB-RP 法用直接结合镁铬砖的性能

化学组成 w/%		物 理 性 能	
MgO	72.3	体积密度/g·cm^{-3}	3.05
Cr$_2$O$_3$	12.2	显气孔率/%	16.05
CaO	0.6	抗折强度/MPa	5.7
Fe$_2$O$_3$	4.4		
Al$_2$O$_3$	8.9		
SiO$_2$	1.9		

表 3-28　CAS-OB-RP 法试用的镁碳砖的性能

编　　号	1	2	3	4
化学组成 w/%				
MgO	88.0	84.0	81.0	84.0
C	8.0	12.0	15.0	12.0
Al-Si	4.0	4.0	4.0	2.0
体积密度/g·cm^{-3}	2.97	2.95	2.92	2.94
显气孔率/%	1.9	1.8	2.1	2.1
常温抗折强度/MPa	22.7	20.3	21.0	21.8

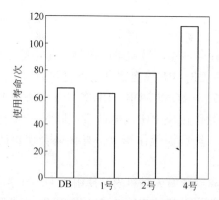

图 3-59　CAS-OB-RP 法隔离罩耐火材料的实际使用效果

DB—直接结合镁铬砖；1 号、2 号、4 号为试用镁碳砖

3.5.2.2 中国 CAS 隔离罩用耐火材料

上海宝钢的 CAS 耐火材料保护罩开始时使用含 Al_2O_3 90% 以上的刚玉质耐火浇注料制造,后改用细粉凝聚结合刚玉 - 尖晶石浇注料制造,平均使用寿命达 104 次,刚玉 - 尖晶石浇注料的性能列于表 3 - 29[45]。

表 3 - 29　CAS/CAS - OB 耐火精炼隔离罩用浇注料的性能

浇注料种类	细粉凝聚结合刚玉 - 尖晶石浇注料
浇注料用原料	电熔刚玉(Al_2O_3 98.0%) 烧结刚玉(Al_2O_3 98.0%) 尖晶石(Al_2O_3 40% ~60%) 镁砂(MgO 97.2%) Al_2O_3 微粉(Al_2O_3 97.2%)
体积密度/g·cm^{-3} 　110℃,24h(1500℃,3h)	3.21(3.09)
常温抗折强度/MPa 　110℃,24h,冷后 　1000℃,3h,冷后 　1500℃,3h,冷后	7.90 11.10 15.6
线变化率/%(1500℃,3h)	0.45
加水量/%	6
组织均一性,R1500/R1000	1.4

ANS - OB 是鞍钢第三炼钢厂 1990 年研发投产的一种钢包钢水处理法[46]。ANS - OB 保护罩采用具有体积稳定,抗热震,抗侵蚀的低水泥刚玉浇注料,平均一次使用寿命 36 次以上。低水泥刚玉浇注料的性能为:$w(Al_2O_3) > 85\%$,体积密度 2.98g/cm^3,显气孔率小于 15%,1500℃,2h 耐压强度 80MPa,1500℃,3h 重烧线变化率 -0.5% ~ +1.56%。

本溪钢铁公司的 AHF 保护罩使用预制块内衬[47]。预制块以特级铝矾土熟料和灰刚玉为骨料,所用骨料的临界粒度为 8mm。为提高预制块的强度和抗热震性,选用白刚玉细颗粒、灰刚玉粉和 $\alpha - Al_2O_3$ 微粉为基质,以纯铝酸钙水泥为结合剂,并掺入耐热不锈钢纤维和适量分散剂等。预制块的理化性能如下：$w(Al_2O_3) = 82.81\%$，$w(Fe_2O_3) = 2.40\%$，110℃，24h 耐压强度 35MPa，1600℃，2h 耐压强度 59MPa，110℃，24h 抗折强度 6.4MPa，显气孔率 18%，1600℃，2h 重烧线变化率 +1.56%，1000℃抗折强度 5.7MPa。AHF 精炼处理时间大于 30min，温度高于 1600℃，罩下部平均的侵蚀速率为 1.30mm/次，平均使用寿命为 120 次。

3.6　AOD 炉用耐火材料

3.6.1　AOD 炉用耐火材料的工作环境

AOD 炉（Argon Oxygen Decarburization），即氩氧脱碳精炼炉，在常压下对电炉熔炼的粗钢水喷吹氩 – 氧混合气体进行精炼处理，生产不锈钢、特殊钢、工业纯铁的精炼装置（图 3 – 60[48]）。AOD 炉的精炼过程大致分为脱碳期和还原期两个阶段。在第一阶段，氩气和氧气以 1∶3 ~ 1∶2 的比例吹入钢液中，主要目的是脱碳、脱硅、脱硫和调整钢液成分。在第二阶段，氩氧比上升至 2∶1，CO 分压降至 0.1 大气压（≈10kPa）以下，继

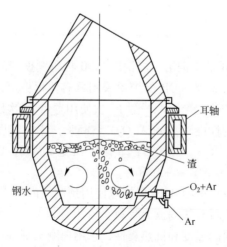

图 3 – 60　AOD 精炼炉示意图

续脱碳和将炉渣调整为还原渣，回收渣中铬，吹氩气搅拌，使渣中铬返回钢水中。表3-30列出了AOD炉装置的工艺技术参数和耐火材料的工作环境[49,50]，AOD炉的精炼特点和对耐火材料的作用归结如下：

（1）为了将钢中的碳含量降低到很低（<0.01%），精炼温度须达1710~1720℃以上。

（2）开始吹炼时，钢中Si氧化为SiO_2，炉渣变为碱度很低的酸性渣（碱度约0.5）。而在脱硫期，需要高碱度炉渣（碱度大于3.0）。在精炼过程中，耐火材料受到碱度变化范围很大的酸碱性炉渣的侵蚀作用。

（3）从脱碳期至还原期，气氛由强氧化性气氛变为强还原性气氛，可导致耐火材料工作面发生氧化—还原反应。

（4）由于大量喷吹氩气和氧气，钢液和炉渣激烈搅动，对喷嘴和喷嘴区耐火材料的侵蚀作用尤为严重。

（5）AOD炉为间歇式操作，炉衬工作面温度波动大。

表3-30　AOD炉装置和耐火材料的工作环境

工　厂	太原钢铁公司	日本住友和歌山制铁厂
容量/t	18	90
直径×高度/mm	3000×3800	4700×7900
喷吹气体	Ar, O_2	Ar, O_2
氧化期I/min	15（O_2∶Ar=3∶1）	最大：$1.8m^3/(min·t)$
氧化期II/min	15（O_2∶Ar=1∶1）	
温度/℃		
氧化期末	1760	1750~1800（风口区）
还原期	1550	
出钢	1630	
冶炼时间/min		
超低碳不锈钢	80	
1Cr18Ni9Ti	60	
炉渣碱度		1~4

3.6.2　AOD 炉内衬耐火材料的应用与性能

从使用的耐火材料品种看，AOD 炉耐火材料内衬有两种类型：镁铬质耐火材料内衬和白云石质耐火材料内衬。AOD 炉内衬耐火材料的选用取决于冶炼钢种、操作条件、炉渣组成和费用等因素。镁铬质耐火材料具有高温强度大、对中低碱度炉渣的抗侵蚀性能好等优点，但 AOD 炉使用镁铬砖内衬时存在下列缺点：

（1）与高碱度脱硫渣不相容，侵蚀严重。

（2）抗热震性能差，剥落掉片损毁严重。

（3）在冶炼无铬钢时，砖中的铬污染钢液。

（4）废砖污染环境。

（5）价格较高。

由于白云石砖能克服上述缺点，随着冶炼操作过程造渣制度的改进，AOD 炉已趋向采用白云石质耐火材料内衬[51,52]。

3.6.2.1　中国 AOD 炉用耐火材料

太原钢铁公司是中国不锈钢的主要生产基地，1983 年建成中国第一座 18t AOD 炉，AOD 炉衬耐火材料的应用发展演变概况列于表 3 – 31[53]。早期 AOD 炉的内衬使用优质镁铬砖，炉衬寿命只有 20 多炉，使用预反应镁铬砖和再结合镁铬砖的炉衬寿命约 30 炉。试用电熔镁质白云石砖，炉衬寿命延长到 45 炉。2000 年以后，耐火材料的应用技术有所突破，炉衬采用富镁白云石砖和镁钙砖，改进炉衬设计和操作过程，炉衬寿命大幅提高，平均寿命达到 160 炉。中国 AOD 炉衬耐火材料的发展改进情况叙述如下。

A　炉衬材质的合理选择

太钢从第一座 AOD 炉投产至 2000 年的 10 多年，AOD 炉内衬以镁铬砖为主要耐火材料，寿命长期徘徊在 30 ~ 40 炉。在以电熔半再结合砖与镁白云石砖/镁钙砖混合砌筑的风口区，镁铬

表 3-31 太钢 AOD 炉内衬耐火材料的发展演变情况

年 代	炉型	风口砖 /mm	炉衬材质		平均 炉龄/次
			风口区	渣线区	
1983~1999	18t 标准型	—	镁铬砖	镁钙砖	45
1999.8~2000.5	40t 标准型	5~30	镁铬砖	镁钙砖	47
2000.5~2001	40t 改进型	300+530	镁钙砖	镁钙砖	80
2001~2003	40t 改进型	800 或 300+700	富镁白云石砖 /镁钙砖	富镁白云石砖 /镁钙砖	110
2004	新改进型	800	富镁白云石砖 /镁钙砖	富镁白云石砖 /镁钙砖	150
2005	新改进型	800	富镁白云石砖 /镁钙砖	富镁白云石砖 /镁钙砖	160

砖的侵蚀受损程度明显比镁白云石砖严重,用后相邻处形成明显的台阶,制约炉衬寿命提高。其原因是在还原期高碱度炉渣具有极高的还原性,可将镁铬砖表面上的 Cr_2O_3 还原成金属铬并溶入钢水,砖表面形成孔眼,砖的结构受到破坏和损毁。与镁铬砖相比,镁白云石砖对高碱度炉渣的抗侵蚀性能好,并兼有较高的抗热震性能,砖中 CaO 能与炉渣中的 SiO_2 发生反应生成 C_2S ($2CaO \cdot SiO_2$) 致密层,保护炉衬免遭进一步的侵蚀。

基于以上经验,2000 年以后,太钢 AOD 炉改用全镁白云石砖内衬,炉衬寿命提高到 80 炉次以上,镁白云石砖(镁钙砖)的性能列于表 3-32[54,55]。

表 3 - 32　太钢 AOD 炉用镁钙砖的性能

产　　地	太钢（A 型）	太钢（B 型）	营口
化学组成 w/%			
MgO	62	37	75.59
CaO	39	59	19.85
体积密度/g·cm⁻³	2.98	2.95	3.05
显气孔率/%	13	12.6	5.0
常温耐压强度/MPa	66	105	118

B　炉衬结构的改进

由于镁白云石砖的高温强度不如镁铬砖，对 AOD 炉衬结构作了改进，主要是：调整炉体结构，碟型炉底，风口区加厚，与其余内衬匹配（图 3 - 61[53]）。

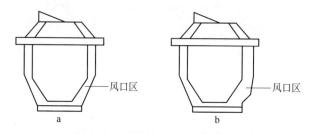

图 3 - 61　太钢 AOD 炉炉体结构的改进

a—改造前：标准炉型；b—改造后：风口区加厚，碟形炉底

C　造渣工艺的改进

镁白云石砖对高碱度炉渣具有良好的抗侵蚀性能，但对初期低碱度炉渣的抗侵蚀性能差。太钢改进造渣工艺，开发了单渣法冶炼工艺。在 AOD 炉兑入粗钢水前加入一些石灰和氧化镁粉，使初期渣的碱度迅速达到高碱度。在Ⅰ期末和Ⅱ期吹炼过程中加入吹炼所需的全部石灰。单渣法可使炉渣保持高碱度，并由于渣中溶入大量 MgO，使炉渣对镁白云石砖的侵蚀性大大减弱。

笔者曾对氩氧炉造渣制度对耐火材料的侵蚀作用做过分析[56]，指出，用白云石代替部分石灰造渣，可使炉渣夺取炉衬耐火材料中的 MgO 的速度大大降低，并为氩氧炉采用白云石质炉衬创造了先决条件，并建议 AOD 炉冶炼采用白云石作为造渣剂，可使炉衬寿命显著提高，这无论在技术上、经济上和资源利用上，都更为有利。

D AOD 炉衬采用白云石砖还是镁白云石砖/镁钙砖

烧结白云石砖为欧美 AOD 炉的主流炉衬耐火材料，使用效果显著，但是否适合中国，值得探讨。

生产烧结白云石砖需要有高纯且易烧结的白云石矿，解决生产中的水化问题需要付出高昂代价，使生产成本大大增加。这两个方面的问题制约烧结白云石砖在中国的发展和应用。而在另一方面，我国菱镁矿资源丰富，品质优良，菱镁矿与白云石矿的差价小，为发展镁白云石砖/镁钙砖奠定了极为有利的资源条件。同时，在镁白云石砖/镁钙砖的生产工艺中，水化问题不像生产白云石砖那样严重，比较容易解决。因此，我国有多家耐火材料企业，依靠地方资源优势，着重研发和生产洁净钢生产需要的镁白云石砖/镁钙砖，并已形成系列产品（表 3 - 33[55]），可为 AOD 炉耐火材料内衬提供多种选择。

表 3 - 33 烧成镁钙砖的行业技术标准

型 号	MG - 10	MG - 15	MG - 20	MG - 25	MG - 30
化学组成 w/%					
MgO	80	75	70	65	60
CaO	10	15	20	25	30
$SiO_2 + Fe_2O_3 + Al_2O_3$	3.0	3.0	3.0	3.0	3.0
体积密度/g·cm^{-3}	≥3.0	≥3.0	≥3.0	≥2.95	≥2.95
显气孔率/%	≤8.0	≤8.0	≤8.0	≤8.0	≤8.0
常温耐压强度/MPa	≥50	≥50	≥50	≥50	≥50
荷重软化开始温度/℃	≥1700	≥1700	≥1700	≥1700	≥1700

除上述太钢 AOD 炉外，近年国内新建的 AOD 炉，采用镁白云石砖内衬也取得了良好效果，如上海宝钢 2004 年建成的 120t AOD 炉，使用寿命达到 100 炉次以上[57]。

从以上所述可以看出，镁白云石砖/镁钙砖是我国 AOD 炉衬的合理用材。

3.6.2.2　日本 AOD 炉用耐火材料

日本的 AOD 炉一般使用直接结合镁铬砖和再结合镁铬砖砌筑内衬，也有些 AOD 炉使用烧成镁白云石砖和镁钙砖。图 3 - 62 示出了日本的 AOD 炉的典型耐火材料内衬结构[58]。

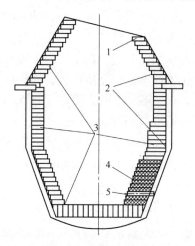

图 3 - 62　日本的 AOD 炉耐火材料内衬结构
1—高铝浇注料；2—干镁质填充料；3—镁白云石砖
或直接结合镁铬砖；4—镁钙砖或半再结合镁铬砖；5—风口砖

表 3 - 34 列出了日本的 AOD 炉用镁铬砖的性能[59]。风口砖和风口区耐火材料，位于炉衬高温区，由于炉渣渗透，镁铬砖易形成反应变质层。在出钢后吹氮气时，受到急冷，砖的工作面上产生裂纹，加剧炉渣渗透，造成严重的热震剥落掉片损毁。另外，风口砖及邻近的耐火材料受到钢液和炉渣及气流的激烈冲刷，局部磨损严重，成为决定炉衬寿命的关键部位。图 3 - 63 示

表3-34 日本 AOD 炉用镁铬质耐火材料的性能

使用部位	炉身	炉身、炉锥	风 口	
耐火材料	再结合镁铬砖	再结合镁铬砖	高纯再结合镁铬砖	高纯再结合镁铬砖
化学组成 w/%				
MgO	52.4	56.8	56.9	59.6
Cr_2O_3	30.9	24.0	36.0	31.3
Al_2O_3	7.2	8.4	2.5	3.1
SiO_2	1.3	1.5	0.4	0.4
Fe_2O_3	7.0	6.2	3.8	5.4
CaO	0.7	0.7	0.3	0.3
$Al_2O_3 + SiO_2 + Fe_2O_3 + CaO$	16.2	16.8	7.0	9.2
体积密度/$g \cdot cm^{-3}$	3.36	3.28	3.44	3.42
显气孔率/%	14.0	13.2	13.4	12.4
高温抗折强度/MPa(1400℃,冷后)	17.2	16.2	13.2	13.4
透气度/($cm^3 \cdot cm^2/cm^2 \cdot H_2O$ cm·s)	2.12×10^{-2}	1.95×10^{-2}	0.56×10^{-2}	0.58×10^{-2}

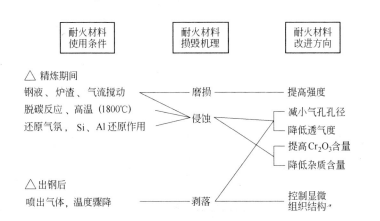

图3-63 AOD炉风口砖损毁机理和耐火材料的改进方向

出了 AOD 炉风口砖的损毁机理和耐火材料的改进方向。从工艺上，主要措施是选用优质原料，降低杂质含量，提高抗侵蚀性。工艺上一般采用高压成型和高温烧成，提高砖的密度和降低气孔率，以减少炉渣渗透。适当提高 Cr_2O_3 含量，调整粒度，改善显微结构，提高抗热震性。表 3-34 中的高纯镁铬砖即为这种改进性能的产品。

日本的 AOD 炉用镁白云石砖的性能列于表 3-35，图 3-64 示出日本住友和歌山制铁所 90t AOD 炉使用镁铬砖和镁白云石砖内衬的寿命和经济效果比较[50]，它显示，镁质白云石砖优于镁铬砖。

表 3-35　日本 AOD 炉用镁白云石砖的性能

使用部位	炉身、风口	炉身	风口	风口
耐火材料	镁白云石砖			
化学组成 w/%				
MgO	63.3	57.3	51.7	66.1
CaO	34.1	38.7	45.5	32.6
Al_2O_3	0.2	0.3	0.2	0.1
SiO_2	1.4	1.5	1.7	0.6
体积密度/g·cm^{-3}	3.07	3.04	2.96	3.01
显气孔率/%	9.6	11.3	13.1	12.3
常温耐压强度/MPa	157.8	80.0	60.0	40.0

AOD 炉采用白云石砖炉衬时，为了得到好的使用效果，要求炉渣的碱度高。高碱度炉渣除了有利于脱硫外，如图 3-65 所示[60]，还有利于提高铬的回收率。

3.6.2.3　美国 AOD 炉用耐火材料

图 3-66 示出了以直接结合镁铬砖为主要耐火材料的美国 AOD 炉内衬结构[8]，炉身使用直接结合镁铬砖（MgO 含量为

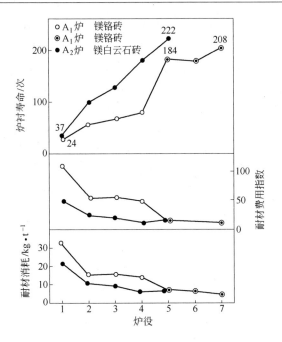

图 3-64 AOD 炉使用镁质白云石砖和
镁铬砖的经济效果比较

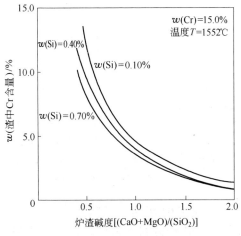

图 3-65 炉渣中的铬含量与炉渣碱度的关系

50% ~60%）和预反应直接结合镁铬砖，风口区采用再结合镁铬砖，最高寿命 40 ~50 炉，平均寿命为 30 ~40 炉。从 70 年代后期，美国的 AOD 炉衬转向使用白云石质耐火材料，内衬寿命平均在 40 ~50 炉，最高超过 60 炉[60]。图 3 – 67 示出以白云石砖为主要耐火材料的美国 AOD 炉内衬结构，耐火材料的性能列于表 3 – 36。风口砖和加料侧，受到喷吹气体的低温激烈冲击和氧化反应的极高温度下的侵蚀作用，采用以高纯镁砂和白云石制造的镁质白云石砖。为提高风口区耐火材料的热稳定性，向镁白云石砖中添加 ZrO_2，并进一步降低砖的气孔率和提高砖的强度。出钢口为树脂结合的整体出钢口砖，性能列于表 3 – 37。

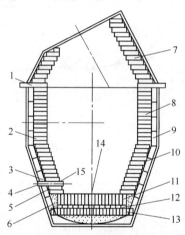

图 3 – 66　美国 AOD 炉镁铬砖耐火材料内衬结构

1，5—高铝可塑料；2—再结合镁铬砖；3—连接钢带；4—风口；
6—镁铬质捣打料；7，8—60% MgO 直接结合镁铬砖；9—烧结镁铬砖；
10—干式铬质或镁质材料；11—竖砌砖结构（60% MgO 直接结合或再结合
镁铬砖）；12—平砌砖结构（烧结铬镁砖）；13—竖砌砖结构（烧结铬镁砖）；
14—再结合砖冲击垫；15—风口砖

3.6.2.4　欧洲 AOD 炉用耐火材料[61]

欧洲各国的 AOD 炉内衬普遍使用白云石质耐火材料砌筑，主要品种为高温烧成陶瓷结合白云石砖。图 3 – 68 为德国蒂森钢

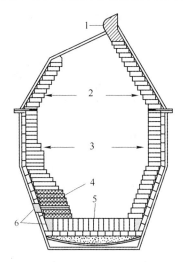

图 3 - 67 美国 AOD 炉白云石砖耐火材料内衬结构

1—出钢口砖；2—烧成或树脂结合白云石砖；3—烧成白云石砖或镁质白云石砖；
4—烧成含锆镁白云石砖；5—烧成白云石砖；6—白云石质捣打料

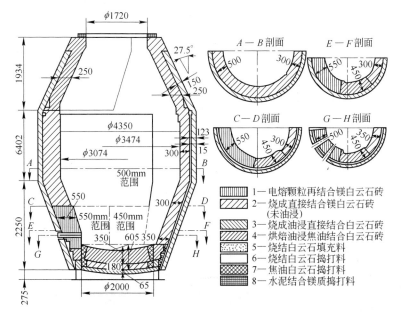

1—电熔颗粒再结合镁白云石砖
2—烧成直接结合镁白云石砖（未油浸）
3—烧成油浸直接结合白云石砖
4—烘焙油浸焦油结合白云石砖
5—烧结白云石填充料
6—烧结白云石捣打料
7—焦油白云石捣打料
8—水泥结合镁质捣打料

图 3 - 68 德国的 AOD 炉耐火材料内衬

表 3-36　美国 AOD 炉用白云石质耐火材料的性能

使用部位	炉身炉底	炉身	渣线	风口风口侧	风口风口侧	炉锥炉身
耐火材料	烧结白云石砖	烧结镁白云石砖	烧结镁白云石砖	烧结镁白云石砖	烧结镁白云石砖	树脂结合白云石砖
化学组成 $w/\%$						
MgO	40.0	50.7	58.8	58.3	67.5	40.0
CaO	57.5	47.0	39.0	38.8	29.5	57.6
SiO_2	0.9	0.9	0.9	0.8	0.7	0.8
Al_2O_3	0.6	0.5	0.5	0.5	0.5	0.6
Fe_2O_3	0.9	0.8	0.7	0.6	0.3	0.9
ZrO_2	—	—	—	0.9	0.9	—
C	—	—	—	—	—	2.3
体积密度/$g \cdot cm^{-3}$	2.98	2.98	2.99	2.98	3.09	2.95
气孔率/%	11.2	11.5	12.2	12.7	10.5	12.5
常温耐压强度/MPa						
原砖	13.8	13.8	13.8	9.7	12.4	13.8
焦化后						2.8
高温抗折强度/MPa						
1370℃	4.1	4.1	4.1	3.4	5.5	3.4

表 3-37　美国 AOD 炉出钢口砖的性能

材料种类	镁碳质	镁白云石质
化学组成 $w/\%$		
MgO	88.0	55.0
CaO	2.1	43.2
SiO_2	0.7	0.8
Al_2O_3	8.8	0.4
Fe_2O_3	0.2	0.6
C	7.8	3.0
体积密度/$g \cdot cm^{-3}$	2.75	2.80
焦化后气孔率/%	17.0	17.0
常温抗折强度/MPa		
原砖	15.2	17.2
焦化后	4.3	4.5

铁公司（Thyssen Edelstahlwerke AG）的 80t AOD 炉耐火材料内衬结构。内衬主要使用高温烧成直接结合白云石砖，在风口区使用电熔颗粒再结合镁质白云石砖，使用寿命为 100 次，中修前寿命为 50~65 次，吨钢炉衬耐火材料消耗为 10kg/t。

3.6.3 AOD 炉衬耐火材料的蚀损

3.6.3.1 AOD 炉的造渣制度与炉衬侵蚀过程

AOD 炉精炼不锈钢的炉渣特性可因造渣制度不同和随着冶炼的进程而发生很大的变化，因而 AOD 炉耐火材料内衬的侵蚀损毁与造渣制度和精炼进程密切相关。在 AOD 炉精炼中，早期脱碳渣是由电炉钢水带入的炉渣加上吹炼时硅和金属的氧化产物及耐火材料的熔损物形成的，这种渣为酸性渣；还原渣是由脱碳渣、加入的石灰和含硅还原剂形成的，其碱度随着石灰的溶解而提高，但由于还原剂硅的氧化，碱度上升缓慢；脱硫渣是加入更多的石灰形成的；中和渣则是通过加入砂子（SiO_2）以降低渣的碱度形成的。其中酸性脱碳渣对耐火材料特别不利，它处在冶炼最高的温度范围内，势必从炉衬上夺取大量的 MgO，再加上严重的钢渣涡流的冲刷，使耐火材料遭受严重的侵蚀。

美国北美耐火材料公司（North American Refractories Company）和琼斯—劳林钢公司（Jones and Laughlin Steel Corporation）对 70t AOD 炉的造渣制度和精炼进程与炉渣从镁铬砖内衬上夺取 MgO 的速度之间的关系做过共同调研，结果如图 3-69 所示[62]，解析如下。

（1）在普通造渣操作中，即开始吹炼时不加造渣剂，钢水中的硅被氧化，SiO_2 成为渣的主要成分，炉渣的碱度很低，可溶入大量的 MgO，平均速度达 4kg/min，耐火材料遭受严重侵蚀。在还原期加入石灰和还原剂，炉渣碱度逐渐提高到 1.3 左右，并一直保持到出钢，炉渣从炉衬上夺取 MgO 的速度减慢，平均为 2.3kg/min。

（2）在用石灰造渣操作中，即装入钢水后立即加石灰，使

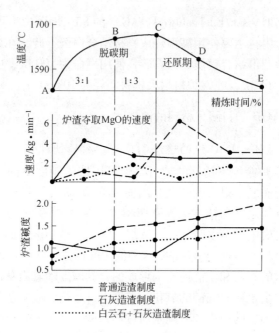

图 3 - 69　　AOD 炉的造渣制度与炉渣从镁铬砖
内衬上夺取 MgO 的关系

脱碳渣的碱度迅速提高和炉渣变稠，以减少 MgO 的溶解和炉渣
渗入砖内。从图 3 - 69 可以看出，在脱碳期加入石灰造渣能成功
地把炉渣夺取炉衬上 MgO 的速度降到很低，仅为 0.45kg/min。
但在采用镁铬砖炉衬时，还原期炉渣夺取 MgO 的速度猛增到
6.4kg/min，比普通造渣的脱碳渣还要大得多。出现这种局面的
原因是：在高碱度的条件下向 AOD 炉内加入硅铁以回收脱碳渣
中的铬，可是还原剂硅铁在还原回收渣中的 Cr_2O_3 的同时也可还
原炉衬中的 Cr_2O_3。砖中的铬尖晶石被还原后，结合物遭受损
毁，在钢渣涡流作用下，MgO 颗粒很容易被炉渣冲走。

　　（3）在用白云石 + 石灰造渣时，开吹后即加入白云石，从
图 3 - 69 可清楚地看出，与普通造渣操作和加石灰造渣操作相
比，炉渣的碱度变化较缓和，处于以上两种制度之间。炉渣在整

个冶炼期内从炉衬上夺取 MgO 的速度降低到很低，平均为 1kg/min，也就是说，加入白云石造渣后，可使炉衬的侵蚀大大减轻，延长炉衬寿命。

3.6.3.2　AOD 炉脱碳渣的侵蚀机理

AOD 炉脱碳渣对耐火材料炉衬的侵蚀机理可从图 3 - 70 所示的 CaO - MgO - SiO₂ 系相图的等温截面图进行解析[62]。

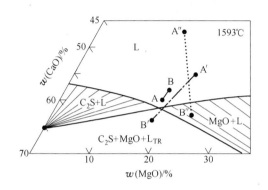

图 3 - 70　AOD 炉脱碳渣的组成变化过程
（CaO - MgO - SiO₂ 系相图 1593℃ 等温截面图）
A——B—普通造渣制度；A′- - - B′—石灰造渣制度；
A″……B″—白云石 + 石灰造渣制度；
C₂S—2CaO·SiO₂ ；L—液相；TR—微量

在普通造渣制度下，从脱碳前期至脱碳后期，炉渣的组成从 A 点变到 B 点，炉渣位于全液相区内，炉渣的所有组分全为液相，MgO 和 CaO 都不饱和。由于钢液中硅氧化成 SiO₂ 且变成渣的主要成分，渣的碱度低（CaO/SiO₂ < 1），而炉渣的黏度随 SiO₂ 含量的提高而降低（图 3 - 71[63]）。因此，脱碳渣可以熔损耐火材料中的大量 MgO，并还可渗透到耐火材料的深部，造成炉衬的严重侵蚀和形成厚的反应变质层。

在加石灰的造渣制度中，炉渣的组成从 A′ 点变到 B′ 点，脱碳末期的炉渣组成位于 C₂S + MgO + 液相的区域内，固相硅酸二

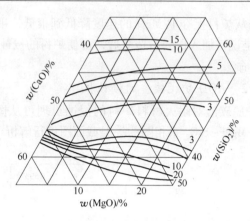

图 3 – 71　CaO – MgO – SiO₂ 系等黏度曲线（1500℃，Pa·s）

钙 C₂S（2CaO·SiO₂）和 MgO 与组成一定的液相平衡。由于炉渣中存在大量固相颗粒，炉渣变得非常黏稠，同时由于 MgO 在炉渣中的溶解度随着炉渣碱度升高而降低（图 3 – 72[64]），因而，炉渣溶解炉衬中 MgO 的速度很低，对炉衬的侵蚀作用小。

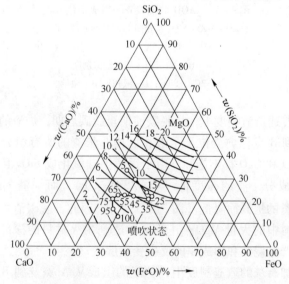

图 3 – 72　MgO 在 CaO – SiO₂ – FeO 系中的溶解度

在采用白云石 + 石灰的造渣制度时,炉渣的组成从 A″点变到 B″点,脱碳末期的炉渣组成在 MgO + 液相区,固相 MgO 与液相平衡,即炉渣中氧化镁达到饱和,再加上固体 MgO 的存在使炉渣变得黏稠,使炉渣对耐火材料的侵蚀作用大大减轻。

3.6.3.3 AOD 炉还原渣的侵蚀机理

图 3 - 73 示出了 AOD 炉还原渣对耐火材料的侵蚀机理的图析[62]。

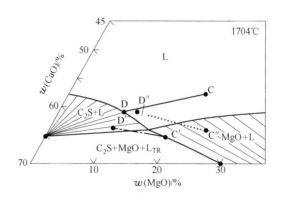

图 3 - 73 AOD 炉还原渣的组成变化过程
(CaO – MgO – SiO₂ 系相图 1700℃等温截面图)

D——C—普通造渣制度;D′- — - C′—石灰造渣制度;
D″……C″—白云石 + 石灰造渣制度;
C₂S—2CaO·SiO₂;L—液相;TR—微量

在普通造渣制度下,组成从 C 点变到 D 点,炉渣在整个还原期仍处于全液相区,MgO 不饱和,炉衬的蚀损仍然是炉渣从耐火材料中熔损 MgO。但由于还原期炉渣的碱度有所提高,于是,炉渣的侵蚀作用不如脱碳前期那样严重。

在加石灰的造渣制度中,还原期炉渣的组成从 MgO + 液相区过渡(C′点)到 C₂S + 液相区(D′点),炉渣基本上是 MgO 饱和的,耐火材料内衬不会因炉渣熔损 MgO 而蚀损。同时,由于渣中存在大量的固体颗粒,炉渣很黏稠,炉渣对耐火材料的渗透破坏作用小。但是，在还原期，为了从脱碳渣中回收金属铬，往炉中加入硅铁，发生如下反应：

$$3Si + 2Cr_2O_3 \Longrightarrow 3SiO_2 + 4Cr \qquad (3-7)$$

由于加石灰的造渣制度中的炉渣碱度很高，反应向右进行的推动力很大，炉渣中的 Cr_2O_3 易被还原为金属铬并熔入钢液。可是，钢中的还原剂硅不能区分 Cr_2O_3 是渣中的还是耐火砖的 Cr_2O_3。因此，当使用镁铬砖作为炉衬耐火材料时，耐火材料中的 Cr_2O_3 在高碱度炉渣条件下也可被还原剂还原，结果镁铬耐火材料中的尖晶石结合基质遭受破坏，邻近的 MgO 颗粒在钢渣涡流作用下很容易被冲刷掉入渣中，导致耐火材料的损毁。

在用白云石 + 石灰的造渣制度下，炉渣的组成从 MgO + 液相区（C″）逐步过渡到液相区（D″），即从 MgO 饱和变为 MgO 尚未达到饱和的炉渣，此时，炉渣会熔损耐火材料的 MgO。但由于炉渣的 MgO 不饱和程度小，同时由于炉渣的碱度较高，MgO 在炉渣中的溶解较小，因此，炉渣熔损耐火材料的速度保持在很低的水平。与采用加石灰的造渣制度相比，采用白云石 + 石灰的造渣制度还有一个优点，即还原末期的炉渣碱度较低，与普通造渣制度接近，这样就可避免砖中 Cr_2O_3 被 Si 还原的问题。

3.6.3.4　AOD 炉衬耐火材料的蚀损机理和耐火材料的发展方向

根据以上所述，AOD 炉衬耐火材料的蚀损机理可概括如下：

（1）脱碳渣的侵蚀，由于炉渣的碱度低，MgO 不饱和程度大，炉渣溶解 MgO 造成耐火材料蚀损。

（2）还原渣的侵蚀，由于炉渣的碱度高，砖中的氧化铬被精炼还原剂还原，使耐火材料的结合基质遭受破坏。

（3）炉渣侵入砖内，腐蚀结合基质，使耐火颗粒骨料间的结合作用丧失，导致耐火材料被冲刷磨损。

（4）当炉衬耐火材料的抗炉渣渗透性能差时，如镁铬砖，炉渣可沿气孔通道侵入砖的深处，与砖的基质发生变质反应，形成厚的变质层，在受到温度急变作用时，发生剥落掉片不均匀损毁。

在上述各种侵蚀机理中，究竟以哪一种机理起主导作用，取决于冶炼条件和所用耐火材料的材质。一般来说，镁铬砖适用在炉渣碱度小于1.5的条件，白云石砖适用在 CaO 和 MgO 饱和的高碱度（大于1.5）炉渣条件。早期的 AOD 炉精炼工艺通常用一般造渣制度，初期脱碳渣必然要大量熔损炉衬上的 MgO 和 CaO，使耐火材料遭到严重的侵蚀。正是这个原因，早年的 AOD 炉一般都采用与炉渣的相容性比较宽的镁铬质耐火材料，而不能用与酸性渣完全不相容的白云石质耐火材料。当 AOD 炉改用白云石 + 石灰的造渣制度后，炉渣熔损耐火材料的 MgO 和 CaO 的速度大大减慢，为 AOD 炉采用白云石质耐火材料创造了有利条件。再加上白云石砖的抗炉渣渗透性好，导致白云石砖耐火材料迅速取代镁铬砖，成为 AOD 炉用主要耐火材料品种。

实际应用效果和基础研究都充分表明，白云石砖以及镁质白云石砖和镁钙砖用作 AOD 炉内衬具有寿命长，经济和对环境污染少等优点，是 AOD 炉衬耐火材料的发展方向。

3.7　VOD 炉用耐火材料

3.7.1　VOD 炉用耐火材料的工作环境

VOD 炉（Vacuum Oxygen Decarburization），即真空氩氧脱碳炉（法），是在真空或减压下生产不锈钢和特殊钢的精炼装置（图 3 - 74[65]）。VOD 炉精炼时，钢包被吊入真空罐内，抽真空，向钢液中吹氧、吹氩，进行脱碳、脱硫、脱气、脱氧、调整成分和还原回收渣中铬等精炼过程。表 3 - 38 和图 3 - 75 示出了 VOD 炉精炼的技术参数和耐火材料的工作环境[19,66~68]。VOD 炉精炼过程中对耐火材料的主要作用为：

（1）真空下高温作用，温度达到1700℃以上。

（2）炉渣的碱度变化大（0.5~4），侵蚀性强。

（3）同时喷吹氧气和氩气，气体搅拌作用强，受钢液和炉渣的冲刷，磨损大。

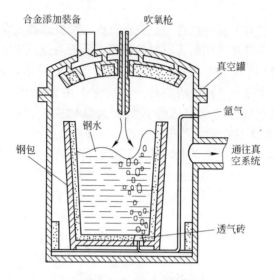

图 3 - 74　VOD 炉精炼法

表 3 - 38　VOD 炉用耐火材料的工作环境

工　　厂	抚顺钢厂	上海第三炼钢厂	日本钢管京浜制铁所
容量/t	13	30	50
内径 × 高度/mm	(1370 ~ 1530) × 1800		
真空度/Pa	133. 3 ~ 666. 7	66. 7	66. 7
氩气吹速	5 ~ 12m³·h	20 ~ 80L/min	200L/min
氧气吹速/m³·h⁻¹	15 ~ 250		2000
处理时间/min	45 ~ 70	30 ~ 40	300 (总装钢时间)
精炼温度/℃	1640 ~ 1750	1550 ~ 1750	1750
出钢温度/℃	1600	1540 ~ 1590	
日处理次数			2 ~ 3

（4）间歇操作，每天使用 2 ~ 3 次，耐火材料内衬的温度变化剧烈。

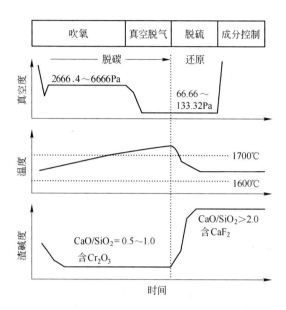

图 3 - 75　VOD 炉精炼过程中操作条件的变化

3.7.2　VOD 炉用耐火材料的应用与性能

VOD 炉用耐火材料的使用条件十分恶劣，需采用优质高效耐火材料砌筑内衬。由于各钢厂的冶炼钢种和操作等条件不同，各国各厂的 VOD 炉所用耐火材料的材质和品种有很大差别，主要有两种类型：以优质镁铬砖为主要耐火材料的炉衬和以优质白云石砖为主要耐火材料的炉衬。

3.7.2.1　中国 VOD 炉用耐火材料

图 3 - 76 示出了抚顺钢厂 30t VOD 炉耐火材料内衬结构[69]，渣线部位使用优质镁铬砖和再结合镁铬砖，其余部位使用高铝砖。表 3 - 39 列出了 VOD 炉用镁铬砖的性能[70]，渣线部位镁铬砖的使用寿命为 12 次，耐火材料的损毁原因主要为：

（1）炉渣渗入镁铬砖的深处，形成较厚的变质层，在温度

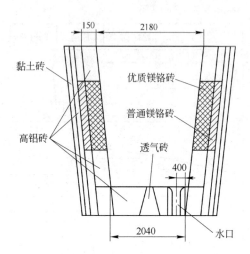

图 3 - 76　抚顺钢厂 VOD 炉耐火材料内衬结构

表 3 - 39　抚顺钢厂 VOD 炉用镁铬砖的性能

使 用 部 位	渣　　　线	
耐 火 材 料	优质镁铬砖	再结合镁铬砖
化学组成 $w/\%$		
MgO	61. 18	63. 07 ~ 66. 74
Cr_2O_3	21. 22	18. 29 ~ 22. 78
Al_2O_3	5. 55	4. 72 ~ 5. 59
Fe_2O_3	9. 14	5. 57 ~ 6. 53
SiO_2	2. 32	1. 75 ~ 3. 49
CaO	1. 06	1. 55 ~ 1. 91
体积密度/g·cm^{-3}	3. 36	3. 23
显气孔率/%	12. 15	14. 0
常温耐压强度/MPa	40. 2 ~ 58. 3	53. 7 ~ 77. 5
荷重软化温度/℃	1740 ~ 1770	>1770

骤变作用下发生掉片剥落损毁，表明镁铬砖的抗热震性能较差；

（2）镁铬砖在高温真空下蒸发损失，在还原精炼期耐火材

料中的 Cr_2O_3 被还原，耐火材料失去镁铬尖晶石结合基质，耐火颗粒骨料间结合强度丧失，易遭受磨损和侵蚀。

上海第三钢铁厂的30t VOD 炉，用德国白云石公司生产的白云石砖砌筑包底、下渣线和上渣线工作层内衬，迎钢面用加厚砖，其余部位使用高铝砖，表 3 - 40 列出了 VOD 炉用白云石砖的性能[67]。白云石砖内衬用干法砌筑，用干粉或自流砂填缝，火泥粉抹平。VOD 炉渣碱度在 2.5 以上，对白云石砖的侵蚀作用不严重，使用后的白云石砖熔损比较均匀，表面无严重开裂。白云石砖内衬耐火材料消耗比原材质耐火材料消耗低5.94kg/t。

表 3 - 40 上海第三钢铁厂 VOD 炉用白云石质耐火材料的性能

使用部位	包底	下渣线	上渣线	其余部位
耐火材料	烧成油浸白云石砖	树脂结合白云石砖	烧成油浸直接结合镁白云石砖	高铝砖
化学组成 $w/\%$				
MgO	< 36	> 36	52	
CaO	< 61	< 61	45	
SiO_2	< 1.5	< 1.5	< 1.5	
$Al_2O_3 + Mn_3O_4$	< 1	< 1		
Fe_2O_3	< 1	< 1	< 1	
体积密度/$g \cdot cm^{-3}$	2.75 ~ 2.95	2.85 ~ 3.00	2.83 ~ 2.98	
显气孔率/%	16	—	15 ~ 19	
常温耐压强度/MPa	> 35	> 40	> 35	

3.7.2.2 日本 VOD 炉用耐火材料

日本的 VOD 炉内衬一般使用优质镁铬砖，有部分 VOD 炉使用镁白云石砖和铝镁浇注料内衬。图 3 - 77 示出了日本 VOD 炉的典型耐火材料内衬结构[19]。

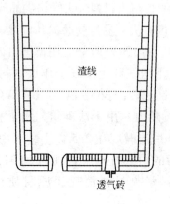

渣线

透气砖

图 3 - 77　日本 VOD 炉的典型耐火材料内衬结构设计

表 3 - 41 列出了日本的 VOD 炉用镁铬砖的性能[71]，渣线部位使用再结合镁铬砖，其余部位使用直接结合镁铬砖。在精炼含铬钢的 35t VOD 炉，耐火材料内衬的使用寿命（含中修）为 75 次。

表 3 - 41　日本 VOD 炉用镁铬砖的性能

使用部位	底　部	渣线以下	渣　线
耐火材料	直接结合镁铬砖	直接结合镁铬砖	半再结合镁铬砖
化学组成 w/%			
MgO	62.0	58.4	70.9
Cr_2O_3	27.3	28.6	16.6
Al_2O_3	4.0	4.8	6.3
SiO_2	1.4	1.4	1.3
体积密度/g·cm^{-3}	3.27	3.26	3.16
显气孔率/%	15.2	15.1	15.4
常温耐压强度/MPa	99.4	96.9	123.7

冶炼无铬钢的 VOD 炉采用白云石砖炉衬，表 3 - 42 列出了日本 VOD 炉用白云石砖的性能[19]。渣线部位使用的镁质白云石砖系用合成镁质白云石原料制造，其余部位使用的白云石砖用天然白云石原料制造。

表3-42　日本VOD炉用白云石砖的性能

使用部位	侧 壁		渣 线		
耐火材料	普通烧成白云石砖	普通烧成镁白云石砖	高温烧成镁白云石砖	高温烧成镁白云石砖	高温烧成镁白云石砖
化学组成 w/%					
MgO	45.2	57.3	59.1	64.2	85.0
CaO	51.5	38.4	38.8	34.6	14.3
SiO$_2$	0.8	1.6	0.6	0.2	0.3
Fe$_2$O$_3$	1.9	1.5	1.2	0.2	0.1
体积密度/g·cm^{-3}	3.00	3.07	3.05	3.17	3.5
显气孔率/%	10.5	11.5	10.5	11.0	12.5
常温耐压强度/MPa	102	62	88	80	63
常温抗折强度/MPa	29	20	26	27	17

　　VOD炉炉底广泛使用铝镁浇注料，冲击区使用预制块。有些工厂的VOD炉的侧壁（除渣线以外），采用铝镁浇注料修筑。表3-43列出了日本VOD炉用铝镁浇注料的性能[71]。铝镁浇注料有两种类型：氧化铝-尖晶石浇注料和氧化铝-镁砂浇注料。后者的抗侵蚀性能优于前者（图3-78）。

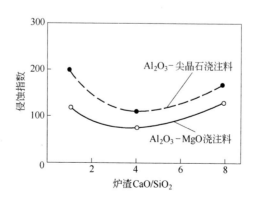

图3-78　Al$_2$O$_3$-尖晶石浇注料与Al$_2$O$_3$-MgO
浇注料的抗侵蚀性能比较

表 3 - 43　　日本 VOD 炉用铝镁浇注料的性能

使用部位	炉 底		侧壁（渣线以下）	
耐火材料	铝 - 尖晶石 浇注料	铝 - 尖晶石 浇注料	铝 - 镁 浇注料	铝 - 镁 浇注料
化学组成 $w/\%$				
Al_2O_3	88	92	92	88
MgO	10	5	6	9
SiO_2	—	1	1	1
1000℃，3h，冷后 （1500℃，3h，冷后）				
体积密度/$g \cdot cm^{-3}$	2.99 （2.95）	3.09 （3.05）	3.19 （3.00）	2.92 （2.88）
显气孔率/%	18.6 （21.1）	18.6 （21.6）	16.4 （19.8）	20.9 （24.3）
常温耐压强度/MPa	48.9 （70.7）	39.1 （72.1）	39.1 （65.1）	20.4 （28.9）
常温抗折强度/MPa	6.7 （13.5）	6.2 （18.6）	6.2 （24.0）	9.0 （12.5）
线变化率/%	-0.03 （+0.12）	-0.06 （+0.94）	-0.03 （1.21）	-0.12 （+1.95）
需水量/%	5.5~6.0	4.5~5.5	5.0~6.0	7.0~8.0
施工方法	普通浇注	普通浇注	普通浇注	喷射浇注

3.7.2.3　欧洲 VOD 炉用耐火材料

欧洲的 VOD 炉内衬普遍采用白云石质耐火材料砌筑。图 3 - 79 示出了以白云石砖为主要耐火材料的德国 62t 和 80tVOD 炉的耐火材料内衬结构[72]。为提高抗侵蚀性，渣线部位使用镁质白云石砖。表 3 - 44 列出白云石质耐火材料的性能[72,73]，其中新开发的镁质白云石砖为含特殊添加剂的高纯烧结镁白云石砖，杂质总含量小于 2%，使用中形成抗侵蚀性保护层，可使耐火材料的使用寿命提高 10% ~20%。德国 VOD 炉白云石质耐火砖内衬的寿命为 8~35 次，耐火材料消耗为 10~14kg/t。

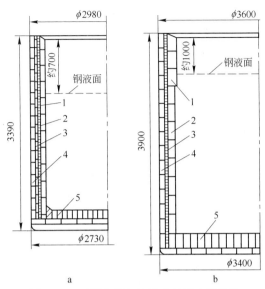

图 3 - 79 德国 VOD 炉耐火材料内衬结构

a—62t VOD 炉； b—80t VOD 炉

1—陶瓷结合白云石砖，125mm； 1—陶瓷结合白云石砖，250mm；
2—白云石捣打料，30mm； 2—陶瓷结合白方石砖，187mm；
3—黏土砖，32mm； 3—镁质捣打料，30mm；
4—普通镁砖，76mm； 4—镁铬砖，50mm；
5—陶瓷结合白云石砖，125mm 5—高密度镁铬砖，250mm

表 3 - 44 德国 VOD 炉用白云石质耐火材料的性能

材料种类	1	2	3	4	5	6
	普通致密白云石砖	高级致密白云石砖	普通镁白云石砖	普通合成镁白云石砖	高级镁白云石砖	新开发的镁白云石砖
结合方式	陶瓷	陶瓷	陶瓷	陶瓷	陶瓷	陶瓷
化学组成 w/%						
MgO	38.2	38.2	52.5	72	55.8	59.4
CaO	59.2	59.2	45.0	26.5	40.1	38.6
Fe$_2$O$_3$	0.8	0.8	1.2	0.9	1.7	0.6
Al$_2$O$_3$						0.3
SiO$_2$						0.6
气孔率/%	16~18	15	14~18	15	16	10.0
透气度指数	1~2	1~2	10		12	<2.0
高温抗折强度/MPa 1500℃	4.0	6.0	3.0		2.3	（荷软）0.5

3.8　钢包吹氩透气砖

3.8.1　透气砖的工作环境和对透气砖的要求

　　钢包吹氩透气砖，如图 3 - 80 所示[74]，为安装于钢包底部向钢包精炼处理过程提供搅拌用气的耐火元件。氩气通过透气砖吹入，在钢包中形成均匀稳定的气泡流，气泡流上升时搅拌钢液，使钢液的温度和成分均化，促进钢中夹杂物质上浮净化钢液。钢包透气砖吹氩常与 LF、VOD、CAS - OB 等精炼方法同时使用，以提高精炼效率和获得更好的冶金效果。钢包吹氩透气砖的使用条件列于表 3 - 45[75]。从透气砖的功能和使用环境看，对透气砖的主要要求如下：

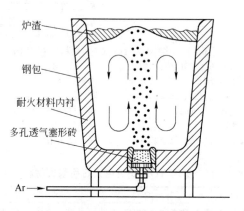

　　　　　　炉渣

　　　　　　钢包

　　耐火材料内衬

　　多孔透气塞形砖

　　Ar

图 3 - 80　钢包透气砖吹氩处理钢液示意图

　　（1）透气性好。气体的搅拌能与气体流量有如下关系[76]：

$$E = \frac{Q}{22.4} RT_2 \left(1 - \frac{T_1}{T_2} + \ln \frac{p_1}{p_2} \right) \qquad (3-8)$$

式中　E——气体的搅拌能，W；

　　　Q——气体流量，m^3/s；

　　　R——气体常数；

　　　T_1——气体温度，K；

T_2——钢液温度，K；

p_1——钢包底部压力，MPa；

p_2——钢包顶部压力，MPa。

因此，气体流量越大，搅拌能就越大。如果在真空或减压下喷吹氩气，搅拌能变得更大。

表 3-45 钢包吹氩透气砖的使用条件

钢厂	精炼方法	钢包容量/t	钢种	精炼温度/℃	氩气流速/L·min^{-1}	吹氩时间/min·次$^{-1}$	使用寿命/次
A	EAF-LF	45	60Mn	1600~1650	150~200	60~90	27~37
B	EAF-LF	60	碳素钢	1600~1620	300	10~15	35~45
C	EAF-LF	70	20MnSi	1580~1620	150~200	45	21~35
D	EAF-LF-VD	90	20号	1600	150~200	79~80	14~17
E	EAF-LF-VD	150	30Mn4	1650	150~200	60~90	
F	BOF-ANS-OB	180	碳素钢	1590	400~600	20~25	4
G	BOF-LF	220	20MnSi	1680~1740（出钢温度）	400~600	10~15	36
H	BOF-LF	300	Q215	1580~1590	400~600	20~30	23
I	BOF-LF-VD	160	铝镇静钢	1630~1670	500	40~60	15

（2）防止熔钢渗透。在钢液的静压力的作用下，钢液可渗入耐火材料的气孔中，堵塞气体通道和侵蚀耐火材料。钢液渗入耐火材料的深度与耐火材料气孔孔径、钢液的高度和表面张力及钢液与耐火材料的接触角有关（图 3-81），其关系式如下[77,78]：

$$\rho g h r = 2\sigma \cos\theta \qquad (3-9)$$

式中　ρ——钢液的密度，g/cm^3；

　　　g——重力加速度，cm/s^2；

　　　h——钢液高度，cm；

　　　r——耐火材料气孔孔径，cm；

　　　σ——钢液表面张力，N/m；

　　　θ——钢液 - 耐火材料接触角，（°）。

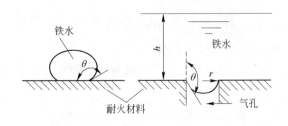

图 3 - 81   钢液渗入耐火材料气孔的图解

根据上述关系，防止钢液渗透的主要措施为减小耐火材料的气孔孔径，采用难被钢液浸润的耐火材料。当钢液的密度、表面张力及与耐火材料的接触角为常数时，耐火材料孔径越大，钢液越容易浸入。设钢液密度为 6.8g/cm^3，表面张力为 180N/m，耐火材料与钢液的接触角为 $124°$，图 3 - 82 给出耐火材料的孔径与钢液高度和钢液渗透的关系。因此，当钢包中钢液高度大于 2m 时，为防止钢液浸入耐火材料的气孔中，气孔孔径必须小于 $15\mu\text{m}$。

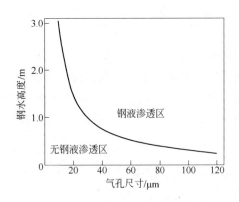

图 3 - 82   耐火材料气孔孔径与钢液渗透深度的关系

（3）抗热震性好。图 3 - 83 示出了透气砖使用时的温度变化情况[79]，透气砖工作端面的温度随精炼过程变化很大。钢包受钢时，工作端面受到高温钢液冲击，温度陡然上升，喷吹氩气时受到冷气流冲击，产生很大的热应力作用。因此，要求透气砖具有优良的抗热震性。

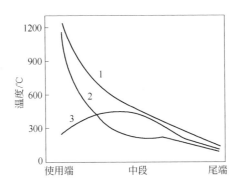

图 3 - 83　透气砖使用时的温度分布
1—正常操作时的温度分布；2—冷包装钢开始使用时的温度分布；
3—停歇期间的温度分布

（4）抗渣侵蚀性好。含氧高的钢液和炉渣侵入透气砖后，与耐火材料发生反应，形成低熔点液相，导致透气砖的熔损和堵塞气孔。因此，要求透气砖应具有优良的抗侵蚀性能。

（5）强度高耐冲刷。为清除使用过程中侵入透气砖中的钢渣，修复透气砖的供气功能，通常要对使用后的透气砖表面进行吹氧清理，使表面粘附的钢渣熔化，与此同时，向透气砖喷吹气体，吹走熔渣。在吹氧清理过程中，透气砖在高温下受到高速气流的冲刷作用，要求透气砖应具有足够的高温强度和耐冲刷性能。

（6）透气砖使用过程中应确保安全可靠，且使用寿命长。

3.8.2　透气砖的应用与性能

按透气砖的内部结构，如图 3 - 84 所示[75]，透气砖有弥散型、狭缝型，直通孔型和迷宫型等类型。

　　弥散型透气砖为高 250～300mm，上端直径 90～100mm，下端直径 150mm 的多孔质耐火砖，封闭于钢套内，氩气通过砖本身的自然形成的连通气孔通道吹入钢包。由于这种透气砖的组织结构是多孔性的，透气砖的强度低，易被磨损侵蚀，喷吹气泡流分布不佳，搅拌效果较差。

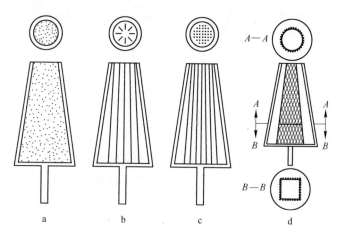

图 3-84　钢包吹氩透气砖的类型
a—弥散型；b—狭缝型；c—直通孔型；d—迷宫型

　　狭缝型透气砖，系由若干致密耐火砖薄片组合起来，在片与片之间放入隔片，再用钢套紧固封闭，这样在片与片之间形成气体通道。或是在制造耐火材料时，埋入片状有机物质，烧成后形成直通狭缝或气孔通道。这种透气砖的强度高，抗侵蚀性能好，透气性能好。

　　直通孔型透气砖，系由耐火材料与埋入其中的细钢管组成，或在制造耐火材料时埋入定向有机纤维，烧成后形成直通气孔通道。

　　迷宫型透气砖，系通过狭缝和网络圆孔向钢包吹气，其安全可靠性高。

　　钢包吹氩透气砖耐火材料有不同的材质，主要有镁铬质、刚玉质和铬刚玉质，表3-46~表3-48列出了部分国家的透气砖的性能[75~77]。

表3-46 中国钢包吹氩透气砖的性能

材 质	镁质	刚玉质	铬-刚玉质	镁铝-刚玉质
类 型	弥散型	狭缝型	狭缝型	狭缝型
化学组成 $w/\%$				
Al_2O_3	—	96.28	90.18	89.94
Cr_2O_3	—	—	4.51	—
MgO	95.5	—	—	5.63
体积密度/$g \cdot cm^{-3}$	2.65	3.08	3.12	2.98
常温耐压强度/MPa	23	64	129	152
高温抗折强度/MPa	—	4.0	11.7	18.8
荷重耐火度/℃	1680	1700	1700	1700
透气量/$L \cdot min^{-1}$ (0.4MPa)	320	300	540	450

表3-47 奥地利钢包吹氩透气砖的性能

材料种类	非直通孔型		直通孔型	
	镁铬质	高铝质	镁铬质	高铝质
化学组成 $w/\%$				
Al_2O_3	5.5	89	5.5	97
MgO	60.8		60.8	
Cr_2O_3	20.0		20.0	
Fe_2O_3	11.0	0.3	11.0	0.1
SiO_2	1.5		1.5	
CaO	1.2	0.3	1.2	2.6
体积密度/$g \cdot cm^{-3}$	3.23	2.2	3.25	2.95
气孔率/%	17.4	25~35	16.6	18
常温耐压强度/MPa	91.4	30	90.2	50

表 3-48　日本钢包吹氩透气砖的性能

材　料　种　类	H	D	E
化学组成 w/%			
$\quad Al_2O_3$	96	82	86
$\quad SiO_2$	2	6	5
$\quad ZrO_2$	—	10	7
$\quad Cr_2O_3$	1	1	1
体积密度/$g·cm^{-3}$	2.97	3.00	2.93
显气孔率/%	23.4	21.5	22.2
常温耐压强度/MPa	120.0	42.0	26.9
高温抗折强度/MPa（1400℃）	2.5	2.1	2.0
抗热震性/次（1200℃，水冷）	1	>10	7
平均孔径/μm	19	10	20

　　透气砖的安装有两种方式：内装式和外装式。图 3-85 为内装式，透气砖与座砖在钢包外预先组装在一起，在砌筑钢包时，清理好包底透气砖的位置，砌好垫砖，将带座砖的透气砖吊装至该位置，然后依次砌筑包底和包衬。图 3-86 为外装式透气砖的装配情况，它由座砖、套砖和透气砖三件组成。在砌筑钢包时，在包底安装好座砖后即可砌筑包底及包壁，最后将套砖和透气砖外侧均匀地涂上火泥，依次用力装入座砖中，再在套砖和透气砖底部封上垫砖，盖上法兰，烘烤。内装式透气砖适用于钢包底衬

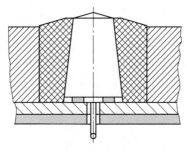

图 3-85　内装式透气砖安装示意图

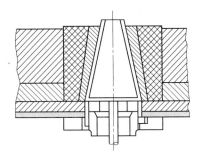

图 3 - 86 外装式透气砖安装示意图

砖与透气砖的寿命同步的情况下，而外装式特别适用于需经常更换透气砖的情况。表 3 - 49 列出了透气砖的座砖、套砖和火泥的性能。

表 3 - 49 透气砖用座砖、套砖和火泥的性能

材 料 种 类	座砖及套砖		火 泥	
	高铝质	铝铬质	高铝质	铝铬质
化学组成 $w/\%$ Al_2O_3 Cr_2O_3	≥92.0	≥88.0 2.0 ~ 5.0	≥90.0	≥80.0 6.0 ~ 15.0
体积密度/g·cm^{-3} 常温耐压强度/MPa 荷重软化点/℃ 耐火度/℃	≥3.05 ≥45 ≥1670	≥3.05 ≥25 ≥1680	≥2.0 ≥1790	≥2.0 ≥1790

3.9 喷射冶金喷枪用耐火材料

3.9.1 喷枪用耐火材料的工作环境

喷射冶金有 SL 法、KIP 法和 TN 法等不同方法，它们共同的特点是通过喷枪向钢液中喷吹粉状处理剂，对钢液进行精炼处理。图 3 - 87 示出了 SL 法喷射冶金中喷枪的功能和工作状

况[80]。粉状精炼剂，如 CaSi，用氩气通过插入钢包深处的喷枪吹入钢液中，由于气体的搅拌作用，粉状精炼剂与钢液充分混合和反应。表 3 – 50 列出了喷枪用耐火材料的工作环境[80~82]。喷

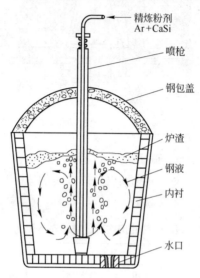

图 3 – 87　SL 法喷射冶金喷枪的工作状况

表 3 – 50　喷射冶金喷枪耐火材料的工作环境

工 厂 名 称	齐齐哈尔钢厂	上海宝山钢铁公司	日本钢管京浜制铁所
方法	SL	KIP	IP
钢包容量/t	40	300	250
钢液温度/℃	1580 ~ 1620		
喷粉剂：			
种类	CaSi	CaO，CaSi	脱硫剂，Ca 剂
用量/kg·min^{-1}		150 ~ 170，80 ~ 120	（10 ~ 150）
喷吹氩气流速/m^3·min^{-1}	5 ~ 7		
炉渣碱度	4 ~ 5	1.5 ~ 2.0	3
喷枪尺寸/mm			
长 × 直径	ϕ200		6524 × ϕ254
日处理次数			7 ~ 8

枪用耐火材料使用时受到的作用为：

（1）喷枪头部和喷出口周围，受到气流和粉料的激烈磨损作用和侵蚀作用；

（2）在渣线部位，受到炉渣的严重侵蚀作用；

（3）喷粉过程中，受到机械振动作用；

（4）由于间歇使用，受到温度骤变作用。

与铁水预处理喷枪相比，喷射冶金喷枪用耐火材料的使用条件更恶劣，炉渣侵蚀和热震损毁作用更加严重。

3.9.2 喷枪用耐火材料的应用与性能

喷射冶金喷枪用耐火材料的使用条件苛刻，钢液温度高，炉渣侵蚀和热震损毁作用严重。因此喷射冶金喷枪需采用性能优良的耐火浇注料制造。

图 3-88 示出了耐火浇注料的 Al_2O_3 含量与渣侵蚀深度和渣浸透深度的关系[83]，随着 Al_2O_3 含量的提高，耐火浇注料的抗侵蚀性能提高，但炉渣的浸透深度变深，可诱导结构性剥落。这样，在炉渣侵蚀严重的部位，采用 Al_2O_3 含量高的耐火浇注料（Al_2O_3 含量大于90%），其余部位采用 Al_2O_3 含量较低的耐火浇注料（Al_2O_3 含量为70%~80%）。

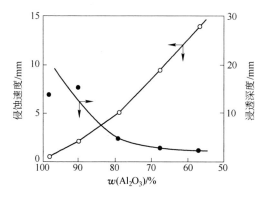

图 3-88 耐火浇注料的 Al_2O_3 含量与抗渣侵蚀性和抗渣浸透性的关系

图 3 - 89 示出了添加钢丝纤维和纤维的形状对耐火浇注料的应力 - 应变行为的影响[80]。加入异形短钢丝纤维可明显改善耐火浇注料在应力作用下的应变能力。因此，添加耐热钢纤维为提高喷枪用耐火浇注料的抗热震性能所普遍采取的一项技术措施。

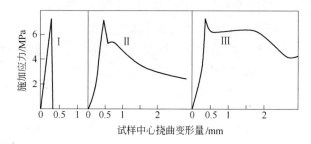

图 3 - 89   添加钢纤维对耐火浇注料的应力 - 应变行为的影响
Ⅰ—没加钢纤维；Ⅱ—加入直形钢纤维；Ⅲ—加入异形钢纤维

3.9.2.1   中国喷枪用耐火材料

图 3 - 90 为洛阳耐火材料研究院研制的喷射冶金用整体喷枪的结构[80]，它由三种耐火浇注料制成：渣线部位采用刚玉质浇注料，渣线以下和以上采用 Al_2O_3 含量较低的耐火浇注料。这种喷枪在齐齐哈尔钢厂 40t SL 喷射冶金装置中使用，喷枪的使用寿命为 15 ~ 19 次，总喷吹时间为 95min。

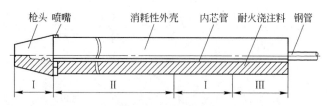

图 3 - 90   整体喷枪的结构与耐火材料材质
Ⅰ—纯 Al_2O_3 - CaO 系浇注料；Ⅱ—高 Al_2O_3 的 Al_2O_3 - SiO_2 系浇注料；
Ⅲ—中 Al_2O_3 的 Al_2O_3 - SiO_2 系浇注料

上海宝山钢铁公司 1989 年从日本引进 KIP 钢包喷粉精炼装置，用于脱氧、降低夹杂、脱硫、调温和合金化。喷粉剂对耐火材料的侵蚀严重，钢水温度 1620 ~ 1700℃，喷枪用耐火材料所处的工作环境相当恶劣。喷枪采用电熔刚玉（Al_2O_3 含量不小于 99.0%）配制的高纯刚玉质浇注料制造，添加 2% ~ 5% 耐热钢纤维增强，使用寿命为 10 ~ 20 次，总吹炼时间为 100min/支，最高为 188min/支[84,85]。表 3 - 51 列出了中国喷射冶金喷枪用耐火材料的性能。

表 3 - 51 中国喷射冶金喷枪用耐火材料的性能

喷　　枪	SL 法喷枪			KIP 喷枪
使用部位	渣线与喷头	渣线以下	渣线以上	刚玉质浇注料
耐火浇注料	Ⅰ	Ⅱ	Ⅲ	
化学组成 w/% 　Al_2O_3 　SiO_2 　CaO	95.3 0.22 3.32	86.71 5.89 3.38	55.71 37.66 3.44	97.2
体积密度/g·cm^{-3} 　110℃，16h 　1550℃，3h	2.71 2.51	2.51 2.72	2.26 2.15	3.19
常温抗折强度/MPa 　110℃，16h，冷后 　1250℃，3h，冷后 　1500℃，3h，冷后	11.4 5.8 9.1	10.2 7.6 34.0	6.4 6.9 13.8	7.1
重烧线变化率/%				1.5

注：Ⅰ、Ⅱ、Ⅲ与图 3 - 90 对应。

3.9.2.2 日本喷枪用耐火材料[82]

图 3 - 91 为一种日本喷枪的结构，在内芯钢管外表面上焊上 ×形钢钉，可提高喷枪用浇注料的坚固性和抗热震性能。喷枪喷出口的形状对喷头的耐用性有重要影响，图 3 - 92 示出了几种不同的喷头设计，其中带混合室的喷头，由于对粉料可进行混合和有缓冲作用，对提高喷枪的寿命有利。日本喷枪用浇注料的性能列于表 3 - 52，喷枪的使用寿命 17 ~ 39 次。

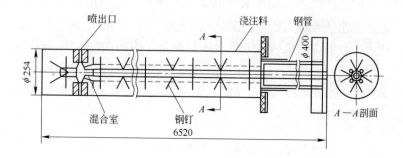

图 3 – 91　日本喷射冶金用喷枪

1	普通型	
2	倒 T 型	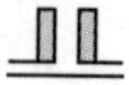
3	倒 Y 型	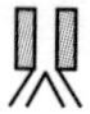
4	带混合室型	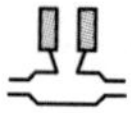

图 3 – 92　喷枪的喷出口形状设计

表 3 – 52　日本喷射冶金喷枪用浇注料的性能

使用部位	渣线以下	渣　线	
耐火浇注料	高铝质 A	高铝质 B	$Al_2O_3 - C$ 质
化学组成 $w/\%$			
$\quad Al_2O_3$	78	92	96
$\quad SiO_2$	20	6.5	2
显气孔率/%			
$\quad$ 105℃，24h	13.0	12.8	8.5
$\quad$ 1000℃，3h	16.0	16.5	16.5
$\quad$ 1500℃，3h	16.4	16.5	17.5

使用部位	渣线以下	渣 线	
耐火浇注料	高铝质 A	高铝质 B	Al_2O_3 - C 质
常温抗折强度/MPa			
105℃，24h，冷后	7.5	4.0	11.7
1000℃，3h，冷后	19.8	20.0	24.0
1500℃，3h，冷后	18.0	16.0	21.1
高温抗折强度/MPa（1400℃）	4.2	4.8	1.0
线变化率/%			
105℃，24h	0.00	- 0.03	- 0.03
1000℃，3h	- 0.16	- 0.09	- 0.14
1500℃，3h	+ 0.50	+ 0.83	- 0.09
热膨胀率/%（1000℃）	0.52	0.70	0.67

3.9.3　喷枪用耐火材料的蚀损

喷射冶金用喷枪耐火材料蚀损与铁水预处理喷枪相似，主要为热震引起的龟裂和结构剥落，渣线部位为炉渣侵蚀损毁。

3.10　炉外精炼钢包内衬用耐火材料

3.10.1　钢包功能的转换与耐火材料内衬的工作环境

炉外精炼的发展使钢包从单纯的钢液装运容器变成具有下列多种冶金功能的一种冶金设备：

（1）加温、调温。

（2）真空脱气（脱氢、脱氮）和排除夹杂物。

（3）搅拌钢液，加速冶金反应，均化成分和温度。

（4）添加合金，精调成分。

（5）吹氧脱碳。

（6）造渣精炼（脱硫、脱磷）。

（7）钢水的钙处理，消除 Al_2O_3 夹杂物的危害。

表 3-53 列出了各种炉外精炼钢包的冶金功能和耐火材料内衬的工作环境的变化情况[86]。炉外精炼钢包耐火材料的使用条件列于表 3-54[3]，钢包功能的改变使内衬耐火材料的使用条件

大大恶化，主要表现在以下几个方面：

（1）钢液温度明显升高。出钢温度比普通钢包提高 50～100℃，精炼过程中温度则可高出 150℃ 以上，耐火材料的侵蚀速度会明显加快（图 3-93[87]）。

（2）钢流循环运动加剧。由于喷吹氩气、电磁搅拌和真空处理等技术的采用，钢流对耐火材料的冲刷和磨损作用严重（图 3-94[87]）。

（3）炉渣的腐蚀性增大。炉渣碱度高，渣量增大，对耐火材料的侵蚀作用加剧（图 3-95[87]）。

表 3-53　炉外精炼钢包的功能和内衬耐火材料工作环境的变化

钢包功能 包衬环境	RH 钢包	DH 钢包	VD 钢包	Finkl- VAD 钢包	ASEA- SKF 钢包	LF 钢包	CAS/CAS- OB 钢包	KIP、SL 钢包
加温：								
提高出钢温度	+	+	+				+	+
电弧加热				+	+	+		
温度控制				+	+	+	+	
温度升高	↑	↑	↑	↑↑↑	↑↑	↑↑↑	↑	↑
真空处理			+			+		
搅拌：								
吹氩搅拌			+	+		+	+	+
电磁搅拌					+			
钢液循环	+	+						
搅拌强度	↑↑	↑	↑↑	↑↑	↑↑↑	↑↑	↑↑	↑↑
吹氧脱碳	+						+	
造渣精炼：				+	+	+	+	+
脱硫				+	+	+		+
炉渣碱度				↑↑	↑↑			↑↑
盛钢时间	↑	↑	↑↑	↑↑↑	↑↑↑	↑↑↑↑	↑↑	↑↑

表3-54 炉外精炼钢包耐火材料内衬的使用条件

钢包类型	普通钢包	真空脱气钢包	喷射冶金钢包	精炼钢包	精炼钢包
处理钢种		脱氢、脱氧 ($S \leqslant 0.05$)	特殊低硫钢 ($S \leqslant 0.01$)	特殊低磷、低硫钢 ($S \leqslant 0.003$)	特殊低碳不锈钢 ($C \leqslant 0.03$)
处理方法		RH,DH,VD	SL,KIP	LF-VD	Finkl-VAD
装钢时间/h	1~2	1.5~2.5	2~3	4~6	4~6
钢液温度/℃	1580~1640	1600~1660	1600~1680	1600~1700	1600~1750
炉渣碱度(CaO/SiO₂)	1~1.5	1~2	2.5~4.5	1~3	1~3
渣量	小	小	大	大	中
对耐火材料的损毁作用	轻	较重	重	很重	很重

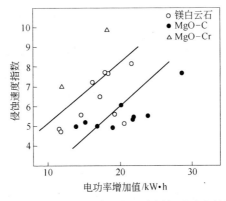

图3-93 电弧加热功率对钢包内衬侵蚀速度的影响

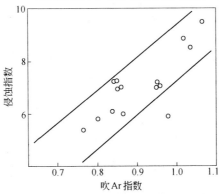

图3-94 氩气喷吹对钢包耐火材料内衬侵蚀速度的影响

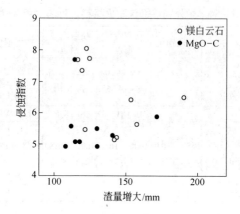

图 3 - 95   渣量对钢包耐火材料内衬侵蚀速度的影响

（4）盛钢时间延长。要比普通钢包延长 1 至数倍，结果使钢包使用寿命缩短（图 3 - 96[88]）。

（5）高温真空作用，可使耐火材料品质下降。

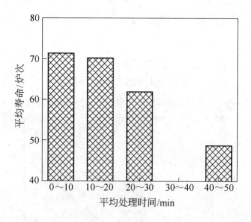

图 3 - 96   炉外精炼处理时间对钢包内衬寿命的影响

3. 10. 2   钢包内衬耐火材料的问题

传统上，钢包用作炼钢炉与铸锭之间的钢液储运容器，钢包内衬一般使用价格低廉的 $SiO_2 - Al_2O_3$ 系耐火材料（Al_2O_3 含量小于 60%）。随着炉外精炼与连续铸钢技术的发展，钢包耐火材料内衬的使用条件大大恶化，耐火材料的寿命急剧下降。如上海宝山钢铁公司的 300t 钢包，在采用包底吹氩、CAS、KST、KIP 和 RH 炉外精炼处理工艺后，钢包内衬的寿命从 60 多炉下降到 20 多炉（表 3 - 55[89]）。为了提高炉外精炼钢包的使用寿命，普遍采取的一项技术措施是提高钢包衬砖的氧化铝含量（达 80% ~ 85%）。但是，提高氧化铝含量并不能到达预期的目标，因为氧化铝含量高的高铝砖包衬残砖的工作面上会粘附着又厚又牢的钢渣，清理挂渣非常困难，清理时炉衬极易发生严重的机械损伤。另外，炉渣侵入砖内的深度达 30 ~ 40mm，与砖的结合基质发生反应，形成很厚的反应变质层，在受到热震作用时即可发生大片结构掉片破坏。因此，单纯采取提高衬砖 Al_2O_3 含量的措施对提高精炼钢包内衬寿命的成效很有限。图 3 - 97 示出了炉外精炼钢包高铝砖内衬的损毁机理[90]，解析如下：

（1）由于钢液温度提高，高铝砖的重烧收缩增大，结果使内衬砖缝加大，炉渣的渗透和侵蚀加剧，炉衬粘挂钢渣严重。

（2）高铝砖自身结合基质脆弱，易与侵入的炉渣反应，形成厚的变质反应层。由于变质反应层的热膨胀性能与未变质的原砖层不同，在受到热震作用时，即可发生大片剥落损毁。

表 3 - 55　上海宝钢钢包内衬耐火材料使用条件和寿命

炼钢炉	300t BOF	300t BOF
钢包容量/t	300t	300t
炉外精炼方法		包底吹氩，CAS、KST、RH、KIP
浇注方法	铸锭	连铸
钢液温度/℃	1600 ~ 1640	1660 ~ 1670
装钢时间/min	50 ~ 70	100 ~ 120
钢包内衬材质	高铝砖	高铝砖
内衬寿命/次	65 ~ 70	20

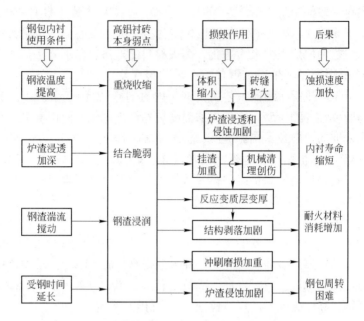

图 3 - 97　炉外精炼钢包高铝衬砖的损毁机理及后果

（3）高铝砖材质本身易被钢渣润湿，导致炉渣侵蚀和变质反应严重，导致热震剥落。

由于上述原因，高铝砖已难以满足炉外精炼钢包内衬的使用要求，期望开发新型优质包衬耐火材料。

3.10.3　钢包内衬耐火材料的应用与性能

由于各国资源和条件不同，钢厂的冶炼工艺和冶炼钢种千差万别，炉外精炼钢包内衬用耐火材料的品种和类型以及内衬耐火材料结构，随不同地域、不同钢厂，呈多样化的发展，大致上可分为以下几种类型：

（1）以铝镁碳砖为主要耐火材料的铝镁碳砖钢包内衬；

（2）以白云石砖为主要耐火材料的白云石砖钢包内衬；

（3）以铝镁尖晶石浇注料为主要耐火材料的铝镁尖晶石浇

注料钢包内衬;

（4）MgO - CaO - C 砖钢包内衬;

（5）全 MgO - C 砖钢包内衬;

（6）镁铬砖钢包内衬。

在上述六种钢包内衬中，前三种钢包内衬占绝大多数。

3.10.3.1 铝镁碳砖钢包内衬

A 中国铝镁碳砖钢包内衬的开发和应用情况

铝镁碳砖是我国基于资源特点自主研制开发的钢包内衬非渣线部位的含碳耐火材料[91]。由于铝镁碳砖兼有铝镁材料和炭素材料的优良特性，即抗侵蚀，抗热震及抗结构剥落性，并有高的性价比，1990 年宝钢 300t 钢包试用铝镁碳砖获得成功后，铝镁碳砖被迅速推广应用到全国许多大中型钢包上，成为我国大中型钢包内衬用主要耐火材料。表 3 - 56 列出了我国铝镁碳砖钢包内衬的应用情况。

表 3 - 56 中国铝镁碳砖钢包内衬的应用情况

钢　厂	炼钢炉	炉外精炼浇注方法	钢包内衬	内衬寿命/次
宝山钢铁公司	300t 转炉	RH，KIP，CAS，连铸	高铝砖 铝镁碳砖 + 镁碳砖	约 25 >80（最高 126）
武汉钢铁公司	80t 转炉	吹氩 全连铸	高铝砖 铝镁碳砖 + 镁碳砖	约 25 52 ~ 60
鞍山钢铁公司	180t 转炉	连铸	铝镁不烧砖 铝镁碳砖 + 镁碳砖	25 60 ~ 68
天津钢管公司	150t 超高功率电炉	LF - VD 连铸	镁铬砖 铝镁碳砖 + 镁碳砖	10 ~ 20 20 ~ 24
舞阳钢铁公司	90t 超高功率电炉	LF	高铝砖 + 镁碳砖 铝镁碳砖 + 镁碳砖	25 ~ 30 45

图 3 - 98 示出了宝钢 300t 钢包耐火材料内衬结构[92]，铝镁

碳砖用于钢包包壁内衬非渣线部位，渣线使用镁碳砖，包底使用蜡石-SiC砖。转炉出钢温度1660~1670℃，在钢包内对钢液进行RH真空脱气、KIP和CAS法炉外精炼处理，钢包内衬平均使用寿命达80次，最高126次。铝镁碳砖钢包内衬使用时，表面仅粘有薄的熔渣层，抗侵蚀性好，无炉渣渗透，无热震损毁现象，侵蚀均匀，完全消除了高铝钢包内衬的使用问题。表3-57列出了宝钢钢包内衬用耐火材料的性能。

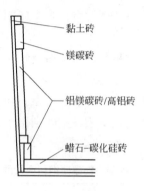

图3-98　宝钢300t钢包耐火材料内衬结构

表3-57　宝钢300t钢包内衬用耐火材料的性能

使 用 部 位	非渣线	渣线	包底
耐 火 材 料	铝镁碳砖	镁碳砖	蜡石-SiC砖
化学组成 w/%			
Al_2O_3	≥60		≥20
MgO		≥70	
SiO_2			≥56
SiC			≥8
C	≥8	≥13	
显气孔率/%	≤10	≤5.5	≤14
体积密度/g·cm^{-3}	≥2.75	≥2.75	≥2.42
常温耐压强度/MPa	38	≥24.5	≥24.5
高温抗折强度/MPa（1400℃）		≥8.8	
耐火度/℃	1790		≥1610
荷重软化点 T_2/℃	≥1610	≥1700（T_1）	≥1450

武汉钢铁公司第二炼钢厂的80t转炉钢包，除渣线部位使用镁碳砖外，包壁和包底均采用铝镁碳砖砌筑，永久层为轻质高铝浇注料。图3-99示出了武钢钢包内衬耐火材料结构[93]，铝镁碳砖内衬厚100mm，钢包内衬使用寿命大于50次，每次蚀损1.0~1.2mm，内衬耐火材料性能列于表3-58。

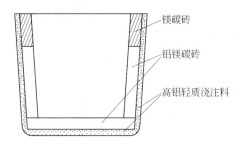

图 3-99 武钢 80t 钢包耐火材料内衬结构

表 3-58 武钢 80t 钢包内衬耐火材料的性能

使 用 部 位	渣线	包壁、包底
耐 火 材 料	镁碳砖	铝镁碳砖
化学组成 $w/\%$		
Al_2O_3		64.26
MgO	75.46	13.54
C	15.50	9.35
显气孔率/%	4~6	3~8
体积密度/$g \cdot cm^{-3}$	2.88~2.9	2.90~2.95
常温耐压强度/MPa	33.2	59.7~63.3
荷重软化点/℃		>1600

为进一步提高铝镁碳砖的使用性能，在制砖配料中增加镁砂加入量和添加铝镁尖晶石合成料，开发出钢包用镁铝碳砖和铝镁尖晶石碳砖。镁铝碳砖和铝镁尖晶石碳砖具有更好的抗侵蚀性能，可用于使用条件更苛刻的钢包和蚀损严重的部位，如迎钢面，包底受钢部位和渣线。表3-59列出了中国镁铝碳砖和铝镁尖晶石碳砖的性能和应用[94,95]。

表 3 – 59　　中国镁铝碳砖和铝镁尖晶石碳砖的性能

材料种类	镁铝碳砖	铝镁尖晶石碳砖
化学组成 $w/\%$		
Al_2O_3	5 ~ 15	60. 73
MgO	65 ~ 75	20. 27
C	5 ~ 12	9. 5
显气孔率/%	4. 3 ~ 5. 6	8
体积密度/$g \cdot cm^{-3}$	2. 89 ~ 2. 96	2. 82
常温耐压强度/MPa	82. 7 ~ 98. 6	60. 4
高温抗折强度/MPa		9（1400℃，30min）
荷重软化温度/℃	>1700	>1700
应　用	下渣线，包底受钢部位	包壁非渣线，包底受钢部位

B　国外铝镁碳砖钢包内衬的应用情况

　　国外也研究试验和采用铝镁碳砖钢包内衬，取得良好的使用效果。例如，韩国耐火材料公司（Posco）生产的铝镁碳砖和镁铝碳砖，用在 100t ASEA – SKF 钢包内衬非渣线处，使用结果显示，后者的抗侵蚀性能优于前者。美国在 DH 真空脱气钢包、LF 精炼钢包，采用铝镁碳砖代替白云石砖。印度在连铸、LF 钢包上，用铝镁碳砖代替镁铬砖。表 3 – 60 列出了国外铝镁碳砖的性

表 3 – 60　　国外铝镁碳钢包衬砖的性能和应用情况

国　　　家	韩　国		美国	印度
砖　　　种	铝镁碳砖	镁铝碳砖	铝镁碳砖	铝镁碳砖
化学组成 $w/\%$				
Al_2O_3	62. 32	33. 60	81. 2	58. 8
MgO	5. 29	54. 99	4. 8	27. 4
C	7. 46	5. 94	5. 0	9. 5
显气孔率/%	5. 5	2. 5	10. 7	3. 9
体积密度/$g \cdot cm^{-3}$	3. 15	3. 12	2. 95	3. 0
常温耐压强度/MPa	56. 7	77. 0	80. 0	
抗折强度/MPa			9. 0(1400℃)	23. 0
应　　用	100t ASEA – SKF 钢包非渣线处，侵蚀 3. 43mm/次（渣线:镁碳砖）	100t ASEA – SKF 钢包非渣线处，侵蚀 3. 13mm/次	90t 电炉钢包，DH 脱气，LF 寿命 38 次	300t 转炉，LF，连铸，钢包非渣线处，寿命 30 ~ 40 次（渣线:镁碳砖）

能和应用情况[96~98]，图3-100示出了美国90t精炼钢包的铝镁碳砖内衬的结构[99]。

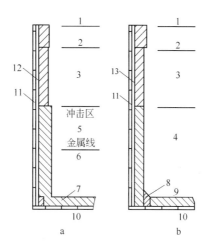

图3-100 美国90t精炼钢包耐火材料内衬结构

a—原普通内衬；b—改进后内衬

1—90% Al_2O_3 捣打料；2—镁碳砖（150mm）；3—镁碳砖（130mm）；4—铝镁碳砖（150mm）；5—白云石砖（178mm，冲击垫）；6—白云石砖（130mm，金属线）；7—白云石砖（130mm，包底）；8—85% Al_2O_3 捣打料；9—铝镁碳砖（130mm，包底）；10—优质黏土砖（50mm，包底、永久衬）；11—优质黏土砖（51mm，侧墙）；12—高铝质黏土填充料（25mm）；13—高铝质黏土填充料（19mm）

C 铝镁碳砖钢包内衬应用广泛使用效果好的原因

（1）铝镁碳砖系由高铝熟料＋镁砂＋石墨＋抗氧化剂＋酚醛树脂结合剂的混合料压制而成的不烧复合耐火制品。如图3-101的显微结构照片所示，铝镁碳砖经受高温后，基质内部分 Al_2O_3 - MgO 物料反应生成铝镁尖晶石，矾土熟料颗粒与基质结合紧密，但 Al_2O_3 - MgO 物料与石墨各自保持相对独立的状态，使铝镁质材料和炭素材料的优良特性综合于一体，赋予铝镁碳砖耐火度高，抗侵蚀性能好，抗热震和抗结构剥落等优良性能。由于铝镁碳砖采用我国盛产的优质天然原料生产，使它在性价比方

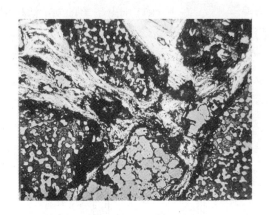

图 3 - 101   埋碳 1600℃烧后的铝镁碳试样的显微照片（95 × 反光）

矾土熟料粗颗粒与基质结合紧密，基质内主要为
粒度较小的尖晶石，均匀分布着片状石墨（细长白色物）

面具有明显优势。

（2）铝镁碳砖中的 Al_2O_3 - MgO 混合料在 Al_2O_3 - MgO - SiO_2 系三元相图中的位置和相关系及特性示于图 3 - 102 和表 3 - 61[90]。图中 E 点可简单地代表含 Al_2O_3 为 85% 的高铝矾土熟料，F 点为含 MgO 95% 的镁砂，由此两种原料以不同比例配制的 Al_2O_3 - MgO 混合料的组成点则落在 EF 连线上。铝镁碳砖的 Al_2O_3 - MgO 混合料的组成通常都落在高熔点抗侵蚀的 $MA(MgO \cdot Al_2O_3)$ - M_2S（$2MgO \cdot SiO_2$）- M 组成三角形的尖晶石初晶区内，如点 A，出现液相温度高达 1710℃。在高温使用时，砖中的部分 Al_2O_3 和 MgO 反应生成抗侵蚀耐高温的铝镁尖晶石，并伴有体积膨胀，结果可使内衬砖缝缩小，内衬变得紧密，有利于提高砖的抗侵蚀性能。

（3）Al_2O_3 - MgO 混合料中加入石墨和以酚醛树脂作结合剂形成碳结合，石墨的导热性高，热膨胀系数小，弹性模量小和对炉渣不润湿，可提高材料的热稳定性能，阻止炉渣浸透和防止结构剥落。

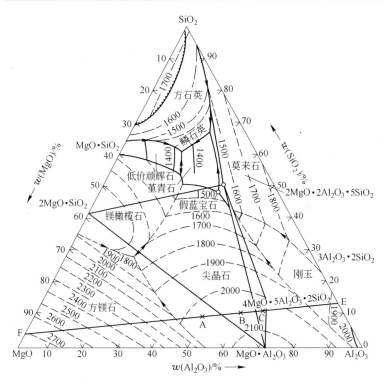

图 3-102 铝镁碳砖中的 Al_2O_3 - MgO 混合料在 Al_2O_3 - MgO - SiO_2 系
三元相图中的位置和相关系

表 3-61 图 3-102 中的 A、B、C 三个组成点的相关系和特性

组成点	所处组成三角形	无变量点温度/℃
A	MA - M_2S - M	1710
B	MA - $M_2A_2S_5$ - M_2S	1370
C	MA - $M_4A_5S_2$ - $M_2A_2S_5$	1480

注：M - MgO；MA - MgO·Al_2O_3；M_2S - 2MgO·SiO_2；$M_2A_2S_5$ - 2MgO·2Al_2O_3·
5SiO_2；$M_4A_5S_2$ - 4MgO·5Al_2O_3·2SiO_2。

图 3-103 为抗渣侵蚀试验后的铝镁碳砖的显微组织结构照
片，反应界面之后无液相炉渣侵入，可以看到被还原的金属球粒

（照片中上部孤独分散的亮白点）。矾土熟料的边缘出现许多镁铝尖晶石，炉渣与基质反应微弱，生成少量的细小针状 $CaO \cdot 6Al_2O_3$（照片下部），显示出具有很强的抗渣侵蚀特性。图 3 - 104 为钢包内衬使用后的铝镁碳残砖的电子显微镜照片，可以看到基质部分的尖晶石发育良好，对提高耐火砖的抗侵蚀性能十分有利。

图 3 - 103　抗渣侵蚀试验后的铝镁碳砖试样的显微结构照片
（280 × 反光）

图 3 - 104　铝镁碳砖残砖的电子显微镜照片

D 铝镁碳砖钢包内衬的蚀损

铝镁碳砖钢包内衬使用时呈熔损型侵蚀特征，用后钢包内衬表面光洁，无炉渣粘结，容易清理。铝镁碳砖的蚀损始于工作面表层的碳被氧化。碳被氧化损失后，炉渣随之侵入，与脱碳后的 $Al_2O_3 - MgO$ 料反应，生成低熔物而被熔损。提高 $Al_2O_3 - MgO$ 混合料的 MgO 含量有利于提高铝镁碳砖的抗侵蚀性能，但若砖中 Al_2O_3 与 MgO 生成尖晶石的反应过分激烈，产生过大的体积膨胀可使砖的表层内形成裂纹，加速炉渣侵蚀作用。在配料中加入合成尖晶石原料，则可提高含量 MgO，并抑制原位 $Al_2O_3 - MgO$ 反应生成尖晶石的体积膨胀效应，避免裂纹形成。

3.10.3.2 白云石砖钢包内衬[100]

白云石质耐火材料具有热力学上稳定，对钢液的净化作用有利，环境污染少，价格便宜等优点，在西欧被广泛用作钢包内衬用耐火材料。图 3-105 示出了德国精炼钢包内衬耐火材料随连铸和炉外精炼发展的变化情况，钢包内衬向白云石耐火材料发展，80% 以上的钢包采用白云石砖内衬。图 3-106 示出了典型的白云石砖钢包内衬耐火材料结构，包壁渣线部位使用镁碳砖，

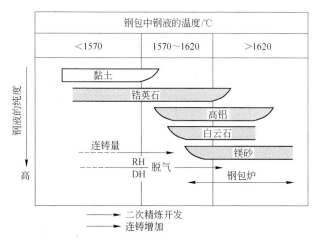

图 3-105 德国精炼钢包内衬的使用条件与耐火材料的变化

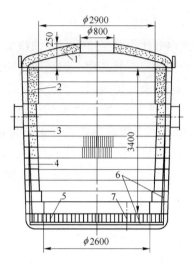

图 3 - 106   德国典型的钢包耐火材料内衬

1—耐火纤维；2—镁碳砖；3—白云石砖；4—隔热层；5—高铝砖
（Al_2O_3 含量大于 60%）或白云石砖；6—安全衬；7—滑动水口

其余部位使用白云石砖。内衬使用寿命随冶金条件不同，波动较大，一般为 10~60 次。表 3 - 62 列出了钢包用白云石砖和镁碳砖的性能。

表 3 - 62   钢包用白云石砖和镁碳砖的性能

使用部位	包壁非渣线处 包底冲击区	渣线	
耐火材料	白云石砖	低碳镁碳砖	高碳镁碳砖
化学组成 $w/\%$			
MgO	40.4	96.5	96.2
C（1000℃炭化后）	3.0	6.0	13.0
显气孔率（1000℃炭化后）/%	14.0	12.5	12.5
体积密度（烘烤后）/g·cm^{-3}	2.92	2.97	2.90
热导率（800℃）/W·(m·K)$^{-1}$	2.8	5.0	11.0

3.10.3.3　铝镁尖晶石浇注料钢包内衬

铝镁尖晶石浇注料是为适应洁净钢的生产需要、减轻内衬施工的劳动强度和提高施工效率而开发的钢包内衬用新型不定形耐火材料。从使用的主要原材料看，铝镁尖晶石浇注料有两种类型：高纯刚玉—铝镁尖晶石浇注料和天然矾土基铝镁尖晶石浇注料。前者起源于日本，为国内外大型钢包内衬材料的主流之一；后者为我国立足于本国资源开发的适应中小型钢包的内衬耐火材料。

高纯刚玉—尖晶石浇注料采用高纯原料配制，以纯铝酸钙水泥结合。主要原料的化学组成列于表 3 – 63[101]，配料的组成点落在 Al_2O_3 – MgO – CaO 三元系相图 1600℃ 等温截面全固相 Al_2O_3 – MA – CA_6 或 MA – CA_6 – CA_2 区内（图 3 – 107[102]），无变量点温度分别为 1800℃ 和 1700℃。因此，高纯刚玉尖晶石浇注料具有优良的耐火性能，抗熔损性能和抗渣渗透性能。图 3 – 108 示出了尖晶石加入量对浇注料的抗炉渣的侵蚀和渗透性的影响[103]，尖晶石加入量在 10% ~30% 时，浇注料的性能最佳。表 3 – 64 列出了我国和日本的高纯刚玉 – 尖晶石浇注料的理化性能[101,104]。

表 3 – 63　高纯刚玉 – 尖晶石浇注料用原料的化学组成

原料名称	电熔刚玉	板状刚玉	尖晶石	电熔镁砂	铝酸钙水泥	硅微粉
化学组成 w/%						
SiO_2		≤0.06	0.07	2.85	微量	89.29
Al_2O_3	98.71	≥99.4	90	0.12	75.08	0.97
Fe_2O_3	0.15	≤0.031	0.07	0.83	0.35	0.14
CaO		≤0.081	0.14	0.57	17.64	0.11
MgO			9.5	96.99	1.78	0.27
K_2O						0.26
Na_2O	0.44	≤0.4	0.15			0.09
灼减					1.08	

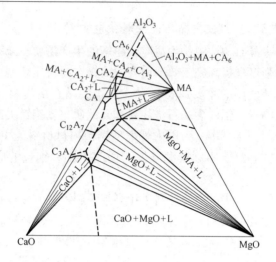

图 3 - 107　Al₂O₃ - MgO - CaO 系 1600℃等温截面图

（中间虚线为 1600℃全液相区）

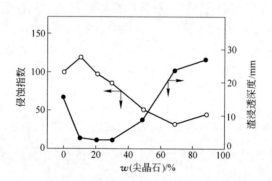

图 3 - 108　尖晶石的加入量对浇注料的抗渣侵蚀性和浸透深度的影响

　　图 3 - 109 示出了宝钢 300t 钢包的刚玉 - 尖晶石浇注料钢包内衬结构[105]，包壁渣线部位需使用抗侵蚀性能更好的镁碳砖。浇注钢种以铝镇静钢和铝硅镇静钢为主，连铸比约为 70%，出钢平均温度 1650℃，钢包平均温度 1610℃，钢水平均滞留时间为 120min，精炼处理方式有：RH，CAS，KIP 等，钢包平均寿命达 262 次，吨钢耐火材料消耗仅为砖砌钢包的 70%[105]。

表3-64　钢包用刚玉-尖晶石浇注料的理化性能

工　厂	中国宝钢300t钢包	日本福山制铁所250t钢包	
		浇注料	预制块
化学组成 w/%			
Al_2O_3		91	91
MgO	约4	6	6
显气孔率/%			
110℃，24h	16	13.5	13.2
1500℃，3h	21		
体积密度/g·cm^{-3}			
110℃，24h	3.02	3.1	3.1
1500℃，24h	2.93		
常温耐压强度/MPa			
110℃，24h，冷后	34.8	39.2	37.8
1500℃，3h，冷后	53.3		
常温抗折强度/MPa			
110℃，24h，冷后	4.04		
1500℃，3h，冷后	10.33		
线变化率/%			
1500℃，3h	0.05		

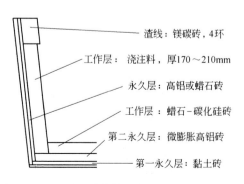

渣线：镁碳砖，4环
工作层：浇注料，厚170~210mm
永久层：高铝或蜡石砖
工作层：蜡石-碳化硅砖
第二永久层：微膨胀高铝砖
第一永久层：黏土砖

图3-109　刚玉-尖晶石浇注料钢包内衬结构

在矾土基铝镁尖晶石浇注料中，矾土—尖晶石原料本身含 SiO_2 5% ~ 10%，不宜采用铝酸钙水泥作结合剂，因为引入 CaO 将使无变量点温度大大降低。矾土基铝镁尖晶石浇注料采用 SiO_2 微粉作结合剂，它与 MgO 和 H_2O 作用产生 M – S – H 凝聚结合，随着温度升高，SiO_2 与 MgO 反应生成高熔点相 M_2S，有利于提高浇注料的高温性能和抗渣性。表 3 – 65 列出了矾土基铝镁尖晶石浇注料用主要原材料组成和作用[106]，配料组成点位于 $MgO – Al_2O_3 – SiO_2$ 系统相图的 $MgO – MgO·Al_2O_3 – 2MgO·SiO_2$ 三角形内，如 AM – 1、AM – 2 和 AM – 3 点（图 3 – 110[107]）。矾土基铝镁尖晶石浇注料的性能列于表 3 – 66。在中小型钢包中使用时，内衬寿命为 70 ~ 140 炉次（表 3 – 67）。

表 3 – 65　矾土基铝镁尖晶石浇注料用原料的性能和作用

原　料	特级矾土	尖晶石	烧结镁砂	SiO_2 微粉
化学组成 $w/\%$				
Al_2O_3	85.68	59.51	0.98	0.62
SiO_2	8.18	3.16	2.36	92.10
Fe_2O_3	0.92	1.52	1.00	1.58
MgO	0.51	32.14	93.74	
CaO	0.31	1.00	1.44	0.41
TiO_2	3.60	2.70		
K_2O	0.20	0.01		
Na_2O	0.04	0.02		0.35
体积密度/$g·cm^{-3}$	≥3.10	≥3.15	≥3.20	
吸水率/%	≤3	≤3		
主晶相	$\alpha – Al_2O_3$ $A_3S_2$①	MA②, M_2S③	MgO	
应　用	骨料和细粉	细颗粒和细粉	细粉	结合剂

① A_3S_2—$3Al_2O_3·2SiO_2$（莫来石）；② MA—$MgO·Al_2O_3$（镁铝尖晶石）；③ M_2S—$2MgO·SiO_2$（镁橄榄石）。

表3-66 矾土基铝镁尖晶石钢包浇注料的性能

铝镁浇注料	AM-1	AM-2	AM-3
化学组成 w/%			
Al_2O_3	72.0	70.0	69.4
MgO	13.0	14.6	16.1
SiO_2	9.6	9.4	9.1
体积密度/g·cm^{-3}			
110℃,24h(1550℃,3h)	2.99(2.95)	2.98(2.97)	2.99(2.95)
显气孔率/%			
110℃,24h(1550℃,3h)	15(7)	15(8)	15(10)
常温抗折强度/MPa			
110℃,24h(1550℃,3h),冷后	10.7(12.0)	13.4(16.1)	10.2(15.3)
常温耐压强度/MPa			
110℃,24h(1550℃,3h),冷后	68.4(91.9)	69.0(60.7)	70.7(67.6)
线变化率/%			
110℃,24h(1550℃,3h)	-0.1(+1.3)	-0.1(+1.2)	-0.1(+1.2)
荷重软化点/℃	1417	1441	1481
加水量/%	5.2	5.2	5.2

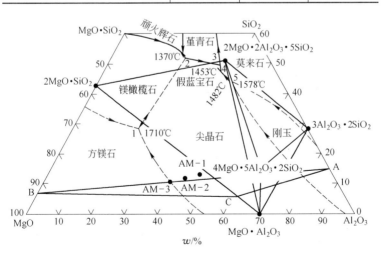

图3-110 矾土基铝镁尖晶石浇注料的配料组成在 MgO-Al_2O_3-SiO_2 系相图中的位置和相关系

表 3 – 67　矾土基铝镁尖晶石浇注料钢包内衬的应用情况

钢厂	钢包容量/t	使用条件			包衬厚度/mm 包壁渣线（包底）	内衬使用寿命/次
		连铸比/%	出钢温度/℃	处理方式		
A	12	>4	1650 ~ 1730	吹 Ar	约 120（180）	90
B	20	100	1670 ~ 1730	吹 N_2	110 ~ 130（300）	85
C	25	>90	1680 ~ 1730	吹 Ar	130 ~ 150（280）	94
D	30	>90	约 1710	吹 Ar	150 ~ 250（270）	114
E	50	>70	1680 ~ 1720	吹 Ar	约 180（280）	140
F	60	>85	约 1700	吹 Ar	约 200（350）	72
G	70	>40	1680 ~ 1710	吹 Ar + DH	95 ~ 135（200）	71

　　钢包内衬采用耐火浇注料的一大优点是可实现机械化施工，效率高，节省大量劳动力。图 3 – 111 示出了耐火浇注料钢包内衬的振动成型装置[108]。但钢包浇注料内衬的全部施工过程较长，通常为：先砌筑永久层砖，放入芯模浇注包壁工作层，浇注结束后养护 12h 脱模，再砌筑包底工作层及渣线砖，养护 24h 后再烘烤。由于施工后的浇注料内衬中含有较多的水分（6% ~ 7%），快速加热时产生的内部蒸汽压容易致使浇注料爆裂，故烘干应缓慢进行，300t 钢包从常温至 1000℃ 需 48 ~ 54h[105]。因

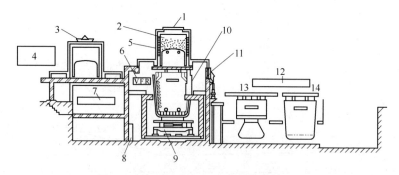

图 3 – 111　浇注料钢包内衬振动成型装置

1—盖板；2—料斗；3—剪袋机；4—耐火材料供料与预振；5—隔音罩；
6—振动成型室；7—操作室；8—隔音墙；9—钢包位置调节装置；10—模头；
11—隔音门；12—模型安装准备区；13—渣线修补模具；14—中修模具

此，浇注料钢包内衬的推广应用受到施工场地、设施和气候条件等因素的制约。另外一个问题是钢包内衬渣线部位仍需使用镁碳砖砌筑，钢包内衬不能完全实现不定形化，因而现在有许多研究试图开发渣线用高抗侵蚀的碱性浇注料，如宝钢开发研究的 $MgO - Al_2O_3 - SiC$ 浇注料[109]。

3.10.3.4 MgO-CaO-C 砖钢包内衬

在 LF 精炼钢包中，渣线部位常用镁碳砖砌筑，在精炼初期，炉渣的碱度低，镁碳砖中的 MgO 易被熔损。CaO 在高温下能固熔于方镁石（MgO）中，并可与 SiO_2 反应生成高温矿物 C_2S（$2CaO \cdot SiO_2$，硅酸二钙）和 C_3S（$3CaO \cdot SiO_2$，硅酸三钙），这有利于改进 MgO 与碳共存时的热力学稳定性和抗侵蚀性能。用电熔 MgO-CaO 砂与石墨制造的 MgO-CaO-C 砖具有抗侵蚀、抗渣渗透和不剥落掉片等特性，适用于 LF 精炼钢包内衬的渣线。

图 3-112 示出了天津钢管公司 150t LF-VD 精炼钢包包壁

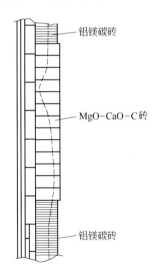

铝镁碳砖

MgO-CaO-C砖

铝镁碳砖

图 3-112　150t LF-VD 精炼钢包包壁内衬耐火材料
（虚线为停炉时衬砖的侵蚀曲线）

内衬耐火材料结构和使用后的内衬侵蚀曲线[2]。MgO – CaO – C 砖砌于内衬渣线处，平均使用寿命 20 次，与钢包内衬的铝镁碳砖的使用寿命同步。表 3 – 68 列出了中国和日本的 MgO – CaO – C 砖的性能[2,110]。

表 3 – 68　MgO – CaO – C 砖的性能

产　　地	中　　国	日　　本
配料主要成分	电熔高钙镁砂 + 石墨	镁砂 + 电熔镁钙砂 + 石墨
化学组成 $w/\%$		
MgO	82.38	
CaO	5.29	5 ~ 10
C		10
灼减	9.91	
显气孔率/%	1.70	5.9 ~ 6.3
体积密度/$g \cdot cm^{-3}$	3.12	3.10 ~ 3.17
常温耐压强度/MPa	33.6	41.7 ~ 48.0
常温抗折强度/MPa	17.8	
荷重软化点/℃	>1700	

参 考 文 献

[1] Banneberg N. 清净钢生产のための耐火物への要求 [J]. 耐火物, 1996, 48 (5)：234 ~ 251

[2] 王庆贤, 于平. 高钙电熔镁砂 - 石墨砖的制造及其在 150t LF – VD 精炼炉渣线上的应用 [C]. 第三届国际耐火材料学术会议论文集 (中文版), 北京, 1998：132 ~ 135

[3] 原 贞夫. 取锅精炼用耐火物の原单位向上 [J]. 耐火物, 1982, 34 (6)：351 ~ 353

[4] 森本忠志, 針田彬, 鈴木孝夫, ほか. [パネル – AE 法] によるRH 脱がス耐火物の最适设计について [J]. 耐火物, 1980, 32 (4)：207 ~ 211

[5] Williams P, Dawson P, Lytle T. W. Further Development in the Introduction of Basic

Refractories into Teeming and Secondary Steel-making Ladles ［C］. The Second International Conference on Refractories. Tokyo, Japan, 1987: 307~321

[6] 冯嘉荣, 杜衍海, 苏秋英. VOD 精炼炉用后镁铬砖中尖晶石的变化 ［J］. 耐火材料, 1993, 27 (4): 189~193

[7] 寺牛唯夫, 山木 敦. VOD 侧壁用不烧成マグネシア-ドロマイト-か-ボンれんが ［J］. 耐火物. 1996, 48 (1): 29~34

[8] 古海宏一, 八木琢夫. 炉外精炼用盐基性耐火物 ［J］. 耐火物, 1978, 30 (1): 38~45

[9] 陈肇友, 吴学贞, 叶方保. MgO－CaO 和镁铬耐火材料在炉外精炼渣中的溶解动力学 ［G］. 见: 蒋明学, 李 勇编. 陈肇友耐火材料文集. 北京: 冶金工业出版社, 1998: 214~237

[10] 中国冶金百科全书—耐火材料 ［M］. 北京: 冶金工业出版社, 1997: 228~232

[11] 李红霞主编. 耐火材料手册 ［M］. 北京: 冶金工业出版社, 2007: 16

[12] Nagai B, Uto S. Refractories for RH Degassing Vessels ［J］. Taikabutsu Overseas, 1987, 7 (4): 29~36

[13] 渡边芳昭, 佐佐木宪一, 加藤仁. 炉外精炼用盐基性耐火物とその应用 ［J］. 耐火物, 1984, 36 (2): 109~111

[14] 玉木健之. 二次精炼炉にぉける マグクロれんがの损伤 ［J］. 耐火物, 1992, 44 (4): 226~237

[15] Barthel H, Kassegger F, Soucek F. The Use of Magnesia Chromite Refractories Made from Sintered Co-Clinker in Secondary Steelmaking and Open Hearth Furnaces ［C］. Proceedings of International Symposium on Refractories. Hangzhou, China, 1988: 489~503

[16] 师昌绪主编. 材料大辞典 ［M］. 北京: 化学工业出版社, 1994: 662

[17] 蒋明学, 石干, 陈肇友. MgO－CaO－C 系材料在高温真空下的行为 ［J］. 耐火材料, 1989, 23 (6), 1~3, 9

[18] 陈肇友. 从相图剖析炉外精炼渣对 MgO－CaO 系耐火材料的侵蚀 ［G］. 见: 蒋明学, 李 勇编. 陈肇友耐火材料文集. 北京: 冶金工业出版社, 1998: 202~213

[19] 伊东克则, 中村良介, 小形昌德, ほか. VOD 炉用耐火物 ［J］. 品川技报, 1998, (41): 81~90

[20] 石干, 孙庚辰, 钟香崇. MgO－CaO－C 系耐火材料的高温力学性能 ［J］. 耐火材料, 1989, 3 (3): 1~4

[21] 能安隆, 野电能和, 成田雄司, ほか. 低カ-ボン系 MgO-Cれんがの开发 ［J］. 耐火物, 2002, 54 (1): 19~21

[22] 彭小艳, 李林, 彭达岩, 等. 低碳镁碳砖及其研究进展 ［J］. 耐火材料,

2003, 37 (6)：355~357

[23] 王诚训. MgO - C质耐火材料 [M]. 北京：冶金工业出版社, 1995：35

[24] 张文杰, 李楠主编. 碳复合耐火材料 [M]. 北京：科学出版社, 1990：175

[25] 雨宫义英, 小松英雄, 行绳次夫. LF用耐火物の改良について [J]. 耐火物, 1985, 37 (7)：393~396

[26] 林东, 白长柱, 毛晓刚, 等. 低碳钢包工作衬砖在本钢炼钢厂的应用 [J]. 耐火材料, 2005, 39 (4)：319~320

[27] 袁公权, 杨林, 刘兴平, 等. 大型连铸盛钢桶用富铝尖晶石碳砖的研制与应用 [G]. 见：李庭寿, 孙险峰, 张用宾编. 耐火材料科技进展. 北京：冶金工业出版社, 1997：258~266

[28] 马林, 刘民生, 徐维忠. 连铸钢包用 $MgO - Al_2O_3 - C$ 砖的开发与应用 [J]. 耐火材料, 1995, 29 (1)：27~28

[29] 溱邦夫, 西原健, 田中良典. $Al_2O_3 - MgO - C$ れんがの開発 [J]. 品川技报, 1990, (33)：163~170

[30] 陈肇友. RH精炼炉用耐火材料及提高其寿命的途径 [J]. 耐火材料. 2009, 43 (2)：81~95

[31] 闵宗远. RH循环脱气真空系统工作简析 [J]. 宝钢技术, 1993, (3)：18~22, 59

[32] 尾关昭关, 田边治良. RH脱ガス用耐火物について [J]. 耐火物, 1978, 30 (8)：492~496

[33] Nameishi N, Tabatan A, Kiriu Y. Improvement of Refractories to Cope with Development of RH Degassing Process [C]. Steel Making Conference Proceedings, 1979, 62：254~260

[34] 施园芬, 华达文. 镁铬质浸渍管砖在宝钢300t RH炉上的使用 [J]. 耐火材料, 1991：25 (5)：276~278

[35] 陈人品, 陈明藻, 吴爱军. RH插入管用优质镁铬砖的开发 [J]. 耐火材料, 1997, 31 (5)：279~281

[36] 西尾英昭, 溱邦夫, 伊东克则, ほか. RH下部槽用耐火物の開発 [J]. 品川技报, 1990, (33)：151~162

[37] Forbes M. C, Miglani S. Refractory Design and Experience in RH Vacuum Degassing at Bethlehem Steel Bar, Roll and Wire Division [C]. Electric Furnace Conference Proceedings. 1998, 36：345~356

[38] Mosser J, Buchebner G, Dösinger K. New High-Quality $MgO-Cr_2O_3$ Bricks and Cr-Free Alternatives for the Lining of RH/DH Vessels. [J]. Veitsch-Radex Rurdschen, 1997, (1)：11~23

[39] Nakamura R, Ogata M, Suto M. Wear Mechanism of Magnesia - Chrome Bricks in the

RH Degasser under OTB Operation [J]. Shinagawa Technical Report, 1977, 40: 1 ~ 12

[40] 笹岛康，川本英司. 酸素吹きみRH装置におけるマグネシア-クロムれんが损伤机构 [J]. 耐火物，1988，40 (7)：451~456

[41] 原田茂美，麻生诚二，佑成史郎，ほか. RH真空脱气ガス装置用热间补修法の改善 [J]. 耐火物，1996，48 (11)：629

[42] 张耀璜，姚全甫，华达文. RH真空精炼炉浸渍管用热喷补料的研制 [J]. 宝钢技术，1995，(3)：31~35

[43] 戴云阁，李文秀，龙腾春. 现代转炉炼钢 [M]. 沈阳：东北大学出版社，1998：163

[44] Taki N, Yamata Y, Amano M, et al. Improvement of Refractories for Snokei in CAS – OB [C]. Proceedings of UNITECR, Osaka, Japan, 2003：126~129

[45] 刘兴平，何慧清，孙险峰. CAB – OB 浸渍管用刚玉–尖晶石浇注料 [C]. 第三届国际耐火材料学术会议论文集（中文版）. 北京，1998：149~151

[46] 袁政和. 鞍钢耐火材料应用的现状与发展 [C]. 第三届国际耐火材料学术会议论文集（中文版），中国，北京，1998：169~174

[47] 袁海燕. AHF 精炼用浸渍罩预制块的研制与应用 [J]. 耐火材料，2003，37 (3)：180

[48] 刘景林. 炉外精炼用耐火材料 [J]. 耐火材料，1984，(4)：45~50

[49] 王庆贤，李庆伟. 无水树脂结合不烧全电熔镁白云石砖的生产及其在 AOD 精炼炉的应用 [G]. 见：王泽田，储岩编. 耐火材料技术与发展，第二集. 北京：冶金工业出版社，1995：153~159

[50] 杉田宏，八木重器. AOD炉における耐火物の使用结果について [J]. 耐火物，1978，30 (3)：162~167

[51] 林育炼. 炉外精炼用白云石质耐火材料 [J]. 耐火材料，1984：(1)：49~53，21

[52] 张兴业. 我国 MgO – CaO 系耐火材料在钢铁工业中的应用 [J]. 耐火材料，1996，30 (6)：355~358

[53] 张朝霞，王建昌. 太钢 AOD 炉衬长寿技术 [J]. 耐火材料，2006，40 (5) 376~378

[54] 王贵平，范红军. 太钢 AOD 炉龄的提高措施 [J]. 耐火材料，2006，40 (2)：148~149

[55] 姜茂华. 不锈钢冶炼用镁钙质耐火制品的国内生产与使用现状 [J]. 耐火材料，2003，37 (2)：111~114

[56] 林育炼，陈人品. 氩氧炉造渣的改进与耐火材料的发展 [C]. 1980 年中国金属学会炼钢学术年会炼钢论文集. 武汉，1980：173~178

[57] 姜茂华, 蔡磁, 李安东, 等. 影响宝钢 AOD 炉龄的因素和对策探讨 [J]. 耐火材料, 2007: 41 (5): 377~379

[58] 浅野 贞. Steelmaking Refractories in Japan—Now and Future— [J]. 品川技报, 1990, (33): 60~69

[59] 山村 隆, 溱 邦夫, 中村良介. AOD 炉羽口用高纯度マグクロれんがの开发 [J]. 品川技报, 1996, (39): 15~24

[60] Griffin D. J, Johson L D. Optimizing AOD Refractory Performance Throug Lining Design and Process Control [C]. Electric Furnace Conference Proceedings, 1996, 34: 443~451

[61] Unger K D, Krefeld E M. The Lining of the AOD Converters at Thyssen Edelsalhwerke in Krefeld [J]. Stahl U. Eisen, 1980, 100 (16): 898~900

[62] Kaufman J. W, Aguire C. E. Refractory Wear by Transfer, Decarburization, and Reduction Slags in the AOD Process [C]. Electric Furnace Conference Proceedings, 1977, 35: 74~79

[63] 日本铁钢协会. 溶铁溶渣の物性值便览 [M]. 溶钢溶渣部会报告. 1971: 62

[64] Bardenheuer F, Ende H, Solmecke R. Reduction of Slag Attack on the Refractory Linings of Top-blowing Oxygen Converters [J]. Archive für das Eisenhüt Tenwesen, 1973, 44 (6): 451~455

[65] 戎宋义, 路仆, 郁善庆. 译校. 工业炉手册 [M]. 北京: 冶金工业出版社, 1989: 137

[66] 陈人品. 真空氩氧炉炉外精炼用耐火材料与渣侵蚀机理 [J]. 耐火材料, 1982, (1): 50~54, 65

[67] 徐国华, 鲁长贵, 孙炯. 白云石砖在 30t VOD 钢包上的应用 [J]. 耐火材料, 1996, 30 (4): 242~243

[68] 桔克 彦, 石井 彰, 森 肇. VAD 及 VOD 取锅耐火物の使用状况 [J]. 耐火物, 1983, 35 (7): 398~402

[69] 宋永伦, 陈开献, 王延存. VOD 精炼炉用镁铬砖的研制与使用 [J]. 耐火材料, 1993, 27 (1): 30~32

[70] 冯嘉荣, 杜衍海, 苏秋英. VOD 精炼炉用镁铬砖中尖晶石的变化 [J]. 耐火材料, 1993, 27 (4): 189~193

[71] 木神澄生, 石松宏之, 松井泰次郎. VOD 锅不定形化技术の开发 [J]. 耐火物, 1995, 47 (10): 499~500

[72] Siegen Z H, Walter M. Lining of Ladles for Vacuum Refining of High-chromium Melts Produced Using the VOD Process [J]. Stahl und Eisen 1979, 99 (23): 1318~1321

[73] Stenger J. F, Mathieu J. J, Ruer M. Development of a new dolomite based refractory

for the production of stainless steel through the VOD process [C]. Proceedings of UNITECR'99, German, Berlin, 1999: 263~266

[74] 林育炼. 国外透气耐火材料的发展概况 [J]. 耐火材料, 1971, 增刊-1: 1~7

[75] Wang Huixian. Progress and Application of Purging Plugs for Secondary Refining. Proceedings of the 3rd International Workshop on Technology and Development of Refractories [C]. Luoyang, China, Oct. 2000: 121~132

[76] Radenthein B. G, Urmitz H. H. Application and Wear of Porous Plugs in Secondary Metallurgy [J]. Radex – Rundschau, 1985, (3): 581~610

[77] Sasaka I, Harada T, Shikano H, et al. Improvement of porous plug and bubbling upper nozzle for continuows casting [C]. Steelmaking Conference Proceeding, 1991, 74: 349~356

[78] 落合常己, 香春隆夫, 齐本五郎, ほか. ガス導入用特殊耐火物開発の応用 [J]. 耐火物, 1980, 32 (3): 179~182

[79] 刘开琪, 许胜西, 李林, 等. 复吹转炉炉底砌筑与使用分析 [J]. 耐火材料, 1999, 33 (4): 204~207

[80] 李再耕, 陶新霞. 喷射冶金用整体喷枪的研究 [J]. 耐火材料, 1984, 98 (6): 1~7

[81] 金大中, 陆连芳. 宝钢炉外处理的实践与发展 [J]. 炼钢, 1992, (2): 11

[82] 栗林章雄, 高桥忠明, 须藤新太郎, ほか. 溶钢脱硫 ランスパィプの改善经纬 について [J]. 耐火物, 1986, 38 (3): 219~222

[83] 户田增实, 京田 洋, 市川健治, ほか. 制铣制钢用ランスパィプの开发 [J]. 品川技报, 1983, (27): 35~48

[84] 吴金源. 宝钢耐材技术的进步 [J]. 宝钢技术, 1994, (4): 1

[85] 许长河, 陆连芳. KIP 喷枪浇注料的生产与使用 [J]. 耐火材料, 1994, 28 (3): 177

[86] Lin Yulian. Progress of Refractories for Ladle Linings With Changes of Service Conditions [C]. Proceedings of the 3rd International Workshop on Technology and Development of Refractories. Luoyang, China, Oct. 2000: 109~120

[87] 玉应雄一郎, 铃木启二, 前佛忠, ほか. LF 取锅耐火物の使用状况について [J]. 耐火物, 1981, 33 (12): 680~684

[88] Kaldo R. C, Ermy L. E. Impact of LF start up on ladle operating conditions, ladle refractory selection, refractory performance and cast in a steel converter shop [C]. Proceedings of UNITECR'93, Brazil, Sao Paulo: 1993: 1322~1330

[89] Lin Yulian, Li Qinghui, Zhang Yueming. Problems and strateges of refractories for Ladle Linings in Continuous Casting and Secondary Steel Making Process [J]. China's Refractories, 1998, 7 (3): 19~26

[90] 林育炼，李庆辉，张悦明. 连铸与炉外精炼钢包用铝镁碳砖的开发与应用 [G]. 见：王泽田，储岩编，耐火材料技术与发展，第二集，北京：北京冶金工业出版社，1995：145~152

[91] Xing Shouwei, Lin Yulian. Some New Development of Ladle Lining Refractories for Continuous Casting and Secondary Steelmaking Process in China [J]. Journal of Indian Refractory Makers Association, 1993, 26 (3): 11~16

[92] Wang Xizhang, Li Yongquan, Li Qinghui, et al. The use of Al_2O_3 - MgO - C bricks for 300 ton steel ladles [C]. Proceedings of the Second International Symposium on Refractories. China Beijing, 1992: 349~355

[93] 张春蓉. 武钢第二炼钢厂转炉钢包衬材料发展方向探讨 [J]. 武钢技术, 1996 (11): 40~47

[94] 马林，刘民生，徐维忠. 连铸钢包用 $MgO - Al_2O_3$ - C 砖的开发与应用 [J]. 耐火材料, 1995, 29 (1): 27~28

[95] 段秀花，裴尔刚，石凯. 盛钢桶用尖晶石炭砖的研制与应用 [J]. 耐火材料, 1996, 30 (3): 180~181

[96] Kyurghon, Byungmoo K, Dechun C. The development of MgO rich $MgO - Al_2O_3$ - C bricks for ladle metal line [C]. Proceedings of UNITERCR, Kyoto, Japan, 1997: 175~181

[97] Watanabe Y, Orr D. B, Sasaki K. Resin bonded alumina graphite brick with magnesia additions for ladles [C]. Electrical Furnace Conference Proceedings, 1991 29: 355~359

[98] Bhagiratha M, Sahoo N, Panda J D. Development and application of Al_2O_3 - MgO - C bricks in ladles of Indian steel plants [C]. Proceedings of UNITECR, Berlin, Germany, 1999: 299~300

[99] Miglani S, Uchno J. J. Resin bonded alumina-magnesia-carbon bricks for ladles [C]. Proceedings of UNITECR, Kyoto, Japan, 1997: 193~201

[100] Klages G, Kohau H, Koltermann M. State of the art of refractory linings for steel ladle in Germany [C]. Proceedings of UNITECR, Tokyo, Japan, 1989: 576~585.

[101] 汪锡章，崔键，张文杰，等. 大型连铸钢包用刚玉 - 尖晶石浇注料的研制与应用 [C]. 第三届国际耐火材料学术会议论文集（中文版），北京，1998：78~83

[102] 顾华志，汪厚植，张文杰，等. 矾土 - 尖晶石浇注料相平衡与材料组成及性能的关系 [J]. 耐火材料, 1998, 32 (1): 21~24

[103] 加藤久树，高桥达人，近藤恒雄，ほか. 取锅敷部へのアルミナ·スピネル质不定形材料の适用 [J]. 耐火物, 1995, 47 (8): 415~416

[104] 平贺纪幸，中西博昭，古野好克，ほか. 精炼用取锅耐火物の改善 [J]. 耐

火物, 1994, 46 (2): 67~72

[105] 邱文冬, 弁济宁, 陈金荣, 等. 宝钢 300t 钢包用国产浇注料的性能与应用 [J]. 耐火材料, 2001, 35 (6): 331~333

[106] Zhou Ningsheng, Zhang Shanhua, Chen zhiqiang, et al. Bauxite Based High Alumina-Spinel Castabls and their Application in Steel Ladles [C]. Proceedings of the Interrational Symposium on Refcactories, Haikou, China, 1996: 216~223

[107] 周宁生, 张三华, 崔天虹, 等. 矾土基高铝－尖晶石质钢包浇注料的研制和应用 [J]. 耐火材料, 1996, 30 (4): 207~211

[108] 山广实留, 秋原 武, 今井弘之. 溶钢锅の振动铸成型工法 (VF-L) につぃて [J]. 耐火物, 1981, 33 (6): 319~326

[109] 何平显, 陈荣荣, 甘菲芳, 等. 几种钢包用含碳耐火材料对 IF 钢增碳的比较 [J]. 耐火材料, 2005, 39 (4): 280~282

[110] 渡边 明, 高桥宏邦, 铃木嘉弘, ほか. LF スラグラィンへの MgO-CaO-Cれんがの适用性について [J]. 耐火物, 1986, 38 (3): 186~187

4 中间包冶金用耐火材料

4.1 中间包冶金与耐火材料

4.1.1 中间包冶金功能的转变与耐火材料的作用[1]

中间包位于连铸系统中的大钢包和结晶器之间,当初设置的目的是[2]:

(1) 减少钢水的静压头,避免静压很高的钢包钢水直接冲进结晶器。钢包钢水的静压头很高,50~300t 钢包的钢水高度可达 2~4m,中间包内的钢水高度一般小于 1m,因而可减少湍流和对结晶器内刚刚凝固的钢坯硬壳的冲刷。

(2) 稳定注入结晶器的钢水流股。浇注过程中,主钢包中的钢水高度逐渐下降,从开包至终结,变化幅度很大。中间包可保持钢水高度和静压稳定,从而可使注入结晶器的钢水液面保持恒定。

(3) 向多流并列配置的各连铸机组的结晶器分配钢水,同步进行连铸。

(4) 多炉连续连铸更换钢包时,中间包存留的钢水可以继续维持浇注。

显然,最初的中间包只不过是在连铸过程中起着缓冲钢水的过渡性容器。在这种中间包内,钢水的流动过程表现为一种自然状态下的流动方式 (图 4-1a)。在这种状态下,快速注入中间包内的钢水产生的湍流会冲破钢液面上的液态保护渣层,使钢水暴露在空气中被氧化,并将保护渣卷入钢水内,造成钢坯缺陷。同时,由于中间包内钢水流动紊乱和停留时间短,钢水中的夹杂物几乎没有上浮被保护渣吸收的机会。除此之外,湍流还会严重冲刷和侵蚀中间包耐火材料,并可将熔损的耐火材料碎片卷入钢水内形成新的夹杂污染。

随着对中间包内的钢水运动状态等冶金原理的研究不断深入和新型耐火材料的开发问世，在中间包内增设了挡流墙、堰坝等组合结构。如图4-1b所示，在中间包内增设了上下挡流堰坝后，从长水口冲入的湍急钢流受到拦阻，可避免钢水飞溅、卷入保护渣和钢流抄短路流进结晶器。由于中间包内的钢水流动状态得到控制，钢水的流动轨迹变得平稳，夹杂物有机会上浮并可被有效清除（表4-1[3]）。

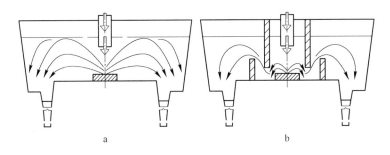

图4-1 中间包内钢水的不同流动状态
a—自然流动状态；b—控制流动状态

表4-1 中间包内钢水流动状态对钢坯夹杂物含量的影响

中间包内钢流状态	注速/t·min⁻¹	夹杂物未上浮率/%				
		25μm	50μm	75μm	100μm	150μm
自然流动	1.5	59	44	11	2	0
控制流动	1.5	59	33	2	0	0

除了上述控制钢水流动状态的挡流墙和堰坝外，为了进一步减少夹杂物颗粒和精炼钢水，中间包内不断增设了许多具有不同冶金功能的耐火材料器件，如缓冲器、过滤器、透气梁、等离子加热等装置。这样，在保留原有功能的基础上，中间包从连铸系统中单纯的钢水过渡盛器转变为具有多种精炼功能的精炼装置，成为洁净钢生产中的重要技术之一。

4.1.2　中间包精炼装置与功能耐火材料

　　图 4 – 2 示出了具有多种精炼功能的中间包精炼装置，所用功能耐火材料的作用列于表 4 – 2[4,5]。功能耐火材料为中间包精炼装置的重要元部件，在精炼过程中所起的主要作用归纳如下：

　　（1）置于中间包注流区的缓冲器，包内设置的挡流堰墙结构，可以减弱钢水的湍流，增大钢水流动轨迹，有利于夹杂物的上浮。

　　（2）安装在挡流堰墙上的钢水过滤器，可以分离钢水中的夹杂物，有效减少夹杂物的数量和颗粒尺寸，并可使流出过滤器的钢水变得更加平稳。

　　（3）通过装在中间包底部的透气砖元件，可向钢水中吹入氩气，气泡上升促使夹杂物上浮。

　　（4）中间包内衬表面采用钙质涂料，不但不会造成对钢水的氧化物污染，反而能够吸附钢水的夹杂物，具有净化钢水的作用。

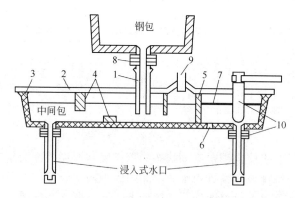

图 4 – 2　中间包精炼装置和耐火材料的应用

1—长水口 + 氩气；2—密封盖；3—中间包内衬；4—挡流堰；5—挡流堰 + 钢水过滤器；6—透气砖 + 氩气；7—覆盖保护渣层；8—滑动水口 + 炉渣流出检测器；9—加热装置；10—整体塞棒 + 滑动水口 + 炉渣流出探测器

（5）采用可以吸附 Al_2O_3 夹杂物的新型中间包覆盖保护渣，并可同时保护钢水免遭再氧化。

（6）装设加热装置，保持钢水温度恒定，防止浇注后期的钢水温度大幅度下降，从而可减少因钢水温度下降所带来的不利影响。

表 4 - 2　精炼中间包中的功能耐火材料

序号	材料名称	功　　能
1	中间包钙质涂料	保护包衬，吸收钢水中夹杂物
2	冲击垫，缓冲器	承受和缓冲钢流冲击，改变钢流运动方向
3	挡流堰墙	分离钢渣，调控稳定钢流，促进夹杂物上浮分离
4	钢水过滤器	捕集清除钢水中的固态夹杂物
5	透气砖，透气梁	向钢水吹入氩气，助推夹杂物上浮分离
6	导电镁碳砖	等离子加热导电砖
7	覆盖保护粉/渣	保温，阻隔空气接触钢水，吸收钢水夹杂物

4.2　中间包精炼用耐火材料的技术基础

4.2.1　中间包耐火材料的工作环境

中间包为连铸系统的一个组成部分，耐火材料的工作环境和相关技术参数参见表 4 - 3[6~11]。尽管中间包的容量和结构随炼钢厂和连铸机的不同而有较大差异，但它们的耐火材料的工作条件大体相似，都要遭受 1530 ~ 1580℃ 的高温钢水的冲刷，长达 300 ~ 600min 的长时间钢流浸泡和磨损，以及中间包覆盖保护渣的侵蚀作用。中间包保护渣的熔化温度低，对中间包内的耐火材料具有较强的侵蚀作用。为了提高中间包覆盖保护渣吸收夹杂物的能力，在洁净钢生产中，中间包保护渣趋向于使用高碱度保护渣，高碱度保护渣对中间包耐火材料的化学侵蚀作用很严重。

表 4 – 3   连铸系统耐火材料的工作环境

工 厂	宝钢	江苏淮钢	日本神户制钢	日本新日铁
炼钢炉	300t 转炉	70t 超高功率电炉		
钢包容量/t	300	70	90	185
钢包精炼方法	KR – CAS RH	LF	ASEA – SKF	
连铸机 注速/m·min⁻¹	立弯 2 流,板坯 0.9	4 流	立弯 2 流	弧形 2 流板坯 1.0 ~ 1.4
中间包容量/t 液面高度/mm 钢水温度/℃ 覆盖保护粉/渣	60 1540 ~ 1590 中间包:炭化稻壳 + 超低碳保护渣	15 600 1520 ~ 1580	18 1530 ~ 1570 结晶器:CaO/SiO₂ 0.8 ~ 1.25 熔化温度 940 ~ 1100℃,黏度 0.1 ~ 0.5Pa·s(1300℃)	65 15 ~ 35 (过热度)
浇注时间/min	300	60 ~ 70/炉次	50 ~ 60/炉次	
钢种	低碳镇静钢	60Si·2Mn		超低碳加 Ti 铝镇静钢
连铸炉次	5 ~ 6	6	4	4 次后更换水口

4.2.2   洁净钢生产对中间包耐火材料的基本要求

图 4 – 3 示出了钢水从钢包经长水口流进中间包至从浸入式水口流出的钢水流动状态,钢水中夹杂物的形成和灭失过程[12],说明如下:

(1)外界渗透的空气可使钢水中的 Al 氧化,并形成新的 Al_2O_3 夹杂物。

(2)钢流冲击中间包保护渣并被卷入钢流,可造成钢坯夹渣;钢流中的 Al、Mn 与耐火材料中的 SiO_2 发生氧化还原反应,产生新的 Al_2O_3 夹杂物。

（3）耐火材料遭受钢流的磨损侵蚀，熔损产物被卷入钢水形成新的夹杂物。

（4）钢水运动，可促进夹杂物上浮并被保护渣吸收。

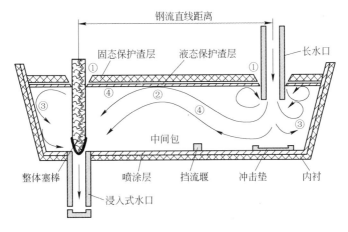

图4-3 中间包内的钢水流动状态与夹杂物的形成和灭失情况
①—空气渗透诱发再氧化；②—钢流冲击保护渣和加剧对耐火材料的侵蚀反应；
③—钢流磨损侵蚀耐火材料；④—钢流运动带动夹杂物上浮

由此可见，从钢包流入中间包的洁净钢水不但可被渗入的空气再氧化，耐火材料也可成为钢水发生再氧化的氧源，并且中间包耐火材料的熔损产物落入钢水也成为非金属夹杂物的新的重要源头，使钢水遭受再度污染。尽管中间包钢流中的夹杂物还有可能上浮和被覆盖保护渣吸收而得到净化，但毕竟位于临近炼钢终点，如再有新的夹杂物产生，就难有再被清除的机会。由此便可得出，生产洁净钢的中间包耐火材料须具备下述两个基本条件：

第一，能耐受高温钢水和熔渣的长时间浸泡和熔蚀作用。

第二，对钢水的污染应尽可能减少，最好不污染钢水，还能有利于钢水的净化。

4.2.3 中间包耐火材料与钢水的氧含量[12]

在平衡状态下，耐火氧化物的溶解或分解造成钢水增氧

（再氧化）的作用可用下列方程式表示：

$$M_xO_{y(s)} \Longrightarrow x[M] + y[O] \qquad (4-1)$$

式中，M 与 O 分别表示金属氧化物溶解于钢水中的金属元素和氧，加 [ ] 表示在钢水中浓度，(s) 表示固态。例如，在用硅质耐火材料内衬时，上述平衡关系可写成：

$$SiO_{2(s)} \Longrightarrow [Si] + 2[O] \qquad (4-2)$$

复合耐火氧化物是常见的耐火矿物，如莫来石（$3Al_2O_3 \cdot 2SiO_2$），分解反应：

$$3Al_2O_3 \cdot 2SiO_2 \Longrightarrow 3Al_2O_{3(s)} + 2[Si] + 2[O]$$
$$\Downarrow$$
$$6[Al] + 9[O] \qquad (4-3)$$

对可能用于中间包的各种耐火材料对钢水的再氧化作用，库查（L. Kuchar）和哈基（J. Harkki）从热力学平衡理论计算做过理论评估。图 4-4 为纯耐火氧化物与钢水中平衡氧含量的关系，图中横坐标表示溶于钢水中的耐火氧化物的金属元素的含量。从氧化物溶进钢水中的氧越少，耐火氧化物的稳定就越高，

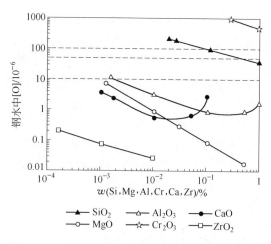

图 4-4　耐火氧化物与钢水中平衡氧含量的关系

（$T = 1550\text{℃}$）

对钢水的增氧污染作用就越小。由此可以评判耐火氧化物对钢水增氧危害作用的大小，按顺序排列如下：

$$Cr_2O_3 > SiO_2 > Al_2O_3 > MgO, \ CaO > ZrO_2$$

图 4-5 为下列复合耐火氧化物：$2MgO \cdot SiO_2$（镁橄榄石），$MgO \cdot Al_2O_3$（铝镁尖晶石），$3Al_2O_3 \cdot 2SiO_2$（莫来石），$2CaO \cdot SiO_2$（硅酸二钙），$CaO \cdot Al_2O_3$（铝酸钙）和 $ZrO_2 \cdot SiO_2$（锆英石），与钢水中平衡氧含量的关系。图中横坐标以复合耐火氧化物溶解于钢水中的 Si 或 Al 的含量表示。由此可以评判复合耐火

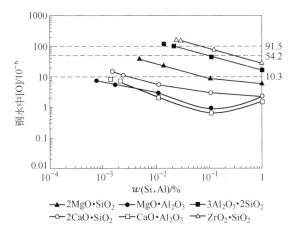

图 4-5　复合耐火氧化物与钢水中平衡氧含量的关系
$(T = 1550℃)$

氧化物对钢水的增氧作用。例如，中间包内衬若采用莫来石耐火材料时，如钢中的 [Si] 含量为 0.1045% 时，钢中平衡 [O] 含量则为 $54.2 \times 10^{-4}\%$。中间包内衬采用镁橄榄石耐火材料时，如钢中 [Si] 含量与前例一样，钢中平衡 [O] 含量降至 $10.3 \times 10^{-4}\%$，约为莫来石耐火材料内衬的 1/5。若中间包内衬采用锆英石耐火材料，如钢中的 [Si] 含量仍然与前述相同，钢中平衡 [O] 含量为 $91.5 \times 10^{-4}\%$，比莫来石耐火材料的约高 1 倍。按照对钢水增氧作用大小，复合耐火氧化物对钢水的增氧危害作用大小按顺序排列如下：

$ZrO_2 \cdot SiO_2 > 3Al_2O_3 \cdot 2SiO_2 > 2MgO \cdot SiO_2 > 2CaO \cdot SiO_2 > MgO \cdot Al_2O_3 > CaO \cdot Al_2O_3$。

综合以上所述，按照对钢水增氧危害作用的强弱，精炼中间耐火材料的选用顺序可排列如下：

ZrO_2，CaO，MgO，$CaO \cdot Al_2O_3$，$MgO \cdot Al_2O_3$，$2CaO \cdot SiO_2$，$2MgO \cdot SiO_2$，Al_2O_3，$2CaO \cdot SiO_2$，$2MgO \cdot SiO_2$，$3Al_2O_3 \cdot 2SiO_2$……。

从以上所述可以看到，由于 SiO_2 在高温钢水中不稳定，易被还原分解，对钢水的增氧危害作用大。在生产洁净钢时，精炼中间包内应当避免使用硅质和硅酸铝质耐火材料，比较理想的耐火材料是碱性耐火材料。尤其是含游离 CaO 耐火材料的稳定性高，不会使钢水增氧，且易与钢中 Al_2O_3 夹杂物反应形成液态铝酸盐，可被含 CaO 耐火材料吸收或随钢水运动上浮而被除去。此外，CaO 对钢水还有很好的脱硫作用。

4.3　中间包内衬耐火材料

中间包耐火材料内衬一般由保温层、永久层和工作层构成。中间包内衬耐火材料随着连铸技术的发展和洁净钢生产要求的不断提高而得到不断的改进，演变进化过程如下：

黏土砖或高铝砖衬→砖衬 + 镁铬涂料→绝热板内衬→浇注料永久内衬 + 镁质涂料→钙质涂料→碱性干式振动料

由于砖砌内衬砖缝多，粘挂钢渣严重，连铸后清除粘附钢渣困难并会受严重的机械损坏，中间包砖砌已被其他内衬取代。由于钙质涂料有利于减少钢水中的夹杂物，在洁净钢生产中具有重要意义。碱性干式振动料具有施工快捷，性能优良，不污染钢水，得到快速推广应用。

4.3.1　中间包绝热板内衬[13]

由于绝热板的绝热性能好，热容量小，可使钢液的热损失大大减少，并且中间包还可不经预热直接投入使用，可节约大量的预热燃料，因而许多中间包采用绝热板内衬。

中间包绝热板是一种由纤维材料与耐火颗粒料构成的复合型绝热材料。生产绝热板的原料有非多孔性耐火骨料和多孔性耐火骨料，有机纤维和无机纤维。非多孔性耐火骨料在绝热板中起着骨架作用，采用耐火性能较好的材料，如硅石、黏土熟料、矾土熟料、白云石、橄榄石，镁砂等，粒度在 60~100 目之间，占配料总量的 50%~80%。多孔性轻质骨料起着降低体积密度和调节透气性的作用，可用轻质黏土熟料和轻质高铝熟料、膨胀蛭石、珍珠岩等，用量为 5%~20%。纤维材料用于改善绝热性能和起补强的作用，用量为 3%~5%，可用有机纤维和无机纤维。有机纤维可用废纸、植物秸秆、破籽棉等；无机纤维可用石棉、矿渣棉和耐火纤维等。结合剂可用各种不同的结合剂，如酚醛、脲醛等合成树脂，水玻璃，黏土（一般与其他结合剂掺和使用）。生产时通常将配料与水搅拌打制成料浆，以真空吸滤法成型，用远红外线烘干，经表面处理和切割即为成品。表 4-4 列出了清河耐火材料厂生产的连铸中间包用绝热板的性能。

表 4-4　连铸中间包用绝热板的性能

材　　质	硅　　质	镁　　质	镁橄榄石质
化学组成 w/%			
SiO_2	>85		
MgO		>78	>65
灼减	<5	<5	<5
体积密度/$g \cdot cm^{-3}$	1.35~1.45	≥1.65	<1.6
常温耐压强度/MPa	>4.5	>3.5	>4.5
热导率/$W \cdot (m \cdot K)^{-1}$	0.25~0.35	<0.55	<0.50
残余水分/%	<0.5	<0.5	<0.5

纤维材料的添加量对绝热板的性能有很大影响。纤维材料可使绝热板的孔隙增加，分割固相的连续性，使固相的热传导作用减弱，因而随着纤维材料的用量增加，绝热板的热导率下降

（图 4 - 6）。纤维的加入量还影响绝热板的强度，如图 4 - 7 所示。当纤维加入量在 2% ~ 3% 范围时，强度达到最大值，但超过 4% 以后，强度明显下降。

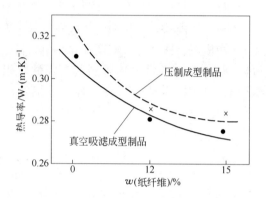

图 4 - 6　纤维加入量对绝热板的热导率的影响

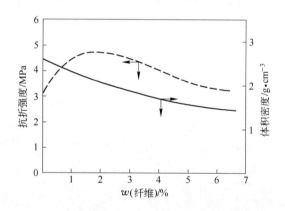

图 4 - 7　纤维加入量对绝热板的体积密度和强度的影响

绝热板的使用条件不同于一般的隔热材料，浇钢时绝热板直接与高温钢水接触，因而要求绝热板应具有良好的抗侵蚀性能。图 4 - 8 示出了镁质绝热板的抗侵蚀性能与体积密度的关系。显然，提高体积密度有利于提高绝热板的抗侵蚀性。因此，在中间包绝热板内衬的结构设计和施工中，在易侵蚀损坏的部位，如钢水冲击区和覆盖保护渣线部位，应采用密度较大的绝热板，其余部位采用密度较小的绝热板。

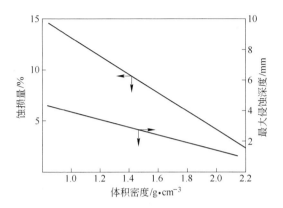

图4-8 绝热板的抗侵蚀性能与体积密度的关系

图4-9示出了绝热板的灼减量与钢坯皮下气泡废品率的统计关系[14]，表明绝热板的灼减量是影响钢坯质量的一项重要性能指标。为了提高钢的质量和降低钢坯的废品率，连铸中间包绝

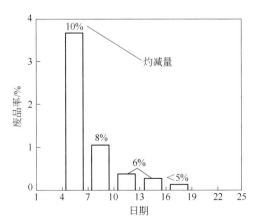

图4-9 绝热板的灼减量与钢坯废品率的关系

热板的灼减量应小于 5% 。

研究显示[15,16]，绝热板对钢水的污染作用主要取决于绝热板的材质。在硅质绝热板的使用过程中，表面挂渣少，反应层较薄，呈熔蚀型损毁特征。熔入渣中 SiO_2 与钢水中的锰易发生如下反应：

$$2Mn + SiO_2 = 2MnO + Si \qquad (4-4)$$

反应析出的 Si 溶入钢水，对钢水产生增硅的有害影响。而新生成的 MnO 再与 SiO_2 反应：

$$2MnO + SiO_2 = 2MnO \cdot SiO_2 \qquad (4-5)$$

$2MnO \cdot SiO_2$ 的熔点为 1345℃ ，混入钢水在冷却时凝固析出，形成非金属夹杂物，对钢的质量不利。

在镁质绝热板的使用过程中，呈熔蚀型及剥落状损毁。表面反应渣层较厚，反应主要生成物为：镁蔷薇辉石，$3CaO \cdot MgO \cdot 2SiO_2$，熔点 1598℃ ；橄榄石固溶体，$2(Mg、Ca、Mn)O \cdot SiO_2$。橄榄石固溶体中，MnO 的固溶量低，仅 1.43% 。岩相分析和实际使用表明，镁质中间包绝热板有利于降低钢坯中的 SiO_2 夹杂物含量。

在镁橄榄石绝热板的使用过程中，呈熔蚀型损毁特征，表面反应层的主要反应产物为橄榄石固溶体，$2(Mg、Mn)O \cdot SiO_2$。MnO 在固溶体中的固溶量较高（11.79%）。从岩相分析和实际使用结果看，镁橄榄石质中间包绝热板对连铸钢坯无增硅作用。

4.3.2　中间包永久层整体浇注料内衬

4.3.2.1　中间包永久层浇注料内衬的损毁原因

为了节省筑炉费用，提高内衬使用寿命和满足优质钢生产的要求，中间包永久内衬趋向于采用耐火浇注料整体浇注，表面涂抹一层镁/钙质涂料。浇注料一般为高铝质低水泥高性能浇注料。据观测和研究[17,18]，中间包浇注料永久层使用时的损毁原因主要为：

（1）中间包在烘烤和接受钢水时温度急剧升高，而在连铸结束后对包衬上残留的涂料打水散解时，温度快速下降。由于反复受到这样的急热急冷引起的热应力循环破坏作用，永久层浇注料使用到中、后期时，侧墙出现许多横向裂纹和纵向裂纹，并且随着使用炉数的增加，数量不断增多，裂纹扩展，宽度增大，最后发生剥落，掉片损坏（图4-10）。

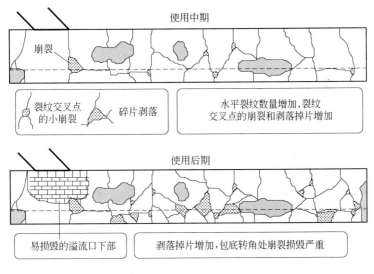

图4-10 中间包浇注料内衬的典型损毁情况

（2）包衬受到炉渣的严重侵蚀和浸透作用。炉渣浸透深度可达40mm（图4-11），造成内衬变质和剥落损毁，并且随着内衬上的裂纹发生和扩大而加剧，在长水口-冲击垫的注流区域尤为严重。

（3）浇注料中的钢纤维在使用过程发生氧化。永久层出现裂纹后，氧化作用更加严重，引起内衬膨胀疏松，加剧裂纹的发生和扩大。

上述损毁原因提示，在设计浇注料的组成和性能时，应特别着重考虑以下因素：

（1）浇注料永久层与涂料之间的粘结力。浇注料永久层表

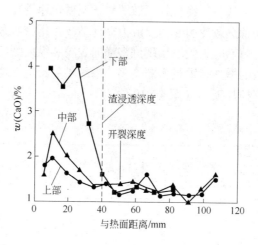

图 4 - 11　炉渣的 CaO 侵入中间包浇注料内衬的情况

面涂抹的镁/钙质涂料，要求使用过程中与永久层表面粘结牢固，而在使用后则易与永久层分离解体便于清除。这取决于涂料和浇注料两者的材质和组成，需要通过适当的选配协调来达到。

（2）提高浇注料的抗热震性，适当增大浇注料的临界颗粒尺寸和粗颗粒骨料的比例。根据材料的抗热震理论，增大耐火材料的临界颗粒尺寸和粗颗粒的比例，有利于提高耐火材料的抗热震性能，从而可减轻浇注料内衬在烘烤、使用和清除残渣时发生裂纹。这是提高不定形耐火材料抗热震性能的经济简便措施。

（3）提高浇注料的抗炉渣浸透性能，适当增加硅微粉的加入量。硅微粉是高性能低水泥浇注料的重要添加剂，其主要作用是通过提高浇注料的流动性，减少水泥用量，使浇注料的 CaO 含量降低，从而提高耐火浇注料的耐火性能。但多加硅微粉时，由于基质中 Al_2O_3 含量相对下降，可导致浇注料的耐火性能下降。但在中间包使用的场合下，炉渣的浸透变质作用引起的热震损毁相当严重，适当增加硅微粉的加入量，以增加硅微粉溶进侵入内衬气孔的炉渣中，使炉渣的黏度增加，从而阻止炉渣侵入炉衬深处。

4.3.2.2 浇注料的配料构成和作用

中间包永久层浇注料为高性能低水泥高铝质浇注料，主要由下列配料构成：高铝矾土熟料，红柱石，硅微粉，铝酸钙水泥，膨胀剂（蓝晶石粉），以及钢纤维和防爆剂等，它们在浇注料中的作用和对性能的影响叙述如下。

A 浇注料的 Al_2O_3 含量[19]

在中间包使用过程中，永久层浇注料中的 Al_2O_3 在高温下会与工作面上的涂料发生反应，产生粘结强度。假如反应比较强烈，可导致永久层与涂料层牢固粘结在一起，用后翻包拆解困难。为此，需查明浇注料的 Al_2O_3 含量与涂层的粘结作用的关系。可先配制 Al_2O_3 含量不同的浇注料试块，涂抹中间包用镁钙质涂料，干燥后置于1500℃下加热和保温，冷却后观察检查它们之间的反应粘结情况。研究结果发现，当 Al_2O_3 含量较低时，浇注料本身在高温下生成较多的液相，冷却后与涂层形成玻璃相结合，粘结牢固，不易拆除解体。而当 Al_2O_3 含量较高时，Al_2O_3 可与涂料中的 MgO 反应生成高耐火的铝镁尖晶石，形成固相粘结作用，也不易拆解。研究显示，浇注料的适宜 Al_2O_3 含量约为60%，少含游离 Al_2O_3 和刚玉相，使涂料既有适当的粘结强度，用后又便于拆解。

B 矾土熟料和红柱石

我国有丰富的矾土资源，中间包永久内衬浇注料一般采用矾土熟料作为配料的主成分。我国的高铝矾土属于水铝石型矾土矿。高温煅烧后，矾土熟料的矿物组成，尤其是莫来石含量和刚玉相含量，与矾土的氧化铝含量呈特异性变化。根据上述中间包永久层浇注料对 Al_2O_3 含量和矿物组成的要求，参照表4-5所示的各级高铝矾土熟料的 Al_2O_3 含量和矿物组成[20]，中间包永久层浇注料采用刚玉相含量较少的乙二级品（含 Al_2O_3 60% ~ 70%）和三级品（含 Al_2O_3 50% ~ 60%）比较合适。

表 4 - 5　　中国矾土熟料的化学 - 物相组成

等　　级	特级品	一级品	甲二级品	乙二级品	三级品
化学组成 $w/\%$					
Al_2O_3	>85	>80	70 ~ 80	60 ~ 70	50 ~ 60
杂质	4.0 ~ 7.3	4.0 ~ 7.3	3.2 ~ 5.7	3.2 ~ 5.7	2.8 ~ 4.5
物相组成/%					
刚玉	>82	55 ~ 82	20 ~ 55	10 ~ 20	5 ~ 10
莫来石	<5	3 ~ 35	35 ~ 72	70 ~ 80	55 ~ 70
玻璃	10 ± 2	10 ± 2	8 ~ 10	10 ~ 20	20 ~ 35
二次莫来石	<5	5 ~ 30	30 ~ 57	43 ~ 57	13 ~ 43

红柱石精矿含 Al_2O_3 56.5% ~ 59.5%，加热时不可逆地转变成莫来石（$3Al_2O_3 \cdot 2SiO_2$）和游离 SiO_2 的混合物，不含刚玉相，并伴有 3% ~ 5% 的体积膨胀。红柱石很适合用来配置中间包永久层浇注料，但由于价格较贵，配料中仅用来调节和改善浇注料的使用性能。

C　浇注料的粒度[21]

粒度对浇注料的性能特别是抗热震性能有很大的影响。由于热震损毁是中间包浇注料内衬的主要损毁机理之一，因此，粒度对浇注料的抗热震性能的影响受到特别的关注。

图 4 - 12 和图 4 - 13 分别示出了浇注料的粗颗粒（5 ~ 15mm）含量与抗折强度和断裂能的关系，它们随着粗颗粒含量的增加而提高，含 20% 粗颗粒料时，达到最大值，随后由于粗颗粒与细粉易发生分离偏析而导致下降。配料中增加粗颗粒的比例还可以减少浇注料的需水量，含 20% 粗颗粒时，需水量最少（图 4 - 14）。

耐火材料的抗热震性能与材料的性能有如下关系：

$$R = E\gamma F\sigma_c(1 - \nu) \qquad (4 - 6)$$

式中　R——抗热震系数；

　　　E——弹性模量；

γF——与裂纹扩展有关的断裂能；

σ_c——材料的强度；

ν——泊松比。

耐火材料的抗热震性能与材料的强度和断裂能成正比关系。

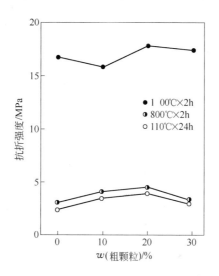

图4-12 浇注料的抗折强度与粗颗粒含量的关系

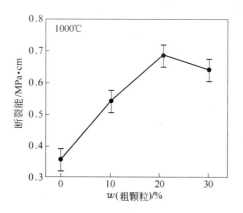

图4-13 浇注料的断裂能与粗颗粒含量的关系

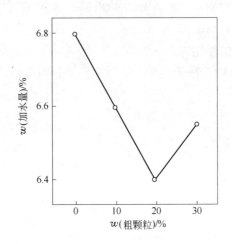

图 4 - 14　浇注料的需水量与粗颗粒含量的关系

因此，适当地增加浇注料的颗粒尺寸和粗颗粒比例，可显著提高浇注料的抗热震性能。

D　硅微粉[17]

通常，硅微粉在浇注料中所起的主要作用是降低水泥的使用量，减少需水量和提高浇注料的流动性。在中间包的使用场合下，研究发现，硅微粉对浇注料使用中的熔渣浸透过程起着独特的作用。

中间包保护渣侵入浇注料永久层的深度（X）有如下方程式关系：

$$X = \sqrt{\frac{r\sigma\cos\theta t}{2\eta}} \qquad (4-7)$$

式中　r——毛细管半径；

σ——熔渣的表面张力；

θ——熔渣对毛细管壁的润湿角；

η——毛细管中熔渣的黏度；

t——时间。

从上述方程式可知，在相同的时间中，熔渣侵入内衬的深度与浇注料永久层的气孔孔径成正比，与熔渣的黏度成反比。因此，阻止熔渣侵入内衬的措施有二：一是使浇注料永久层的气孔孔径变小；二是使熔渣黏度增大。前者可通过调整浇注料中的粒度组成来实现。研究发现，后者通过增加浇注料中的硅微粉含量可以达到。

表 4-6 列出的 $CaO-Al_2O_3-SiO_2$ 系炉渣的黏度与其组成的关系。借此可以推测，当浇注料配料中的硅微粉含量增加时，溶进侵入永久层毛细管的炉渣中的硅微粉也会随之增加，炉渣的黏度随着 SiO_2 含量的增加会明显增大，从而可以有效地限制炉渣侵入浇注料永久层的深部。

表 4-6 $CaO-Al_2O_3-SiO_2$ 系炉渣的黏度与组成

炉渣组成 $w/\%$			炉渣黏度/Pa·s
CaO	Al_2O_3	SiO_2	(1660℃)
30	50	20	0.47
30	40	30	0.78
30	30	40	1.10

图 4-15 示出了硅微粉含量不同的中间包浇注料残衬内的 CaO 分布情况，随着硅微粉含量的增加，炉渣的 CaO 渗透深度大大下降，从 40mm 减少至 10mm，这正好与产生裂纹的深度相一致。而从图 4-16 示出的试验结果可以看到，增加硅微粉加入量可显著减少炉渣的渗透深度，但对降低浇注料的抗侵蚀性能的危害作用很轻。实际使用试验也表明，材料 A 的平均使用寿命为 200 次，材料 B 的使用寿命达到 242 次，内衬的崩裂损伤小。由于侵入变质作用引起的热震损毁作用为中间包永久内衬的主要损毁因素，因此，适当增加硅微粉的加入量是提高中间包浇注料永久内衬使用寿命的一项有效技术措施。

E 钢纤维[21]

使用钢纤维的目的是提高浇注料的抗热震性能，其效果与钢

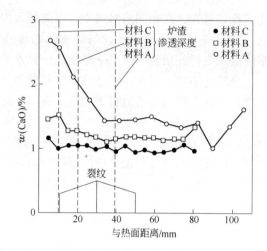

图 4 - 15　炉渣的 CaO 在中间包浇注料残余内衬中的侵入情况

浇注料中硅微粉含量：材料 A—1.5α；材料 B—3α；材料 C—4α

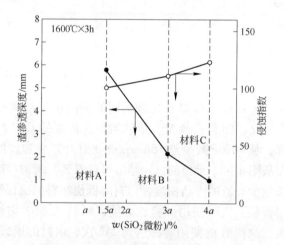

图 4 - 16　硅微粉加入量对炉渣的渗透深度
和侵蚀指数的影响

的品质和纤维形状有关。图 4 - 17 示出了平直形不锈钢纤维
（A）和波纹形耐热钢纤维（B）的耐热性能比较，它们与浇注

料的体积稳定性和断裂能的关系示于图4-18和图4-19。结果表明,波纹形耐热钢纤维明显优于不锈钢纤维,在浇注料中的加入量应在3%以下。浇注料采用波纹形耐热钢纤维可改善浇注料的抗热震性能。

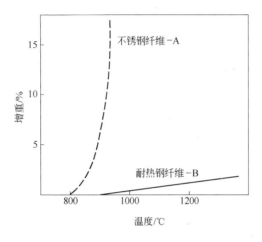

图4-17 钢纤维加热时的增重情况

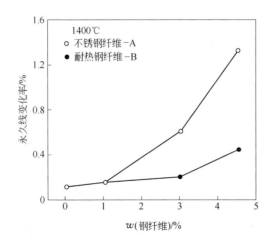

图4-18 浇注料的加热线变化率与钢纤维含量的关系

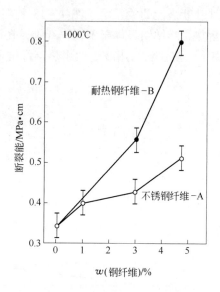

图 4 - 19　浇注料的断裂能与钢纤维含量的关系

4.3.2.3　中间包永久层浇注料的性能和应用

表 4 - 7 列出了一些钢厂使用的中间包永久层浇注料的性能[18, 21]，它们具有较高的抗热震性能和抗炉渣浸透性能，使用寿命达到 300 炉次以上。

4.3.2.4　中间包永久层自由浇注料

用浇注料修筑中间包整体内衬一般采用振动成型施工，可以实现机械化。但是，中间包内衬振动成型施工时使用的机具多，占用场地大，并且由于内衬厚度较薄带来许多施工不便。随着自由浇注料的工艺技术的发展，有些中间包内衬试用自由浇注料。表 4 - 8 列出了中间包永久层用自由浇注料的性能[22~24]，与一般浇注料相似，使用效果良好。中间包内衬采用自由浇注料施工可以缩短施工时间，降低劳动强度和改善劳动条件。

表4-7 中间包永久层浇注料的性能

生产厂/使用厂	上海宝钢	日本播磨公司	韩国春山耐材公司
化学组成 w/%			
Al_2O_3	63	54	65
SiO_2		43	27
显气孔率/% (体积密度/$g \cdot cm^{-3}$)			
110℃, 24h	12(2.56)	14.9(2.47)	
1000℃, 3h	16(2.51)	16.0(2.45)	
1550℃, 3h	18(2.30)	16.8(2.45)	+0.54
常温耐压(抗折)强度/MPa			
110℃, 24h, 冷后	83.5(14.5)	(40.0)	60(15)
1000℃, 3h, 冷后	95.2(18.1)	(61.2)(800℃, 3h)	
1550℃, 3h, 冷后	64.1(12.0)	(190.0)(1400℃, 3h)	80(20)
加热线变化率/%	0.5(1400℃, 3h)	-0.03(800℃, 3h)	
	3.9(1550℃, 3h)	+0.15(1400℃, 3h)	
用水量/%		6.4	7.1
钢纤维/%	2	3	

表4-8 中间包永久层自由浇注料的性能

生产厂/使用厂	日本钢管公司	濮阳耐火厂鞍钢新钢铁	洛阳耐火材料研究院
化学组成 w/%			
Al_2O_3	68	52.1	74.5
SiO_2	28		
加热线变化率/%			
110℃, 24h	-0.03	-0.1	
1000℃, 3h	-0.09	+0.35	
1500℃, 3h	+0.18	(1350℃, 3h)	
常温耐压(抗折)强度/MPa			
110℃, 24h, 冷后	20.6(4.1)	35	(6.0)
1000℃, 3h, 冷后	67.4(10.1)	75	(8.5)
1500℃, 3h, 冷后	67.6(15.2)	(1350℃, 3h)	(815℃, 5h)
显气孔率/% (体积密度/$g \cdot cm^{-3}$)			
110℃, 24h	14.8(2.61)	(2.32)	
1000℃, 3h	18.4(2.57)	(2.30)	
1500℃, 3h	19.1(2.53)	(1350℃, 3h)	
用水量/%	6.0		5~7
钢纤维/%	2	7~8	

4.3.3　中间包内衬涂料

中间包整体永久内衬，如前所述，通常是用约含 65% Al_2O_3 的低水泥高性能浇注料修筑的，因为这类耐火材料的性价比高，应用广。可是，Al_2O_3 - SiO_2 系耐火材料在高温钢水中的稳定性差，为中间包内钢水发生氧化的主要污染源之一，不能满足洁净钢的生产要求。为了保持钢水在中间包内的洁净度，免遭 Al_2O_3 - SiO_2 系中间包内衬耐火材料的污染，通常在中间包浇注料永久层上涂抹或喷涂对钢水污染少或还可以吸收钢水中夹杂物的镁质、镁钙质和镁橄榄石质等涂料。中间包涂料也起保护浇注料永久层内衬的作用，延长它的使用寿命。

4.3.3.1　镁质和镁橄榄石质中间包涂料

A　防钢水再氧化的作用机理

图 4 - 20 示出了镁质与镁橄榄石质中间包涂料的防钢水再氧化作用机理的图析[25]，说明如下：

(1) 橄榄石（$2(Mg \cdot Fe)O \cdot SiO_2$），系镁橄榄石和铁橄榄石的固溶体，与铝镇静钢水的脱氧产物 Al_2O_3 直接反应生成固态或液态 MgO - SiO_2 - FeO - Al_2O_3 化合物。液相可沿耐火涂层的气孔通道侵入内部或被钢水冲刷带走造成对钢水的再污染。但显然，这种有害作用要比硅质和铝硅系耐火材料的微小得多，因为耐火材料对钢水再氧化污染的祸首为耐火材料的 SiO_2 组分。

(2) 镁橄榄石（$2MgO \cdot SiO_2$），熔点 1898℃，为碱性高耐火物相。它也与 Al_2O_3 反应形成固态或液态 MgO - SiO_2 - FeO - Al_2O_3 化合物，情况与上述相似，但有害作用明显减弱。

(3) 方镁石（MgO），可为加进镁橄榄石质涂料中的镁砂或镁橄榄石的分解产物。与 Al_2O_3 反应时形成尖晶石（$MgO \cdot Al_2O_3$），并粘结在内衬表层。尖晶石是一种化学稳定性很高的高耐火矿物，在内衬表面可有效防止钢水受到含 SiO_2 炉衬耐火材料的再氧化污染作用，同时还有一定程度的钢水净化作用。

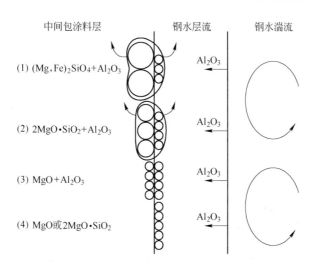

中间包涂料层　　　　　钢水层流　　　钢水湍流

(1) $(Mg,Fe)_2SiO_4+Al_2O_3$ ← Al_2O_3

(2) $2MgO \cdot SiO_2+Al_2O_3$ ← Al_2O_3

(3) $MgO+Al_2O_3$ ← Al_2O_3

(4) MgO 或 $2MgO \cdot SiO_2$ ← Al_2O_3

图 4-20　镁质和镁橄榄石质中间包涂料防钢水
再氧化的作用机理

（4）Al_2O_3 沉积在方镁石或镁橄榄石耐火材料表面上，也可直接减弱钢水遭受耐火材料的再氧化污染作用。

B　镁质和镁橄榄石质中间包涂料的性能和应用

表 4-9 列出了国内外中间包内衬用镁质和镁橄榄石质中间包涂料的理化性能[25~27]。中间包内衬涂料可用人工涂抹或机器喷涂施工，涂层厚度约 30mm。为防止涂层在烘干时产生裂纹，涂料中可添加纸纤维，防爆纤维，烘烤时形成微孔结构，引导水蒸气排除。微孔结构也有利于提高涂层的隔热作用。为避免钢水增氢，中间包使用前应经过充分的烘烤。

4.3.3.2　含游离 CaO 的中间包功能涂料

A　含游离 CaO 涂料的功能

在炼钢生产体系中，氧化钙或石灰（CaO）既作为炉衬耐火材料中的一种重要组成部分，同时又是炉渣中的一种重要组成部分，但起着迥然不同的作用。在耐火材料方面，它是高温稳定性很好的高级耐火氧化物，钙质和镁钙质碱性耐火材料的一种主要

表 4 -9　镁质和镁橄榄石质中间包涂料的理化性能

制造厂/使用厂	日本日产公司	欧　洲		中　国	
		镁质	镁橄榄石质	鞍　钢	宝钢
化学组成 $w/\%$					
MgO	84	87.1	75.8	85.6	84.5
CaO	4	1.5	1.5	1.5	
Al_2O_3	2	1.8	1.2		
SiO_2		5.2	15.6		
结合剂	磷酸盐				
配料粒度					
最大/mm	2	2	2		
细粉/μm	-75	-63	-63		
细粉比例/%	35	37.9	31.1		
体积密度/$g \cdot cm^{-3}$					
110℃,24h	2.00			1.92	
1450℃,3h	2.04			2.10(1550℃,3h)	2.29

组分；而在钢铁冶金方面，它则有高的化学活性，是一种很好的钢水净化剂，作为钢水净化剂和精炼炉渣的主要成分。

随着中间包精炼技术的发展和洁净钢生产要求的不断提高，研究利用 CaO 的净化作用，开发具有净化功能的耐火材料也就受到越来越多的关注。含游离 CaO 的中间包涂料就是其中的一个新产品，它包括 CaO 质，高钙质和镁钙质等不同品种，含 CaO 55% ~12%，MgO 40% ~70%。这些中间包内衬涂料中含有游离 CaO，它不但能防止钢水的再氧化作用，还能吸收钢水中的氧化物夹杂物，起到净化钢水的作用。因此，它们也被称为中间包功能涂料。

B　含游离 CaO 涂料净化钢水的作用机理

图 4 -21 示出了 CaO 质中间包涂料对钢水净化作用机理的图解[28]，作如下说明。

（1）在中间包高温钢水环境下，约 1550℃，CaO 质中间包涂料（图 4 -21 试样 B）的游离 CaO 与钢水中的脱氧产物 Al_2O_3

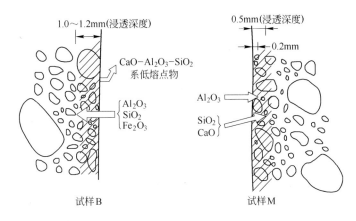

图4-21 CaO质中间包涂料对钢水的净化作用机理图解

试样B——CaO质涂料：CaO 55.9%，MgO 41.5%；

试样M——镁质涂料：MgO 98.3%

直接发生反应，同时还有渣中SiO_2和氧化铁参加，形成主要成分为$CaO - Al_2O_3 - SiO_2$系的低熔点液相。低熔点液相在沿着涂层气孔侵入涂层的内部时，涂层中的CaO会继续溶进侵入涂层的液相中。从图4-22所示的$CaO - Al_2O_3$系相图可以看到[29]，随着CaO的溶进，入侵液相的组成将从图中的富Al_2O_3端移向富CaO端。入侵液相的凝固点随着CaO含量的增加不断下降至1395℃，即$3CaO \cdot Al_2O_3 - 12CaO \cdot 7Al_2O_3$的低共熔点温度。这样，入侵液相可以侵入到较深的部位，继而形成涂层热面的烧结层，由此即伴随产生CaO质涂料吸收钢水中的Al_2O_3夹杂物的净化作用效果。

（2）涂层表面发生的上述反应生成的低熔点液相也可能被流动的钢水带走，上浮到中间包上部被保护覆盖渣吸收，或余留在钢水中呈球形小液滴。在后一种情况下，如同钢水钙处理的情况相似，可顺畅通过水口且不危害钢的质量。

（3）作为分析对照，图4-21右方为镁质中间包涂料（试样M）使用时所发生的情况。在镁质涂料的热面上，镁砂颗粒

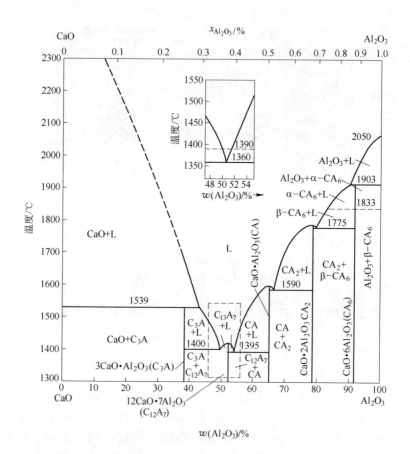

图 4 - 22   CaO - Al₂O₃ 系相图

与钢水中的 Al₂O₃ 反应生成铝镁尖晶石。尖晶石的熔点高达
2135℃，尽管还有 FeO 和 SiO₂ 存在，也难于产生液相，其表现
为涂层热面上的渣反应带很薄，仅有 0.5mm。在这种情况下，
继续粘附在涂层热面上的 Al₂O₃ 将在涂层热面上形成富 Al₂O₃ 表
层。此后，涂料耐火材料组分与钢水的氧化物夹杂物之间不再继
续发生反应。这样，镁质涂料就可以防止钢水被耐火材料内衬的
再氧化污染，但它对钢水的净化作用很有限。

C 关于含游离 CaO 涂料中 CaO 的引入

人们早已知晓，CaO 质炉衬耐火材料对钢水具有净化功能，是生产洁净钢的理想耐火材料。但是，CaO 极易水化，在常温环境下，接触空气就可发生水化作用，体积膨胀或粉化，给含游离 CaO 的耐火材料生产、贮存和应用带来许多困难，尤其是在涂料的制备、涂抹或喷涂中都离不开水，因而如何预防 CaO 的水化就成了含游离 CaO 涂料的制备和应用中的关键问题。

日本黑崎窑业在开发 CaO 质中间包涂料时，开始用烧结氧化钙砂[27]。为防止水化，采用有机结合剂和有机液体制备涂料，含 CaO 69.4%，MgO 24.1%，细粉可能为镁砂。尽管这种涂料的涂抹性能和粘结性能良好，干燥和烘烤后无开裂，但终因要使用有机结合剂和有机液体，极为不便而被放弃。后来直接采用方解石作为涂料的 CaO 的主要来源，按通常工艺用水配制涂料。该法的主要依据是：

第一，采用涂料的中间包，使用之前都需要在 400～500℃ 充分烘烤排除水分，以避免钢水增氢，烘烤为使用中间包涂料的钢厂的必行工序。采用方解石作为涂料的配料组分时，仍可按通行常规工艺用水制备，涂抹或喷涂后，应用原有设施或略作改造，将烘烤温度提高到 1100℃，时间延长，充分烘烤，让方解石分解变为 CaO 即可。

第二，涂料涂层与其他直接接触钢水的耐火材料不同，为方便涂料充分干燥和干燥时不发生裂纹，涂层应保持适当的透气性，让水气经由气孔通道顺畅排除。多孔结构涂层也有利于提高涂层的绝热性能，减少钢水温度下降。采用方解石作为涂料的配料组分时，方解石分解放出 CO_2，可使涂层形成多孔透气结构，恰好符合所希望的涂层组织结构。

由此看来，采用方解石配制含游离 CaO 涂料时巧妙地利用了上述两个有利因素，完全绕过了 CaO 的水化问题。国内一些钢厂也采用上述办法制备和使用含游离 CaO 涂料，取得很好的效果。该法的不足之处是需高温长时间烘烤，能源消耗较多。

含游离 CaO 涂料的另一种主要成分是 MgO，因而镁钙砂也就自然地被用来作为引进 CaO 的一种原料。镁钙砂的抗水化性能显然要比氧化钙砂好，但直接用于配制涂料时，在储存、运输和使用中仍不可避免地发生水化现象。武汉科技大学和鞍山科技大学分别研究用酸化聚磷酸盐表面处理技术提高镁钙砂的抗水化性能[30,31]。镁钙砂在用酸化聚磷酸盐表面处理后，表面上生成水溶性螯合物/络合物覆盖层，达到化学包覆防水化作用。在 800℃ 热处理后，HPO_4^{2-} 和 $H_2PO_4^-$ 与镁钙砂表面的 Ca^{2-} 发生反应，生成磷酸氢钙和磷酸二氢钙，由于它们是不溶性磷酸盐，使镁钙砂的抗水化性能进一步提高。含 CaO 24.91% 和 56.03% 的两种镁钙砂，先经酸化聚磷酸盐表面处理，干燥后经 800℃ 热处理 0.5h，表层形成厚 5~15μm 的 $NaCaPO_4$ 包裹层，粉化率只有 1.1%，镁钙砂抗水化性能的改善，为配制含游离 CaO 中间包涂料创造了便利条件。

D　含游离 CaO 中间包涂料的性能与应用

表 4-10 列出了含游离 CaO 中间包涂料的性能[27,28,32]，按 CaO 含量的高低，有 CaO 质钙镁涂料（常简称 CaO 质涂料），高钙镁钙质涂料和镁钙质涂料等品种，含 CaO 55%~12%。

日本黑崎窑业的涂料直接使用方解石原料配制，在中间包内衬涂抹的涂层干燥后，加热到 1100℃ 高温充分烘烤，方解石分解后便形成 CaO 质涂层，并随即投入连铸使用。该涂料的优点除了可完全避开氧化钙的水化难题外，新分解生成的 CaO 具有特高活性，对钢水的净化作用更好。图 4-23 示出的钙质涂料和镁质涂料吸收钢水中 Al_2O_3 夹杂物的对比试验结果显示[28]，钙质中间包涂料吸收钢水 Al_2O_3 的效率为镁质涂料的 3 倍以上。表 4-11 列出了鞍钢中间包镁钙质涂料残层的化学分析结果[33]，涂层的变质层和反应层的 Al_2O_3 和 SiO_2 含量较原涂层有明显增加，表明高钙质涂料具有良好的净化钢水功能。

表 4 – 10   含游离 CaO 中间包涂料的性能

制造厂/使用厂	日本黑崎窑业	上海宝钢 CA12	CA32	鞍钢耐火材料公司
化学组成 w/%				
SiO_2	1.13(1.63)[①]	6.2	6.4	(1.03)
CaO	38.8(55.9)	12.3	32.7	12.1(29.4)
MgO	28.8(41.5)	72.4	51.2	62.1(62.5)
灼减	30.7			
粒度				
最大/ mm	3			
+ 1000μm/%	33			
− 1000μm + 74μm/%	32			
− 74μm/%	36			
加热线变化率/%				
110℃,24h	− 0.80			
900℃,3h	− 0.46	− 1.67		
1500℃,3h	− 0.94			− 4.15(1550℃, 3h)
显气孔率/%(体积密度/g·cm^{-3})				
110℃,24h	20.1(2.16)	(2.0)	(1.65)	36.6(1.92)
900℃,3h	45.9(1.66)			
1500℃,3h	51.8(1.52)	(1.95)	(1.68)	39.1(2.10)(1550℃,3h)
常温耐压强度(抗折强度)/MPa				
110℃,24h,冷后	8.8(1.5)	6.3		6.2
900℃,3h,冷后	1.5(0.5)			
1500℃,3h,冷后	4.0(1.1)	13.6		7.8(1550℃,3h)

① 括号内数字为 $CaCO_3$ 分解后的量。

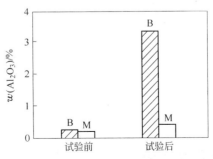

图 4 – 23   中间包涂料吸收钢水 Al_2O_3 夹杂物的对比试验结果

B—钙质涂料；M—镁质涂料

表 4 – 11   镁钙质中间包涂料用后残衬的化学分析结果

取样部位	原涂层	变质层	反应层
化学组成 w/%			
MgO	65.20	57.24	干扰
CaO	29.40	20.97	13.57
Al_2O_3	1.89	5.20	5.51
SiO_2	1.03	4.28	4.09
Fe_2O_3	0.60	0.88	2.14

与一般的涂料一样，为防止烘干和预热时发生爆裂，涂料内可加入适量的防爆纤维，烘烤时引导气体排出，并可形成多孔结构，有利于钢水绝热保温。含游离 CaO 中间包涂料的另外一个特点是，使用过程中，除了上述 CaO 吸收钢水中的 Al_2O_3 夹杂物外，涂层中的 CaO 还会与钢渣中的 SiO_2 反应，生成硅酸二钙（$\alpha - C_2S$）。在中间包使用完毕冷却过程中，$\alpha - C_2S$ 在 1450℃ 转化为 $\alpha' - C_2S$，在 850℃ 转化为 $\gamma - C_2S$，伴随有 12% 的体积膨胀，可导致结构疏松，便于用后残衬的拆解。在用水冲打冷却残衬的情况下，残衬余存的 CaO 即刻水化成 $Ca(OH)_2$，体积膨胀巨大，使残衬更易自动解体。

E   中间包涂料对钢水净化作用的选择性

上述数据已充分显示，镁质和含游离 CaO 质中间包涂料具有显著的钢水净化功能。图 4 – 24 示出了钢水通过涂有不同的涂料的中间包后，钢水脱氧率与涂料和浇注钢种的关系[33]。镁质和镁钙质两种涂料对钢水均有明显的脱氧作用，但它们的脱氧率波动范围很大，20% ~ 70%，与浇注钢种有明显的偏向性。对于铝镇静钢，镁钙质涂料的脱氧率比镁质涂料高 5% ~ 15%（图 4 – 24a）；而对于硅镇静钢，两种涂料的脱氧率基本相同，几乎没有差别（图 4 – 24b）。这个试验结果提示，精炼中间包涂抹涂料时还应注意到浇注的钢种，选用适当材质的涂料，以便获得最佳的技术经济效果。

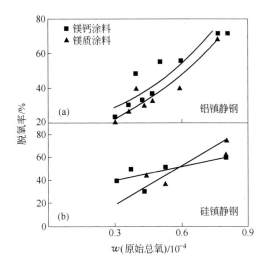

图 4-24 钢水脱氧率与中间包涂料和浇注钢种的关系

镁钙质涂料：MgO 56.63%，CaO 33.06%，SiO₂5.70%

镁质涂料：MgO 77.05%，CaO 6.06%，SiO₂0.4%

F 关于涂料的结合剂

中间包涂料一般都使用磷酸盐结合剂，如三聚磷酸钠（$Na_5P_3O_{11}$）、六偏磷酸钠（$NaPO_3$）$_6$，加入量一般在 2% 左右。由于洁净钢的磷含量很低，因此，在洁净钢生产中，应关注涂料中的磷酸盐结合剂对钢水洁净度的影响[34]。

在连铸中间包浇钢条件下，钢水温度约 1550℃，涂层中的磷酸盐与钢水之间存在下列平衡关系：

$$Ca_3(PO_4)_2 \rightleftharpoons 2[P] + 5[O] + 3CaO \qquad (4-8)$$

$$Mg_3(PO_4)_2 \rightleftharpoons 2[P] + 5[O] + 3MgO \qquad (4-9)$$

上述反应式中的 $Ca_3(PO_4)_2$ 和 $Mg_3(PO_4)_2$ 为磷酸盐结合剂 $Na_5P_3O_{11}$ 和（$NaPO_3$）$_6$ 在涂层烘烤时或在高温钢水的作用下，与涂料的 CaO-MgO 组分的反应产物。[P] 和 [O] 表示钢水中的磷和氧的浓度。上述正反应表示涂层中的磷向钢水中转移，即钢水吸收涂层的磷，涂层对钢水起增磷的作用。反之，逆反应表示钢水中的磷转移至涂层上，也就是涂层吸收钢水中的磷，涂层对钢水起脱磷作用。在精炼中间包的条件下，通过采用等离子加热等措施，钢水温度可保持基本恒定。按照化学反应平衡原理，上述反应的进行方向和速度取决于钢水中的 [P] 和 [O] 的浓度和涂料组成。

上述化学平衡过程也可以理解为，涂层中的 $Ca_3(PO_4)_2$ 和 $Mg_3(PO_4)_2$ 在中间包内的钢水中的溶解平衡过程。当钢水的磷含量低于磷在钢水中的溶解度时，涂层结合剂的磷向钢水溶解，即钢水吸收涂层中的磷，钢水受到涂层的磷污染。若钢水的磷含量大于磷在钢水中的溶解度时，钢水中的磷将会从钢水中析出，转移至渣中或粘附在涂层表面，涂层对钢水起脱磷作用。

在洁净钢生成中，铁水经过预处理和钢水经过二次精炼，深脱磷和深脱氧后的钢水中，磷和氧的含量很低。例如，日本川崎制钢的 IF 钢含 P 0.012%，进入中间包钢水的总氧量小于 0.003%；上海宝钢的 IF 钢含 P 0.003%，RH 精炼脱碳后，含氧量为 0.05% ~ 0.065%[35]。如涂料为含磷镁钙质材料，上述反应 (4-6) 和 (4-7) 将向正方向进行，即钢水吸收涂料中的磷，发生增磷作用。相反，如涂料为无磷镁钙质材料时，上述反应逆向进行，涂料吸收钢水中的磷，发生脱磷作用。

以上分析表明，在洁净钢的生产条件下，中间包涂料使用磷酸盐结合剂时，可造成钢水增磷。磷是钢中主要有害元素之一，降低钢的塑性和韧性，尤其是低温冷脆性增大。因此在浇注洁净度要求很高的钢种时，最好使用低磷或无磷中间包涂料。

4.3.4　中间包碱性干式振动料

4.3.4.1　发展背景

镁质、镁钙质和钙质中间包涂料，因抗侵蚀，使用寿命长，具有不污染钢水和净化钢水的功能，在许多钢厂的洁净钢连铸生产中得到推广应用。但是，在实际使用过程中也发现存在不少问题。例如：

（1）要求施工现场配备搅拌机，喷涂设备和高温烘烤等设施。

（2）涂料水分含量高，对施工环境条件要求高。秋冬季节气温低，水分排出慢，寒冷地区还要求防冻。

（3）在用镁钙砂配料时，要求对颗粒表面作防水化处理，增加了生产工艺的复杂性和生产成本。

（4）在用方解石配料时，烘烤时要达到方解石的分解温度，烘烤温度高，时间长，燃料消耗大。

1991年，美国将干式振动料技术移植应用到中间包工作层内衬的筑造上。由于干式振动料在生产和施工时不加水，前述因水分造成的问题可迎刃而解，给中间包工作层内衬施工技术带来一次重大变革。我国从2001年开始在中间包上使用干式振动料，由于中间包干式振动料具有生产和施工工艺简单，施工准备期短，现场不需搅拌，效率高，内衬使用寿命长等许多优点，现已得到推广应用[36]。

4.3.4.2 中间包碱性干式振动料的配料构成和作用

干式振动料原用于修筑铸造行业的无芯工频感应炉内衬，后来也发现其他适用的用户，如铝电解槽底部的保温防渗漏层。在材质方面，干式振动料与其他不定形耐火材料一样，可按客户的使用条件，选用不同原料，调制成不同的材质品种，从硅质、硅酸铝质，刚玉质到镁质，镁钙质碱性干式振动料等品种。作为精炼中间包的工作内衬材料，如前所述，为避免钢水污染，选用镁质或镁钙质干式振动料作为修筑中间包工作层内衬的耐火材料。

碱性干式振动料用作中间包工作层衬的基本出发点在于一个"干"字，在配料组成的选择上也主要就是围绕在这个"干"字上。从一些研究试验的配料组成，例如表4－12所列的中间包碱性干式振动料的试验配料组成[37]，可找出中间包干式振动料的一些特点和配料原理，解析如下。

表 4 - 12　镁质干式振动料的试验配料组成（$w/\%$）

配方编号	1	2	3	4	5
镁砂	88	87	86	88	86
硼玻璃	4	5	6	5	5
酚醛树脂粉	5	5	5	4	6
硅微粉	2	2	2	2	2
三聚磷酸钠	1	1	1	1	1
固化剂（乌洛托品粉）	+0.5	+0.5	+0.5	+0.5	+0.5

　　（1）碱性干式振动料为全干性颗粒粉料的混合物，最显著的特点是施工时不用加水，直接倒入模型内振捣成型。

　　（2）为了使碱性干式振动料具有适当的低温强度，以便在振动捣实后能顺利脱模，配料中加有粉状热固性酚醛树脂有机结合剂。成型后连同钢模在 200 ~ 250℃ 烘烤，酚醛树脂熔化后包覆颗粒骨料，由于热固性产生结合强度，使振捣成型物料定型，脱模容易。

　　（3）在高温烘烤和使用时的高温作用下，随着树脂的分解，氧化和碳化，酚醛树脂失去粘结颗粒物料的功能，振捣成型物的强度逐渐丧失。为弥补因树脂分解碳化时丧失的强度，碱性干式振动料中加有无机结合剂（三聚磷酸钠，$Na_5P_3O_{10}$）和烧结助剂（硼玻璃，硅微粉）。当碱性干式振动料工作层衬的温度进入中温阶段时，三聚磷酸钠（熔点622℃）熔化，并与配料中的 MgO 和 CaO 发生反应，形成镁和钙磷酸盐结合相，使碱性干式振动料具有中温强度。当中间包的温度继续升高到1000℃以上的高温时，配料中的烧结助剂硼玻璃与 MgO 细粉反应，生成低熔点硼酸盐 $3MgO \cdot B_2O_3$（熔点1358℃），可促进干式振动料成型内衬的液相烧结。在更高的温度下，配料中的硅微粉可与配料中的 MgO 和 CaO 反应生成钙镁黄长石（$2CaO \cdot MgO \cdot 2SiO_2$），熔点1390℃，起促进液相烧结作用，赋予中间包干式振动成型内衬的高温强度[29]568。

　　（4）可用作中间包干式振动料的结合剂和烧结助剂的物料

还有粉状水玻璃、硼酸、石英粉、镁钙铁砂、软质黏土、铁鳞等。

4.3.4.3 中间包碱性干式振动料的性能和应用

中间包碱性干式振动料为全干粉粒状物料，在生产厂已充分混匀，装袋储运，表4-13列出了中间包碱性干式振动料的理化性能[38]。

表4-13 中间包碱性干式振动料的理化性能

生 产 厂	奥美	武耐	武科大
化学组成 w/%			
MgO	67.9	87.68	83.68
CaO	1.0	—	2.47
SiO$_2$	22.6	3.88	4.66
C	—	0.37	0.35
体积密度/g·cm^{-3}			
250℃，3h	1.6	2.35	2.16
常温耐压强度/MPa			
250℃，3h，冷后	1.0~2.0	18.0	4.6
常温抗折强度/MPa			
250℃，3h，冷后	—	5.0	1.75

中间包内衬施工时从包底开始，安装好冲击垫板和座砖后，振动料开包直接倒入包底，平整厚度，振动捣实。包底施工完毕后，安装钢质包壁模具（包胎），注意调整好包胎与永久层的间距。然后倒入干式料，添加到中间包的上沿，开振动电机振动3~5min，再加料，振动，重复操作，直至干式料填满包沿。干式振动料包衬施工完毕后，可随即点火，连同包胎一起烘烤，烘烤温度200~250℃，1~1.5h，以便让接触包胎的干式料硬化和具有一定的强度。开风机冷却，包胎温度降至100℃以下时，可拆卸胎模，并作检查和整修。接着安装冲击垫，挡流堰和浸入式水口，塞棒等。中间包耐火材料部件安装就位，

全部施工完成后，可上线使用。在浇钢前烘烤时，开始小火烘烤 30min，温度控制在 800℃ 以内，然后大火 1000℃ 烘烤 70min 以上[39]。

表 4 - 14 列出了唐山钢铁公司在薄板坯连铸机中间包上使用干式振动料与喷涂料工作层的比较[39]，结果显示碱性干式振动料具有明显优势：侵蚀速率小，侵蚀均匀，用后残衬不粘结永久层，能完全自动脱包。表 4 - 15 列出了鞍钢中间包碱性干式振动料用后工作残衬的化学分析结果[40]。在中间包镁质干式振动料的用后残衬上，仍保存一定厚度的未变质层，烧结作用较弱，层内

表 4 - 14　中间包碱性干式振动料与喷涂料的使用效果比较

材料种类	干式振动料	喷涂料
侵蚀速率/mm·h^{-1}	1 ~ 2	1.5 ~ 2.5
渗透速率/mm·h^{-1}	1 ~ 1.5	2.5 ~ 3
包壁状况	包壁完整，侵蚀量小	包壁侵蚀量稍大
		有时有剥落或粘钢
渣线情况	渣线侵蚀均匀	渣线侵蚀均匀
		局部有侵蚀坑
翻包情况	自动脱包率 100%	有时脱包困难
残衬状况	变质层厚 10 ~ 15mm	整个涂料层完全烧结
	原质层厚 15 ~ 25mm	
永久层状况	永久层基本没有残料	永久层上有残料，挂渣

表 4 - 15　中间包碱性干式振动料工作层残衬的化学分析结果

残衬层带	厚度/mm	化学组成 $w/\%$				
		SiO$_2$	Al$_2$O$_3$	Fe$_2$O$_3$	CaO	MgO
工作渣		28.38	18.13	2.42	24.65	18.78
附渣层	3 ~ 5	27.25	18.97	6.24	24.19	23.36
反应层	10 ~ 15	10.09	6.02	5.24	6.59	72.08
烧结层	8 ~ 10	8.37	2.91	2.12	1.69	84.91
过渡层	15 ~ 20	4.72	2.94	1.75	3.40	87.19
未变层	15 ~ 20	3.2	—	—	2.91	93.97

气孔多，可起到保温隔热作用，减少中间包的散热，同时也使残衬易于自动脱包。在过渡层内，仅有少量低熔点物相，烧结不充分，气孔率高，也起到保温隔热作用。在反应层和附渣层，Al_2O_3 和 SiO_2 含量比未变层明显增加，显然它们来自钢水和炉渣。这表明碱性干式振动料中间包工作层衬能吸收钢水和炉渣的 Al_2O_3 和 SiO_2，有利于提高钢水的纯净度。

中间包碱性干式振动料应用中存在的主要问题是，烘烤时因酚醛树脂结合剂分解和碳化，放出难闻的气味，有损环境和健康。开发无味无害的全无机结合的干式振动料是今后的改进方向。

4.3.5 中间包镁质浇注料预制板工作内衬[41]

除了上述各种中间包工作内衬外，我国有些钢厂用镁质浇注料预制板修筑中间包工作层内衬代替涂料，烘烤时无有害气体排出。山东莱芜钢铁公司以电熔镁砂为主要原料，硅微粉为结合剂，磷酸盐为分散剂，生产致密型镁质浇注料预制板，含 MgO 86%，体积密度 $2.8g/cm^3$，热导率 $3.42W/(m·K)$，平均使用寿命达 30h 以上。武汉钢铁公司用一种轻质镁质浇注料预制板代替涂料，以烧结镁砂和电熔镁砂为原料，硅微粉为结合剂，磷酸盐为分散剂，并加入纤维。浇注成型的轻质镁质预制板含 MgO 81.84%，体积密度 $2.0g/cm^3$，抗折强度 4.5MPa，热导率 $0.6W/(m·K)$，在 15t 连铸中间包上使用，每炉平均浇注 45min，9 炉后渣线侵蚀 5mm。

4.4 中间包钢水流态调控用耐火材料装置

早期的连铸机大都为单流或双流，连铸炉次少，中间包仅是一个过渡性缓冲容器，主要目的是减少钢水压力，保持钢水恒压，使钢水匀速注入结晶器。因此，在早期的中间包内，除了用于控制注入结晶器钢水速度的塞棒—水口系统外，没有其他任何机构装置。随着中间包冶金技术的进步，在中间包内进行大量的水力模拟试验和现场试验的基础上，中间包内部的结构设计以提高钢水的洁净度为中心，从改善钢水流动状态出发，达到降低钢水夹杂物为目的，增添了许多调控钢水流态的装置。具有这种功能的耐火材料有：

（1）中间包挡流堰。

（2）中间包长水口注流区的钢流缓冲器。

（3）中间包钢水过滤器。

虽然中间包钢水过滤器也能起到调控钢水流态的作用，但其主要功能还在于过滤分离钢水中的固态颗粒夹杂物，故另行叙述。

4.4.1　中间包挡流堰系统和耐火材料

中间包挡流堰（weir），因其所处位置和布局，以及人们的习惯不同，也有称挡流坝（dam），挡流墙（wall）等不同称谓。在中间包内不设挡流堰墙时，连铸开浇时从大钢包快速注入的钢流冲撞到包底冲击垫上，钢流从高速垂直方向运动突然改变为水平方向运动，在中间包内瞬间激起钢水飞溅，强烈涡流和湍流，钢水的流动状态极其紊乱。随着中间包内钢水量的增加，大型钢包直泻钢水的冲击作用会有所减轻，但中间包的湍流紊乱状态不会有明显改观。在这种流态环境下，炉渣易被卷入钢水，严重影响钢水的洁净度。同时，由于钢水在中间包内的停留时间短，钢水中夹杂物没有机会上浮分离，并有部分钢水走捷径直接流进水口注入结晶器。此外，湍急的钢流可对塞棒等耐火材料造成严重的冲击侵蚀作用，对保证连铸长时间作业十分不利。中间包内设置挡流堰墙能有效排除上述种种弊端，其作用和功效取决于系统的设计和耐火材料的应用。图4-25示出了30t 6流中间包挡流堰墙的三种不同的设计方案[42]，从试验结果看，中间包内设置带孔的挡流堰（方案b）对中间包的冶金效果十分明显（表4-16）。

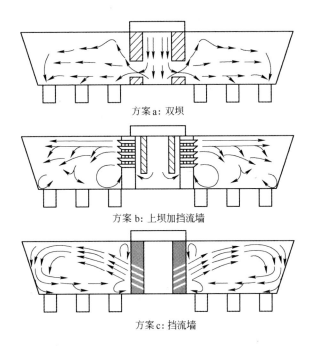

方案a: 双坝

方案 b: 上坝加挡流墙

方案c: 挡流墙

图 4-25 中间包挡流堰墙的不同设计方案

表 4-16 中间包挡流墙堰的结构设计与冶金效果

设计方案（参见图 4-25）	双坝（a）	上坝+挡流墙（b）	挡流墙（c）
流态调控，钢水-渣相互作用	弱	中	强
钢水在注流区内侧滞留时间	短	长	中
中间包渣吸收 Al_2O_3 夹杂物	少	中	多
总氧指数	中	低	高

　　由于挡流墙堰系统对钢水流态有显著的调控作用和冶金效果，中间包内设置挡流墙堰就成为洁净钢生产中提高钢水纯度所必须的一项技术措施。例如在上海宝钢 IF 钢生产工艺中，三重堰结构中间包就是其确保钢水洁净度所采取的生产技术之一。图 4-26 示出了日本日新制钢的 65t 箱型中间包三重堰结构[43]，它

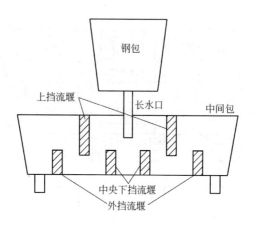

图 4-26　中间包三重挡流堰结构

由中央部位的下堰，上堰和外堰构成。它们将中间包分隔成三个既相互联系又相互独立的区域：长水口—冲击垫注流区，过渡区和整体塞棒—水口浇注区。中间包挡流墙堰在冶金上的作用可归纳如下：

（1）改变钢流的运动轨迹，延长钢流在中间包内的停留时间，使钢水中的夹杂物有充分的时间碰撞，聚集，上浮，净化钢水。

（2）改变中间包内的钢水流态分布，使钢水流场达到最佳状态。

（3）减少滞留区，扩大稳流区。

（4）使钢流到达中间包各个分流水口的时间基本相同，以均匀各流的温度，减少拉漏和塞棒粘结现象。

由于挡流堰的尺寸较大，为方便生产和安装，通常都由耐火材料厂制成预制件。挡流堰的材质一般用中高档高铝浇注料。但是，高铝耐火材料可造成钢水再氧化，危害钢的洁净度。此外，在先进的炼钢厂，如宝钢电炉钢厂，中间包采取等离子加热，耐火材料的使用条件恶化，可导致挡流堰严重侵蚀，变形和倒塌。为适应洁净钢生产的要求，挡流堰趋向使用高性能镁质浇注料制造预制块。

4.4.2 中间包挡流堰墙用镁质浇注料

4.4.2.1 镁质碱性挡流堰墙的损毁原因和应对策略

镁质中间包浇注料挡流堰使用时发生损毁的主要原因为：

（1）中间包挡流堰使用时受到钢流水平推力和浮力的作用，开始连铸时的钢流冲击力更大，当固定挡流堰的固定力不够大时，可导致挡流堰的严重垮塌损毁。

（2）与钢包相比，中间包内钢水温度较低，钢渣对耐火材料的侵蚀作用较轻。但在用等离子加热技术调控钢水温度的中间包内，挡流堰的使用条件恶化。由于等离子枪周围局部温度高达 2000℃，局部受炉渣侵蚀作用严重。图 4-27 示出了宝钢电炉厂等离子加热中间包的挡流堰的侵蚀情况[44]，在等离子枪附近，挡流堰损毁非常严重。

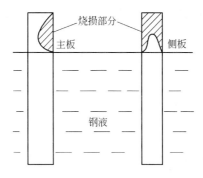

图 4-27 挡流堰在等离子加热中间包中用后的侵蚀损毁情况

基于中间包挡流堰的使用条件和损毁原因，设计挡流堰浇注料的组成和性能时应着重考虑下列几个方面：

（1）方镁石具有优良的抗炉渣侵蚀性能，能大量固溶 FeO，1500℃时的固溶度接近 50%，同时它不会污染钢水，并有一定的净化钢水的作用。因此，镁质材料为生产洁净钢的中间包挡流堰的首选材料。

（2）固定挡流堰的固定力主要取决于浇注料的热膨胀性能和抗高温蠕变性能。提高材料的热膨胀率时，挡流堰使用时体积胀大，产生挤压作用，可增大挡流堰的固定力和稳定性。但增大浇注料的热膨胀率时，易引发产生裂纹和裂纹扩大的趋向。与材料的热膨胀率的作用相反，浇注料的高温蠕变率高时，挡流堰的高温收缩变形大，使挡流堰的固定力变小和稳定性下降。因此，应当调整组成，使浇注料具有适宜的膨胀性能和优良的抗高温蠕变性能。

（3）配料中添加 Al_2O_3 细粉，还包括直接加入铝镁尖晶石细粉，是用以改善和调整镁质浇注料使用性能的常用技术措施。向镁质材料中加入的 Al_2O_3 细粉，在高温使用时原位反应生成铝镁尖晶石并产生体积膨胀效应，对挡流堰的稳定性有利。铝镁尖晶石具有高的抗侵蚀性能和抗高温蠕变性能，不危害钢的洁净度。

（4）硅微粉在高性能耐火浇注料的发展中起着关键性的作用。在碱性浇注料中，利用超细 SiO_2 与 MgO 和 H_2O 的反应产生 $MgO - SiO_2 - H_2O$ 凝聚结合，使无水泥，低水泥镁质碱性浇注料的开发获得成功。但是，硅微粉的引入会使浇注料的抗高温蠕变性能下降，并对钢的洁净度不利。因此，挡流堰用镁质浇注料应减少硅微粉的加入量。

4.4.2.2　镁质碱性浇注料的配料构成和作用

挡流堰用高性能镁质浇注料的配料构成比较复杂，包括优质镁砂或电熔镁砂，氧化铝微粉，铝镁尖晶石细粉，硅微粉，铝酸钙水泥，磷酸盐（如六偏磷酸钠），$CaCO_3$ 等。还有预防养护和干燥时发生开裂的防爆纸纤维，提高强度的补强耐热钢纤维。它们在浇注料中的作用和对性能的影响叙述如下。

A　镁砂

主要矿物为方镁石，浇注料的主要成分，具有很高的抗钢水和炉渣的侵蚀性能，可防止钢水被耐火材料再氧化，并有一定的钢水净化作用。

B 氧化铝微粉

高温下氧化铝微粉与镁砂细粉反应，原位生成铝镁尖晶石，使浇注料在高温下使用时产生一定的体积膨胀，可提高挡流堰的固定力，避免垮塌损毁。同时浇注料工作层因尖晶石的生成使组织结构致密化，可防止炉渣的浸透。氧化铝微粉还有改善浇注料流动性的作用。

图 4 - 28 示出了含 Al_2O_3 微粉的镁质浇注料的温度 - 热膨胀曲线[45]。Al_2O_3 与 MgO 大约在 1000℃ 开始反应生成尖晶石，在 1350 ~ 1400℃ 时生成量达最大值，此时浇注料的热膨胀率也达到最大。

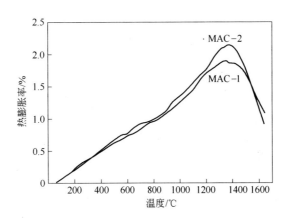

图 4 - 28 氧化镁 - 尖晶石浇注料的热膨胀曲线

图 4 - 29 示出了 Al_2O_3 微粉的相对含量与镁质浇注料的加热线变化率的关系[43]，随着 Al_2O_3 细粉的加入量增加，由于反应生成的尖晶石增加，线膨胀率增大。

图 4 - 30 示出了镁质浇注料的 Al_2O_3/MgO 比对抗渣性的影响[45]，随着 Al_2O_3/MgO 比的增大，渣侵蚀量增加，但炉渣渗透深度变小。

图 4 - 31 为浇注料的抗热震性能与 Al_2O_3/MgO 比的关系[45]，

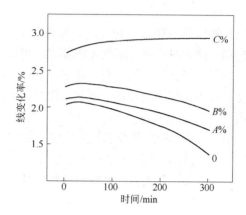

图 4 - 29　镁质浇注料的 Al_2O_3 微粉含量与加热线变化率的关系

1500℃，Al_2O_3 微粉含量：$A < B < C$

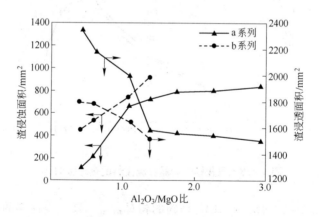

图 4 - 30　镁质浇注料的抗渣性与 Al_2O_3/MgO 比的关系

试验条件：1600℃，3h

炉渣成分 $w/\%$：CaO 49.52，Fe_2O_3 23.26，SiO_2 11.80，Al_2O_3 2.24，MgO 10.66

表明浇注料中的尖晶石可显著改善抗热震性能。遭受首次 1100℃ - 风冷的热震后，强度保存率为 80% ~ 100%，经 10 次热震后仍保持 50% ~ 60% 的强度。这是由于方镁石与尖晶石的热膨胀

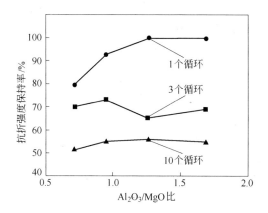

图 4-31　镁质浇注料抗热震性能与 Al_2O_3/MgO 比的关系

热震循环试验：1100℃—风冷

率存在差异产生裂纹，它可消除热应力，吸收能量。综合考虑，Al_2O_3/MgO 比控制范围为 1.1~1.5 较合适。

C　硅微粉

硅微粉为铁合金厂副产品，粒度很细（<1μm），活性较高，在水中易形成 SiO—OH 结构，生成 $\equiv Si$—O^- 和 H^+ 离子，在 $MgO-SiO_2-H_2O$ 系统中存在如下反应[46]：

$$SiO_2 + H_2O \longrightarrow \equiv SiO-OH \longrightarrow \equiv Si-O^- + H^+ \qquad (4-10)$$

$$\begin{array}{ccc}
O & O-H & H-O & O & O & O \\
\ \ \diagdown & \diagup & \diagdown & \diagup\ \ & \diagdown\ \ \ \ \diagup \\
Si & + & Si & \longrightarrow & O-Si-O-Si & + H_2O \\
\ \ \diagup & \diagdown & \diagup & \diagdown\ \ & \diagup\ \ \ \ \diagdown \\
O & O & O & O & O & O
\end{array}$$

$$(4-11)$$

$$MgO + H_2O \longrightarrow Mg(OH)_2 \qquad (4-12)$$

$$3MgO + 4SiO_2 + H_2O_2 \longrightarrow 3MgO \cdot 4SiO_2 \cdot H_2O （蛇纹石）$$

$$(4-13)$$

$$3MgO + 2SiO_2 + 2H_2O \longrightarrow 3MgO \cdot 2SiO_2 \cdot 2H_2O （滑石）$$

$$(4-14)$$

　　上述式(4-10)~式(4-12)反应，生成凝胶，形成网状结构，使镁质浇注料发生硬化和产生强度。上述式(4-13)和式(4-14)反应生成蛇纹石和滑石，在900℃左右转变为镁橄榄石，使浇注料具有较高的中温强度。

　　图4-32所示的MgO-SiO₂系相平衡图[29]，在镁质浇注料中引入SiO₂微粉，可生成硅酸镁（MgSiO₃）化合物，1557℃分解熔融。在SiO₂-MgO·SiO₂二元系中，低共熔点温度为1543℃。因此，SiO₂的引入将使镁质浇注料中的液相出现温度大大降低，造成高温体积收缩和变形。图4-33示出了硅微粉添加量对镁质浇注料的加热线变化率的影响[47]，随着硅微粉含量的增加，加热后的膨胀率下降。为确保挡流堰有足够的固定力，硅微粉的添加量应尽量减少。

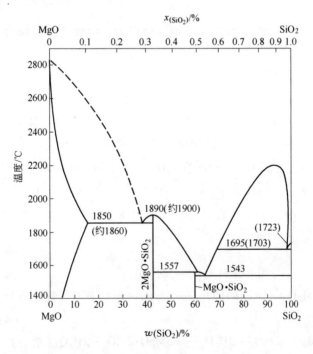

图4-32　MgO-SiO₂系相图

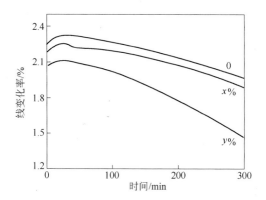

图 4-33 硅微粉添加量对镁质浇注料的加热线变化率的影响

1500℃，硅微粉含量：$x < y$

D 铝酸钙水泥

在水泥结合的镁质浇注料中，铝酸钙水泥是胶凝结合材料；而在磷酸盐结合的浇注料中，它是促凝剂。

E 磷酸盐

在水泥结合的镁质浇注料中，磷酸盐是分散剂和缓凝剂；而在磷酸盐结合的浇注料中，它是胶结剂。

F CaCO₃

在磷酸盐结合浇注料中，$CaCO_3$ 与磷酸盐反应形成 $Na_2O \cdot 2CaO \cdot P_2O_5$，高温下分解生成 $3CaO \cdot P_2O_5$，具有高温高强结合力。

4.4.2.3 镁质浇注料的结合剂系统

镁质浇注料的结合剂有以铝酸钙水泥为主要成分的铝酸钙水泥结合剂系统和以磷酸盐为主要成分的磷酸盐结合剂系统。它们的构成比较复杂，包括铝酸钙水泥，硅微粉，Al_2O_3 细粉，六偏磷酸钠和 $CaCO_3$ 等，对浇注料的流动性，干燥时裂纹的发生和强度等性能有重大影响。

A 铝酸钙水泥结合剂系统

在以铝酸钙水泥作为结合剂主成分的镁质浇注料中，六偏磷酸钠用作分散剂，也起缓凝作用和防止浇注料干燥时产生开裂。图4-34示出了六偏磷酸钠对水泥结合的镁质浇注料的流动性和强度的影响[47]。在不加六偏磷酸钠时，浇注料的凝固速度很快，无法使用。添加少量六偏磷酸钠可提高浇注料的流动性，但超过0.1%以后，流动性下降。浇注料干燥后的强度随着六偏磷酸钠的增加而提高，在加入0.3%时达到最大值。在防止浇注料干燥后发生裂纹的作用方面，加入0.2%能防止干燥后的裂纹发生，但超过0.4%，则会发生裂纹。在水泥结合的镁质浇注料中，六偏磷酸钠的适宜加入量为0.1%～0.2%。它的作用机理是：水泥结合浇注料养护时，铝酸钙水泥释放出钙离子和产生大量的胶凝物。胶凝物填充气孔，堵塞了干燥时排出水分的通道，致使预制件内蒸汽压力增加，并加速镁砂水解，结果产生开裂。六偏磷酸盐可抑制或俘获从铝酸盐水泥中溶出的钙离子，从而起缓凝作用和防止开裂的作用。

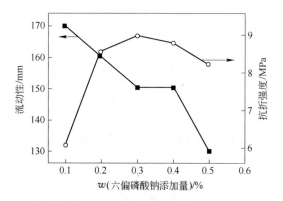

图4-34　六偏磷酸钠对水泥结合的镁质浇注料的流动性和强度的影响
镁质浇注料：镁砂85%，Al_2O_3细粉5%，尖晶石粉3%，
铝酸钙水泥3%，硅微粉2%

B　磷酸盐结合剂系统

在以磷酸盐作为结合剂主成分的镁质浇注料中，铝酸钙水泥用作促凝剂。加热到约800℃时，生成$Na_2O \cdot 2CaO \cdot P_2O_5$，

1500℃时转化为 $3CaO \cdot P_2O_5$，具有高温高强结合性能。MgO 参加这些反应过程，磷酸盐有预防镁砂水化的作用。

图 4-35 示出了磷酸盐结合镁质浇注料的流动性和常温抗折强度与六偏磷酸钠添加量的关系[47]。加入 1.0% 六偏磷酸钠时，镁质浇注料的流动性好，流动性达 150mm 以上，但干燥时发生开裂，这表明磷酸盐的加入量不足以防止镁砂水化。加入 3% 以上的六偏磷酸钠后，浇注料仍有良好的流动性，干燥后不再发生裂纹。浇注料的常温抗折强度随着磷酸盐加入量的增加而提高，但高温抗折强度在含 5% 磷酸盐时达到最大值，之后，随着磷酸盐加入量的增加而迅速下降（图 4-36）。这表明，磷酸盐含量超过 5% 以后，高温下形成大量低熔物。磷酸盐结合镁质浇注料的六偏磷酸钠加入量应小于 5%。

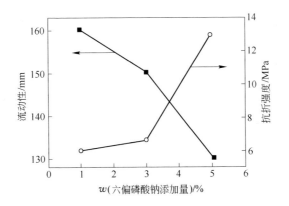

图 4-35 六偏磷酸钠对磷酸盐结合镁质浇注料的
流动性和常温抗折强度的影响

4.4.2.4 镁质浇注料挡流堰预制件的制造、性能和应用

镁质浇注料挡流堰预制件是为适应洁净钢生产而研发的中间包精炼用高性能耐火材料，各厂的制作工艺有所不同，例如：

江苏沙钢的生产工艺为：（镁砂细颗粒＋部分镁砂细粉＋防爆剂＋分散剂）→ 预混→（＋镁砂粗颗粒＋剩余的镁砂细粉＋

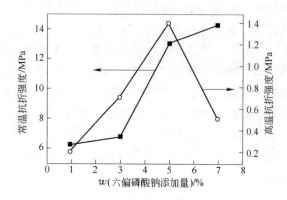

图 4 - 36　六偏磷酸钠添对磷酸盐结合镁质浇注料的常温
和高温抗折强度（1400℃）的影响

其他添加剂）→ 干混 →加水湿混→出料→振动成型→养护→脱
模→再养护→预检→烘烤→出炉→检验入库。

　　武钢的生产工艺为：（镁砂颗粒 + 有机纤维）→一次干混
1 ~ 2min→ + 细粉 →二次干混 1 ~ 2min→ + 钢纤维→三次干混 2
~ 3min→ + 水（ ~ 6%）→湿混 3 ~ 4min →振动成型 →自然养护
24h →脱模 →自然干燥 24 ~ 48h→入窑烘烤→检查→入库。

　　配制镁质浇注料的原料采用优质耐火原材料，表 4 - 17 列

表 4 - 17　挡流堰镁质浇注料的原料化学组成 （w/%）

原料	MgO	Al_2O_3	SiO_2	CaO	Fe_2O_3	$Na_2O + K_2O$
镁砂						
烧结 95	95.7	0.14	3.02	0.51	0.3	0.02
烧结 98	98.2	0.1	0.45	1.4	0.1	
电熔	98 ~ 99		0.15 ~ 0.40	0.4 ~ 1.1	0.15 ~ 0.40	
尖晶石	28.8	70.4	0.21	0.33	0.1	0.04
Al_2O_3 粉		99.7	0.02		0.01	0.27
硅微粉	0.5 ~ 1.5	0.3 ~ 3.0	90.0 ~ 98.0	0.1 ~ 0.5	0.2 ~ 0.8	0.6 ~ 1.7
铝酸盐水泥	0.12	72.5	0.35	26.5	0.31	0.57
六偏磷酸钠	纯度 >98%					
$CaCO_3$	工业纯					

举了实际应用的耐火原料组成[47,48]。挡流堰浇注料的组成和性能列于表 4 – 18[43,47~49]。在宝钢的浇注料中，添加了 Cr_2O_3 微粉，在高温下使用时与 MgO 反应生成具有高耐火性能的尖晶石，可大大减轻在等离子加热条件下使用时的局部熔损。在韩国浦项钢铁公司的浇注料中，添加了 $CaCO_3$，其作用可能是 $CaCO_3$ 在烘

表 4 –18　挡流堰用镁质浇注料的组成与性能

生产厂 使用厂	太湖耐火厂 宝钢	武钢	沙钢 节能耐火厂	日本黑崎 日新制钢	韩国 浦项钢铁
配料组成 w/% 　MgO（镁砂，级）	（电熔） （镁砂粉）	>85	84.8	77	78 （95.98 砂） （98 粉）
Al_2O_3（粉）				17（√）	（7）
铝镁尖晶石（Cr_2O_3）	（√）			√	√
SiO_2（硅微粉）	√	√	（3）	4（√）	√
铝酸钙水泥	√	√	0.6		5
$CaCO_3$					5
六偏磷酸钠	√	√	5		5
用水量/%		6	2（钢纤维）		7.5
体积密度/g·cm^{-3} （气孔率/%）〈线变化率 　/%〉 　100℃，24h			2.92	2.88 （13.0）	2.66 （14.4）
1000℃，3h			2.80〈±0.1〉		2.62 （21.8）
1500℃，3h			2.80〈0.1〉		2.72 （19.4）
抗折（耐压）强度/MPa 　100℃，24h，冷后	（85）	7.6	12（143）	13.0	15.2
1000℃，3h，冷后		（87.5）	3.3（39）		7.8
1500℃，3h，冷后		3.2 （38.5） 4.1（55）	8.5（66）	3.2	6.0
中间包	等离子加热				等离子加热

烤或使用时分解变成活性 CaO，有助于形成磷酸钙高温结合，同时游离 CaO 也有利于钢水的净化。

在使用后的镁质挡流堰残块上，表层的 Al_2O_3 含量比原预制块高 3 ~ 4 倍，这表明浇注料的 MgO 与钢水中的 Al_2O_3 夹杂物反应形成复合尖晶石相，MgO 起到净化钢水的作用，同时也阻止熔渣对耐火材料的进一步渗透。

4.4.3　中间包防钢水冲击耐火材料

4.4.3.1　中间包钢水冲击垫

连铸开始作业时，钢水从大钢包经长水口注入中间包时，高速钢水流股直冲中间包包底，对包底耐火材料内衬产生剧烈的冲刷磨损作用，中间包常因包底局部严重损坏而提前报废。为此，钢流冲击底部衬（冲击垫）采用高耐冲刷耐磨损的高铝耐火砖。为提高冲击垫的使用寿命和减轻对钢水的污染作用，对冲击垫耐火材料不断进行改进：从高耐磨损的高铝耐火砖→高强度铝镁浇注料预制块→镁质浇注料预制块。表 4 - 19 列出了日本神户制钢和上海宝钢中间包冲击垫耐火材料的性能[5,49]。

表 4 - 19　中间包冲击垫耐火材料的性能

生产厂/使用厂	日本神户制钢		宝　钢	
	高铝砖	铝镁浇注料	高铝砖	铝镁浇注料预制块
化学组成 w/%				
$\quad Al_2O_3$	83	90	>75	>7.9
$\quad$ MgO		8		>90
显气孔率/%	19.7		19 ~ 21	
$\quad$（体积密度）/g·cm^{-3}）				（2.74）
$\quad$ 105℃，24h		18.1		
$\quad$ 1500℃，3h		19.7		
常温抗折（耐压）强度/MPa	（86）		（>60）	68.9
$\quad$ 105℃，24h，冷后		2.2		
$\quad$ 1500℃，3h，冷后		19.2		
加热线变化率/%				
$\quad$ 105℃，24h		-0.03		
$\quad$ 1500℃，3h	+1.55	+0.75	-0.2 ~ 0	

4.4.3.2 中间包钢水缓冲器

虽然中间包挡流堰墙系统能显著改善钢水的流动状态和提高钢水的洁净度，但在有些场合，例如，中间包的容量较小，可用空间有限，或中间包采取低液位操作时，中间包内没有条件设置控制钢水流场的挡流堰墙系统。针对这些情况，对钢水冲击垫做了许多改进和尝试，出现了能够消纳钢水注流冲击的动能，对湍急涡流有阻尼作用的钢水缓冲器。

钢水缓冲器是在中间包冲击垫的基础上不断改进演变而来的，有各种不同的形式：波纹板型，弯月形，浅槽型和烟灰缸型等。图4-37示出了一种典型的烟灰缸型钢水缓冲器的结构和钢水流动状态示意图[41]。从长水口注入的高冲击力钢流，经过缓冲器的缓冲消解整流后，钢流从流入时的翻滚紊乱，到流出时变得平稳缓速流向浇注区。缓冲器在浇钢开始阶段，可减少钢水飞溅，改善操作的安全性和环境。转入正常浇注时，可以消除钢水紊乱，改善中间包内的钢水流态，延长钢水的停留时间，有利于钢中夹杂物上浮。此外，由于钢流变得平稳，浇注区的耐火材料的磨损也大为减轻，水口堵塞减少，有利于提高连铸炉次和连铸机的效率。现在钢水缓冲器已在许多钢厂得到应用，为薄板坯连铸中间包的一项重要技术。图4-38示出了用缓冲器作为中间包钢水流态控制的一种优化结构设计方案[42]。

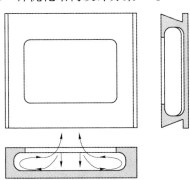

图4-37 中间包钢水缓冲器的结构和钢水流态变化

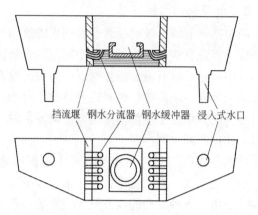

图 4 - 38 中间包钢水缓冲器的应用

由于中间包钢水缓冲器的形状特异，采用高性能耐火材料浇注料制作预制件比较简便。表 4 - 20 列出了中间包钢水缓冲器耐火材料的理化性能[41]。

表 4 - 20 中间包钢水缓冲器耐火材料的化学组成和性能

牌　号	A - 75	M - 85
化学组成 $w/\%$		
Al_2O_3	≥75	
MgO		≥80
体积密度/$g \cdot cm^{-3}$		
200℃，24h	≥2.9	≥2.9
1500℃，3h	≥2.9	≥2.9
常温耐压强度/MPa		
200℃，24h，冷后	≥60	≥80
1500℃，3h，冷后	≥80	≥70
常温抗折强度/MPa		
200℃，24h，冷后	≥8	≥8
1500℃，3h，冷后	≥10	≥7
永久线变化率/%		
1500℃，3h	±0.5	±0.5

4.5 中间包钢水过滤器

4.5.1 钢水过滤器的发展背景

在炼钢生产工艺中，清除钢水夹杂物的最常用方法是让密度小于钢水的夹杂物自然向上漂浮，达到表层熔渣时被熔渣俘获吸收。如用铝脱氧处理钢水时，脱氧产物固态 Al_2O_3 颗粒残存在钢水中，在脱氧处理后，让钢包静止搁置一段时间，夹杂物就会依靠固 - 液密度差浮力慢慢上浮，从而可以排除钢水中的有害固态颗粒夹杂物。

根据斯托克（Stoke）定律，在静止的液体中，固态颗粒或互不混溶的液体液滴的上浮速度与颗粒大小存在如下关系[50]：

$$v = \frac{2}{9}gr^2 \frac{\rho_L - \rho_s}{\eta} \qquad (4-15)$$

式中　v——颗粒的上浮速度；

g——重力加速度；

r——颗粒半径；

ρ_L——液体密度；

ρ_s——颗粒密度；

η——液相黏度。

显然，在条件相同的情况下，夹杂物颗粒大小对其上浮速度起控制性作用，并且随着粒度的增大，成倍迅速加快。因此，漂浮法对清除钢水中尺寸较大的夹杂物颗粒比较有效，且简单易行。但是，如图 4-39 所示[51]，对于中小颗粒夹杂物，漂浮速度很慢，并且在实际过程中，由于夹杂物颗粒通常粘带大量的铁和渣，使夹杂物颗粒与钢水间的密度差减小，结果是夹杂物的上浮速度要比理论速度更小。此外，夹杂物的颗粒形状也常常并非球形，夹杂物的上浮阻力增大，上浮速度进一步变小。

因此，漂浮法不能有效地除去钢水中的中小夹杂物颗粒，在

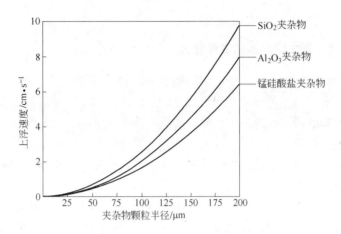

图 4 - 39　钢水中夹杂物颗粒的上浮速度与颗粒大小的关系

通常情况下，即使采取包底吹氩促进夹杂物上浮，小于 $80\mu m$ 的夹杂物仍不能靠上浮法除掉。这些中小颗粒夹杂物不但影响钢的洁净度，在连铸过程中易粘结浸入式水口的内壁，造成水口堵塞，中断连铸的连续进行。为防止连铸水口结瘤堵塞和改善钢的质量，炼钢生产中常采取的一项措施是对含 Al_2O_3 夹杂物较高的钢水进行钙处理。在对钢水进行钙处理时，向钢包中吹入钙合金。固态 Al_2O_3 夹杂物与钙处理剂反应转变为低熔点液态铝酸钙（<1400℃），连铸时可以顺畅通过水口，避免了结瘤堵塞，在铸坯冷却凝固后，形态上转化为对钢的性能危害较小的球形化颗粒。然而，钙处理技术毕竟未能除掉夹杂物颗粒，夹杂物依然留在钢中。并且由于 Al_2O_3 的完全液化的组成范围窄，参见图 4 - 22 所示的 $CaO - Al_2O_3$ 系相图，钙处理过程存在不易精确控制的问题。若钙剂吹入量不足，Al_2O_3 夹杂物就不能充分液化；而钙剂过多，则形成高熔点的高钙化合物（表 4 - 21[35]114）。此外，留在钢水中的过剩钙对滑动水口和浸入式水口可造成非常严重的侵蚀作用，使耐火材料的使用寿命大大降低，并可对钢水造成新的污染。

表4-21　钙铝酸盐的性质

化 合 物	$w(CaO)/\%$	$w(Al_2O_3)/\%$	熔点/℃	密度/g·cm^{-3}
3 CaO·Al$_2$O$_3$(C$_3$A)	62	38	1535	3.04
12 CaO·7Al$_2$O$_3$(C$_{12}$A$_7$)	48	52	1455	2.83
CaO·Al$_2$O$_3$(CA)	35	65	1605	2.98
CaO·2Al$_2$O$_3$(CA$_2$)	22	78	1750	2.98
CaO·6Al$_2$O$_3$(CA$_6$)	8	92	1850	3.38

　　尽管漂浮法和钙处理技术不断进步和成熟，如在钢包底部吹氩以加快和均化处理过程，并已在洁净钢生产中获得广泛应用。但是，无论是漂浮法还是钙处理技术，都存在先天不足，它们无法完全掌控钢水中的夹杂物颗粒大小，还受人为操作因素的影响，存在许多不确定性，难保钢材质量高度均一、稳定、可靠。

4.5.2　中间包钢水过滤系统与耐火材料

　　图4-40示出了典型的装有泡沫陶瓷钢水过滤器的中间包内部结构[51]。泡沫陶瓷钢水过滤器镶嵌在中间包的挡流堰上，连

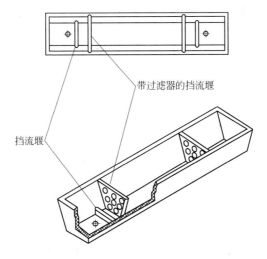

图4-40　装有泡沫陶瓷过滤器的中间包

铸作业时，钢水从注流区流经过滤器进入浇注区，钢水中的固态颗粒夹杂物被过滤器截留清除。

钢水过滤净化技术为机械式分离处理，原理上完全不同于漂浮法和钙处理技术。中间包内的钢水过滤技术可作为漂浮法和钙处理技术的补充，为进一步提高钢水的洁净度再增添一道关卡。此外，过滤器还能有效地减轻中间包内的湍流，改善钢水的流态，有利于夹杂物的上浮。从结构和形式上看，中间包钢水过滤器有两种类型：

（1）泡沫陶瓷过滤器，材质上有 Al_2O_3 质和 $Al_2O_3 - ZrO_2$ 质耐火材料，适用于容量较小的连铸中间包。

（2）直通孔式过滤器，材质为 CaO 质耐火材料。由于 CaO 对钢水有独特的净化功能，并且直通孔式过滤器的通过能力大，适用于大型中间包，在许多大型钢厂的精炼中间包得到推广使用。

中间包钢水过滤器使用时受到高温钢水的剧烈冲击和磨损作用，连铸作业和洁净钢冶炼对钢水过滤器提出如下要求：

（1）热容量小，以防止钢水的凝结而影响正常浇注。

（2）抗热震性能好和强度高，能承受浇钢过程中的热应力和机械应力的破坏作用。

（3）比表面积大，以捕获更多的夹杂物。

（4）钢流顺畅，通钢量大。

（5）耐磨损侵蚀，寿命与中间包匹配。

4.5.3　泡沫陶瓷钢水过滤器

4.5.3.1　泡沫陶瓷钢水过滤器的过滤机理

过滤是借助过滤介质的固 - 液分离过程。在用多孔性泡沫陶瓷作为过滤介质时，按过滤介质的薄厚，可分为筛孔式过滤和深床式过滤两种类型。如图 4 - 41 所示[50]，在筛孔式过滤方式中，开始进行过滤时，尺寸大于过滤孔眼的固体夹杂物以机械方式被滤网拦截而被清除，小于过滤孔眼的固体夹杂物和液体则可以顺利通过滤网（图4-41 a）。在这种过滤模式下，开始阶段只能滤除比滤网孔眼大的夹杂物，不能滤除小于滤网孔眼的夹杂物。随着过滤的进行，滞留在过滤介质表面的固体颗粒逐渐增多，积累形成滤饼过滤层（图4-41b）。再继续进行过滤时，固-液混合液通过滤饼过滤层过滤后，再经过过滤介质（网孔）滤出。在滤饼过滤层过滤时，可截获比过滤器本身孔眼小得多的固体颗粒。但是，随着过滤时间的延长，堆积层越来越厚，如要保持液流畅通，则必须加大过滤压力。

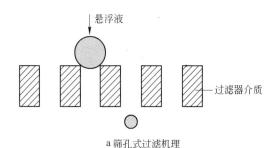

a 筛孔式过滤机理

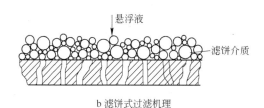

b 滤饼式过滤机理

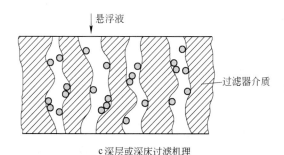

c 深层或深床过滤机理

图4-41 固-液过滤分离方式和过滤机理

在深床过滤方式中（图 4 - 41c），当固 - 液混合液流通过弯曲通道时，固体颗粒可因离心力作用被甩进弯曲的死角滞留。因此，深床过滤能截留小于滤网孔眼尺寸的小颗粒夹杂物，并能保持液流顺畅。

图 4 - 42 示出了泡沫陶瓷过滤器对铝脱氧钢的过滤试验结果[52]。过滤孔眼尺寸与过滤效率有关，在过滤开始阶段，孔眼较小的过滤器，过滤效率较高。但是，随着钢水过滤量的增加，孔眼较大的过滤器，过滤效率提高，并超过孔眼较小的过滤器。

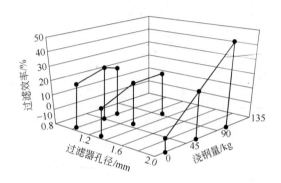

图 4 - 42   过滤器孔眼尺寸对钢水过滤效率的影响

在连铸过程中，钢水通过量大，要求过滤器既能有效地捕获夹杂物，又能保持钢流速度。显然，按以上所述，用作钢水过滤的泡沫陶瓷过滤器，选用孔眼较大和厚度较厚的深床式过滤器较为有利。

4.5.3.2   泡沫陶瓷过滤器的生产工艺和性能

泡沫陶瓷过滤器是一种体积密度很小（约 $0.6g/cm^3$），开口气孔率很高（约 80%），具有三维网状陶瓷骨架结构和相互贯通气孔的多孔陶瓷制品。泡沫陶瓷过滤器一般采用聚氨酯泡沫塑料为载体，由陶瓷粉末、黏结剂、消泡剂和絮凝剂等添加剂研磨混合制成泥浆，浸渍后去掉多余泥浆，经干燥成坯体，高温焙烧后制得。表 4 - 22 列出了泡沫陶瓷钢水过滤器的性能[50,53,54]。

表 4-22 泡沫陶瓷钢水过滤器的性能

制造厂 使用厂	美国 Consolided Aluminum 公司		日本 太平洋金属		哈尔滨理工大学 湖北机电院	
材 质	刚玉	ZrO_2 增 韧刚玉	Al_2O_3	ZrO_2	ZrO_2 增 韧刚玉	刚玉
化学组成 $w/\%$ Al_2O_3 ZrO_2	99	35 65	99	3(MgO) 97		
体积密度/$g \cdot cm^{-3}$ 开口气孔率/% 常温耐压强度/MPa	0.66/0.47 70/81 6.0/3.6	2	0.89 7.5	0.64 5.3	0.6 80 0.9	0.4~0.7 75~85 2.3~3.5
最高使用温度/℃	1700	1700			1600	1650
过滤器厚度/mm	10~25	20~25	25	25		
滤孔尺寸/目	15 / 25	15 / 25	3	3	15	10.20
应 用	连铸中间包		5t, 15t 中间包		铸钢	

4.5.3.3 泡沫陶瓷钢水过滤器的应用

美国赛滤（Selee）公司生产的锆铝质泡沫陶瓷过滤器在连铸不锈钢时，连续连铸时间达到 5.5h，通钢量 330t，氧化铝夹杂物的滤除率 40%~80%。图 4-43 示出了钢水和铸坯过滤前后的氧化铝夹杂物颗粒大小的变化情况[52]，该图清楚显示，钢水经过泡沫陶瓷过滤器过滤后，中小颗粒夹杂物的数量大大减少。

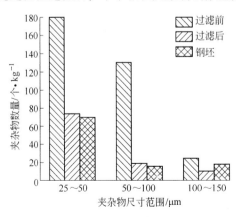

图 4-43 过滤前后的钢水和铸坯夹杂物含量的变化情况

日本新日铁公司在 15t 连铸中间包的挡流堰上试用泡沫陶瓷过滤器，滤孔尺寸为 2 ~ 3 孔/cm，铝镇静钢铸坯的洁净度提高约 15%[55]。

4.5.4　直通孔式 CaO 质陶瓷钢水过滤器

4.5.4.1　过滤器的结构和过滤机理[56]

图 4 - 44 示出了 CaO 质陶瓷过滤器在连铸中间包挡流堰上的安装示意图，过滤器为直通孔深床式过滤器。

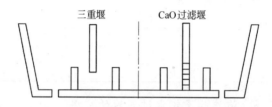

图 4 - 44　CaO 陶瓷钢水过滤器在中间包内的安装示意图

图 4 - 45 为日本日新制钢公司（Nisshin Steel）的 CaO 质陶瓷过滤器的截面图。它由两块过滤板组成，形成梯级圆锥形直通孔结构，流入口孔径为 50mm，流出口孔径为 40mm，厚度为 200mm。

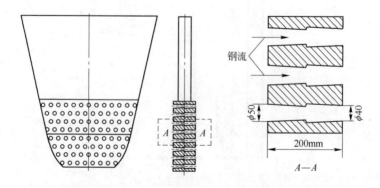

图 4 - 45　CaO 质陶瓷钢水过滤器

图 4 -46 示出了用后 CaO 质陶瓷钢水过滤器的化学分析采样部位。图 4 -47 示出了用后过滤器的 SiO_2 和 Al_2O_3 含量的变化情况。总体上看，用后过滤器的 SiO_2 和 Al_2O_3 含量有明显提高；在钢水流入口部位和中部喉口以后的位置，由于流径发生变化，

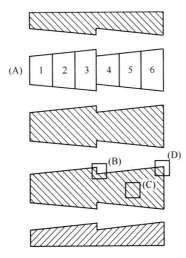

图 4 -46　用后 CaO 陶瓷质钢水过滤器的分析取样图

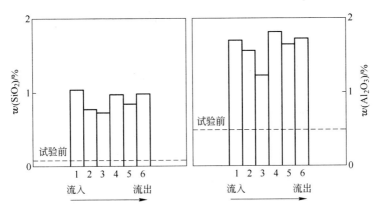

图 4 -47　用后 CaO 质陶瓷钢水过滤器中 SiO_2 和 Al_2O_3 分布情况

（流入、流出过程的代表数字与图 4 -46 中 A 样的数字对应）

钢流变缓，过滤器表面与钢水接触更充分，SiO_2 和 Al_2O_3 的含量更高。这表明，CaO 质过滤器对钢水有较大作用的净化。

从表 4-23 所列的用后过滤器的化学组成变化可以看到，CaO 质陶瓷钢水过滤器在过滤钢水时吸收了钢中杂质 Al_2O_3，SiO_2 和 S。电子探针显微分析显示，颗粒间隙中有低熔点化合物 $12CaO \cdot 7Al_2O_3$ 和 $3CaO \cdot Al_2O_3$。图 4-48 示出了过滤器经由表面反应和吸收反应产物的净化钢水的作用机理。钢水中的夹杂物和杂质与过滤器表面上的 CaO 发生如下反应：

$$Al_2O_3 + CaO \longrightarrow 12CaO \cdot 7Al_2O_3$$
$$\downarrow$$
$$3CaO \cdot Al_2O_3 \qquad (4-16)$$
$$SiO_2 + CaO \longrightarrow 3CaO \cdot SiO_2$$
$$\downarrow$$
$$2CaO \cdot SiO_2 \qquad (4-17)$$
$$S + CaO \longrightarrow CaS + [O] \qquad (4-18)$$

表 4-23 用后 CaO 质陶瓷钢水过滤器的化学组成

试 样		化学组成 $w/\%$				
		CaO	Al_2O_3	S	TiO_2	SiO_2
试验前		92.7	0.5	0.01	—	0.1
试验后	B	86.4	4.47	0.12	1.19	2.44
	C	87.4	3.15	0.10	0.63	1.68
	D	88.7	3.11	0.19	1.16	1.78

注：B、C、D 为取样部位，见图 4-46。

$12CaO \cdot 7Al_2O_3$（熔点 1455℃）和 $3CaO \cdot Al_2O_3$（熔点 1535℃）为低熔点化合物，大部分被 CaO 质钢水过滤器吸收，也有一部分可能落进钢水中。

4.5.4.2 CaO 质陶瓷钢水过滤器的生产工艺和性能

直通孔式 CaO 质陶瓷钢水过滤器最适用于大通量的连铸中

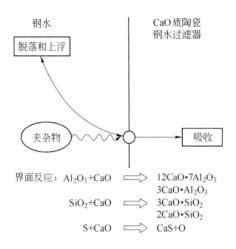

图 4-48 CaO 质陶瓷钢水过滤器的净化机理

间包。但氧化钙易水化，生产过程中的水来源于结合剂的水，空气中的潮气，以及碳氢燃料燃烧产生的水分，给生产带来很大困难。因此，生产 CaO 质陶瓷钢水过滤器的主要问题是控制水的危害，采取下列措施可获得满意的效果[57]：

（1）降低生产过程中的环境湿度。

（2）减少氧化钙原料在空气中的暴露时间。

（3）使用防水性结合剂。

（4）在电炉或最好在真空电炉中烧成。

（5）制品表面涂防水剂。

（6）采用真空包装。

表 4-24 列出了直通孔式 CaO 质陶瓷钢水过滤器的性能[56,58~60]。

4.5.4.3 CaO 质陶瓷钢水过滤器的应用

图 4-49 示出了日本日新制钢公司在 65t 中间包上试用 CaO 质陶瓷钢水过滤器的效果[56]，钢水经过过滤器后，夹杂物含量和颗粒尺寸明显减少，净化效果显著。

表 4 - 24　直通孔式 CaO 质陶瓷钢水过滤器的性能

生产厂 使用厂	中　国				日本
	武钢	鞍钢	钢铁研究总院 宜兴耐火厂	宝钢	
化学组成 w/%					
CaO	>94	>97	>98.00	98.97	92.7
MgO		<0.7	<0.7		
SiO$_2$		<0.1	<0.10	0.05	0.1
Al$_2$O$_3$		<0.5	<0.50	0.49	0.5
Fe$_2$O$_3$		<0.1	<0.10		
体积密度/g·cm^{-3}	2.85	2.4	2.4~2.42		
显气孔率/%	12~15	<27	27~30		
耐压强度/MPa	25	20	>20		
过滤器类型		直通孔	直通孔		直通孔
厚度/mm					200
孔径/mm					
流入口		18			50
流出口					40
应　　用	板坯连铸 3~4 炉	板坯连铸 48t 中间包	10t 中间包 连铸7~8 炉	板坯连铸	65t 中间包

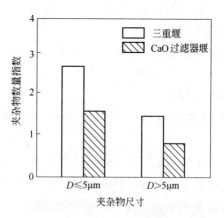

图 4 - 49　CaO 质陶瓷钢水过滤器的过滤效果

武汉钢铁公司的主要产品为优质薄板材，非金属夹杂物对钢材品质的危害作用很敏感。为了减少钢中夹杂物，在中间包挡流堰上安装 CaO 质陶瓷钢水过滤器（图 4 - 50[58]），作为提高钢材质量的一项技术措施。钢水经过 CaO 质陶瓷钢水过滤器后，钢中的非金属夹杂物含量减少 15% ~ 20% ，特别是对于 08Al 钢种，不仅大幅度减少了 Al$_2$O$_3$ 夹杂，还能减轻和消除水口的堵塞现象。CaO 质陶瓷钢水过滤器的使用寿命为 3 ~ 4 炉钢水，与中间包内衬寿命基本同步。

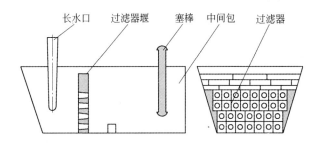

图 4 - 50   武钢中间包使用的 CaO 质陶瓷钢水过滤器

鞍钢第三炼钢厂在板坯连铸 48 t 中间包中使用 CaO 质陶瓷钢水过滤器后，钢中的夹杂物含量下降 13%[59]。柳州钢铁公司在板坯连铸 10 t 中间包上使用，CaO 质陶瓷钢水过滤器可连浇 7 ~ 8 炉,滤除钢水中的非金属夹杂物的效率为 22.7% ~ 40%[60]。

4.6 中间包吹氩精炼用耐火材料

为了进一步净化钢水，促进夹杂物上浮，也像钢包一样，有些钢厂在中间包底部安装透气砖向钢水喷吹氩气。但是，中间包的钢水深度浅，内部结构复杂，氩气气泡流上升并向外扩张时受到挡流堰墙等障碍物的阻挡，钢水吹氩气洗的效果也就大打折扣。下面叙述针对中间包的特点改进和设计的吹氩技术和耐火材料的应用。

4.6.1 中间包全包衬吹氩和耐火材料[61]

图 4 - 51 为欧洲钢厂采用的中间包全包衬吹氩系统的示意图。在包底和包壁的永久衬和多孔性工作衬之间埋设带孔眼的管线，构成环绕包底和包壁的氩气配送系统，氩气经由多孔性耐火材料保护内衬的微孔从全方位均匀吹入钢水。永久层内衬用耐火浇注料修筑，多孔工作层衬用耐火振动料或喷涂料修筑。表 4 - 25 列出了用火焰喷涂法施工的保护工作层衬的性能，作为比较，表中列出了绝热板和隔热耐火涂料的性能。该法吹氩气流可按管线上的孔眼配置分配到中间包内的各处钢流中，能对钢水充分气洗，有明显的净化作用（参见图 4 - 52）。

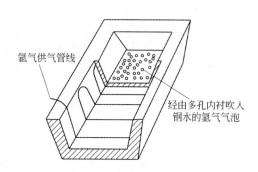

图 4 - 51 中间包全包衬吹氩系统

表 4 - 25 中间包工作内衬的性能比较

材料类型	体积密度/g·cm^{-3}	显气孔率/%	常温耐压强度/MPa
火焰喷涂多孔内衬			
1400℃ 喷涂	1.2	63	1.0
1500℃ 喷涂	1.6	53	15.0
1600℃ 喷涂	2.2	32	42.5
碱性绝热板	1.6	53	4.3
隔热耐火涂料	1.4	54	0.2

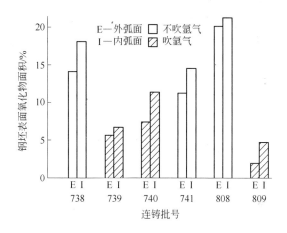

图4-52　中间包全包衬吹氩的钢水净化效果

4.6.2　中间包气幕墙钢水净化系统与耐火材料

4.6.2.1　中间包气幕墙的功效

图4-53为奥地利林茨转炉钢厂（LD-Stahlwerk，Linz GmbH）的V形中间包俯视图[62]，为了试验气幕墙的钢水净化效果，在其右流道内安装一道透气梁（Purging beam），作为比较，左流道未装透气梁。通过透气梁向钢流吹入氩气，当氩气气泡上升时，在钢流中形成氩气气幕墙。对双流道铸坯的取样分析显示，钢水流经中间包气幕墙清洗后，非金属夹杂物颗粒减少了30%～60%。

图4-54示出了本溪钢铁公司炼钢厂大板坯连铸机的中间包透气梁和气泡流气幕墙的形成示意图[63]。与包底透气砖吹氩相比，通过中间包透气梁吹入的气泡流范围大大扩宽，包含钢水流经的整个断面，在中间包的注流区和浇注区之间形成氩气泡气幕屏障。如同包底透气砖吹氩，在精炼过程中，氩气气泡流上升时可带动夹杂物颗粒上浮，并可增加夹杂物间的相互接触和碰撞机会，从而有促进小颗粒夹杂物长大和加快上浮速度等作用。除此

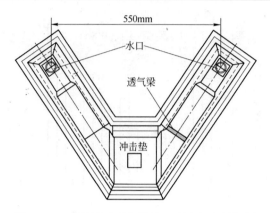

图 4-53　安装试验透气梁的 V 形中间包俯视图

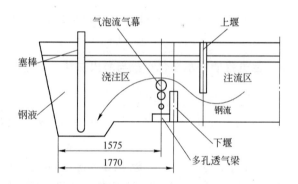

图 4-54　中间包多孔透气梁和气幕墙形成示意图

之外，中间包气泡流气幕墙还有下述两种特殊功效：

（1）改变中间包内钢水流场，阻碍夹杂物颗粒从中间包的长水口－冲击垫（注流区）移向塞棒－水口（浇注区），从而可直接提高铸坯的洁净度；

（2）改变中间包塞棒－水口区内的钢水流动状态，减弱上部钢水急速下转的流动方式，从而可减少夹杂物和保护渣被钢流卷入的几率。

4.6.2.2　中间包透气梁耐火材料

中间包透气梁为一块整体多孔性耐火材料预制件，其尺寸主要取决于对气幕墙的要求，与中间包的形状和尺寸匹配。在修筑中间包永久层时嵌入永久层中，图4-55为本溪钢铁公司的透气梁的结构示意图[63]。中间包透气梁应具有如下性能：

（1）有良好的透气性能，吹入的气泡流均匀分布，孔径为200～500μm。

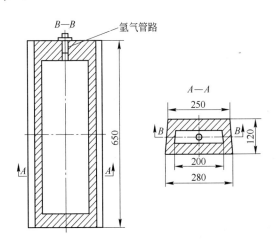

图4-55　中间包透气梁的示意图

（2）有良好的抗热震性能，能耐受开浇时高温钢水的热冲击作用。

（3）不被钢水渗透，抗侵蚀性能好。

奥地利林茨钢厂使用的透气梁为镁质耐火材料，性能列于表4-26[62]。

表4-26　透气梁耐火材料的性能

化学组成 w/%		物　理　性　能	
MgO	97	体积密度/g·cm^{-3}	2.72
Al$_2$O$_3$	0.1	气孔率/%	21
Fe$_2$O$_3$	0.2	耐压强度/MPa	>35
CaO	1.9	通气量/m^3·s^{-1}·m^{-2}	8.3×10^{-3}
SiO$_2$	0.5		

4.6.2.3　中间包透气梁的应用[62,63]

中间包气幕墙清除钢水夹杂物的效果取决于气幕墙中的气泡大小和气泡流的稠密度。气泡的直径取决于透气梁的气孔孔径，气泡流的稠密度由供气速度控制。在实际操作中，吹气时让中间包上面的覆盖保护渣层保持波动，但不暴露钢水，以防止钢水氧化。奥地利林茨钢厂的氩气送气量为 80L/min，本溪钢铁公司为 5~50L/min，压力 0.2MPa。

图 4-56 示出了奥地利林茨钢厂连铸优质钢时中间包气幕墙清除夹杂物的效果。结果表明，中间包气幕墙净化技术可使钢中小于 10μm 的小颗粒夹杂物显著减少，平均粒径为 6μm 的夹杂物的清除效率为 60%，平均粒径为 3μm 的夹杂物的清除效率为 30%。本溪钢铁公司大板坯连铸机 45t 中间包采用气幕墙净化技术后，连铸坯中没有发现大于 40μm 的氧化物夹杂物和大于 30μm 的硫化物夹杂物，钢水的洁净度有较大的改善。

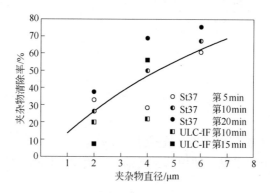

图 4-56　中间包多孔透气梁吹氩清除夹杂物的效果
（吹氩后取样时间/min：5，10，15，20）

4.7　中间包等离子加热用阴极导电耐火材料

4.7.1　中间包等离子加热的功效与耐火材料

在洁净钢生产中，钢的洁净度和夹杂物的数量、大小、形态及分布是最受关注和必须严格控制的技术指标。中间包内的钢水温度波动不但会影响钢的洁净度和夹杂物，并且还会影响到钢水由液态转变为固态铸坯时的结晶过程，进而影响钢的显微组织结构和钢的使用性能。通常，为了保证连铸作业顺利，避免因钢水热量损失造成水口堵塞，要求从钢包注入中间包的钢水有一定的过热度。但是，中间包钢水温度受许多人为或非人为的不确定因素影响，常可导致钢水的过热度不足或过高。如当钢水的过热度不足或下降到某一温度时，由于低熔物的析出，铸坯夹杂物缺陷会急剧增加（见图4-57[64]）。过热度进一步减少时，钢水在浸入式水口中的粘堵加重，造成浇注困难。反之，当过热度过高时，铸坯晶粒组织结构粗大，并有严重的偏析，还有可能发生漏钢事故。因此，对于生产优质洁净钢来说，采取适当的加热措施，使中间包钢水保持在最佳的浇注温度范围内是十分必要的。

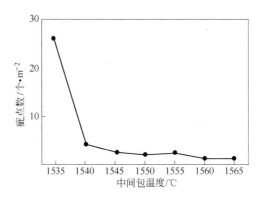

图4-57 中间包钢水温度对铸坯缺陷的影响

对中间包钢水的加热调温有不同的方法，如电磁感应加热，氧-燃加热和等离子加热等。其中，等离子加热法具有效率高，易掌控，并可保持保护渣完整覆盖和不污染钢水等优点，得到越来越多的应用。等离子加热法可使中间包内的钢水温度精确控制在小于±5℃，使低过热度恒温浇注变成了现实。低过热度连铸能大大提高铸坯的等轴晶率（参见图4-58[35]460），对提高铸坯的质量有重要意义。其实，低过热度连铸带来的好处还不止于此，可向上推到炼钢生产工艺的上一段工艺，降低转炉的出钢温度和钢包温度，从而节约炼钢能耗和延长耐火材料的使用寿命，有利于节能减排环保。

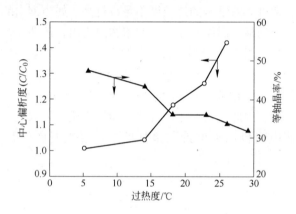

图4-58　中间包的钢水过热度对铸坯中心
偏析度及等轴晶率的影响

　　在中间包等离子加热系统中，导电砖砌筑在注流区的包壁或包底作为导电回路的阴极（参见图4-59[65]）。中间包等离子加热系统工作时，等离子喷枪从中间包上部喷入高温等离子弧，经过钢水时释放热能，局部温度可高达2000℃，因此，对比邻耐火材料构成严重威胁。为保证中间包等离子加热回路的安全可靠和电路系统运行平稳及钢水的洁净度，对阴极导电砖提出如下基本要求：

　　（1）具有优良的导电性能，尽可能减少能耗。

　　（2）要求电阻率稳定，以保证电流回路平稳运行。

　　（3）良好的抗高温侵蚀作用和抗氧化作用，使用寿命长，材料费低。

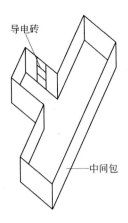

图4-59　中间包等离子加热系统的阴极
导电砖砌筑示意图

（4）对钢水不污染。

根据上述要求，镁碳砖被选作等离子加热系统的阴极导电材料。

4.7.2　中间包等离子加热阴极导电镁碳砖[65]

镁碳砖最初是为高功率/超高功率电炉炉墙热点部位研制开发的高性能耐火材料，出发点基于镁砂（方镁石）和石墨（炭素）互不兼容，保持各自的特性，使镁碳砖兼具这两种耐火原料的高耐火、抗侵蚀、抗热震、抗浸透等卓越性能。但同时也因含碳易氧化导致侵蚀损毁。经过多年的研究和改进，镁碳砖已成为可靠的高性能炼钢炉衬耐火材料。但用作中间包等离子加热阴极导电材料时，与用作炉衬材料的镁碳砖相比，对它的要求有一些明显的差别。上海宝钢根据中间包等离子加热阴极导电砖的使用要求，在普通镁碳砖生产工艺的基础上进行了许多研究和改进，研制生产的导电砖在中间包等离子加热阴极上使用取得了良好效果，其生产工艺原理和要点叙述如下。

4.7.2.1　阴极导电镁碳砖的生产工艺参数选定

A　镁砂

为保证阴极导电镁碳砖具有优良的抗侵蚀性能，选用抗侵蚀性能优良的高纯电熔镁砂作为主原料，要求 MgO 含量大于 97%。

B　石墨

石墨的纯度越高，材料的电阻率越小，导电性能就越好，但是，石墨的抗氧化性能变差，导致材料在使用过程中的稳定性变差。综合权衡利弊，选用纯度 ≥98%，粒度 ≤100 目的石墨粉（牌号为 -198F）。

C　抗氧化剂

普通镁碳砖一般使用 Al、Si、及 Mg – Al 金属粉作抗氧化剂。在一些特殊要求的镁碳砖中，还采用抗氧化性能更好的 B_4C 复合抗氧化剂（表 4 – 27）。B_4C 熔点高（2470℃），热膨胀系数小，热导率较高，对大多数熔融金属和炉渣不润湿，可明显提高材料的抗热震性和抗渣性。基于 B_4C 的上述优点，为提高导电砖的抗侵蚀性能，采用含 B_4C 的复合抗氧化剂。

表 4 – 27　抗氧化剂的种类对 MgO – C 砖的抗氧化性能的影响

试样编号	1	2	3	4	5
抗氧化剂种类	无	Al	Si	Mg – Al	Al + Si + B_4C
最大脱碳层厚度/mm	7.5	3.0	4.0	4.6	1.5
脱碳面积/%	6.0	30	40	44	16
脱碳失重率/%	7.8	4.5	5.0	5.6	2.5

试验条件：试样尺寸 $\phi36mm \times 36mm$ 圆柱体，1100℃，4h，通入压缩空气。

D　镁砂颗粒级配

镁砂颗粒级配不仅会影响制品的体积密度，更重要的是对镁碳砖的导电性能有很大的影响。从表 4 – 28 列出的测试结果可以看到，随着粗颗粒镁砂含量减少，中间颗粒含量增加，镁碳砖的电阻率有明显的下降趋势。

表4-28　镁砂颗粒级配对镁碳砖电阻率的影响

镁砂颗粒级配 粗:中:细	石墨含量/%	抗氧化剂含量/%	电阻率/Ω·m
60:5:35	14	3.0	1.72×10^{-4}
50:15:35	14	3.0	1.63×10^{-4}
40:25:35	14	3.0	0.95×10^{-4}

E　酚醛树脂结合剂

阴极导电镁碳砖的生产中采用与一般镁碳砖相同的热固性酚醛树脂，性能列于表4-29。

表4-29　热固性酚醛树脂结合剂的性能

颜色、性状	黏度/Pa·s	固含量/%	游离酚/%	溶剂挥发分/%
透明棕黄色 黏稠液体	4.2 (28℃)	78.4	<7	<5

F　热处理

图4-60示出了两类镁碳砖的电阻率在加热过程中的变化情况。总的来看，无论是试验砖还是法国进口砖，它们的变化趋势大致相同。对于未经1300℃埋碳热处理的砖，在低温时，由于石墨鳞片上粘附着的一些酚醛树脂结合剂起着绝缘作用，镁碳砖的电阻率较大，导电性能较差。随着加热温度提高，酚醛树脂分解炭化，电阻率逐渐变小，导电性能变好。当温度继续提高，达到800℃以后，由于酚醛树脂炭化完成，镁碳砖的电阻率趋于稳定。对于经过1300℃埋碳热处理的镁碳砖，从低温加热到1100℃以上的整个范围内，电阻率变化波动很小，保持比较稳定的状态。为保证中间包等离子加热回路的安全可靠和电路系统运行平稳，根据此项测试确定，中间包等离子加热阴极导电镁碳砖须经900℃，1h热处理。

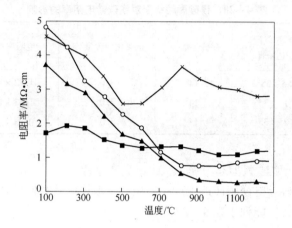

图 4 - 60   镁碳砖加热时的电阻率变化情况

─○─ 未经处理的研制砖；─■─ 经过 1300℃ 埋碳热处理的研制砖；
─▲─ 未经处理的法国砖；─✕─ 经过 1300℃ 埋碳热处理的法国砖

4.7.2.2   阴极导电镁碳砖的生产工艺流程

图 4 - 61 示出了中间包等离子加热阴极导电镁碳砖的生产工艺流程。与普通镁碳砖的生产工艺相比，阴极导电镁碳砖在经过 180℃ 热固化处理后，还要再进行一次 900℃ 埋碳热处理，以确保具有稳定的电阻率，为等离子加热回路平稳运行打下有利的基础。

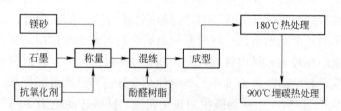

图 4 - 61   中间包等离子加热阴极导电镁碳砖的生产工艺

4.7.2.3   阴极导电镁碳砖的性能和应用

中间包等离子加热阴极导电镁碳砖的性能列于表 4 - 30。与普通镁碳砖相比，阴极导电镁碳砖的碳含量较低。

表 4 - 30　等离子加热阴极导电镁碳砖的性能

性　能	处理条件	宝钢砖	法国砖
化学组成 $w/\%$			
MgO		80. 4	84. 3
TC		12. 1	9. 7
体积密度/$g\cdot cm^{-3}$		2. 96	2. 94
显气孔率/%	180℃，10h	2. 0	5. 0
常温耐压强度/MPa		38. 6	36. 0
常温抗折强度/MPa		19. 9	12. 0
体积密度/$g\cdot cm^{-3}$		2. 82	2. 83
显气孔率/%	1400℃，3h	13. 0	15. 0
常温耐压强度/MPa		24. 4	17. 8
常温抗折强度/MPa		5. 8	4. 8

　　宝钢阴极导电镁碳砖的尺寸为 $455mm \times 153mm \times 75mm$，试
用初期砌筑在中间包注流区的包壁处。浇注中间包整体永久衬
时，预留阴极导电砖的空位，阴极导电镁碳砖从包底一直砌到中
间包的上沿。连铸结束后中间包喷涂料解体时很容易造成阴极导
电砖脱落，损毁增大。后来将阴极导电砖改砌在中间包注流区前
面二堰之间的底部，翻包掉砖现象基本不再发生，阴极导电砖的
使用较为正常，使用效果与法国砖相当。

4.8　中间包覆盖保护渣

4.8.1　中间包覆盖保护渣的功能

　　中间包覆盖保护渣是无氧化保护连铸系统中的一个重要组成
部分，对钢的洁净度有重要影响，起着多种不同的作用：
　　(1) 隔热保温，减少钢水温度下降；
　　(2) 阻隔空气与钢水接触，防止钢水的再氧化；
　　(3) 吸收冲入中间包的滑动水口引流砂；
　　(4) 吸收从钢水中上浮的非金属夹杂物，净化钢水。

4.8.2　中间包覆盖保护渣的工作状况和对它的要求[2]

中间包覆盖保护渣通常由双层材料构成：上层为固态粉粒层，下层为液态熔渣层。上层一般采用疏松的炭化稻壳作隔热层，起绝热保护作用。炭化稻壳的主要成分为固定碳和灰分，含固定碳45% ~ 55%，挥发分小于6%，灰分中 SiO_2 含量大于90%。炭化稻壳保温性能好，耐高温，与下层熔渣接触后可形成一些酸性熔渣，含 SiO_2 54% ~ 55%，Al_2O_3 11% ~ 19%，FeO 10% ~ 11%，MgO 6% ~ 8%。下层为高碱度渣，与钢水接触时熔化为液态渣层，起熔解和吸收夹杂物的作用，并防止空气渗透发生二次氧化。为有效保护钢水和吸收夹杂物，使用时希望覆盖保护渣的熔融层尽可能驻留在中间包的钢水液面上，因而要求中间包保护渣熔体具有适当高的黏度。

4.8.3　中间包覆盖保护渣的净化能力

中间包保护渣对钢水的净化能力取决于保护渣的理化性能。日本水岛钢厂做过研究，试验的保护渣化学组成列于表4 – 31[66]，中间包容量为50t，注速2.6 ~ 2.8t/(min·流)，板坯尺寸为220mm × (1100 ~ 1500)mm，浇注超低碳钢（C < 0.0030%，Al = 0.04% ~ 0.05%，Si < 0.01%），图4 – 62示出了中间包保护渣的碱度对中间包钢水总氧含量差的影响。随着中间包保护渣的碱度提高，中间包钢水与 RH 精炼终了的钢水总氧含量差降

表 4 –31　对比试验的中间包保护渣的理化性能

保护渣编号	A	B	C	D
化学组成 w/%				
SiO_2	47.4	7.6	5.7	2.6
Al_2O_3	2.7	22.2	20.7	20.5
CaO	39.5	46.2	62.5	58.2
CaO/ SiO_2	0.83	6.1	11.0	22.4
熔化温度/℃	1280	1380	1300	1410

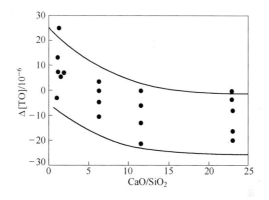

图 4 - 62 中间包保护渣碱度 （CaO/SiO₂） 与钢水总氧
含量差 Δ[TO] 之间的关系

低，即有利于保持钢水的洁净度。在双流中间包的试验中得出的
结果为，用高碱度中间包保护渣（C）的总氧含量比用低碱度保
护渣（A）的低（6~16）×10⁻⁴%。

4.8.4 复合型高碱度中间包保护渣

炭化稻壳是中间包保护渣的上层传统原材料，保温效果好，
但对环境污染大，且可使钢水增碳。炭化稻壳失碳后成为高硅质
物料，使保护渣的碱度下降，导致保护渣吸附钢水夹杂物的能力
降低，不利于钢水的净化。洛阳耐火材料研究院和上海利尔耐火
材料公司采用珍珠岩代替大部分炭化稻壳，并引入 CaO 质原料，
研制开发具有保温性能和熔化速度适中的复合型高碱度中间包覆
盖保护渣。保护渣的熔化温度 1200~1350℃，有良好的铺展性，
含 CaO30%~45%，Al₂O₃<10%，SiO₂5%~15%。使用时，复
合型保护渣形成合理的 3 层结构：熔融层、半熔融层、粉状层，
既有利于钢水保温，又能隔绝空气防止钢水氧化，对钢水夹杂物
具有较强的吸附能力。表 4 - 32 列出了复合型中间包保护渣的初
渣和使用过程中的成分、碱度的变化情况[67]。随着浇注工作的

进行，保护渣的碱度明显下降，表明复合型保护渣可吸收钢包引流砂带进的大量 SiO_2。在使用终期的保护渣中，SiO_2、Mn 和 S 含量明显增加，表明复合型保护渣对钢水有显著的净化效果。

表 4 – 32　复合型中间包保护渣的成分和碱度随浇钢
包数增加的变化情况

项　目	化学组成 w/%					CaO/ SiO_2
	CaO	Al_2O_3	SiO_2	Mn	S	
覆盖渣初渣	40. 43	6. 75	8. 73	0. 12	0. 020	4. 6
第 5 包钢水	36. 73	8. 57	16. 12	3. 78	0. 024	2. 3
第 8 包钢水	30. 13	10. 71	21. 01	4. 12	0. 030	1. 43
第 13 包钢水	23. 42	14. 15	24. 51	5. 12	0. 034	0. 95
第 18 包钢水	20. 04	16. 89	30. 01	7. 15	0. 041	0. 67

参 考 文 献

[1] Lin Yulian. Roles and Progress of Refractories for Clean Steel Technology [J]. China's Refractories, 2010, 20 (2)：1 ~ 8

[2] 王建军, 包燕平, 曲英. 中间包冶金学 [M]. 北京：冶金工业出版社, 2001：4, 101

[3] 高靖超, 刁承民, 李保琴. 中间包结构及包衬耐火材料对钢水洁净度的影响 [J]. 耐火材料, 2006, 40 (4)：303 ~ 305

[4] 城田良康. タンデイッシュ精煉の現状と課題 [J]. 耐火物, 1989, 41 (1)：32 ~ 41

[5] Tian Shouxin, Jin Congjin, Yao Jinfu, et al. Development of Refractories for Continuous Casting [J]. China's Refractories, 2004, 13 (1)：9 ~ 13

[6] 徐志伟, 陈荣荣. 连铸中间包透气上水口的研制与应用 [J]. 耐火材料, 2000, 34 (6)：344 ~ 346

[7] 于萍霞, 虞炳泉, 陈欢. MgO – CaO 中间包涂料的研制 [J]. 耐火材料, 1996, 30 (5)：280 ~ 283

[8] 裴云毅, 牟济宁. 国产浸入式水口和长水口的研制和提高 [G]. 见：李庭寿, 孙险峰, 张用宾. 耐火材料科技进步. 北京：冶金工业出版社, 1997：247 ~ 257

[9] 戴工岗. 短流程炼钢工艺用耐火材料 [J]. 耐火材料, 1997, 31 (6): 345~347

[10] Soejima T, Akiizumi. Improvement of Tundish Refractories for Continuous Casting [J]. Taikabutsu Overseas, 1985, 3 (3): 18~21

[11] 平贺由多可, 藤本孝工, 神谷胜利, ほか. 高纯度 Al₂O₃ スリーブを用いたタンディッェノズル閉塞の抑制 [J]. 耐火物, 1997, 49 (12): 691~692

[12] Kuchar L, Harkki J. Refractory Material—Source of Reoxidation in Tundish [C]. Proceedings of UNITECR, Sao Paulo, Brazil, 1993: 1398~1410

[13] 林育炼, 刘盛秋. 耐火材料与能源 [M]. 北京: 冶金工业出版社, 1993: 144~147

[14] Lin Yulian, Zhao Jizheng. Insulating Boards for Continuous Casting Tundish. International Workshop on Technology and Development of Refractories [C]. Luoyang, China, 1994: 10, 1~8

[15] 赵继增, 周磊, 刘汉武. 中间包绝热板对钢质量影响的分析 [J]. 耐火材料, 1993, 27 (6): 338~341

[16] 钟万里. 中间包绝热板的损毁机理 [J]. 耐火材料, 1996, 30 (4): 202~206, 214

[17] Kanatani S, Maeda E, Okamoto T. Development of Castable for Tundish with Enhanced Spalling Resistance [J]. Journal of Technical Association of Refractories, Japan, 2003, (23) 4: 249~254

[18] 姚金甫, 田守信, 陈荣荣, 等. 中间包永久衬浇注料的损毁原因及其改进 [J]. 耐火材料, 2001, 35 (6): 342~344

[19] 贺志勇. 中间包整体浇注料的研制与应用 [J]. 耐火材料, 2001, 35 (2): 115~122

[20] 任国斌, 尹汝珊, 张海川, 等. SiO₂ - Al₂O₃ 系实用耐火材料 [M]. 北京: 冶金工业出版社, 1988: 283

[21] Kiryu Y, Yaoi H, Sukenari S. Development of Castable Refractories for Tundish Lining [J]. Taikabutsu Overseas, 1988, 8 (1): 9~16

[22] 郭清勋译. 自流浇注料在日本钢管公司的应用 [J]. 国外耐火材料, 1999, (7): 17~22

[23] 史道明, 刘玉泉, 范天应. 中间包用莫来石自流浇注料的研制与应用 [J]. 耐火材料, 2001, 35 (4): 221~222

[24] 程本军, 雷复兴. 中间包永久衬用自流浇注料的研制 [J]. 耐火材料, 1999, 33 (3): 163~165

[25] Nevala U, Karja J, Harkki O. Experiences of Different Tundish Lining Materials in Continuous Casting [C]. Proceedings of UNITECR, Japan, 1995: 133~140

[26] Sakakidanni K, Keitakoygo, Ikeda J, et al. Improvement on Working Surroundings of Tundish Maintenance Shop [C]. Proceedings of UNITECR, Sao Paulo, Brazil, 1993: 1387~1397

[27] 吴武华, 齐同瑞, 何家梅, 等. 镁钙质中间包涂料的研制与使用 [C]. '99全国连铸与电炉用耐火材料学术论文集, 武汉, 1999: 143~148

[28] Watanabe N, YohimuraM, Oguchi Y, et al. Properties and Performance of Coating Materials for Tundish [C]. Proceedings of UNITECR, 1987: 451~464

[29] 李红霞主编. 耐火材料手册 [M]. 北京: 冶金工业出版社. 2007: 16, 568

[30] 佟志枝, 张文杰, 顾华志, 等. 聚磷酸盐表面处理镁钙砂的抗水化性能 [J]. 耐火材料, 2002, 36 (1): 16~17, 20

[31] 陈树江, 姜茂华, 张红鹰, 等. 镁钙质中间包涂料的抗渣性能研究 [J]. 耐火材料, 2003, 37 (1): 48~49

[32] 潘永康, 于萍霞. 高钙镁钙质中间包涂料的性能及应用 [J]. 耐火材料, 1998, 32 (4): 216~218

[33] 吴华杰, 程志强, 金山同, 等. 镁钙质和镁质中间包涂料对钢水洁净度的影响 [J]. 耐火材料, 2002, 36 (3): 145~147

[34] 陈肇友. 中间包涂料用磷酸盐结合剂的讨论 [J]. 耐火材料, 1999, 33 (4): 229~234

[35] 赵沛, 成国光, 沈甦 主编. 炉外精炼及铁水预处理实用技术手册 [M]. 北京: 冶金工业出版社, 2004: 343, 349

[36] 王战民, 曹喜营. 浅谈不定形耐火材料新进展 [J]. 耐火材料信息, 2007, (5): 1~11

[37] 郭江华, 李友胜, 鄢凤鸣. 中间包干式工作衬用结合剂的探讨 [C]. 第十届全国耐火材料青年学术报告会. 西安, 2006: 267~271

[38] 沈志益, 朱神中, 秦世民, 等. 武钢炼钢生产用耐火材料的现状与发展 [J]. 耐火材料信息, 2007, (8): 1~6

[39] 王爱东, 赵建平, 徐海芳. 镁质干式料在薄板坯连铸中间包上的应用 [J]. 耐火材料, 2004, 38 (4): 292~294

[40] 高里存, 钱跃进, 蒋明学, 等. 中间包镁质干式工作衬残衬分析 [J]. 耐火材料, 2007, 41 (2): 144~146

[41] 孙庚辰, 张三华. 中间包用耐火材料的发展 [J]. 耐火材料信息, 2007, (6): 1~9

[42] 张国栋, 刘海啸. 连铸中间包结构的发展与优化 [J]. 耐火材料信息, 2007, (1): 3~6

[43] 榊谷胜利, 藤井幸一郎, 西敬, ほか. タンディッシ堰ブロックの熱応力解析にょる材質改良 [J]. 耐火物, 1997, 49 (12): 671~679

[44] 荣巍, 殷建树. 镁质挡渣堰的研制与应用 [C]. 第四届国际耐火材料会议论文集 (中文版), 北京, 1988: 101~104

[45] 毕振勇, 周宁生, 钟香崇, 等. 氧化镁-尖晶石浇注料的组成与性能的关系 [J]. 耐火材料, 1999, 33 (1): 12~14

[46] 邱祖新, 段大幅, 李贵华, 等. 镁质挡渣堰墙的研制与生产应用 [C]. 全国连铸与电炉用耐火材料学术会议, 武汉, 1999. 9, 114~118

[47] Du-Hwa J, Hyo-Joon K, Yong-Hum K, et al. Development and Application of Basic Dam Block for Tundish [J]. Journal of the Technical Association of Refractories, Japan, 2003, 23 (1): 4~10

[48] 张晓丽, 王启炯, 邵毅峰, 等. 中间包镁质挡渣堰的研制与使用 [J]. 耐火材料, 2003, 37 (5): 306~307

[49] Mori E, Fujita T, Tanikawa K. Application of Monolithic Lining to Tundish with Hot-Recycle Operation [J]. Journal of the Technical Association of Refractories, Japan, 2002, 22 (1): 31~36

[50] Aubrey L. S, Brockmeyer J. W., Mauhar M. A. Ceramic Foam-an Effective Filter for Molten Steel [C]. Steelmaking Conference Proceedings, 1986: 977~991

[51] Cummings M. A, McPherson S. C. Application of Ceramic Foam Filter in Continues Casting [C]. Electric Furnace Conference Proceedings, 1988: 445~452

[52] Jones S. C. Effect of Process Parameters on the Removal Efficiency of Inclusions from Steel Using Selee Ceramic Foam Filters [C]. Electric Furnace Conference proceedings, 1988, 46: 407~415

[53] 张定基, 苏平旺, 谢美翠. 陶瓷过滤器钢中夹杂物新技术 [J]. 武钢技术, 1987, (7): 72

[54] 冯胜山, 陈巨乔. 泡沫陶瓷过滤器的研究现状和发展趋势 [J]. 耐火材料, 2002, 36 (4): 235~239

[55] 塦嘉夫, 友沢一诚, 野村文夫, ほか. セリミッフィルタ-によるアルミキルド鋼の介在物除去 [J]. 鉄と鋼, 1986, 72 (4): 202~203

[56] Moguchi K, Sawamura K, Tawara M, et al. Filtration of Inclusion by CaO-Filter Tundish dam [C]. Electric Furnace Conference Proceedings, 1988, 46: 403~406

[57] 韩竟成. 氧化钙质陶瓷过滤器的防水化措施 [J]. 耐火材料, 1995, 29 (1): 300

[58] Zhao Yingjie, Yan Xinan, Dai Xiaoguang. The Recent Development of Refractories for Continuous Casting in WISCO [C]. Proceedings of the Second International Symposium on Refractories. Beijing, China, 1992: 317~325

[59] 温铁光, 刘洪奎. 钙质陶瓷过滤器去除夹杂物的效果 [J]. 耐火材料, 2002, 36 (4): 248

[60] 王乃荣, 韩霞秋, 韩竞成, 等. 中间罐净化钢液用陶瓷过滤器 [G]. 见: 李廷寿, 孙险峰, 张用宾编. 耐火材料科技进步. 北京: 冶金工业出版社, 1997: 283 ~ 287

[61] Piret J. European Tendencies and New Development of Refractories Materials for Steel Works [J]. Interceram, 1991, 40 (3): 179 ~ 183

[62] Kaufmann B, Koch E, Niedermayr A, et al. Purging in the Tundish-Improving Micro-Purity in High-Quality Steel Grades [J]. Veitsh-Radex Rundschau, 1996, (1): 34 ~ 43

[63] 薛文辉, 宋满堂, 陈立群. 中间包气幕挡墙的应用研究 [J]. 耐火材料, 2003, 37 (6): 364 ~ 365

[64] McPherson N. A, Henderson S. The Effect of Refractories Materials on Slab Quality [J]. Iron and Steel International. 1983, 56 (6): 203 ~ 206

[65] 姚金甫, 张耀璜, 姜周华, 等. 中间包等离子加热用导电镁碳砖的研制及应用 [J]. 宝钢技术, 1999, (5): 45 ~ 49

[66] 陈炎. 中间包钢液净化的新动向 [J]. 炼钢, 1993, (6): 46 ~ 49

[67] 贾江议, 陈路兵, 封文祥, 等. 连铸中间包高碱度覆盖剂的研制与应用 [J]. 耐火材料, 2003; 37 (4): 238

5 无氧化保护连铸用耐火材料

5.1 连铸钢水的无氧化保护系统

　　连铸，即连续铸钢，具有与模铸无可比拟的优越性：高效、低耗、节能、环保。作为冶金工业的一项重要新技术、新装备，连铸已在国内外钢铁工业得到了广泛的应用。但是，由于连铸工艺流程本身的特点和条件，要将洁净的钢水转化为优质洁净的钢坯，连铸的难度要远比模铸大得多。这是因为连铸工艺装备庞大复杂，如图 5-1 所示[1]，从钢包流出的钢水，要经过多道环节和长的距离，最终才能抵达结晶器内冷却凝固成为钢坯。在没有采取有效保护措施的情况下，高温钢流长时敞露在空气之中，易被空气直接氧化造成钢水的污染。同时，向下高速流动的钢流带动周围空气一起向下运动，部分空气会被卷入钢水中并一起流进中间包或结晶器内，与钢中的元素发生再氧化反应，形成二次氧

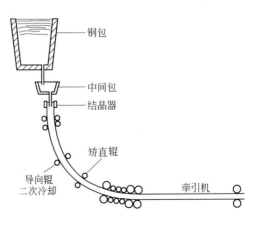

图 5-1　连铸机示意图

化夹杂物污染，并可加重水口的结瘤堵塞，影响连铸作业的正常进行。

显然，为了真正充分发挥连铸技术的优越性，满足洁净钢生产的要求，在整个连铸流程中，从钢包至结晶器，必须对钢水进行严格的有效管控，全程实施无氧化保护。图 5 – 2 示出了在现代化钢厂普遍采用的连铸全程钢水无氧化保护系统[2]。该保护系统使用了具有特定功能的多种耐火材料器件和覆盖保护渣，完全隔绝钢水与周围空气的接触，构成下列四个相对独立但又相互关联的封闭保护区：

（1）从大钢包注入中间包的钢流，用长水口系统封闭的保护区。

（2）中间包内的钢水，用中间包覆盖保护渣隔离的保护区。

（3）从中间包注入结晶器的钢流，用浸入式水口系统封闭的保护区。

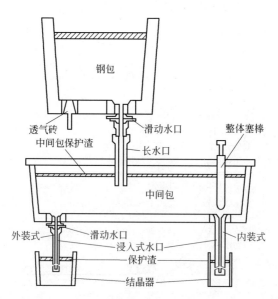

图 5 – 2　连铸钢水的全程无氧化保护系统与耐火材料的应用

（4）结晶器内的钢水，用结晶器覆盖保护渣隔离的保护区。

上海宝钢对敞开式连铸和封闭式无氧化保护连铸作业做过跟踪调查[3]，表5-1列出的结果表明，无氧化保护连铸可以显著提高钢的洁净度。因此，无氧化保护连铸技术已成为当代洁净钢生产集成技术中的重要组成部分。

表5-1 敞开式与封闭式连铸对钢水和钢坯洁净度的影响

钢中元素	$[O]/10^{-6}$			$[N]/10^{-6}$			$[Al]/10^{-6}$		
取样点	中间包	结晶器	钢坯	中间包	结晶器	钢坯	中间包	结晶器	钢坯
敞开式浇注	107	107	49	49	59	44	—	306	27
封闭式浇注	93	89	40	28	31	34	—	367	342

5.2 无氧化保护连铸工艺应用的功能耐火材料

正如图5-2所示，在无氧化保护连铸系统中，使用多种具有特定冶金功能的耐火材料器件，表5-2按钢水的浇注过程列

表5-2 无氧化保护连铸中的功能耐火材料

使用位置	材料名称	功　能
钢包至中间包	座砖，上水口 滑动水口 下水口 长水口	吹氩，清除夹杂物粘附 控制钢流注速 引导钢流 密封钢流，防止钢水飞溅和氧化
中间包	覆盖保护渣粉 整体塞棒	保温，隔断空气，吸收夹杂物 控制钢流注速，头部吹氩，清除夹杂物粘附
中间包至结晶器	座砖，上水口 滑动水口 浸入式水口	吹氩，清除夹杂物粘附 控制钢流注速 防止钢水飞溅和氧化
结晶器内	覆盖保护渣 浸入式水口	隔热保温，隔断空气，吸收夹杂物， 结晶器与钢坯的润滑 调控结晶器内的钢水运动状态

出了这些耐火材料的名称和功能。其中，长水口、整体塞棒和浸入式水口三种耐火材料最为关键。

从耐火材料制品的造型上看，长水口、整体塞棒和浸入式水口都是大型长管型耐火制品。它们的使用条件和生产工艺相近，是无氧化保护连铸流程中的核心耐火材料部件，被称为"连铸三大件功能耐火材料"，本书采纳这一广为流行的称谓，在本章一起叙述。其他耐火材料制品，如滑动水口等，因与三大件耐火材料有很大的差异，放在其他章节叙述。

连铸三大件功能耐火材料的研制开发成功为连铸技术和洁净钢的发展提供了必不可缺的前提条件。我国 1977 年研制成功熔融石英浸入式水口，由此结束了我国敞开式连铸的历史。为解决连铸高锰钢时熔融石英水口侵蚀严重的问题，1980 年我国研制成功等静压成型铝碳质（$Al_2O_3 - C$）浸入式水口，随后一系列铝碳质连铸功能耐火材料投入大规模生产和使用[4]。它们包括：铝碳质长水口、中间包整体塞棒、吹氩型浸入式水口、铝锆碳（$Al_2O_3 - ZrO_2 - C$）复合型浸入式水口及防堵型浸入式水口等连铸三大件功能耐火材料，成为无氧化保护连铸系统中最重要的关键性耐火材料，其中以浸入式水口尤为重要。

5.3　连铸三大件功能耐火材料的技术基础

5.3.1　连铸三大件功能耐火材料的工作环境和受到的损毁作用

连铸三大件功能耐火材料的工作环境和相关参数参见表 4 - 3。当连铸机开始浇注时，约 1600℃ 的高温钢水从钢包流经滑动水口、长水口注入中间包。此时中间包整体塞棒 - 水口钢流控制系统处于关闭状态，注入的钢水在中间包内逐渐积累，钢水的液面高度逐渐上升。与此同时，从中间包上方投入保护钢水的中间包覆盖保护渣，在钢水液面上形成一层保护屏障。之后，开启整体塞棒，钢水经浸入式水口注入结晶，并同时向结晶器投入覆盖保护渣。结晶器内的钢水，在结晶器保护渣的保护下，冷却凝固成为连续长钢坯, 至此, 炼钢过程终结。

连铸三大件耐火材料处于紧密相连的连铸系统中, 虽然它们所处的位置、功能及对它们的要求各不相同, 但它们的使用状况和遭受的侵蚀损毁作用存在许多共同之处, 在此综合叙述如下。

5.3.1.1 热震破坏作用[2,5]

连铸开始时, 涌入长水口的高温钢水迅速使长水口的内表面温度提高到钢水的温度 (1580~1600℃)。此刻, 若长水口在连铸开浇前未经预热烘烤, 外表面温度仍处于室温, 钢水的骤然冲入, 将使长水口的管壁内外表面层之间产生巨大的温差。即使经过预热烘烤, 如图 5-3 所示, 长水口的管壁内外温差依然很大。长水口的管壁内层在高温作用下必将产生高温热膨胀, 而管壁外层则还处在原有状态。在热膨胀应力的连带作用下, 长水口外层受到很大的张应力的作用, 内层则受到压应力作用 (图 5-4)。耐火材料的抗折强度一般都远小于耐压强度, 因此开浇瞬间, 长水口遭受严重的热震损毁作用, 外表面极易产生纵向裂纹。长水口外层受到的最大张应力 (σ_T) 的大小取决于长水口内外层温

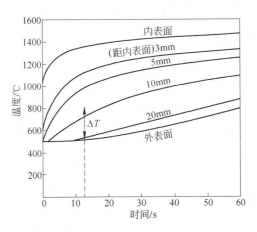

图 5-3 连铸开始瞬间长水口管壁内表面至外表面的温度分布

钢水温度: 1550℃; 长水口预热温度: 500℃

差和材料性能，有如下关系：

$$\sigma_T = \kappa \cdot \alpha \cdot E \cdot \Delta T \tag{5-1}$$

式中　κ——形状系数；

　　　α——材料的热膨胀系数；

　　　E——材料的弹性模量；

　　　ΔT——长水口管壁内外表面温差。

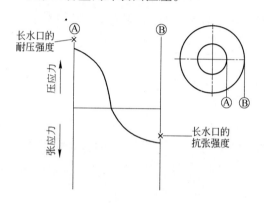

图 5-4　长水口管壁内的热应力状态

　　随着中间包内钢水的充盈，伸入中间包内的长水口下段内外均浸泡在钢水之中。这样，在长水口的长度方向（即纵向）也将产生很大的温差。在热膨胀应力差的作用下，长水口的横向也可产生横向开裂，继而造成断裂损毁。

　　对于中间包内的整体塞棒，连铸开始后，随着钢水流进中间包，整体塞棒的外表面温度骤升至钢水温度（1550～1580℃）。在中间包不经预热直接冷包浇注的情况下，整体塞棒的内表面温度仍处于室温。与上述长水口的热应力作用情况正好相反，此时，整体塞棒外表层受到的是压应力作用。耐火材料的耐压强度一般都较高，因而，高温钢水对整体塞棒的热冲击破坏作用较轻。并且在许多情况下，中间包使用前需要烘烤，在这种条件下，高温钢水对整体塞棒的热冲击作用大大减轻。

　　至于浸入式水口受到的热冲击作用，显然，不必赘述，与上述长水口的情况相同，遭受到高温钢水的激烈热震作用，只不过由于浸入式水口的尺寸较小，其所受到的热冲击作用程度不如长水口那样严重。

耐火材料的抗热震性能与耐火材料的其他性能有如下关系：

$$R_{CR} = \frac{\lambda S}{\alpha \cdot E} \tag{5-2}$$

$$R_{st} = \left[\frac{\gamma}{\alpha \cdot E}\right]^{1/2} \quad \text{或} \quad R_{st} = \lambda \left[\frac{\gamma}{\alpha \cdot E}\right]^{1/2} \tag{5-3}$$

式中　　R_{CR}——材料的抗裂性；

　　　　R_{st}——材料的抗热震性；

　　　　S——材料的强度；

　　　　λ——材料的热传导率；

　　　　α——材料的热膨胀系数；

　　　　E——材料的弹性模量；

　　　　γ——材料的断裂能。

图5-5示出了材料的抗热震性（R_{st}）与长水口遭受纵向裂纹损毁几率的关系，它们呈现良好的线性关系，这表明材料的抗热震性越好，长水口遭受纵向裂纹的损毁作用越小。

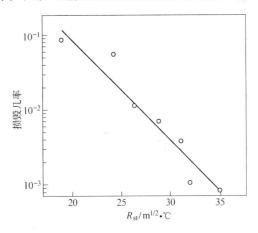

图5-5　长水口的抗热震性（R_{st}）与纵向裂纹损毁几率的关系

从以上分析可以得知，为了提高连铸三大件功能耐火材料的抗热震性能，应选用热膨胀系数和弹性模量均小的原材料制造。由于石墨的热膨胀系数和弹性模量都小，导热率高，且具有耐火度高，抗侵蚀性能强，不被金属熔渣浸润等特点，因此被广泛用作生产长水口、整体塞棒和浸入式水口的原材料，以改善耐火材料的抗热震性能和抗侵蚀性能。从前述可知，在连铸三大件功能耐火材料中，长水口遭受的热震破坏作用最大，整体塞棒遭受的热震作用较轻，所以，在连铸三大件耐火材料中，长水口的石墨含量较高，整体塞棒的石墨含量较低。

5.3.1.2   中间包保护渣的侵蚀作用

中间包保护渣一般由两层构成：上层为炭化稻壳，耐火度高，连铸过程中保持固态颗粒状态；下层为由 $CaO - Al_2O_3 - SiO_2$ 系基料和熔剂构成的粉状混合物料，熔化温度一般在 $1200 \sim 1350℃$，接触钢水熔化后在钢水液面上形成液态保护渣层。由于钢包开浇时滑动水口引流砂随同钢流带入结晶器内，因而要求中间包保护渣不但对钢水能起保温隔热和防止氧化的作用，同时还要求对 SiO_2 和钢水中的夹杂物 Al_2O_3 要有很强的熔解和吸收能力。因此，中间包保护渣的碱度高，通常 $CaO/SiO_2 > 4$，对 SiO_2 和 Al_2O_3 有很强的熔解和吸收能力。

图 5-6 示出了中间包保护渣在连铸过程使用中的组成变化历程，它是根据在上海梅山钢铁公司对复合型高碱度中间包保护渣进行现场试验所测定的数据绘制的[6]。中间包保护渣的基料组成范围大致在 $CaO - Al_2O_3 - SiO_2$ 系相图的富 CaO 区。随着连铸过程的进行，中间包保护渣不断熔解和吸收 SiO_2 和 Al_2O_3，它的组成点逐渐移出富 CaO 区域转向组成三相形的中心部位。显然，保护渣中增加的 SiO_2 和 Al_2O_3 含量应包含从长水口和整体塞棒等耐火材料被侵蚀和熔蚀的部分，这说明铝碳质长水口和整体塞棒的渣线部位在使用中遭受到中间包保护渣的严重侵蚀作用。

5.3.1.3   结晶器保护渣的侵蚀作用

结晶器保护渣为低碱度保护渣，CaO/SiO_2 约为 1，熔化温

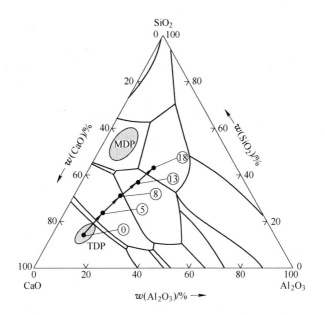

图 5 - 6 中间包保护渣使用过程中的组成变化历程

TDP—中间包保护渣；MDP—结晶器保护渣

图中数字代表连铸进程：⓪—中间包保护渣的初渣组成→

⑤—第 5 包钢水浇注后的渣组成→……→

⑱—第 18 包钢水浇注后的渣组成

度较低（950 ~ 1100℃），基料组成范围大致位于 Al_2O_3 - CaO - SiO_2 系相图的假硅灰石初晶区内（参见图 5 - 6）。

结晶器保护渣除了对钢水起保温和阻隔空气及吸收钢水上浮夹杂物的作用外，还要为结晶器与钢坯硬壳之间提供润滑保护作用。因此，要求结晶器保护渣要具有良好的流动性。结晶器保护渣的黏度小，1300℃时大都在 0.1 ~ 0.5Pa·s。为使结晶器保护渣具有良好的流动性，结晶器保护渣中加有较多的萤石。萤石可大大降低熔渣的黏度和提高熔渣的流动性，这使熔渣容易浸透和严重破坏耐火材料的组织结构，对耐火材料造成的侵蚀作用远远超出其他因素，如图 5 - 7 所示[2]。

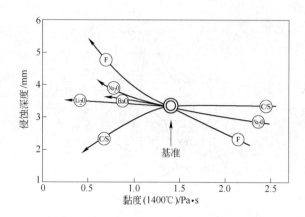

图 5-7　结晶器保护渣的各种组分和黏度与耐火材料侵蚀深度的关系

　　与中间包内的保护渣的使用情况不同，结晶器保护渣使用时保护渣的熔体源源不断流走更新，这可导致浸入式水口的渣线部位发生严重的局部熔损。水口渣线部位的熔蚀过程可以看作是耐火材料表面上的 Al_2O_3 溶入保护渣熔体中的化学平衡过程。由于结晶器保护渣熔体对耐火材料的熔蚀作用持续保持新鲜活跃，耐火材料受到的熔蚀作用不会因保护渣熔体中的 Al_2O_3 浓度提高或达到饱和而减缓或终止，要一直到连铸作业结束时才会终止。

5.3.1.4　钢水的钙处理

　　非金属夹杂物对钢质量的危害不仅与夹杂物的数量和尺寸大小有关，夹杂物的形态和分布状况对其危害程度也起到重要的作用。钢水的铝脱氧产物 Al_2O_3 夹杂物常以串状和簇群不规则形状存在，影响着钢的质量和连铸作业，例如[7]：

　　（1）簇群状分布的 Al_2O_3 夹杂物不易变形，热轧时延伸成链状分布，影响钢的机械性能；

　　（2）集中在连铸坯表皮下的 Al_2O_3 夹杂物在薄板坯上成为含 Al_2O_3 的白线缺陷，严重影响深冲制品的表面质量；

　　（3）Al_2O_3 夹杂物易在水口内壁粘结、积聚，造成水口堵塞，影响连铸作业。

为消除和减轻上述 Al_2O_3 夹杂物的不利作用，在精炼后期，作为一种精炼处理方法，向钢包钢水中喷吹钙处理剂（钙合金，CaSi）或用金属包芯线喂入钙处理剂，对钢水进行钙处理。钢水钙处理的实质是对 Al_2O_3 夹杂物颗粒进行无害化处理，其反应方程式如下[8]：

$$mCa + nAl_2O_3 \Longrightarrow mCaO \cdot n'Al_2O_3 + 2(n - n')Al \qquad (5-4)$$

在对钢水进行钙处理时，喷入的钙处理剂与 Al_2O_3 夹杂物颗粒发生反应，形成低熔点化合物。随着喷入的钙处理剂增加（参见图 4-22），氧化铝的液化温度逐渐降低，当 CaO 含量达到 45%~55%，完全液化温度从 2050℃ 下降到 1400℃ 以下。钢水经过钙处理后，固态 Al_2O_3 夹杂物颗粒转化为液态球形小液珠，可顺畅通过水口，使水口结瘤堵塞大大减轻。铸坯凝固后，球形小液珠转化为细小均匀分布的球状夹杂物，对钢的危害作用将大大减轻。

基于同样的机理，钢水钙处理后存留于钢水中的过剩 Ca 及 $Al_2O_3 - CaO - SiO_2$ 低熔物对连铸耐火材料，特别是对滑动水口、长水口、整体塞棒和浸入式水口，可构成极为严重的侵蚀作用。

5.3.1.5 钢水的侵蚀作用和污染

连铸三大件耐火材料使用时不仅受到覆盖保护渣的严重侵蚀作用，还将受到钢水的侵蚀作用，特别是长水口和浸入式水口的内表面，并由此可对钢水造成污染。如在浇注含锰钢种时，耐火材料中的 SiO_2 与钢水中的 Mn 发生如下反应[9]：

$$2[Mn] + SiO_{2(s)} \Longrightarrow 2(MnO) + [Si] \qquad (5-5)$$

式中 [ ] 代表金属熔体相；( ) 代表熔渣相；s 代表固相。上述反应的结果不但破坏耐火材料的组织结构，而且 SiO_2 被 Mn 还原生成的 Si 会进入钢水，对钢水造成增 Si 的有害作用。反应（5-5）产生的 MnO 还将进一步侵蚀耐火材料，在钢水中形成锰硅酸盐夹杂物（参见表 1-5）。如 $SiO_2 - MnO$ 二元系相图（图 5-8）所示，MnO 与 SiO_2 的低共熔点温度为 1251℃。钢中

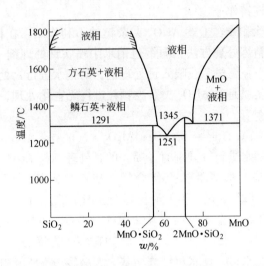

图 5 - 8　SiO₂ - MnO 二元系相图

的锰含量越高，对耐火材料的侵蚀作用越大（参见图 5 - 9[10]）。
钢中的锰含量随钢种不同而不同，常用的 16Mn 钢含锰 1.2% ~
1.6%（C 0.12% ~ 0.2%，Si 0.2% ~ 0.6%），它们对熔融石英

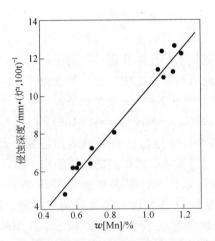

图 5 - 9　熔融石英水口的侵蚀量与钢中锰含量的关系

水口可造成严重的侵蚀作用。铝碳质长水口、整体塞棒和浸入式水口也会受到钢水中的锰的严重侵蚀作用,因为它们也含有为提高热稳定性而添加的熔融石英材料。

钢水中的氧可使铝碳质连铸三大件耐火材料中的碳发生氧化而损失,导致耐火材料损毁。这种侵蚀作用随钢种不同变化很大,铝镇静钢对铝碳质耐火材料的侵蚀作用较小,高锰钢、高氧钢和不锈钢的侵蚀作用大。图 5-10 示出了铝碳质耐火材料的侵蚀速度与钢水氧含量的关系[2],当钢水中的氧含量超过 15×10^{-4} 时,耐火材料的侵蚀速度会迅速加快。

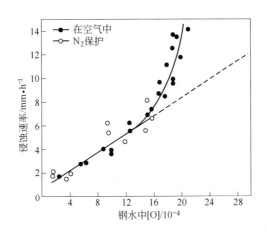

图 5-10　铝碳质耐火材料的侵蚀速度与钢中的氧[O]浓度的关系

铝碳质长水口和浸入式水口中的碳不仅可与钢水中的游离氧发生氧化反应而损失,还可与钢中的 FeO 和 MnO 发生氧化作用而损失:

$$[FeO]/[MnO] + C \longrightarrow Fe/[Mn] + CO \qquad (5-6)$$

从以上方程式可以推断,减少铝碳质水口中 SiO_2 和 C 的含量可以有效地提高水口的抗钢水侵蚀作用。从洁净钢生产的角度来看,减少耐火材料的 SiO_2 和 C 含量,有利于保持钢水的洁净度。这也就是研究开发低 SiO_2、低 C 连铸耐火材料的主要原因之一。

5.3.2 连铸对三大件耐火材料的要求

根据上述连铸三大件耐火材料使用时遭受到的各种侵蚀和破坏作用，表5-3定性列出了连铸对三大件耐火材料的要求。

表5-3 连铸对三大件耐火材料的要求

性能要求	长水口	整体塞棒	浸入式水口
抗热震稳定性能 抗侵蚀性能 防止结瘤	很高 高	中等 高 中等	很高~高 很高 很高

5.4 铝碳质连铸三大件耐火材料

5.4.1 连铸三大件耐火材料的功能和结构

5.4.1.1 长水口

长水口的主要功能是保护钢流，防止钢水飞溅，隔离空气与钢水的接触，防止空气卷入而造成钢水的二次氧化，确保钢水的洁净度。为了实现这些功能，长水口的形状、结构和所用的耐火材料有不同的设计方案。图5-11示出了最常见的两种长水口的结构和所用的耐火材料，它们为开放式等直径长管型耐火制品，长800~1600mm，直径150~250mm，壁厚15~25mm。长水口上端与钢包滑动水口的下水口相连，呈漏斗形结构，通称碗部，外部加装钢质护套，以避免操作时的机械碰撞损坏，并在安装时起支撑固定作用，同时也为喷吹氩气提供密封保护。

长水口一般采用 $Al_2O_3 - C$ 质耐火材料制造。但在有些场合，如用于多炉连铸时，因连铸时间长，为了提高长水口的使用寿命，在长水口的渣线以下部位采用更加抗侵蚀的低硅/无硅 $Al_2O_3 - C$ 质和/或 $ZrO_2 - C$ 质耐火材料。

5.4.1.2 整体塞棒

置于中间包内的整体塞棒，与浸入式水口一起构成对连铸钢

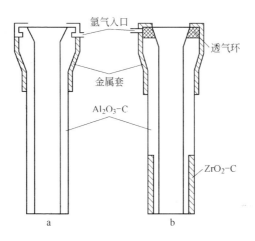

图 5 – 11　长水口的外形结构和耐火材料
a—金属狭缝型；b—多孔透气环型

流的关闭和调节作用。也有一些钢厂，在用中间包滑动水口控制
钢流的同时，在中间包内再增设一套整体塞棒控流装置，以提高
操作的安全性。在这种场合，整体塞棒在浇注初期用以控制钢流
和在更换浸入式水口时关闭钢流，转入正常浇注时用滑动水口控
制钢流。采用整体塞棒的一大优点是钢流从四周流入浸入式水
口，不会产生偏流，避免浸入式水口的局部受到严重的冲刷
侵蚀。

　　整体塞棒的形状、结构和所用的耐火材料大体相同，但也因
使用条件和要求不同，有不同设计：普通型，透气型，复合型
（图 5 – 12）。透气型整体塞棒的头部装有一块透气塞头，氩气从
中心的导管经透气塞头吹入钢水，可对水口进行吹扫，防止水口
堵塞。复合型整体塞棒的头部采用更抗侵蚀的 MgO – C 质耐火材
料，适用于侵蚀作用严重的场合，如浇注钙处理钢和高氧钢，可
以提高整体塞棒的使用寿命。

　　整体塞棒的使用功能主要体现在头部，与水口配合有不同的
设计（图 5 – 13）：有尖头、半尖头、半圆头和圆头等不同形式，尖

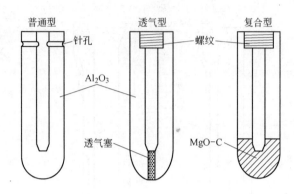

图 5-12　整体塞棒的类型和耐火材料

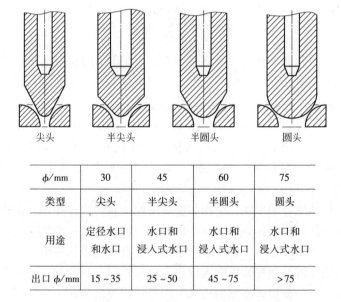

ϕ/mm	30	45	60	75
类型	尖头	半尖头	半圆头	圆头
用途	定径水口和水口	水口和浸入式水口	水口和浸入式水口	水口和浸入式水口
出口 ϕ/mm	15~35	25~50	45~75	>75

图 5-13　整体塞棒的塞头形状

头型用于定径水口，其余用于浸入式水口。整体塞棒的塞头与水口的配合会影响到对钢流的控制能力。塞棒行程与塞头和水口的形状、尺寸有如下关系（参见图 5 – 14）：

$$Y = \frac{R_n^2}{2r\cos\theta} \qquad (5-7)$$

式中　Y——塞棒的有效行程；

　　　R_n——水口的半径；

　　　r——塞棒与水口的接触圆周半径；

　　　θ——塞棒与水口的接触角。

由上式可知，当水口的半径 R_n 一定时，塞棒的有效行程 Y 取决于塞头与水口的接触角 θ 和塞头与水口接触的圆周半径 r。当塞头的断面为半圆形时，如图 5 – 14 所示[11]，其曲率半径大，与水口接触的圆周半径也较大。它与水口的接触角 θ 较小，$\cos\theta$ 值也就较大，因此，塞棒的有效行程 Y 相对较小，对钢液流量的调节控制能力小，钢流不稳定，中间包的钢液面波动大，溢漏率高。当塞头改为锥形时，如图 5 – 15 所示，塞头与水口的接触面由线接触改为面接触，同时也使水口的半径和塞头与水口的接触圆半径变小，塞头与水口的接触角增大，因而塞棒的有效行程 Y 值增大，有利于提高塞棒对钢水流量的控制能力，减少液面波动和降低溢漏率。

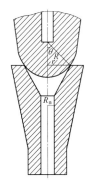

图 5 – 14　半球形塞头与
　　　　　水口的配合图

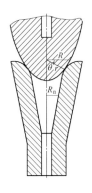

图 5 – 15　锥形塞头与
　　　　　水口的配合图

5.4.1.3 浸入式水口

浸入式水口为连铸三大件耐火材料中最重要的功能耐火材料，与连铸机的运行和连铸钢坯的质量有着密切的关系。浸入式水口为中间包和结晶器之间的钢流提供保护，避免钢水氧化。浸入式水口的出钢口的形状和结构对结晶器中的钢水流态起控制作用。由于钢厂的使用条件和要求存在很大差别，为满足不同的要求，浸入式水口的形状、结构和所用的耐火材料有多种类型可供选择。

从钢水流进结晶器的方向来看，浸入式水口有端部敞开的直流型和端部封闭的侧流型两种（图 5 - 16[11]）。在用直流型浸入式水口浇注时，钢流直接冲向结晶器的下方，易产生涡流，卷入结晶器覆盖保护渣，钢水中原有的固态颗粒夹杂物不可能上浮，致使钢坯质量低下。而侧流型浸入式水口则可以改善结晶器内的钢水流态，有利于提高钢坯质量。因此，敞开式直流型浸入式水口现在已经很少使用了，侧流型浸入式水口为现有流行普遍使用的水口。

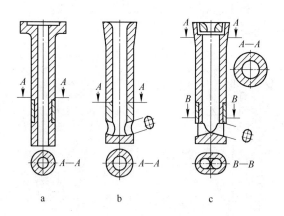

图 5 - 16 浸入式水口的钢水流出方式
a—外装式敞开直流型；b—出钢孔倾角朝上内装式侧流型；
c—出钢孔倾角朝下外装式侧流型

从与中间包的连接方式来看，浸入式水口有两种类型：内装式和外装式（参见图 5 - 2）。内装式水口与中间包整体塞棒配合，构成中间包钢流控制系统，调控注入结晶器的钢流速度。内装式浸入式水口的优点是浸入式水口与中间包实现无缝对接，连铸时不会因接缝渗入空气造成钢水氧化污染；其主要缺点是连铸过程中过早损坏时无法更换，实现自动化浇注控制比较困难。外装式水口与中间包滑动水口配合使用，构成中间包连铸钢流控制系统，主要优点是可以通过计算机跟钢包滑动水口联控，实现连铸过程的自动化，稳定中间包钢水液面高度和钢水流态，并且在连铸过程中可快速更换浸入式水口。外装式水口适应性广，广泛用于方坯、大方坯和板坯的连铸，但也存在结渣堵塞，卷渣，密封不严，吸入空气造成钢水氧化等缺点。有的钢厂在使用中间包滑动水口 - 浸入式水口的控流系统时，为了提高安全可靠等级，在中间包内再加装一套整体塞棒 - 水口控流系统。

图 5 - 17 示出了具有不同结构和功能的浸入式水口的一些类型[10]。浸入式水口的本体通常都采用 Al_2O_3 - C 耐火材料制造，

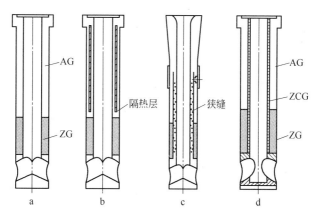

图 5 - 17　浸入式水口的结构
a—普通铝碳（AG）- 锆碳（ZG）复合型浸入式水口（外装式）；
b—隔热型浸入式水口；c—狭缝吹氩型浸入式水口（内装式）；
d—铝碳 - 锆碳 - 锆钙碳（ZCG）复合式浸入式水口

渣线部位由于受到结晶器保护渣的严重局部侵蚀，为延长浸入式水口的寿命，一般都采用更抗侵蚀的 ZrO_2 - C 耐火材料（图 5 - 17a）。浸入式水口使用时，由于钢水温度下降，易发生结渣堵塞。防止浸入式水口堵塞可采取多种技术措施，例如，图 5 - 17b 水口管壁内为加装隔热夹层，以减少钢水温度下降；图 5 - 17c 为在水口管壁内设置夹缝式透气夹层，通入氩气吹扫水口内表面；图 5 - 17d 为水口内壁采用抗粘渣的 ZrO_2 - CaO - C 耐火材料。

5.4.2　铝碳质连铸三大件功能耐火材料的生产

5.4.2.1　原料的特性

为了应对极为严酷的使用条件和要求，铝碳质连铸三大件耐火材料通常都采用高纯优质电熔氧化物原料作为主要原料。在原料选择和组成设计时需要认真仔细考虑和对比它们的特性，表 5 - 4 列出了生产连铸三大件耐火材料的主要原料的基本性能比较[12]，它们的热膨胀系数和热阻率（热传导率的倒数，$1/K$）与温度的关系分别示于图 5 - 18 和图 5 - 19[13,14]。

表 5 - 4　电熔氧化物原料的基本性能比较

原材料名称		化学组成	热膨胀系数 /×10^{-6} (1200℃)	密度 /g·cm^{-3}	熔点/℃
电熔氧化物	熔融石英	SiO_2	0.53	2.20	1695 ~ 1720
	电熔莫来石	$3Al_2O_3 \cdot 2SiO_2$	6.0	3.30	1850
	电熔刚玉	Al_2O_3	9.0	3.99	2045
	电熔镁砂	MgO	15.0	3.65	2825
	电熔钙砂	CaO	12.8	3.37	2600
	电熔 ZrO_2（立方）	ZrO_2	10.8	6.27	2677
	电熔 ZrO_2（稳定）	ZrO_2	5.6	6.10	
	电熔尖晶石	$MgO - Al_2O_3$	9.1	3.56	2135
碳化硅		SiC	4.8	3.21	2760(分解)
石墨		C	1.0 ~ 1.3	2.27	3652(升华)

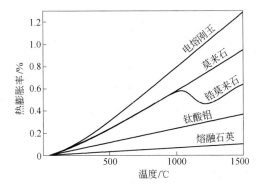

图 5-18　耐火原料的热膨胀率

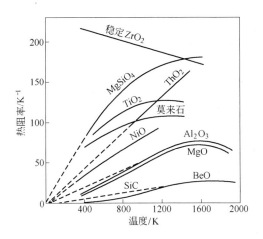

图 5-19　耐火氧化物的热阻率（1/K）

5.4.2.2　原料的选配

A　电熔刚玉

电熔刚玉的主要特点是耐火度很高，抗侵蚀性能很好，这也就是铝碳质连铸耐火材料一般都选用电熔刚玉作为配料主要骨料的出发点。电熔刚玉是用工业氧化铝原料在 2000℃ 以上电熔制得的，电熔刚玉中的结晶结构对它的性能有较大的影响。结晶细小组织致密的电熔刚玉的常温耐压强度高，热稳定性好，抵抗热震的能力较强；而结晶粗大的电熔刚玉的抗侵蚀性能好，但抗热震性能较差。电熔刚玉的结晶大小主要受电熔过程的冷却速度控制，冷却速度越快，结晶尺寸越小。在用桶形电炉熔化时，越靠近中心部位，冷却速度越慢，刚玉结晶的尺寸也就越大。在选用电熔刚玉原料时也需考虑这个因素。

电熔刚玉有不同的品种，表 5-5 列出了它们的理化性能[15]。连铸铝碳质长水口、整体塞棒和浸入式水口一般采用电熔白刚玉作为耐火骨料，因为它的纯度高并具有优良的抗侵蚀性能。

电熔刚玉的一个致命的弱点是热膨胀率高，抗热震性能差。为改善铝碳质连铸耐火材料的抗热震性能，配料组成中常配入一定比例的热膨胀率很小的熔融石英。

表 5-5　电熔刚玉的理化指标

原 料 名 称	电熔致密刚玉	电熔白刚玉	矾土基电熔刚玉
化学组成 $w/\%$			
Al_2O_3	≥98.6	≥98.5	≥98.0
SiO_2	≤1.0		≤0.5
Fe_2O_3	≤0.3	≤0.2	≤0.5
$K_2O + Na_2O$	≤0.3	≤0.5	≤0.5
C	≤0.14		0.1
体积密度/g·cm^{-3}	3.8	3.9	3.8

B　石墨[13]

石墨为铝碳质连铸耐火材料中的碳的主要来源，起下列作用：

(1) 提高产品的耐高温性能。

(2) 降低钢液和熔渣对耐火材料的浸润性，从而可提高耐火材料的抗侵蚀性能。

（3）石墨的热导率高，热膨胀系数和弹性模量都小，可显著提高耐火材料的抗热震性能。

石墨的加入也同时会带来如下不利影响：

（1）使生产工艺过程复杂化。

（2）降低耐火材料的机械强度。

（3）石墨在400℃开始发生氧化，由此可导致耐火材料的损毁。

（4）使生产成本提高。

石墨为天然原料，有两种晶型：鳞片结晶石墨和非鳞片石墨。由于鳞片石墨的性能远比非鳞片石墨的优越，连铸铝碳质长水口、整体塞棒和浸入式水口通常都采用优质鳞片结晶石墨作为原料。

由于石墨在使用时易被氧化，应选用抗氧化性能高的石墨原料。石墨的抗氧化性能与其粒度和纯度有关，图5-20示出了石墨的抗氧化性能与其粒度的关系，显然，粒度越小，石墨的氧化速度越快。

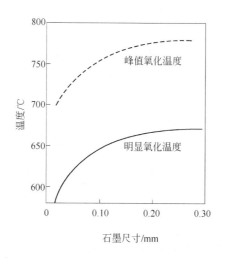

图 5-20　石墨的抗氧化性能与其粒度的关系

选择石墨原料时的另一个重要指标是石墨的纯度。图 5 - 21 示出了石墨的纯度与 ZrO_2 - C 复合耐火材料的抗侵蚀性能的关系。含碳耐火材料的抗侵蚀性能并非因石墨的纯度越高就越好，当石墨的纯度超过 95% 时，含碳耐火材料的抗侵蚀性能变差。

一般来说，铝碳质连铸耐火材料采用的石墨含碳 95%，粒度 50 ~ 100 目。

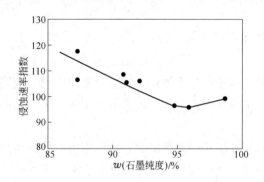

图 5 - 21   石墨纯度与 ZrO_2 - C 耐火材料的抗侵蚀性的关系

尽管石墨赋予铝碳质耐火材料许多卓越性能，但碳在使用过程中易被氧化，并成为耐火材料损毁的主要因素。为克服这一缺点，配料中需要添加抗氧化剂，并用碳化硅代替部分石墨。

C   碳化硅

碳化硅的热导率高，在常用耐火材料中，仅次于碳（石墨）。碳化硅的热膨胀系数较小，仅约为电熔刚玉的一半。与碳相比，碳化硅的抗氧化性能较高，开始发生氧化的温度约为 700℃。因此，配料中添加碳化硅取代部分石墨可提高耐火材料的抗氧化性能，并保留优良的抗热震性能。但碳化硅氧化反应后留下的 SiO_2 对耐火材料的性能和钢水的洁净度都有不利影响，因此，在铝碳质耐火材料中，碳化硅的使用量受到限制。

碳化硅为工业合成原料，有绿色和黑色两种类型，耐火材料生产中通常使用黑色碳化硅原料。

D　氧化锆

浸入式水口使用时常常由于渣线部位的严重局部侵蚀而提前报废。氧化锆（ZrO_2）熔点高（达2850℃），抗侵蚀性能好，常用作浸入式水口渣线部位ZrO_2-C复合耐火材料的原料，以提高渣线部位的耐火材料的抗侵蚀性能。

氧化锆结晶存在多种变体。单斜晶型ZrO_2在加热-冷却过程中，由于发生晶型转变，体积不稳定，变化激烈，通常需要用稳定剂经高温烧结或电熔制成稳定氧化锆才能作为生产耐火材料的原料。图5-22示出了不同类型的氧化锆的热膨胀随温度的变化情况[10]。由于部分稳定氧化锆的热膨胀系数较小，并且随着温度的变化，热膨胀系数也比较稳定。因此，氧化锆-石墨复合耐火材料通常采用部分稳定氧化锆作为原料。

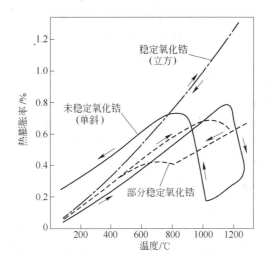

图5-22　氧化锆的热膨胀

稳定氧化锆可使用不同的稳定剂，常用的有CaO、MgO和Y_2O_3。图5-23示出了ZrO_2的稳定剂种类对ZrO_2-C复合耐火材料的抗侵蚀性能的影响[2]。Y_2O_3稳定的ZrO_2的抗侵蚀性能最好，但价格昂贵，ZrO_2 – C 复合耐火材料通常使用 CaO 部分稳定的 ZrO_2。ZrO_2 的稳定程度对耐火材料的抗侵蚀性能也有影响，稳定程度 80% ~85% 的氧化锆一般具有最好的抗侵蚀性能。

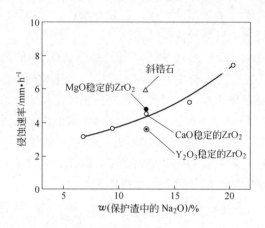

图 5 – 23　ZrO_2 的稳定剂种类对 ZrO_2 – C 复合耐火材料
的抗侵蚀性能的影响

E　抗氧化剂

铝碳质耐火材料损毁的主要原因是碳首先被氧化，同时石墨还使材料的强度降低。为消除和减轻碳的不利作用，在 Al_2O_3 – C 耐火材料配料中，也如同镁碳砖的生产一样，添加对氧亲和力更大的金属粉末和/或碳化物粉末作为抗氧化剂。已被广泛用作铝碳质耐火材料的抗氧化添加剂有 Si，Al，Mg 及 Al – Mg 合金粉末，SiC 和 B_4C 等碳化物粉末。它们先于碳被氧化，并可与碳和空气中的氮发生反应生成高耐火化合物。例如，当用 Si 粉和 Al 粉作添加剂时，在烧成或使用过程中，Si 粉和 Al 粉与碳反应分别生成 SiC 晶须和 Al_4C_3，还可与空气中的氮发生反应生成氮化物。反应生成的碳化物或氮化物填充于颗粒之间的孔隙中，使耐火材料气孔率降低和强度提高。以 Al 粉作为添加剂为例，其反应方程式如下：

$$4Al + 3C \Longrightarrow Al_4C_3 \qquad\qquad (5-8)$$

$$2Al + N_2 \Longrightarrow 2AlN \qquad\qquad (5-9)$$

含碳耐火材料在含氧气氛中加热时，碳首先被氧化，生成 CO 或/和 CO_2。上述反应生成的碳化物和氮化物，或耐火材料配料中的 SiC 或 B_4C 粉末，在 1000℃ 以上，可使 CO 脱氧生成碳。添加 Al 粉形成的 Al_4C_3 或 AlN 的抗氧化作用被认为是下列反应的作用结果：

$$Al_4C_{3(s)} + 6CO_{(g)} \Longrightarrow 2Al_2O_{3(s)} + 9C_{(s)} \qquad (5-10)$$

$$2AlN_{(s)} + 3CO_{(g)} \Longrightarrow Al_2O_{3(s)} + C_{(s)} + N_{2(g)} \qquad (5-11)$$

$$2Al_{(s)} + 3CO_{(g)} \Longrightarrow Al_4C_{3(s)} + 3C_{(s)} \qquad (5-12)$$

这样，这些添加剂可防止碳在高温下被氧化和提高耐火材料的强度和抗侵蚀性能。图 5-24 和图 5-25 示出了添加铝粉对提高 $Al_2O_3 - C$ 材料的抗氧化性能和强度的影响作用[13]。

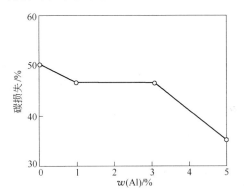

图 5-24　添加铝粉对 $Al_2O_3 - C$ 试样的
抗氧化性能的影响

图 5-26 示出了一些金属碳化物和氧化物在与碳共存的条件下的相对稳定性与温度的关系[16]，借此可以帮助判定金属碳化物是否可以作为含碳耐火材料的抗氧化剂。图中曲线表示金属碳化物与 CO 反应生成氧化物的反应处于平衡的状态，即碳化物与氧化物的共存界线。在曲线上方区域，氧化物是稳定的；在曲线

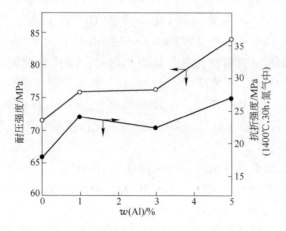

图 5-25　添加铝粉对 Al_2O_3-C 试样的强度的影响

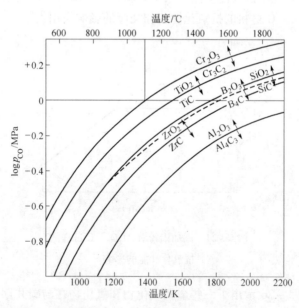

图 5-26　一些碳化物和氧化物在与碳共存条件下的相对稳定性

下方区域,碳化物是稳定的。在纵坐标($\log p_{CO}$)的 0 点，即 $p_{CO}=1$，作一条与横坐标的平行线，此平行线与每条曲线有一个交叉点，

如在 $Cr_2O_3 - Cr_2C_3$ 曲线上的交点，相对应的温度约为 1120℃。这表示在 CO 分压为一个大气压条件下，在 1120℃ 以下，下述反应向右进行，碳化物可起防止碳被氧化的作用：

$$2Cr_2C_{3(s)} + 6CO \longrightarrow Cr_2O_3 + 6C_{(s)} \qquad (5-13)$$

据此估计，在 CO 分压为 1 个大气压时，SiC，B_4C 和 ZrC 分别在 1530℃、1570℃，1660℃ 以下可起到抗氧化剂的作用；Al_4C_3 则在温度高达 1900℃ 以上仍能起抗氧化剂的作用。由于从钢包经长水口流进中间包内的钢水温度通常约为 1550℃，这样，在耐火材料的工作面附近，SiC 对铝碳质连铸耐火材料起不到抗氧化剂的作用。

F 结合剂

铝碳质耐火材料通常用酚醛树脂作为结合剂，其特点如下：

（1）热处理硬化后具有较高的强度；

（2）固定碳含量高，并可形成强度高的碳结合；

（3）与石墨相容；

（4）对环境影响较小。

酚醛树脂有两种类型：热固性树脂和热塑性树脂。热固性树脂在 100~150℃ 加热固化过程中伴随脱水反应，产生约 10% 的水。用热塑性树脂时，需加入乌洛托品固化剂或与固态热固性树脂一起使用。热塑性树脂热固化时，发生脱氨反应，无水生成。此外，热塑性树脂随温度变化发生的老化问题较少，因而，在贮存和混合操作方面优于热固性树脂。但热塑性树脂与乌洛托品反应产生的氨气，有刺激性气味。热固性树脂含有甲醇，因此，在混合和成型操作之间的睏料时间可以缩短，且可以减少成型时产生的层裂现象。为提高耐火制品的强度，固体树脂通常与液体树脂一起使用，其用量约占树脂的 10%。但是这种混合结合剂对骨料的润湿性较差，混合料的保存时间短。不过，可以缩短混合料的睏料时间和减少成型时发生的层裂。

为使耐火制品获得理想的性能和使用效果，在选用结合剂时，应尽量使结合剂与骨料、添加剂和使用条件相适应。

5.4.2.3　组成设计的一些基本原则

铝碳质连铸耐火材料是由多种物料构成的复合耐火材料，生产中须使用种类繁多的主原料和辅料，各种组分具有各自独特的优点，图 5 - 27 示出了它们在铝碳质连铸耐火材料中所起的作用。但是，配料中的各种组分之间，除了发挥各自独特的性能优势和抑制其他组分的缺点以外，也可能危害耐火材料的其他性能，它们对耐火材料性能的影响错综复杂。例如，通过提高配料中的碳含量，可以显著降低铝碳质耐火材料的热膨胀系数（图 5 - 28[13]），从而改善材料的抗热震性能，但是，石墨含量增加却会导致铝碳质耐火材料的强度和抗侵蚀性能降低（图 5 - 29[2]）。又比如，添加熔融石英可以提高铝碳质耐火材料的抗热震性能，但熔融石英的加入又会损害材料的抗侵蚀性能（图 5 - 30[5]）。因此，在铝碳质连铸三大件耐火材料的组成设计时需要全面权衡利弊。

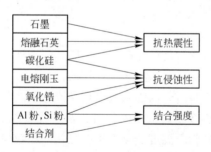

图 5 - 27　铝碳质连铸耐火材料配料中各种组分的作用

在设计连铸用耐火材料组成时，首先必须仔细研究各种连铸耐火材料制品在连铸中的使用条件和材料的损毁机理。其中材料损毁机理的研究可为材料的组成设计提供最有用的依据。如前所述，连铸用长水口、整体塞棒和浸入式水口的使用条件各不相同，因而，损毁机理亦各异，故应根据不同情况进行组成设计并经试验加以确认。例如，长水口特别是对于要求不经预热直接开浇使用的长水口，要求应具有很好的抗热震性能。在材料组成设

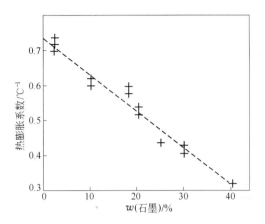

图 5-28　石墨含量对铝碳质耐火材料的热膨胀系数的影响

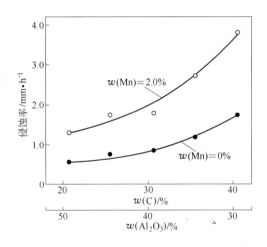

图 5-29　石墨含量对铝碳质水口的抗侵蚀性能的影响

计时应着重考虑提高材料的抗热震性能，如采取提高材料的碳含量，添加热膨胀系数很低熔融石英等措施。浸入式水口使用时，热震破坏作用和侵蚀作用都相当严重，材料设计时应当同时兼顾材料的抗热震性能和抗侵蚀性能，如适当地降低碳含量，采取少

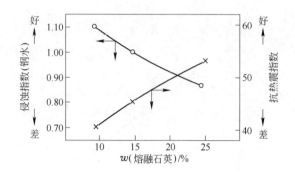

图 5 - 30　熔融石英含量对铝碳质水口的抗热震性能和
抗侵蚀性能的影响

用或不用抗侵蚀性能差的熔融石英，添加热膨胀系数较小且抗
侵蚀性能优良的电熔含锆原料，在渣线部位采用抗侵蚀性能良
好的 $ZrO_2 - C$ 复合材料。而中间包整体塞棒在使用时受到的热
震作用相对较轻，碳含量可以降低。塞头为整体塞棒的关键部
位，受到钢流严重的冲刷和侵蚀作用，需要采用抗侵蚀材料
制造。

　　表 5 - 6 列出了上海宝钢铝碳质连铸三大件耐火材料的性
能[17]，可清楚地体现上述连铸用耐火材料的设计原则。

表 5 - 6　上海宝钢铝碳质连铸三大件耐火材料的性能

制品种类	长水口	整体塞棒	浸入式水口	
			本体	渣线
化学组成 $w/\%$				
Al_2O_3	43. 81	64. 65	43. 0	15. 98
F. C	30. 65	17. 17	30. 24	
ZrO_2				80. 26
显气孔率/%	17	7	18	
体积密度/$g \cdot cm^{-3}$	2. 24	2. 88	2. 32	
常温抗压强度/MPa	25. 2	45. 6	27. 4	
常温抗折强度/MPa	7. 82		8. 27	

5.4.2.4　颗粒组成的重要性

以上着重叙述了铝碳质连铸耐火材料中的化学组成与其性能的关系。不言而喻，粒度组成对铝碳质连铸耐火材料的性能也有重要的影响。在连铸耐火材料生产中，作为改进耐火材料性能的一种手段，也可通过调整粒度组成达到对制品性能的要求。在此以具体事例说明，以其引起重视。

[例1][18]　为提高铝碳质长水口的使用寿命，渣线及以下部位趋向于使用更抗侵蚀的低硅、无硅（熔融石英）铝碳质耐火材料。然而配料中取消熔融石英以后，无硅铝碳质长水口的体积膨胀会增大，从而导致使用时发生纵向开裂热震损毁。配料中增加石墨含量可以提高耐火材料的抗热震性能，但又受到抗侵蚀性能下降的限制。这样，调整配料的粒度组成作为改进无硅铝碳质耐火材料性能的一项措施也就显得更为重要。耐火材料的配料一般由粗颗粒、中颗粒和细粉构成，通常最受关注的是临界颗粒尺寸和粗中细三种组分的比例，微粉也常常用于改善耐火材料的性能。进一步的研究表明，微粉的粒度和粒度分布对改进耐火材料的性能也起着重要的作用。

在日本黑崎窑业公司的一项试验中，使用粒度不同的电熔刚玉微粉，研究微粉的粒度和含量对耐火材料的抗热震性能和抗侵蚀性能的影响。电熔刚玉微粉的粒度分布示于图 5 – 31，平均粒度为：a-50μm，b-15μm，c-35μm，a 和 b 为先前使用的微粉，c 为研究引进的微粉。试样的配料组成和性能列于表 5 – 7，以酚醛树脂作结合剂压制试样。表 5 – 8 列出了试样的抗热震性能试验结果，图 5 – 32 示出了电熔刚玉微粉的粒度和含量与抗侵蚀性能的关系。

使用结果显示，电熔刚玉微粉的粒度大小和粒度分布对铝碳质耐火材料的性能有明显的影响，采用粒度较粗的微粉可以大大改善耐火材料的抗热震性能，并同时可提高抗侵蚀性能。

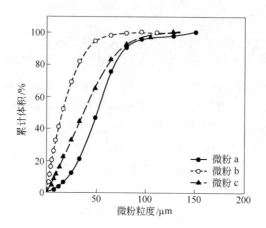

图 5 - 31　电熔刚玉微粉的粒度分布

表 5 - 7　Al₂O₃ - 石墨试样的配料组成和性能

试 样 编 号	E	F	G
配料组成 w/%			
电熔刚玉、粗颗粒	35	55	35
电熔刚玉、微粉（b）	40		
电熔刚玉、微粉（c）		20	40
石墨	25	25	25
显气孔率/%	17.5	14.3	14.7
体积密度/g·cm⁻³	2.48	2.58	2.59
常温抗压强度/MPa	28.3	26.7	29.5
常温抗折强度/MPa	8.1	8.2	9.5
弹性模量/GPa	8.8	6.5	7.0
热膨胀率（1000℃）/%	0.45	0.48	0.49

表 5 - 8　Al₂O₃ - 石墨试样的抗热震试验结果

试 样 编 号	E	F	G
试验温差（ΔT）/℃			
1350	◎	◎	◎
1400	△	◎	◎
1450	×	◎	◎
1520	—	◎	◎

注：◎—无开裂；△—中等开裂；×—大开裂。

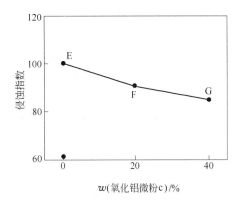

图 5 - 32 电熔刚玉微粉的粒度和含量对 Al$_2$O$_3$ - 石墨
试样的抗侵蚀性能的影响

[**例2**] [19] 为提高铝碳质连铸耐火材料的抗侵蚀性能，常添加电熔氧化锆取代电熔刚玉。由于氧化锆的热导率较小，添加电熔氧化锆可能导致耐火材料的抗热震性能下降。在日本川崎炉材公司的一项研究中，采用两种粒度和性能不同的电熔氧化锆（ZA 和 ZB）配制试样，以均衡材料的抗热震性能和抗侵蚀性能，结果简述如下。

电熔氧化锆 ZA 的粒度较粗，含 SiO$_2$ 较高，热膨胀系数较 ZB 小 20%。在 Al$_2$O$_3$ - C 配料基础上，随着 ZA 添加量的增加，试样的热膨胀系数变小（图 5 - 33），抗热震试验后的弹性模量下降率小（图 5 - 34），即抗热震性得到提高；但抗侵蚀性能降低（图 5 - 35），即侵蚀指数变大。因此，权衡抗热震性和抗侵蚀性能，ZA 的添加量以 10% 为宜。

在含 ZA 10% 的配料基础上，随着 ZB 添加量增加，试验结果情况与上述不同，试样的抗热震性能变差（图 5 - 36）；但抗侵蚀性能提高（图 5 - 37）。因此，为保持抗热震性能，ZB 的最大添加量以 15% 为宜。

组合使用 ZA 和 ZB（合计 25%）时，可以获得抗热震性与

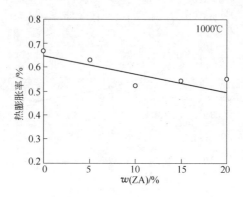

图 5 - 33　电熔 ZrO_2（ZA）对 Al_2O_3 - ZrO_2 - C 材料的
热膨胀性能的影响

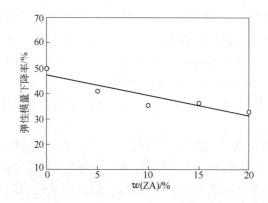

图 5 - 34　电熔 ZrO_2（ZA）对 Al_2O_3 - ZrO_2 - C 材料的抗热震
试验后的弹性模量的影响

抗侵蚀性能均衡的制品，在现场试验中，该制品的使用寿命得到
提高。

5. 4. 2. 5　生产工艺

铝碳质连铸三大件耐火材料，从产品的形状、结构和要求，
以及材料的组成等诸多方面都与传统的耐火材料的概念有很大的

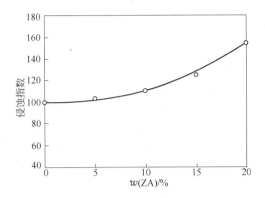

图 5 - 35　电熔 ZrO_2（ZA）对 Al_2O_3 - ZrO_2 - C 材料的
抗侵蚀性能的影响

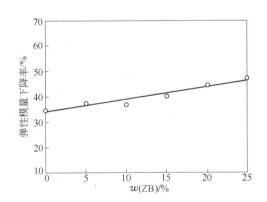

图 5 - 36　电熔 ZrO_2（ZB）对 Al_2O_3 - ZrO_2 - C 材料的抗热震
试验后的弹性模量的影响

差别，导致其生产工艺和装备不断改进、发展和完善，形成了与
传统耐火材料的生产工艺截然不同的包含许多现代科学技术的高
技术耐火材料的生产集成技术。图 5 - 38 示出了现代铝碳质三大
件耐火材料的生产工艺流程，主要生产工艺装备示于图 5 -
39[20]。其中，等静压成型是生产工艺的核心，真空混合制粒是
生产技术的关键，它们对最终成品质量和可靠性起着决定性的控

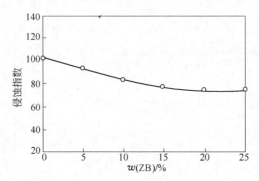

图 5 – 37　电熔 ZrO$_2$(ZB)对 Al$_2$O$_3$ – ZrO$_2$ – C 材料的
抗侵蚀性能的影响

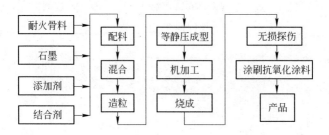

图 5 – 38　铝碳质连铸三大件耐火材料的生产工艺流程

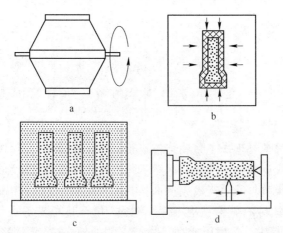

图 5 – 39　铝碳质连铸三大件耐火材料的主要生产工艺装备
a—混合造粒；b—等静压成型；c—焙烧热处理；d—机加工

制作用，着重叙述如下。

A 等静压成型

传统的定形耐火制品，多数为砖形产品，尺寸一般不大，大都采用机械压制成型即可满足要求。连铸铝碳质长水口、整体塞棒和浸入式水口，细长管状制品，形状复杂，长 800～1600mm，直径为 200～250mm。连铸三大件制品的成型物料的石墨含量高，成型性能差，机压时易产生分层结构。因此，无论是采用单面加压，双面加压或是振动加压成型技术，都难于获得均匀一致的高性能产品。常温等静压成型技术，利用液体介质不可压缩性和能均匀传递压力的特性，可实现对制品全方位均衡加压，保证细长中空结构产品质量完全均一，并有可靠性高和重现性好的特点，为连铸铝碳质三大件耐火材料所普遍采用的一项关键生产技术。

铝碳质连铸三大件耐火材料的等静压成型工艺过程如图 5－39b 所示，成型装置主要为高压油缸、橡胶模套和钢质模芯。成型时，高压液体通过弹性模套传递压力，对填充在模套与模芯之间的耐火混合物料施加高压压实，步骤如下：

（1）在橡胶模套和钢质模芯之间装填耐火混合物料。

（2）用橡胶塞密封好橡胶模套。

（3）清扫模套外表，吊进液压油缸内，关闭液压油缸。

（4）开动油泵向液压油缸加压，达到规定压力时，保压一段时间。

（5）解除液压油缸压力，吊出橡胶模套，取出压制好的压坯。

等静压成型坯体的体积密度通常随着液压压力的提高而增大，但提高压力会使橡胶模套寿命缩短，一般为 120～200MPa。等静压成型的过程参数，如加压速度，最大加压压力，保压时间和卸压速度都可以影响成型坯体的质量。但是，等静压成型过程与普通机械压制过程明显不同，上述因素均可人为事先设定和严格控制。操作人员只要按程序要求严格操作，成型压坯的质量可以完全避免人为因素的干扰。从等静压成型过程的特点来看，影响成型压坯质量的最大因素不在于等静压成型本身的操作过程，而在于准备进行压制成型的耐火混合物料的性状。为了使等静压成型砖坯尽可能达到致密均一，无颗粒和成分偏析，不产生裂纹和层裂，对耐火混合物料提出如下要求：

（1）具有良好的流动性，能均匀充填于压模的各个部位和角落。

（2）水分适当，防止压制时产生裂纹和分层现象。

（3）携带的空气应尽可能少，并具有适当的透气性。

提出上列第三项要求的原因是，等静压成型过程需密闭进行，不能排气，加压时耐火物料带入压模内的空气将受到压缩，存留在压坯基质中。卸压和脱模时，受压空气膨胀，从压坯基质逸出时可能导致压坯产生裂纹。

B　真空高速混合造粒

前述表明，等静压成型对成型混合物料的要求与一般的机压成型物料大相径庭，因而制备等静压成型的混合物料需采用专为其设计的真空高速混合造粒机。

真空高速混合造粒机的主体为容积约 500L 的圆锥形罐体，包含真空系统，加热系统，混合传动系统，搅拌传动系统，排料清扫系统，监控和除尘系统等。耐火物料加入罐内和密封后，抽真空（约达 0.08MPa）和控温加热。罐内三个翼型混合桨叶作变频调速圆周运动，转速为 8~80r/min。物料在罐内受到水平方向与垂直方向的剪切力的作用，形成翻腾起伏的旋流状态。同时，在离心力的作用下，物料由内向外运动，沿圆锥体上升，达到一定高度时又被抛向罐底。物料在圆锥形罐体内全方位反复运动中迅速混合均匀，从而形成质量高度均匀的耐火物料。耐火物料经卸料阀排出后进入恒温室内陈放晾料，使物料进一步均化。

C　机械加工

由于等静压成型使用橡胶模套，压坯的外形和尺寸误差大，与要求相差较大，只能算作是连铸三大件制品的毛坯，需要进一步进行机械加工。为了达到精确的形状和尺寸，现代连铸三大件耐火材料生产厂采用数控机床对等静压成型的压坯进行精细的机械加工。

D 焙烧热处理

为了提高铝碳质连铸三大件耐火材料的强度，避免树脂结合剂热解时放出的气体对钢水的危害，压坯需要进行焙烧热处理。热处理时，树脂结合剂热解炭化，从物理黏结转化为碳结合，压坯中的金属铝粉等添加剂与碳反应生成 Al_4C_3 等耐高温抗侵蚀的碳化物。图 5-40 示出了焙烧温度对 Al_2O_3-C 质耐火制品的强度的影响[13]，焙烧温度约为 1300℃ 时，制品的强度最大。加热处理时，为了防止碳氧化，通常将压坯埋入炭粒中（图 5-39c），此法作业条件差，劳动强度大，改用氮气保护焙烧热处理，有利于环保。

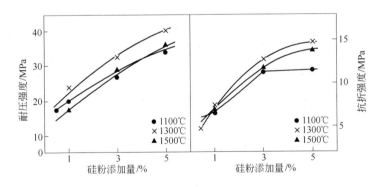

图 5-40 焙烧温度对 Al_2O_3-C 质耐火制品的强度的影响

E 无损检测

连铸三大件耐火材料在连铸系统中所处的位置和作用极为重要，制品的些小缺陷和瑕疵都可能造成重大事故和不可挽回的经济损失。因此，为确保连铸三大件耐火材料的质量，产品出厂前需逐件进行无损探伤检测，目前通用的方法是 X 射线无损检测。该法的优点是准确、可靠和直观，缺点是设备和运行费用高，并存在射线辐射的安全防护问题。无损超声探伤检测方法，简单、经济和安全，已在其他耐火材料的检测中得到应用。美国 C. E. Semler 与笔者曾对连铸铝碳质三大件耐火材料和滑动水口做过现场测试，结果表明，无损超声探伤检测简便、有效和适用。

F　喷涂抗氧化保护涂层

通常，铝碳质水口和整体塞棒在使用前须预热，使用时不接触钢水部分的外表面温度也超过碳的开始氧化温度。为了防止和减少 $Al_2O_3 - C$ 质材料的碳氧化损失，制品外表面需涂刷防氧化涂层。防氧化涂料一般含 SiO_2 60% ~ 64%，Al_2O_3 15% ~ 20%，Fe_2O_3 1% ~ 3%，R_2O 10% ~ 15%，配料由黏土熟料、硅石粉、长石粉、黏土和结合剂等构成，与水混合研磨成泥浆，比重 1.60 ~ 1.70，涂层在 700 ~ 1200℃ 变成玻璃化保护薄膜[21]。

为减少钢水的温度下降和防止水口堵塞，浸入式水口外表通常粘贴一层或多层耐火纤维。也有些工厂在原涂料的基础上，添加硅石原矿、釉化膨胀珍珠岩、漂珠等，形成具有保温作用的保护涂层。在与钢水和保护渣接触的部位，采用以电熔刚玉为主要配料的抗侵蚀的保护涂料。这种涂料含电熔刚玉 65% ~ 80%，氧化铝粉 5% ~ 10%，蓝晶石 5% ~ 10%，石英微粉约 5%，黏土约 10%，以硅溶胶与磷酸二氢铝作为复合结合剂，在焙烧和使用时形成烧结层，起到防氧化和抗侵蚀的双重作用，可显著延长浸入式水口的使用寿命[22]。

5.4.3　铝碳质连铸三大件耐火材料的使用和改进

5.4.3.1　长水口

A　长水口的安装

安装长水口时先将长水口装在支撑转架上，如图 5 – 41[1]，利用杠杆机构移进钢包与中间包之间，再与钢包下水口连接定位。长水口使用时颈部悬吊在支撑架上，在流经滑动水口的钢水偏流冲击作用下会产生震动，加上自重的作用，颈部受到较大的张应力，为断颈事故埋下隐患。因此，长水口颈部外形应均匀流畅，安装时避免应力集中。

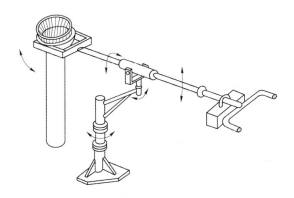

图 5 - 41 安装长水口的一种杠杆支撑转架

B 长水口－钢包的连接

长水口使用时上端口部（碗部）与钢包滑动水口的下水口连接。浇注时，在快速下注钢流的拉动下，接缝处产生一定的负压（抽力），外界空气会被源源不断吸入长水口内，造成钢水二次氧化污染，同时也使长水口碗部遭受严重的氧化侵蚀作用。根据空气的吸入过程，防止空气吸入的对策有两条：一是吹氩保护，防止空气吸入和使吸入的气体为惰性气体氩气而不是空气；二是使用密封垫圈密封，严防空气渗入。吹氩保护有两种方式：氩气直吹气环保护和经由多孔透气环吹氩保护。

氩气直吹气环保护，如图 5 - 11a 所示，长水口上端外部与钢护套之间设置环形气道，吹入氩气时，氩气充填于长水口与滑动水口下水口之间的接缝，氩气气环直接保护钢流，达到正压时，空气被氩气阻挡在外部。此法的缺点是氩气用量大，进入钢水中的氩气多。

多孔透气环吹氩保护，如图 5 - 11b 所示，在长水口碗部上端加装一个高 40 ~ 50mm 多孔耐火材料透气环，氩气经由透气环吹入长水口碗部内的钢水中。吹入长水口碗部内钢水中的氩气可改变长水口的内部压力，当氩气流量达到一定值后，长水口的内压力可由负压变为正压，由此消除了吸入空气的动力。此法的主要优点是氩气消耗量小，仅为氩气直吹保护的 1/3 ~ 1/5，这是因为长水口碗部空间小，形成正压所需气量小。多孔透气环吹氩保护技术在连铸中已得到广泛应用。

　　在用多孔透气环吹氩保护技术中，透气环的配置和耐火材料的材质有多种不同的选择。图 5 - 42 示出了两种有代表性的组装方法[23]。

　　图 5 - 42（a）为整体组装式透气环，A 为铝碳质长水口本体，D 为含 Al_2O_3 70% ~ 80% 的高铝质或刚玉质透气环。透气环外径比长水口碗部外径略小一点，与钢护套（F）间形成 3 ~ 5mm 的环缝（H），G 为氩气入口。在钢护套、透气环和长水口碗部相连接的地方，用火泥（I）密封。这种结构的优点是，多炉连铸时用氧气清洗对工作面的损害小，使用寿命长，但对其组装密封质量要求较高，否则容易发生安装偏移和漏气现象。

　　图 5 - 42（b）为镶嵌式，透气环（D）的外侧下部沟槽与长水口碗部内侧壁间形成环形气道（H）。镶嵌式结构的特点是组装简单容易，密封效果好，不易漏气。

　　上述的透气环吹氩保护法需要有稳定的氩气气源，容易出现

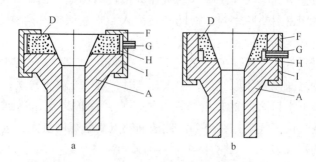

图 5 - 42　长水口吹氩透气环的不同组装方法

a—整体组装；b—镶嵌式组装

工艺事故，如与水口安装配合不当，使用中可发生吹氩孔堵塞等。用密封垫圈密封可以严防空气渗入，所用器具和安装使用方法简单，费用低，仅为吹氩气保护的 1/3～1/4，受到钢厂的欢迎。

密封垫圈材料通常用氧化铝纤维制作，柔软且具有弹性，便于长水口与滑动水口下水口的连接，能缓冲热机械应力。但其透气性较高，密封效果较差，难于满足高等级洁净钢的连铸要求。表 5-9 列出了一种具有常温保形，热态可塑，高温膨胀，气密性好的密封垫圈材料的性能[24]。它由膨胀石墨、炭黑、刚玉粉、金属铝粉、黏土和树脂制成。膨胀石墨为决定密封垫圈高温密封性能的关键组分，从 200℃ 开始发生膨胀，1100℃ 时达到最大，最终体积可以达到原有体积的数十倍。树脂为热塑性酚醛树脂，受热时可使密封垫圈片软化，高温下则炭化，使垫片具有强度，而在常温下可长期保持，不固化，不开裂。

表 5-9　密封垫圈材料的性能

生　产　厂	中国唐钢	国　　外
化学组成 $w/\%$		
Al_2O_3	78.54	74.24
SiO_2	12.38	13.87
C	6.56	10.25
灼减		13.01
显气孔率/%	27	29
体积密度/g·cm^{-3}	2.24	2.15
常温抗压强度/MPa	42	22
常温抗折强度/MPa	6.8	4.9
烧后线变化率/%	0.25	-2.30
应　　用	滑动水口的连接密封，水口的连接密封	

一项研究采用高铝熟料（Al_2O_3 85%～88%），耐火黏土，石墨和金属铝粉为主原料，以树脂为结合剂，制得具有常温保

型，体积稳定，热态可塑，高温密封和抗侵蚀的密封垫圈，在现场使用时显示出具有良好的使用性能，钢水增氮率显著下降[25]。还有一种柔性密封垫圈，大钢包开浇时，钢水热量可使密封垫圈迅速膨胀，并处于熔化状态，填充接缝周围的空隙，起到良好的密封作用，密封效果达到或甚至超过吹氩保护的密封效果。密封垫圈还可以用于外装式浸入式水口与中间包滑动水口的下水口之间连接密封[26]。

C　长水口的侵蚀损毁状况

图 5－43 示出了长水口使用时易发生严重蚀损和事故的所在部位[13]509，它们分别是：

（1）碗部，长水口与滑动水口下水口的连接部位，由于空气渗入，导致碳氧化侵蚀；

（2）颈部，热机械应力集中可导致断颈恶性事故；

（3）碗部下方一侧，滑动水口节流时钢水偏流冲刷的局部侵蚀；

（4）渣线部位，中间包保护渣的局部侵蚀；

（5）钢流出口，钢水磨损侵蚀；

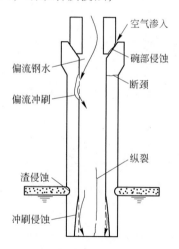

图 5－43　长水口使用时的损毁状况

（6）热震造成的纵向开裂损毁。

上列除(2)和(3)两项以外，其他易损部位的侵蚀作用和机理在前面已有详细叙述，断颈事故为重大安全事故，下面着重分析讨论。

D　长水口的断颈事故

钢包开浇时，高温钢水快速涌入长水口，长水口碗部首当其冲，受到高温钢水的激烈热冲击作用，这在前面已有详细叙述。与此同时，长水口碗部还遭受到严重的机械应力的作用。在连铸开始和随后的连铸过程中，钢水流经部分重合的上下滑板开孔时，钢流被节流扭转产生偏流，使长水口碗部下方的一侧受到偏流钢水的强烈冲击作用。偏流钢水不但使紧邻碗部的下方一侧受到严重的局部磨损侵蚀，同时还会使处于悬吊状态的长水口产生振动（图 5-44[27]），下端口部的振幅约有 3mm。图 5-45 示出了长水口受到的热机械应力的分布情况，由此可以看到，热应力和机械应力都集中于长水口的颈部。当它们叠加并超过长水口的强度时，则会发生断颈事故。特别是当这两种应力的峰值重叠在

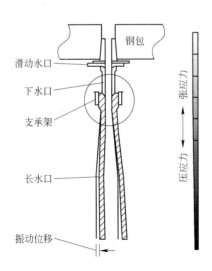

图 5-44　长水口开浇时的振动和应力状态

一起时，断颈事故的可能性更大。长水口一旦发生断颈可导致重
大事故，造成严重的安全问题和巨大的经济损失。采用的预防措
施包括：改进耐火材料的性能，长水口形状结构的设计和操作过
程等各个方面，叙述如下。

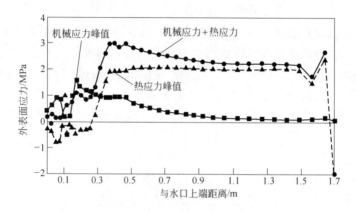

图 5 - 45　长水口开浇时纵向受到的热机械应力

　　在改进耐火材料的性能方面，防止断颈事故的措施是提高耐
火材料的抗热震性能和机械强度，但两者之间存在相互制约的关
系，同时还需要兼顾到耐火材料的抗侵蚀性能。例如，提高长水
口的抗热震性能的基本手段是增加碳含量，但这将导致强度下降
和抗侵蚀性能降低。通常采取折衷方案，适当地降低碳含量，颈
碗部分的碳含量小于本体部分。

　　从长水口的外形设计方面看，国外出现喷嘴型长水口，代替
传统的直管型长水口，但尚未见到有关缘由的报道，这可能是为
提高长水口的热机械性能和减少事故而设计的。从图 5 - 46 可以
看到[10]，喷嘴型长水口大约从上部约三分之一处开始变径，向
下直径渐增，断面呈火箭喷嘴形状。连铸时，当高速钢流从长水
口上部流入下部时，可以想象会有类似火箭发动机点火升空时的
作用，由于流径逐渐扩大，流速相应减慢，对长水口上部将产生
反推作用力。这将起到抵冲长水口上部的部分热机械应力的作

用，从而有利于减少长水口的断颈事故。同时，由于钢流速度减慢，还可减轻钢流对中间包冲击垫的冲击力，减轻钢水飞溅，减少中间包的湍流，有利于钢水中的夹杂物分离。

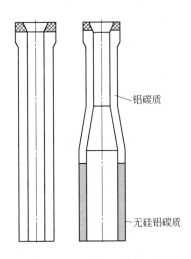

铝碳质

无硅铝碳质

图 5 - 46 喷嘴型和直管型长水口的结构对比

E 长水口各易损部位的侵蚀机理与对策

根据前述的侵蚀损毁机理，长水口各易损部位的侵蚀机理和应对措施汇总于表 5 - 10，相应采用的一些耐火材料组成列于表 5 - 11[15]510。

F 长水口的使用寿命

在过去十几年间，日本的长水口使用寿命提高了约一倍（图 5 - 47[28]），有许多连铸机的长水口的使用寿命保持在 30 ~ 40 次。使用操作技术与寿命密切相关，因此得到不断的改进，如采取适当的预热和清渣方法等。在耐火材料方面所采取的措施主要为：

（1）提高长水口颈部的机械强度以抵抗振动的作用。

（2）长水口内层使用低碳材料以提高耐磨损性。

（3）长水口外层采用先进的抗氧化涂层。

表 5 - 10   长水口易损部位的蚀损机理和应对措施

位置	蚀损方式	蚀 损 机 理	对 策
碗部	氧化侵蚀	高速钢流在接缝处产生负压,空气漏入,碳氧化损失加速侵蚀	加强接缝处密封,吹氩保护,采用抗侵蚀配料,低碳含量,添加 ZrO_2
颈部	断裂	受高温钢水单面热冲击,内外温差大,外表面受张应力作用,钢水偏流冲击,水口震动,应力集中	提高机械强度,改进外形设计,改进安装和操作,保温隔热
碗部下一侧	偏流冲刷	滑动水口部分开闭,节流导致钢水偏流冲击	采用抗磨损、抗侵蚀耐火材料,调整铸孔孔径,减弱偏流;改进操作
长水口本体	纵向裂纹	高温钢水单面热冲击,内外温差大,外表面受张应力作用	采用抗热震配料,高碳含量,添加熔融石英
渣线	局部熔损	中间包保护渣,熔点低,碱度高,局部熔损侵蚀	采用高抗侵蚀配料,添加 ZrO_2
出钢口	磨损侵蚀	钢水的磨损和侵蚀	采用高抗侵蚀配料,低碳,低硅

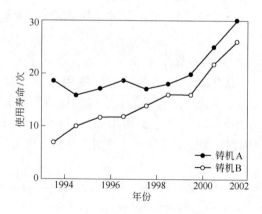

图 5 - 47   日本长水口的使用寿命

表 5 – 11 长水口各部位用耐火材料

长 水 口	本 体		碗部	渣线	钢水区
	A	B			
化学组成 $w/\%$					
Al_2O_3	43.8	48	61.3	0.4	62
SiO_2	17.4	17	3.1	6.0	
C	36.0	33	23.0	23.9	31
SiC					5
ZrO_2			3.5	67.0	
显气孔率/%	16.0	16.0	14.9	17.3	15.5
体积密度/g·cm^{-3}	2.26	2.38	2.64	2.39	2.54
常温抗折强度/MPa		9.0			10.0
特点与适应性	抗热震耐用型	抗热震通用型	抗热震+抗侵蚀综合型	高抗侵蚀	无硅抗侵蚀

（4）开发无硅长水口制品，以最大限度减少长期使用中材料材质的劣化。

5.4.3.2 整体塞棒

图 5 – 48 为中间包整体塞棒的一种装配图。整体塞棒上端加装了一块袖砖，它可防止操作过程中提压塞棒时发生拉脱现象和防止钢芯粘钢而失去控制钢流的作用。

整体塞棒的头部使用时受到钢水的剧烈冲刷和侵蚀作用，特别是在连铸钙处理钢时受到的侵蚀作用尤为严重。为提高整体塞棒的使用寿命，整体塞棒的头部可采用 $ZrO_2 - C$ 质和 $MgO - C$ 质材料来制造。表 5 – 12 列出了一些整体塞棒的耐火材料性能和适用钢种[15]508。

5.4.3.3 浸入式水口

A 浸入式水口的侵蚀损毁状况

浸入式水口使用时易发生严重蚀损和事故的所在部位示于

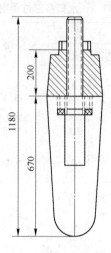

图 5 - 48　整体塞棒装配图

表 5 - 12　整体塞棒塞头用耐火材料的性能和适应性

性能和特点	耐火材料种类				
	A	B	C	D	E
化学组成 $w/\%$					
Al_2O_3	60 ~ 70	60.5	82.8	4	55
SiO_2					
C + SiC（灼减）	> 25	(17.8)	(13.7)	28	15
ZrO_2			0.2		
MgO		17.0	0.3	68	
AlN					30
显气孔率/%	< 13	16.5	17.2	17.0	19.5
体积密度/$g·cm^{-3}$	> 2.65	2.54	2.82	2.42	2.57
特点与适应性	通用型	Al、Si 镇静钢半镇静钢	Al、Si 镇静钢半镇静钢	钙处理钢	抗氧化抗侵蚀高氧钢

图 5 - 49[13]，它们分别为：渣线部位，受到严重的局部侵蚀；
下部，受到钢流的冲刷侵蚀；出钢孔，夹杂物的沉积堵塞。

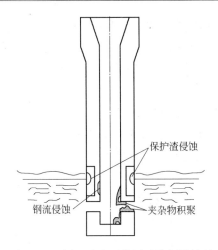

图 5 - 49 浸入式水口使用时的损毁情况

B 渣线部位的局部侵蚀

铝碳质浸入式水口使用时，渣线部位受到结晶器保护渣的严重局部侵蚀作用，表现出典型的马兰戈尼效应（Marangoni effect[2,29]），图 5 - 50 示出了局部侵蚀作用机理的图析，作如下说明。

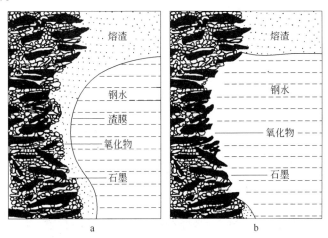

图 5 - 50 浸入式水口渣线局部侵蚀机理的图解

Al$_2$O$_3$ - C 质耐火材料与熔渣接触时，起初表面上有一层渣膜（图 5 - 50a）。耐火材料中的颗粒料（如 Al$_2$O$_3$ 和 ZrO$_2$）易溶入渣中，而石墨则由于抗渣侵蚀性能高仍然留在耐火材料的表面上。由于石墨不易被熔渣润湿，却易被钢水润湿，结果渣膜被钢水排斥，钢水与熔渣之间的界面上升（图 5 - 50b）。此时石墨暴露于钢水中，由于石墨易溶于钢水之中，导致耐火氧化物颗粒料被暴露。结果与上述相反，由于耐火氧化物颗粒易被熔渣润湿，钢水被熔渣排斥，熔渣与钢水的界面下降，在耐火材料界面形成新的一层渣膜，这样又返回到图 5 - 50a 所示的状态。由于熔渣与钢水之间的界面反复运动，伴随发生耐火氧化物颗粒和石墨的交替溶解作用，结果导致严重的局部侵蚀。因此，提高耐火材料的抗侵蚀性能的关键是采用不易被熔渣润湿和溶解的耐火颗粒骨料或添加保护剂保护石墨。

为了提高浸入式水口渣线部位的使用寿命，通常用电熔氧化锆代替电熔刚玉。ZrO$_2$ - C 质耐火材料的抗侵蚀性能随着 ZrO$_2$ 含量增加而显著提高（图 5 - 51）。但由于 ZrO$_2$ 的热导率小，热膨胀率高，将使耐火材料的抗热震性能变差，故通常将 ZrO$_2$ 含量控制在 80% 以下。

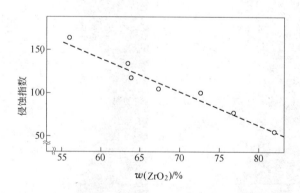

图 5 - 51   ZrO$_2$ 含量与 ZrO$_2$ - 石墨复合耐火材料的
抗侵蚀性能的关系

C 浸入式水口的堵塞机理

连铸过程中，浸入式水口常常发生堵塞现象，在浇注低碳钢、镇静钢等钢种时尤为严重。浸入式水口在连铸过程中发生的堵塞现象虽不至于酿成大祸，却是件烦心之事。不但困扰连铸作业，使多炉连铸难于为继，并会造成钢流不稳，粘附于浸入式水口内表面的夹杂物还可能在浇注过程中掉入钢水中，影响连铸钢坯质量。为此，人们一直在查找原因，寻求解决方案。

图 5-52 示出了连铸时铝碳质水口内表面沉积物的粘附和堵塞情况[30]。在弯月面（meniscus）以上的部位，由于钢水温度下降，水口的内表面粘附一层薄薄的凝钢，厚约 1~2mm。在弯月面以下部位，水口内表面的沉积物逐渐加厚，直到出钢口和底部，厚度可达 5~10mm，成分变为以 Al_2O_3 为主。

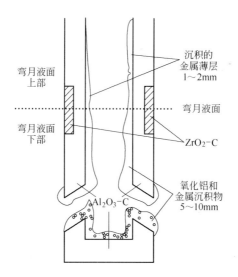

图 5-52 铝碳质浸入式水口的沉积物堵塞情况

图 5-53 示出了铝碳质浸入式水口内壁上 Al_2O_3 夹杂物颗粒的积聚情况和堵塞机理图解[31]。对浸入式水口的堵塞机理的调

查研究有许多报道，结果汇总如下[32]：

（1）悬浮于钢水中的非金属夹杂物颗粒粘附并沉积于水口内表面，随着积聚数量的增多，最终导致水口发生堵塞。

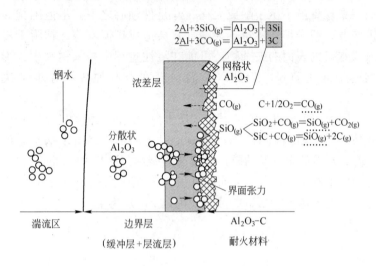

图 5-53　Al_2O_3 夹杂物颗粒积聚和铝碳质浸入式水口的堵塞机理

（2）钢水中的非金属夹杂物颗粒源自以下途径：主要为铝镇静钢和 Al-Si 镇静钢残存于钢水中的脱氧产物 Al_2O_3；耐火材料，包括浸入式水口本身，被钢水侵蚀的碎片脱落掉入钢水中；外界空气渗入钢水中，与钢水中的铝反应生成 Al_2O_3 的夹杂物颗粒。

（3）浸入式水口的自身组分间发生的氧化还原反应，生成 $SiO_{(g)}$ 和 $CO_{(g)}$，并与入侵水口的钢水中的 Al 发生反应，在水口内表面生成网格状氧化铝。

（4）上述反应还将导致在耐火材料与熔渣之间产生 Si、C 浓差层，在界面张力作用下，氧化铝夹杂物被粘附积聚。

（5）钢水温度下降，导致 Al_2O_3 夹杂物析出沉积。

（6）水口内壁表面粗糙，易粘附积聚夹杂物。

D 浸入式水口的防堵塞措施

根据上述堵塞机理，表 5-13 汇总列出了应对浸入式水口堵塞的防堵策略[33]。显然，要想获取有效的防堵效果，炼钢和耐火材料两个方面须通力协作共同努力。图 5-54 示出了一种集中了上述主要防堵塞措施的 Al_2O_3-C 质浸入式水口的结构[34]，所采取的防堵措施包括水口外层加强隔热保温，内侧设置多孔层，狭缝吹氩冲洗水口内表面和采用防粘结的 ZrO_2-CaO-C 复合内层等。表 5-14 列出了防堵塞浸入式水口的耐火材料的化学组成和物理性能。下面对上述主要防堵塞措施作进一步的说明。

表 5-13 浸入式水口的防堵塞对策和机理

堵塞原因	防堵塞应对策略	对策作用机理	实施者
钢水洁净度	钢水脱气处理和其他方法处理 提高钢水洁净度	减少脱氧产物的吸附几率	炼钢
钢水脱氧产物	钢水 Ca 处理	脱氧产物转化为低熔物	炼钢
钢水温度下降	水口隔热保温 中间包等离子加热	防止水口内发生凝固	耐火材料 +炼钢
夹杂物粘附	通过水口等不同部位吹氩	清除和防止脱氧产物的粘附	耐火材料 +炼钢
水口的组成	1. ZrO_2-CaO-C 复合型水口 2. 减少水口中的 SiO_2 和石墨含量 3. BN 复合型水口 4. ZrO_2-CaF_2-C 水口，Al_2O_3-CaF_2-C 水口	1. 水口内壁吸附的 Al_2O_3 转化为低熔物 2. 消除钢渣界面氧源，减少界面张力 3. 难被熔渣钢水润湿的材料 4. 水口的熔损速度与夹杂物粘附速度平衡	耐火材料
水口形状结构	环梯型水口，鼓凸型水口	改善钢水流态，减少夹杂物的吸附几率	耐火材料 +炼钢
水口内壁粗糙	提高水口内壁的平滑度	减少夹杂物的吸附几率	耐火材料

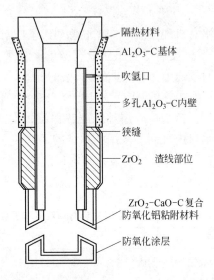

图 5 - 54　综合型防堵塞浸入式水口的结构图

表 5 - 14　防堵塞浸入式水口的耐火材料组成和性能

材　　质	$ZrO_2 - CaO$ - 石墨	$ZrO_2 - CaF_2 - C$	$Al_2O_3 - CaF_2 - C$	无硅 - 低碳
化学组成 $w/\%$				
$C + SiC$	26	21	28	3
ZrO_2	55	57	—	—
CaO	18	19	—	—
Al_2O_3	—	—	61	96
SiO_2	—	2	10	—
CaF_2	—	2	10	—
显气孔率/%	18.7	20.3	18.2	20.7
体积密度/g·cm^{-3}	2.81	2.80	2.43	2.82
常温耐压强度/MPa	9.3	8.0	7.6	20.4
热膨胀率(1000℃)/%	0.41	0.42	0.37	0.74

E 狭缝吹氩和纤维夹层保温隔热防堵塞浸入式水口

图 5-55 示出了各种狭缝吹氩和耐火纤维夹层隔热的防堵塞浸入式水口的结构[35]。钢厂可根据自己的水口堵塞情况，选用从不同部位吹氩的防堵水口或纤维夹层防堵水口，前者直接吹除粘附的夹杂物，后者可以显著减少钢水的热损失（图 5-56）。

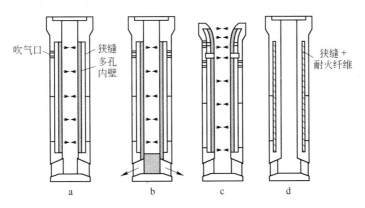

图 5-55 狭缝吹氩和纤维夹层防堵型浸入式水口的结构类型
a—普通狭缝吹氩型；b—出钢口区吹氩型；
c—上端连接区吹氩型；d—耐火纤维隔热夹层

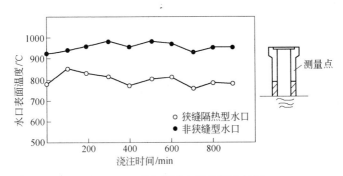

图 5-56 耐火纤维夹层的隔热效果

F ZrO$_2$-CaO-C 复合型浸入式水口的防堵塞机理

ZrO$_2$-CaO-C 复合型浸入式水口的防堵塞机理示于图 5-

57[10]。连铸时使用的浸入式水口中若含有 CaO，它可与钢水中的 Al_2O_3 夹杂物发生一系列的反应。当有稳定钙源不断提供 CaO 时，反应生成物从低钙化合物（$CaO \cdot Al_2O_3$）转向高钙化合物（12 CaO·7 Al_2O_3），使液相出现的温度从 2045℃ 降低到 1400℃（参见图 4 – 22）。在 ZrO_2 – CaO – C 复合型浸入式水口的实际生产中，水口中的 CaO 是以电熔锆酸钙颗粒引入的。锆酸钙（$CaO \cdot ZrO_2$）的熔点为 2350℃，具有良好的抗侵蚀性能和抗水化性能，并可为水口使用时发生的前述反应提供比较稳定的 CaO 来源。

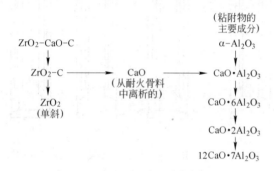

图 5 – 57　ZrO_2 – CaO – C 复合型浸入式水口的防堵塞机理

　　用作浸入式水口内侧的防堵塞 ZrO_2 – CaO – C 质耐火材料，一般约含 CaO 22%，$ZrO_2$55%。使用时，CaO 从 $CaO \cdot ZrO_2$ 固溶体中析出，与钢水中的 Al_2O_3 反应生成低熔点钙铝硅化合物（$CaO \cdot Al_2O_3 \cdot SiO_2$）。这种低熔点化合物可以被钢水冲走，从而可避免浸入式水口的堵塞。在耐火材料配料中，添加一些二氧化硅，可加速锆酸钙的离析作用，从而可增强防堵塞能力。图 5 – 58 示出了 Al_2O_3 – C 质和 ZrO_2 – CaO – C 质水口在连铸时氧化铝粘附沉积厚度的比较[31]，ZrO_2 – CaO – C 质耐火材料显示出很好的防堵塞功能。

　　G　低硅/低碳浸入式水口的防堵塞机理

　　在连铸过程中，Al_2O_3 – C 质和 Al_2O_3 – ZrO_2 – C 质浸入式水

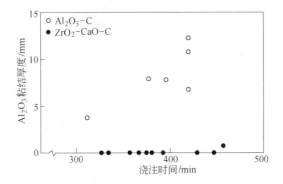

图 5 - 58 Al_2O_3 - C 质和 ZrO_2 - CaO - C 质浸入式水口
连铸时氧化铝夹杂物积聚增厚比较

口本身共存组分之间可发生如下氧化还原反应[10]：

$$2C_{(s)} + O_{2(s)} == 2CO_{(g)} \qquad (5-14)$$

$$SiC_{(s)} + 2CO_{(s)} == SiO_{2(s)} + 3C_{(s)} \qquad (5-15)$$

$$SiO_2 + C_{(s)} == SiO_{(g)} + CO_{(g)} \qquad (5-16)$$

上述反应产物 SiO 和 CO 扩散并进入水口与钢水的界面上，与钢水中的铝发生下列反应：

$$3SiO_{(g)} + 2Al == Al_2O_{3(s)} + 3Si \qquad (5-17)$$

$$3CO_{(g)} + 2Al == Al_2O_{3(s)} + 3C \qquad (5-18)$$

上述反应结果表明，Al_2O_3 - C 质和 Al_2O_3 - ZrO_2 - C 质浸入式水口中的硅和碳可造成水口内表面沉积 Al_2O_3，并使水口堵塞。这也就是开发低硅或/和无硅，低碳或/和无碳浸入式水口的原因之一。

H　BN 复合型防堵塞浸入式水口

图 5 - 59 为德国迪迪尔公司（Didier）利用 BN 不被熔渣润湿的特点开发的一种 SiC - C - BN 复合型防堵塞浸入式水口的结构[36]，可使连铸钢坯的质量得到显著改善（图 5 - 60）。

I　改变浸入式水口的形状和结构

浸入式水口的形状和结构会影响水口内外的钢水流态，改进

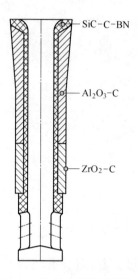

图 5 - 59　SiC - C - BN 复合型防堵浸入式水口的结构

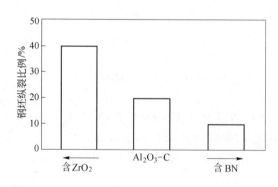

图 5 - 60　SiC - C - BN 复合型防堵塞浸入式水口的使用效果

水口内部结构的设计可减轻水口的堵塞现象。例如，某钢厂使用的浸入式水口的形状设计由图 5 - 61a 改为图 5 - 61b 后，浸入式水口的结瘤和堵塞现象明显减少。由此提示，通过改进浸入式水口的形状和结构的设计可以达到防止水口结瘤的目的。关于改进浸入式水口的结构防止堵塞的开发研究将在下一章详细叙述。

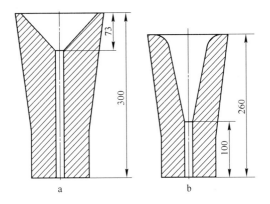

图 5 - 61　浸入式水口的两种不同设计方案

5.5　尖晶石－碳质连铸用耐火材料

5.5.1　连铸用尖晶石－碳质耐火材料的开发背景[37]

普通连铸三大件耐火材料一般由电熔刚玉、石墨和熔融石英制造，用于连铸钙处理钢水时，会遭受到钢水钙处理时产生的低熔物和过剩钙的严重侵蚀作用，可导致整体塞棒－浸入式水口的钢流控制系统过早失效，使连续浇注难以继续。通常采取的改进措施是在塞棒塞头、浸入式水口的碗部和出钢口部位使用 $ZrO_2 - C$ 质和 $MgO - C$ 质耐火材料。因为 $ZrO_2 - CaO$ 系出现液相的温度高达 2250℃（图 5 - 62），$MgO - CaO$ 系为 2400℃（参见图 3 - 23），而 $Al_2O_3 - CaO$ 系低于 1400℃（参见图 4 - 22），所以 $ZrO_2 - C$ 质和 $MgO - C$ 质耐火材料的抗侵蚀性能确实要比 $Al_2O_3 - C$ 质耐火材料好。

但是，使用 $ZrO_2 - C$ 质材料和 $MgO - C$ 质材料时，由于钢水的钙处理产物 $mCaO·nAl_2O_3$ 熔点低，与 ZrO_2 或 MgO 发生反应产生组成不同的夹杂物，对钢的质量带来下述新的不利影响。

在使用 $ZrO_2 - C$ 质材料时，钢水钙处理的低熔产物粘附在 $ZrO_2 - C$ 质水口工作面的脱碳层上，与 ZrO_2 发生如下反应：

$$mCaO \cdot nAl_2O_3 + lZrO_2 \longrightarrow l(CaO \cdot ZrO_2) + (m-l)CaO \cdot nAl_2O_3$$

$$(5-19)$$

上述反应中，富 CaO 液相向 ZrO_2 颗粒提供 CaO，反应生成 $CaO \cdot ZrO_2$。结果使低熔物相中 CaO 含量减少，氧化铝含量比例相应提高，液相熔点上升，在水口工作面上析出固体夹杂物，受到钢流冲刷时落入钢水中形成新的夹杂物。

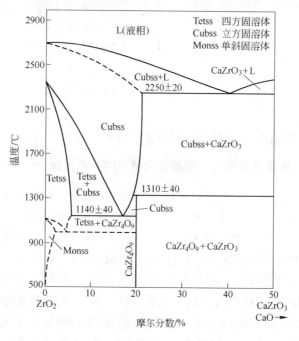

图 5-62　ZrO_2 - CaO 系相图

在使用 MgO - C 质材料时，钢水钙处理产生的低熔产物向 MgO - C 质水口工作面上的 MgO 提供 Al_2O_3，在工作面表层发生尖晶石化反应。结果使低熔点液相中的 CaO 过剩并与钢中的硫反应生成 CaS，可成为钢水中的夹杂物，反应方程式如下：

$$mCaO \cdot nAl_2O_3 + nMgO + mS \longrightarrow n(MgO \cdot Al_2O_3) + mCaS$$

$$(5-20)$$

上述反应表明，在用 ZrO_2-C 质和 $MgO-C$ 质浸入式水口连铸钙处理钢水时，可使 Al_2O_3 夹杂物的无害化处理效果变差。表5－15 列出了在连铸钙处理钢使用后的 ZrO_2-C 质和 $MgO-C$ 质水口表面上的粘附物组成，可以清楚反映上述的不利作用。为解决上述问题，日本 TYK 公司研究开发铝镁尖晶石－碳质连铸用耐火材料。

表 5 –15 连铸钙处理钢后的浸入式水口表面粘附物的组成

材 料	反应层厚薄	粘附夹杂物	反应层
ZrO_2-C 质	小→中	主要为富铝 $mCaO \cdot nAl_2O_3$	$CaO \cdot ZrO_2$
$MgO-C$ 质	小	主要为 CaS	$MgO \cdot Al_2O_3$

5.5.2 尖晶石原料的选择[38]

铝镁尖晶石（ $MgO \cdot Al_2O_3$ ）的化学性能和物理性能稳定，具有优良的耐火性能，抗碱性熔渣和抗 FeO 的侵蚀性能优于电熔刚玉，热膨胀率与电熔刚玉相当，但比镁砂小（参见表5－4）。

通常使用的铝镁尖晶石原料有富镁尖晶石和富铝尖晶石两种类型，从 $MgO-Al_2O_3$ 系统相图上看（图5－63），前者为 MgO 与 $MgO \cdot Al_2O_3$ 尖晶石的复合材料，后者为 Al_2O_3 与 $MgO \cdot Al_2O_3$ 尖晶石的复合材料。它们都有良好的耐火性能，开始出现液相温度分别为 2050℃ 和 1950℃。但根据前面分析，非结合态 MgO 会损害钢水钙处理的效果，而非结合态 Al_2O_3 则易被钢水钙处理后残存于钢水中的钙侵蚀。因此，尖晶石－碳质连铸耐火材料选用理论组成的纯尖晶石作原料较为理想。

按照原料的生产工艺，尖晶石原料有烧结和电熔两种，电熔尖晶石的结晶颗粒大，抗侵蚀性能好。尖晶石－碳质连铸耐火材料通常使用电熔尖晶石原料。

5.5.3 尖晶石－碳质连铸耐火材料的性能和使用

尖晶石－碳质连铸耐火材料的生产工艺与普通铝碳质连铸耐

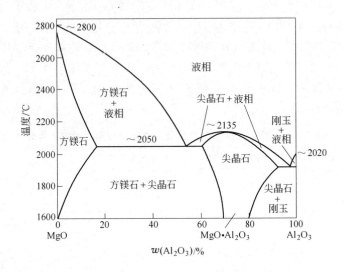

图 5 – 63　　MgO – Al₂O₃ 系统相图

火材料相似，只是以电熔尖晶石代替电熔刚玉。表 5 – 16 列出了尖晶石 – 碳连铸耐火材料的性能[38,39]。

图 5 – 64 示出了尖晶石 – 碳质浸入式水口与无硅铝碳质浸入式水口的抗侵蚀性能对比试验结果。按照出钢口 4 个不同位置上测定的侵蚀速率，尖晶石 – 碳质耐火材料的抗侵蚀性能比铝碳质耐火材料高 3 倍。显微组织结构分析显示，铝碳质耐火材料使用后颗粒骨料外露，而尖晶石 – 碳质耐火材料用后工作面平滑，尖晶石骨料仍然保持致密状态。

图 5 – 65 为使用尖晶石 – 碳质和 ZrO₂ – C 质浸入式水口的连铸钙处理钢坯的超声无损探伤检测结果对比。结果显示，采用尖晶石 – 碳质浸入式水口连铸时，超声无损探伤检测到的钢坯废品率大大降低，可见尖晶石 – 碳质浸入式水口可有效地提高钙处理钢的质量。显微结构分析还显示，用后尖晶石 – 碳质浸入式水口的反应层上，熔渣中有尖晶石颗粒存在，且尖晶石颗粒保持完整状态，这表明尖晶石 – 碳质耐火材料不会改变钢水钙处理产物的性状。

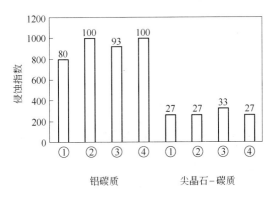

图 5-64　铝碳质和尖晶石-碳质浸入式水口的
抗侵蚀试验结果比较

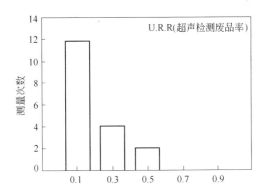

图 5-65　用尖晶石-碳质与 ZrO_2-C 质浸入
式水口连铸钙处理钢的钢坯废品率比较

表 5 – 16　尖晶石 – 碳质连铸耐火材料的化学组成和性能

编　号	B	D	E
材　质	无硅 – 铝碳	尖晶石 – 碳	尖晶石 – 碳
化学组成 $w/\%$			
MgO	—	16.4	22
Al_2O_3	65.7	48.1	56
C	28.5	28.3	16
SiC	4.7	4.6	5
显气孔率/%	16.4	19.0	15.0
体积密度/$g\cdot cm^{-3}$	2.55	2.40	2.56
常温抗折强度/MPa	10.2	9.8	12.5
热膨胀率（900℃）/%	0.27	0.25	
应　用	对比	浸入式水口流出口	整体塞棒

5.6　熔融石英长水口和浸入式水口

　　熔融石英长水口和浸入式水口是连铸早期使用的主要耐火材料，以熔融石英为原料，按陶瓷生产工艺的泥浆浇注法成型制造。

　　熔融石英是用高纯天然硅质原料经高温电熔生产的无定形玻璃质原料，含 $SiO_2$99.5% 以上。熔融石英分为透明的和不透明的两种类型，由于透明熔融石英的价格高，耐火材料生产中一般使用不透明熔融石英，但也会利用部分透明熔融石英的下脚料。表 5 – 17 列出了熔融石英的性能[13]，最显著的特点是热膨胀系数极小，具有非常好的耐急冷急热性能，因而用于制造对热稳定性要求很高的连铸耐火材料。

表 5 – 17　熔融石英原料的性能

种　类	透明熔融石英	不透明熔融石英
$w(SiO_2)/\%$	>99.9	>99.5
密度/$g\cdot cm^{-3}$	2.20	2.07 ~ 2.10
线膨胀系数/$℃^{-1}$	0.49×10^{-6}	$(0.53\sim0.59)\times10^{-6}$
热导率/$W\cdot(m\cdot K)^{-1}$	0.992	0.792 ~ 0.837
软化温度/℃	1430	1400 ~ 1480

熔融石英颗粒表面光滑，活性低，用一般生产工艺很难成型，很难获得具有适当结合强度的生坯，而加入无机结合剂又会降低制品的使用性能。于是，人们采用强化湿法碾磨，使其生成高活性的胶质 SiO_2 泥浆，用石膏模浇注成型，脱水后可形成 $SiO_2 - SiO_2$ 结合良好的生坯，经干燥和烧成即可获得性能优良的制品。

表 5 - 18 列出了熔融石英长水口和浸入式水口的性能[40]。熔融石英水口的热稳定性能优良，使用前可不经烘烤直接使用，连铸时水口的结瘤少，使用寿命一般为 5 次左右。在用于连铸含锰钢水时，熔融石英水口的 SiO_2 易与钢水中的锰发生反应而遭受严重的侵蚀损毁，并可造成对钢水的污染。熔融石英水口也因此而被 $Al_2O_3 - C$ 质连铸耐火材料取代，但仍然适用于侵蚀性较小的钢种连铸，如用于侵蚀性较小的铝镇静钢和硅钢的连铸，以及连续连铸次数较小的场合。

表 5 - 18　熔融石英长水口、浸入式水口的理化性能

产地/使用钢厂	中国武钢		德国	日本
	长水口	浸入式水口	浸入式水口	浸入式水口
$w(SiO_2)/\%$	99.68	99.85	99.10	99.10
显气孔率/%	17	13 ~ 15	12.00	10.5
体积密度/g·cm^{-3}	1.87	1.87	1.93	1.95
常温抗折强度/MPa	60	47	445 ~ 524	

5.7　连铸三大件耐火材料的选用

连铸耐火材料尤其是浸入式水口，从耐火材料的材质上看，为适应连铸和洁净钢生产技术的发展，如图 5 - 66 所示，经历了下述数代变化：

（1）熔融石英浸入式水口和长水口曾是连铸早期的主要耐火材料，虽然具有优良的抗热震性能，但可使钢水增氧，因而已被淘汰。

（2）铝碳质连铸耐火材料，包括铝碳和锆碳质复合浸入式水口，为现代连铸生产广为采用的耐火制品。但在这类制品中，为提高材料的抗热震性，加有一定数量的熔融石英，这对钢的洁净度不利。

（3）本体为 $Al_2O_3 - C$ 质材料，内壁镶嵌 $ZrO_2 - CaO - C$ 质材料的防堵塞型浸入式水口。

（4）低碳低硅制品是为满足洁净钢的要求研发的，降低碳和硅的含量有利于保持钢水的洁净度和减少浸入式水口的堵塞。

（5）无碳无硅制品则用于低碳钢、超低碳钢和 IF 钢的连铸，以避免钢水增碳。

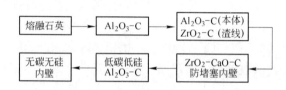

图 5-66   浸入式水口耐火材料的材质改进变化情况

表 5-19 举例列出了连铸用各类铝碳质耐火材料的理化性能和特点[10]，在连铸三大件耐火材料中的应用状况列于表 5-20[41]。选用连铸三大件耐火材料时着重考虑的因素有：

（1）浇注的钢种。铝碳质连铸三大件耐火材料可以满足大多数钢种的浇注要求，但浇注侵蚀性强的钢种时，如高锰钢、高氧钢和钙处理钢，应选用低硅 $Al_2O_3 - C$ 质、$Al_2O_3 - ZrO_2 - C$ 质、$MgO - C$ 质和尖晶石-碳质材料。

（2）使用时间。在多炉连续连铸比例高时，要求耐火材料制品的使用寿命长。长水口和浸入式水口的渣线部位采用 $ZrO_2 - C$ 质耐火材料，整体塞棒塞头采用 $ZrO_2 - C$ 质和 $MgO - C$ 质耐火材料。

（3）钢水的洁净度和防止堵塞。可选用低硅低碳的 $Al_2O_3 - C$ 质，$ZrO_2 - CaO - C$ 质，尖晶石-碳质连铸耐火材料。

表5-19　连铸三大件用耐火材料的理化性能和特点

编　号	A	B	C	D	E	F	G	H
化学组成 $w/\%$								
C	26.0	27.8	28.5	29.4	32.9	15.5	12.3	18.5
Al_2O_3	45.8	55.6	64.7	42.2	60.3			
SiO_2	≥5.7	13.8		≥6.0				
ZrO_2						69.2	80.2	41.3
CaO								27.0
SiC			4.3		4.4	13.0	4.7	
显气孔率/%	12.1	13.4	16.7	12.5	14.2	14.5	12.6	20.8
体积密度/g·cm^{-3}	2.30	2.42	2.55	2.25	2.56	2.43	3.45	2.67
常温抗折强度/MPa	10	8	9	9.5	9.5	13	11	10
热膨胀率(900℃)/%	0.29	0.29	0.27	0.28	0.33	0.34	0.39	
特点和应用	普通浸入式水口	高SiO$_2$浸入式水口抗热震	无SiO$_2$浸入式水口抗侵蚀	普通长水口	无SiO$_2$长水口抗侵蚀	ZrO$_2$-C浸入式水口抗侵蚀渣线	高ZrO$_2$-C浸入式水口抗侵蚀渣线	抗堵塞浸入式水口内壁材料
材质对钢水洁净度的影响 增氧	+	++	—	+	—	—	—	
增碳	+	+	+	+	+	+	+	+

表5-20　连铸三大件耐火材料的应用状况

耐火制品	对耐火材料的要求	耐火材料的种类及应用
长水口	抗热震性能 抗侵蚀性能 抗冲刷性能	Al_2O_3-C质（常用型） 低硅 Al_2O_3-C质（高锰钢与高氧钢） Al_2O_3-ZrO_2-C质、MgO-Al_2O_3-C质、MgO-C质（钙处理钢）
整体塞棒	抗侵蚀性能 高强度 抗热震性能	Al_2O_3-C质（常用型） ZrO_2-C质、MgO-C质（钙处理钢）
浸入式水口	抗侵蚀性能 抗热震性能 防堵塞性能 防钢水增氧增碳	Al_2O_3-C质（常用型） Al_2O_3-ZrO_2-C质（耐用型） ZrO_2-CaO-C质（防堵型） 低/无硅，低/无碳尖晶石质、SiAlON-ZrO_2质（超低碳纯净钢）

（4）价格因素。熔融石英水口有价格优势，操作使用方便，能满足侵蚀性较小的钢种连铸的要求，在连铸三大件耐火材料的应用中仍占有一定的比例。

参 考 文 献

[1] Senaneuch D, Poupon M. Protection Jet Dàcier Liquide Entre Poche et Repartiteur de Coulée Continue. Protection du Jet par Tube Réfractaire [J]. Revue de Métallurgie. 1981, 78 (6)：526~529

[2] Tsukamoto N. Wear of Nozzles for Continuous Casting [J]. Taikabutsu Overseas, 1993, 13 (4)：55~61

[3] Hou Jinrong, Chu Jianmin. Productive Current Situation and Future Trends of "Three Key Components" for Concasting in China [C]. Proceedings of the International Symposium on Refractories, Haikou, China, 1996：101~108

[4] 邢守渭. 连铸对耐火材料的新要求和应采取的对策 [J]. 耐火材料, 1990, 24 (1)：1~2

[5] Ikeda M, Nakamura Y, Imawaka H. Improving Thermal Shock Resistance of Continuous Casting Nozzles [C]. Proceedings of International Symposium on Refractories, Hangzhou, China, 1988：591~600

[6] 贾江议, 陈路兵, 封文祥, 等. 连铸中间包高碱度覆盖剂的研制与应用 [J]. 耐火材料, 2003, 37 (4)：238

[7] 蔡开科, 张克强, 李绍舜, 等. 喷吹 Si-Ca 粉控制钢中 Al_2O_3 夹杂形态 [C]. 中国金属学会炼钢学术委员会年会炼钢论文集, 武汉, 1980：240~245

[8] 小南孝教, 渡辺省三, 隅田一毅, ほか. Ca 処理鋼鋳造用ストシバーへのスピネルヵーボン材質の適用 [J]. 耐火物, 1997, 47 (6)：342~348

[9] 陈肇友. 连铸锰钢用浸入式水口材质的探讨 [J]. 耐火材料, 1975, 10 (4)：8~23

[10] Andoh M, Muroi T, Ozeki H. Alumina Graphite Nozzle for Continuous Casting [J]. Taikabutsu Overseas, 1996, 16 (4)：37~42

[11] Jeschke P. Bourgoin P. Feuerfeste Stoffe im Stranggießbereich [M]. Düsseldorf, Germany：Verlag Stahleisen GmbH, 1982：51~57

[12] 吉木文平. 耐火物工学 [M]. 日本：技報堂, 1963：170

[13] Han Wenrui, Lin Yulian. Function Refractories for Continuous Casting [C]. International Workshop on Technology and Development of Refractories, Luoyang, China,

1994: 1~24

[14] Kingery W. D, Bowen H. K, Uhlmenn D. R. 陶瓷导论（Introduction to Ceramics）[M]. John Wiley & Sons, Inc. 北京: 中国建筑工业出版社, 1976: 624

[15] 李红霞主编. 耐火材料手册 [M]. 北京: 冶金工业出版社, 2007: 114

[16] Sugino T, Hayamizu K, Kawamura T. Wear of Slide Gate Plate [J]. Taikabutsu Overseas, 1993, 13 (4): 50~54

[17] Tian Shouxin, Yao Jinfu, Li Zeya. Development of Refractories for Continuous in Baosteel [C]. Proceedings of UNITECR, Osaka, Japan, 2003: 623~626

[18] Sugimoto M, Shikawa M, Okamoto M, et al. Effect of Grain Size Distribution on the Corrosion and Spalling of Silica Free Alumina Graphite Shroud Tubes [J]. Journal of Technical Association of Refractories, Japan, 2002, 22 (1): 37~40

[19] 绪方博宪, 佐佐木王明, 冈本刚练, ほか. 高耐用性上ノズル [J]. 耐火物, 1997, 49 (10): 572~573

[20] Nakai M, Matsui T, Furuta Hi, et al. Development and Application of Monolithic Refractory Technique to Shroud Nozzle [J]. Taikabutsu Overseas, 1994, 14 (2): 32~37

[21] 张娜, 鄢凤鸣, 周永涛, 等. 铝碳质水口保温隔热涂料的研制与应用 [C]. 2008年耐火材料学术交流会论文集, 山东, 淄博. 见: 耐火材料信息, 2009 (6): 12

[22] 滕铁力, 吴春, 邹焕英, 等. 浸入式水口渣线用保护涂层的应用 [J]. 山东冶金, 2008, 30 (5): 56~57

[23] 周川生, 陈鹏, 骆忠汉, 等. 国内连铸长水口密封结构的实践与看法 [J]. 耐火材料, 1993, 32 (3): 170~172

[24] 王作霞, 姚春战, 艾丽. 滑动水口密封垫的试制与应用 [J]. 耐火材料, 2003, 37 (6): 330~332

[25] 陆志新, 郭振和. 连铸长水口密封元件的开发 [J]. 耐火材料, 2009, 43 (3): 203~206

[26] 文光华. 无氧化浇注技术的现状与发展 [J]. 炼钢, 1995, (3): 48~51

[27] 吉川道德, 内田茂树, 中田良介, ほか. 压着力と振動力を考慮したロンゲノズルの3D-FEM解析 [J]. 耐火物, 1997, 49 (12): 693~694

[28] Nishio H. Steelmaking Refractory Trends in Japan [C]. Proceedings of UNITECR, Osaka, Japan, 2003: 1~4

[29] 向井楠宏著, 袁章福, 余仲达译. 高温熔体的界面物理化学 [M]. 北京: 科学出版社, 2009: 83~85

[30] Yamada Y, Tsusui Y, Kinematsu K. Evaluation Method on Alumina Build-up to Submerged Nozzle [J]. Taikabutsu Overseas, 1994, 14 (2): 25~31

[31] 池本 正. 鋼中介在物と耐火物 [J]. 耐火物, 1998, 50 (2): 65~75

[32] Tsukamoto N, Takai M, Nomura O, et al. Prevention of Alumina Clogging in Submerged Enrty Nozzles [J]. Shinagawa Technical Report, 2001, 44: 27~38

[33] Ogibayashi S. Mechanism and Countermeasure of Alumina Buildup on Submerged Nozzle in Continuous Casting [J]. Taikabutsu Overseas, 1995, 15 (1): 3~14

[34] 田村信一. 鉄鋼用耐火物技術の動向 [J]. セラミックス, 1995, 30 (10): 911~913

[35] 片岡慎一郎. 製鋼用耐火物の現状—日本に於ける製鋼用耐火物の変遷 [J]. 耐火物, 1996, 48 (5): 201~227

[36] Schruff F, Oberbach M, Muschner U, et al. High Quality Refractory Materials and Systems for the Clean Steel Technology [C]. Proceedings of the Second International Symposium on Refractories, Beijing, China, 1992: 34~53

[37] Ando M, Takahashi S, Okumura H, et al. The Application of Basic Materials for CC Refractories [C]. Proceedings of the International Symposium on Refractories, Haikou, China, 1996: 115~123

[38] 小南孝教, 渡辺省三, 隅田一毅, ほか. Ca処理鋼鋳造用ストシバーへのスピネルゥーポン材質の適用 [J]. 耐火物, 1997, 47 (6): 342~348

[39] 畑 光則, 高橋成彰, 内田和秀. スピネルゥーポン材質を適用した浸漬ノズル使用結果 [J]. 耐火物, 2002, 54 (9): 469~473

[40] 杨焕祥, 曹荣才, 赵英杰. 颗粒浇注熔融石英浸入式水口的试用 [J]. 耐火材料, 1983, (2): 35~36

[41] 宋素格, 王新志, 王三忠, 等. 现代高效连铸用耐火材料的选择和应用 [J]. 耐火材料信息, 2009, (4): 1~4

[42] Morikawa K, Yoshitomi J, Asano K. The Performance of Newly Developed Refractories for Continuous Casting [C]. Tehran International Conference on Refractories, Tehram, Iran, May 2004: 226~234

6 结晶器冶金用耐火材料

6.1 结晶器冶金与耐火材料

6.1.1 耐火材料在结晶器冶金中的作用

结晶器为铜质水冷铸坯模套,位于炼钢过程连铸的末端,在此也确实起着如其中文名所喻的对钢水进行冷却结晶凝固的器物的作用,但其实远非如此。图6-1示出了结晶器冶金的基本要素与耐火材料[1,2],解说如下:

(1)在长达数小时的一个连铸周期内,从结晶器的上部一直延伸至刚刚凝固的钢坯硬壳内的液相内芯,钢水始终保持熔融状态,如同冶炼的熔池,具有某些特别的冶金功能。

(2)尽管结晶器的空间很小,钢水迅速向下流走,在结晶器内停留时间短暂,但在结晶器的熔池内,特别是在上部区域,

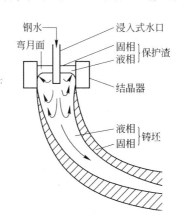

图6-1 结晶器冶金的基本要素与耐火材料

仍然进行着各种冶金物理化学过程，如传热和传质，钢水中的夹杂物的形成和灭失，并可设法进行优化，以提高钢坯的质量。

（3）覆盖保护渣在高温钢水的作用下发生熔化，随同钢坯向下流动、冷却和结晶，保护钢水、钢坯和结晶器。

（4）浸入式水口和保护渣是结晶器冶金中的主角，它们的行为和表现左右上述过程和最终钢坯的质量，成为结晶器冶金的重点研究课题。

6.1.2　浸入式水口的结构形式与结晶器中的钢水流态

与中间包中的情况类似，如图 6－2 所示[1,2]，结晶器中的钢水流态也有两种形式：自然状态下的流态和受控状态下的流态。在自然状态流态下（图 6－2a），从端部开放的浸入式水口流出的强劲钢流直冲结晶器的深部，并有一部分会反冲到结晶器的上部和两侧，钢流湍急紊乱，可将保护渣卷入钢流，钢水中的夹杂物和气泡无上浮机会，全都被围困在钢坯内，结果是钢坯的夹杂物缺陷多，质量差。而在受控状态流态下（图 6－2b），情况则大不相同。钢水从浸入式水口的侧面出钢口流出，大部分钢

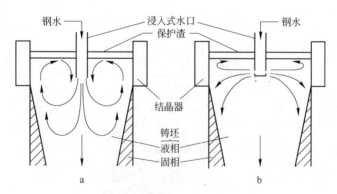

图 6－2　结晶器中的钢水流态

a—自然状态流态，采用直流型浸入式水口；

b—受控状态流流，采用侧流型浸入式水口

水顺势向下流走，小股横向钢流遇到结晶器侧壁时转向，产生两支分流。一支缓缓向下流走，另一支沿着结晶器上部的熔融钢－渣液面缓缓流向中部。在这种受控状态流态中，钢水流态有序平稳，结晶器上部液面稳定波动小，保护渣不会被钢流卷走，夹杂物颗粒有机会上浮。不仅如此，结晶器上部的液面钢流还可为保护渣的熔化源源不断提供充足的热量，确保有足量的液态保护渣为钢水和钢坯提供保护作用，这一点对实现高速连铸具有特别重要的意义。因此，这种理想的受控钢水流态是连铸和洁净钢生产技术孜孜不倦追求的方向。

6.1.3 浸入式水口的结构类型演变与钢坯质量

显然，上述结晶器中的钢水流态主要取决于浸入式水口的结构，因此也就成为影响铸坯质量非常关键的因素。为满足连铸和洁净钢的要求，浸入式水口的结构设计得到不断改进和优化，图 6 - 3 示出了浸入式水口的结构所经历的数代演变过程[1,3,4]。

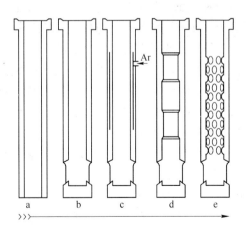

图 6 - 3 浸入式水口的结构演变进程

a—端部开放直流型；b—端部封闭普通侧流型；c—狭缝吹氩侧流型；
d—环梯型（Annular step nozzle）；e—鼓凸型（Mogul nozzle）

　　图 6 - 4 示出了图 6 - 3 所示的前三种浸入式水口与连铸钢坯质量的关系[3]。正如同前述，在使用结构不同的浸入式水口进行连铸时，钢坯的质量存在很大的差异。

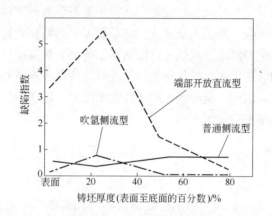

图 6 - 4　浸入式水口的结构类型对连铸钢坯质量的影响

　　在用端部开放直流型浸入式水口（图 6 - 3a）连铸时，由于钢流直冲结晶器的深处，在结晶器内产生强烈涡流，夹杂物颗粒难有上浮的机会，导致钢坯中夹杂物颗粒污染严重，钢坯表面质量很差，因而这种类型的浸入式水口早已被淘汰。

　　在用底端封闭的侧流式浸入式水口（图 6 - 3b，以下称普通型）时，结晶器内的钢水流态大为改善，夹杂物颗粒有机会上浮，钢坯中的夹杂物颗粒明显减少。由于底端封闭的侧流式浸入式水口可大大提高连铸钢坯质量，因而成为广泛采用的浸入式水口类型。在采用狭缝吹氩侧流型浸入式水口连铸时（图 6 - 3c），钢坯质量又得到进一步的提高。

　　图 6 - 3d 所示的环梯型浸入式水口是日本 1992 年研发的，具有如下优点：消除滑板节流偏流的影响，消除滞留区，减少堵塞，改善结晶器内的钢流状态，稳定钢水流场，有利于夹杂物颗粒和气泡的上浮，对减少 IF 钢的连铸钢坯缺陷有特殊的意义。由于环梯型浸入式水口具有诸多优点，在日本得到推广应用

（参见图 6 – 5[5]）。

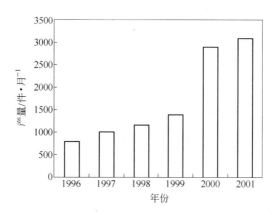

图 6 – 5　环梯型浸入式水口的生产增长情况

鼓凸型浸入式水口（图 6 – 3e）是在 2002 年开发成功的，已在多台连铸机上进行使用试验，值得关注。

以上事实充分表明，通过改进浸入式水口的结构，结晶器内的钢水流场在一定程度上可按洁净钢生产的要求人为调控，对提高洁净钢的质量和连铸机的运行效率有重要的作用。因此，也成为研发的重要方向。

6.2　浸入式水口的构造与钢水流态

炼钢熔池中的钢水流动状态与夹杂物的生成、上浮和被熔渣吸纳的过程有密切的关系，冶金过程中常常把调节和改善熔池的钢水流场作为提高钢水洁净度的一种重要手段。置于中间包至结晶器之间的浸入式水口，除了用于防止钢水飞溅和再氧化的保护作用外，对结晶器内的钢水流场起着至关重要的调控作用，直接影响连铸钢坯的质量。按钢水从浸入式水口内外的流入流出情况看，下列三个区域的钢水流动状态取决于浸入式水口的结构：

（1）浸入式水口内部的自身钢水流道。

（2）浸入式水口出钢孔断面上的钢水流场。

（3）结晶器中的钢水流场。

为了提高钢坯的质量，人们一直在尝试通过改进浸入式水口的内部结构和出钢孔的设计，以改善浸入式水口的内外钢水流场。在新型浸入式水口的开发中，通常首先在实验室进行水力模拟试验，图 6–6 示出一种进行水力模拟试验的实验装置[6]。

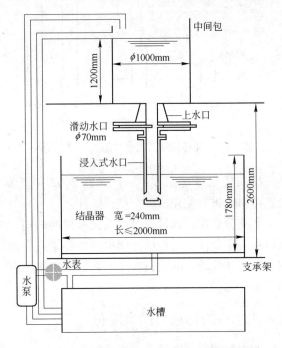

图 6–6　浸入式水口的水力模拟试验装置

6.2.1　普通型浸入式水口的钢水流态

图 6–7 示出了普通型浸入式水口流道中的钢水流动状态[6]。钢包钢水流经处于部分关闭状态的滑板孔眼时，如图中所示，钢流由于受到滑板铸孔的扼流作用发生扭转，产生偏流，进入浸入式水口后形成左右两股钢流。在滑板开通方（左），钢水顺畅快速下流；而在滑板的关闭方（右），上部钢流产生回流漩涡。随

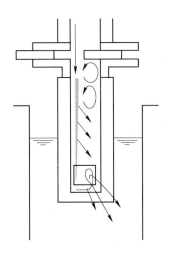

图 6-7 普通型浸入式水口的钢水流态图

着钢水下泄,左侧钢流向右侧流道拓展。因钢水在浸入式水口内的流程很短,这种钢流状态直到浸入式水口端部也不会完全消除。当下注钢水触及到浸入式水口封闭端时,钢水向四周散射,向上返流涌入出钢孔,在浸入式水口下部和出钢孔附近形成涡流、湍流和滞留区域。滞留区域内的钢中夹杂物极易粘附和积聚在浸入式水口内壁表面,导致水口的结瘤堵塞。

钢水从横向出钢孔流出进入结晶器后,从浸入式水口的纵断面上看,在滑板节流的偏流和浸入式水口封闭端的返流的作用下,出钢孔上方和下方的钢流速度产生差异,这将影响结晶器内的钢水流态,可导致结晶器覆盖保护渣易被钢水卷入,非金属夹杂物的上浮效果差(参见图 6-9)。

6.2.2 狭缝吹氩型浸入式水口的钢水流态

吹氩是为防止浸入式水口堵塞广泛采取的一项技术措施,日本黑崎窑业公司对吹氩方式对浸入式水口的钢水和气泡流动状况的影响和作用做过实验,结果示于图 6-8。

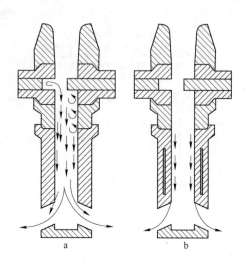

图 6 - 8　普通型和吹氩型浸入式水口流道中的钢水和气泡流态比较
a—普通型浸入式水口；b—狭缝吹氩型浸入式水口

　　在用普通型浸入式水口连铸时，为了防止堵塞，早期通过弥散式透气上水口吹入氩气。钢水通过部分开闭的滑动水口时，由于钢水流动方向急速改变，致使从上水口内壁吹入的气泡与钢水充分混合，进入浸入式水口后，气泡与钢水混为一体向下流动（图 6 - 8a）。而在使用狭缝吹氩型浸入式水口的情况下，吹入的气泡一直沿着浸入式水口的内壁向下流动（图 6 - 8b）。由此表明，狭缝吹氩型浸入式水口可直接清除粘附在水口内壁的夹杂物，能有效防止浸入式水口的结瘤堵塞。

　　图 6 - 9 示出了水力模拟试验时上述两种浸入式水口对结晶器中的钢水流态的影响。显然，在用狭缝吹氩型浸入式水口时，出钢孔上方的涡流减轻，钢水流态有利于夹杂物上浮，并且可避免卷入结晶器覆盖保护渣。虽然狭缝吹氩型浸入式水口是为防止水口结瘤堵塞而开发的，但水力模拟试验和实际使用结果都表明，它对改善结晶器内的钢水流态也起着很好的作用，能显著提高钢水的洁净度（参见图 6 - 3）。

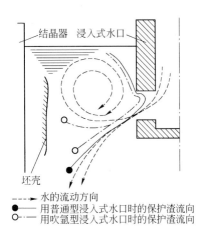

结晶器 浸入式水口

坯壳

- - - → 水的流动方向
●—— 用普通型浸入式水口时的保护渣流向
○—— 用吹氩型浸入式水口时的保护渣流向

图 6 - 9 普通型和吹氩型浸入式水口对结晶器中的钢水流态的影响

6. 2. 3 环梯型浸入式水口的钢水流态

环梯型浸入式水口（Annular step SEN）的特点是在浸入式水口的钢水流道上设置 1 ~ 2 道环形阶梯，目的是通过变换钢水流径，改变流态和流速，对浸入式水口流道中的钢流进行矫正，消除因滑动水口节流造成的偏流不利作用。图 6 - 10 示出了环梯型浸入式水口的结构和水力模拟试验时观测的流态情况[7]。双环梯型浸入式水口可对自身钢水流道的偏流反复进行矫正，效果明显，成为实际生产中应用的结构形式。

图 6 - 11 和图 6 - 12 分别示出了普通型和环梯型两种浸入式水口的水力模拟试验的测试结果[8]。结果显示，在使用普通型浸入式水口浇注时，出钢孔断面上的最小流速相对较小，最大流速则相对较大。而恰恰相反，在用环梯型浸入式水口时，出钢孔断面上的最小流速则较大，最大流速则相对较小。这表明，环梯型浸入式水口可使出钢孔断面上的钢水流场均衡。

图 6 - 13 进一步示出了普通型和环梯型浸入式水口出钢孔断面上的流态对比情况[8]。在使用普通型浸入式水口的情况下，

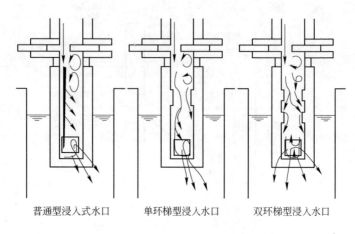

普通型浸入式水口　　单环梯型浸入水口　　双环梯型浸入水口

图 6 - 10　环梯型浸入式水口流道中的流态

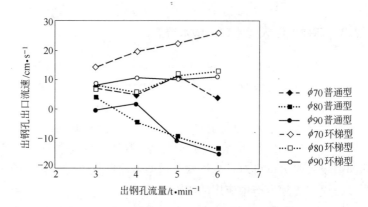

图 6 - 11　环梯型和普通型浸入式水口在出钢孔断面上的最小流速比较

由于断面上下的流速差大，在出钢孔上部出现倒吸返流现象。而在使用环梯型浸入式水口时，下部的最大流速减少，且小于普通型浸入式水口的流速；同时，最小流速的位置从上部转移至中部，结果是在出钢孔上部没有倒吸返流现象。

以上所述提示，在用普通型浸入式水口连铸时，由于出钢孔断面上方存在倒吸返流，形成滞留区，成为 Al_2O_3 夹杂物粘结堵

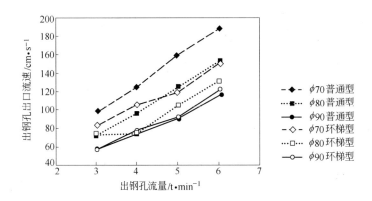

图6-12 环梯型和普通型浸入式水口在出钢孔断面上的最大流速比较

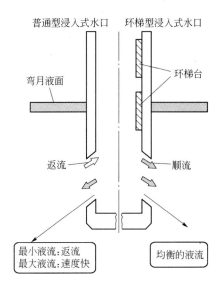

图6-13 环梯型和普通型浸入式水口在出钢孔断面上的流态对比

塞水口和钢水卷吸覆盖保护渣的一个原因。环梯型浸入式水口可以有效改善钢水流态，防止 Al_2O_3 夹杂物粘结堵塞和提高钢水的质量。

6.2.4　鼓凸型浸入式水口的钢水流态[6,9]

　　鼓凸型浸入式水口的特点是在其内表面上布满球形鼓凸，以期进一步改善钢水流态，减少夹杂物污染，提高钢的洁净度。在与普通型浸入式水口作水力模拟对比试验中，鼓凸型浸入式水口显现出许多优越性：

　　（1）结晶器内的流态均衡平稳。图 6 - 14 示出了对出钢孔断面上的流态观测结果。在用普通型浸入式水口时，在出钢孔断面上可观察到一个位置固定的大涡流，存在明显的偏流作用。而在用鼓凸型浸入式水口时，则有许多变化迅速的复杂的小涡流，水流状态总体呈均匀稳定状态，可有效地矫正钢水偏流。

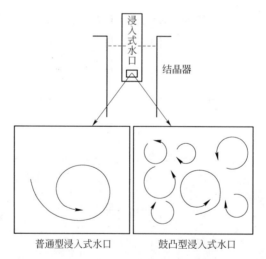

图 6 - 14　普通型（左）与鼓凸型（右）浸入式水口的
出钢孔断面上的流态对比

　　图 6 - 15 为水力模拟试验时从结晶器狭面（侧面）观察到的流动状态。在普通型浸入式水口的情况下，由于滑动水口的节流偏流作用严重，气泡流聚集在结晶器后面的水流中，并且气泡

流冲进结晶器的深部。而在鼓凸型浸入式水口情况下，由于滑板节流偏流得到纠正，结晶器前后两面的气泡流均衡稳定。

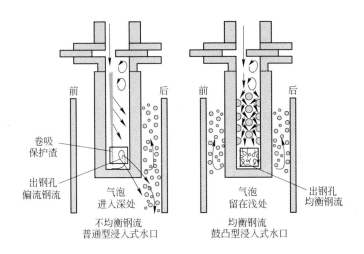

图 6 - 15　普通型与鼓凸型浸入式水口的流态对比（侧视图）

图 6 - 16 为从结晶器宽面（正面）观察到的流动状态。对于普通型浸入式水口，滑板的节流偏流使结晶器两侧的流态呈现明显不同，气泡冲进的深度左侧深，右侧浅，左侧弯月面的流速比右侧的慢，造成流态不稳定。相反，鼓凸型浸入式水口的结晶器流态均衡稳定。

（2）结晶器液面波动幅度小。由于鼓凸型浸入式水口的铸孔断面流速分布均衡，冲击结晶器端面的流速减慢，结晶器液面波动幅度减小（图 6 - 17），这有利于夹杂物上浮和减少保护渣的卷入。

（3）开浇时钢水飞溅减少。由于水口内表面上的球形鼓凸可以减弱钢流的向下冲击力，从水口铸孔流出的钢流造成的飞溅受到明显的抑制（图 6 - 18）。

（4）铸孔的侵蚀减轻。实际使用结果显示，鼓凸型浸入式水口的铸孔侵蚀比较均衡，侵蚀减轻。

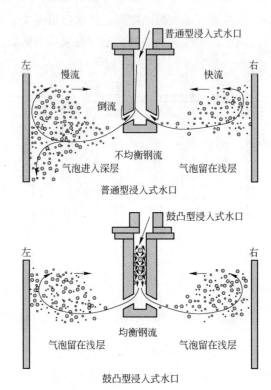

图 6 - 16　普通型与鼓凸型浸入式水口的流态的对比（正视图）

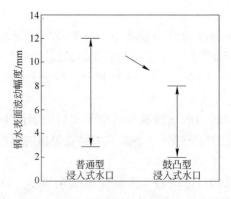

图 6 - 17　结晶器液面波动幅度比较

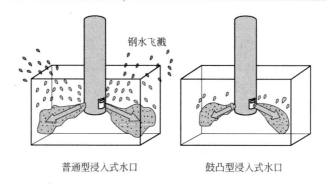

图 6 - 18 开浇时的钢水飞溅情况比较

6.2.5 浸入式水口的出钢孔配置对结晶器中钢水流场的影响

除了前述的外形结构以外，如图 6 - 19 所示[7]，浸入式水口的其他参数，如出钢孔的倾角，数量和配置以及插入结晶器中的深度等对结晶器的钢水流态也有重要的影响，因而也是研究改进

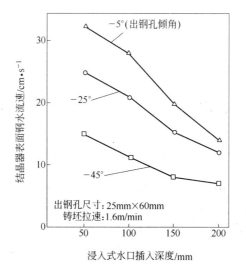

图 6 - 19 浸入式水口的插入深度和出钢孔口倾角对
结晶器上部钢水流速的影响

的方向。在这一方面，美国伯利恒钢铁公司（Bethlehem）在实验室和现场曾做过具有深远影响的实验[10]，简述如下。

图 6 - 20 示出了普通型浸入式水口在水力模拟试验时结晶器中的流场情况。从浸入式水口两个侧孔流出的水流朝向结晶器的两个端面流去，碰到结晶器的侧壁后返回，之后分成向上和向下流动的两个支流：向下的支流向结晶器的下方流走；而向上的支流沿结晶器宽度流向中央。由于后者产生强烈涡流，结晶器液面上形成波纹，波谷位置在结晶器左右两半宽面的中部。夹杂物颗粒，即试验用的示踪塑料颗粒，聚集于结晶器的中央，面积约占纵截面的三分之一，而在靠近结晶器端面两侧的部位则比较干净。

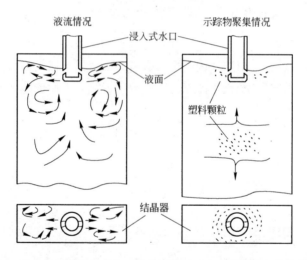

图 6 - 20　普通型浸入式水口的流态和示踪夹杂物颗粒的分布状况

图 6 - 21 示出了一种 6 孔分流的浸入式水口在结晶器内的配置情况。浸入式水口的 6 个出钢孔呈对称分布，其中对着结晶器宽面的两个出钢孔的直径比其余 4 个孔小一些，出钢孔向上倾斜，与水平成 15°角。水力模拟试验时，结晶器内的水流状态和示踪夹杂物颗粒的分布状况示于图 6 - 22。与 2 孔分流浸入式水口相比，6 孔分流浸入式水口可使结晶器内的流场更均匀稳定，

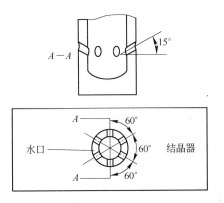

图 6-21 6 孔分流浸入式水口的出钢孔配置情况

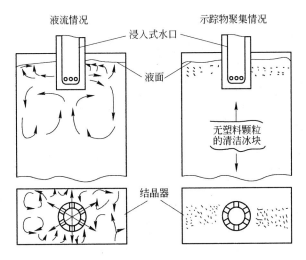

图 6-22 6 孔分流浸入式水口的流态和示踪夹杂物颗粒的分布状况

夹杂物颗粒不再发生积聚现象。

图 6-23 为结构类型不同的浸入式水口在现场对比使用试验时所取得的试验结果,显然,6 孔分流浸入式水口可以显著改善冷轧钢板的表面质量。

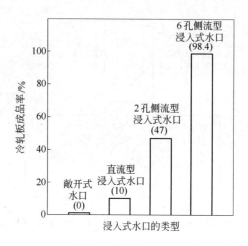

图 6-23　冷轧钢板的表面质量与浸入式水口种类的关系

　　武汉钢铁公司一炼钢厂改用倾角为 10° 的 4 孔浸入式水口后,由于钢水流态有利于夹杂物上浮和可减少铸坯中心的偏析,铸坯质量得到明显改善[11]。

　　图 6-24 示出了板坯连铸用具有不同出钢孔结构的浸入式水口的结构[12]。

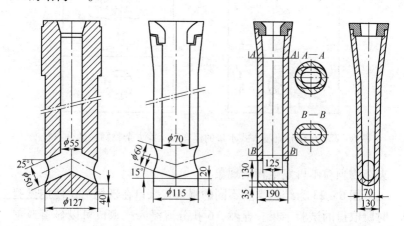

图 6-24　出钢孔结构不同的板坯连铸用浸入式水口的结构

6.3　薄板坯连铸用浸入式水口

6.3.1　薄板坯连铸的特点及其对浸入式水口的要求[13,14]

普通连铸板坯通常为厚度 150~300mm，宽度 900mm，长度 4~10m，铸坯需经表面清理，多次转运，再加热后经多道辊轧成薄板卷材。这种生产方式占地多，投资大，效率低，生产成本高。1989 年美国纽柯公司（Nucor）引进德国西马克公司（SIEMAG）开发的 CSP 连铸连轧带钢生产技术，建成首条商业化薄板坯连铸连轧生产线，完全改变了薄板卷材的传统生产方式，引起世人瞩目。

薄板坯连铸是一项近终形连铸技术（Near net shape casting），薄板坯的厚度仅为普通铸坯的 1/2~1/3。它可直接源源不断送进隧道式均热炉，随后经多道连续辊压成卷材。由于初期投资少、效率高和生产成本大幅下降，薄板坯连铸连轧在世界各地得到推广应用。1999 年广东珠江钢厂引进的薄板坯连铸连轧生产线建成投产之后，我国陆续建成 10 多条生产线，发展迅速，已形成年产热轧板材 3000 万吨的生产能力，并将得到进一步的发展。

世界上薄板坯连铸连轧技术有多种，由不同的公司开发，各有特色，并以英文缩写字命名。例如，CSP 代表德国西马克公司开发的薄板坯连铸连轧技术，FTSC 为意大利达涅利公司（Danieli）开发的薄板坯连铸技术，ASP 为中国鞍钢在引进奥地利奥钢联的 CONROLL 技术基础上改进的薄板坯连铸连轧技术，等等。表 6-1 列出了薄板坯连铸连轧机组的主要机型和特点。浸入式水口是薄板坯连铸技术的核心之一，对耐火材料提出了极为严峻的挑战，主要体现在如下几个方面：

（1）薄板坯连铸连轧生产线长达 200~300m，自动化程度高。浸入式水口是保证机组高效连续运转的关键部件之一，要求具有极高的可靠性和高耐用性。

（2）在普通板坯连铸中，由于后续工序对铸坯的长度有一定的要求，在切断之前铸坯的坯芯必须完全凝固，因而注速也就受到一定的限制。而在薄板坯连铸的情况，由于铸坯的长度不受约束，走出结晶器的铸坯温度可达 1100 ~ 1200℃，坯芯仍为液态。因此，薄板坯连铸的注速可以提得很高，钢水浇注量可达一般板坯连铸的水平(2.0 ~ 4.5t/min)，铸坯拉速比普通铸机高数倍，达 4 ~ 5m/min。显然，薄板坯连铸的高速钢流将给耐火材料带来严重的磨损侵蚀作用。

(3) 由于薄板坯连铸机的结晶器开口度小，因此要求减薄水口的厚度。薄板坯连铸浸入式水口的厚度仅约为普通浸入式水口的1/2。这样，薄板坯连铸浸入式水口的耐火材料就必须具有更高的抗侵蚀性能，才能保证有足够长的使用寿命。

(4) 由于薄板坯连铸结晶器内腔厚度仅 50 ~ 90mm，对钢水流态的调节作用变小，保护渣的熔化和流动条件变差。因此，要求在对浸入式水口的结构设计时，要为改善钢水流态和保护渣的熔化创造有利的条件。

表 6 – 1   薄板坯连铸连轧机组的主要机型和特点

技术代号	CSP	ISP	QSP	FTSR/FTSC	ASP
机　型	立式	弧形	立弯型		直弧形
结晶器类型 内腔厚度/mm	漏斗型 垂直 50	小漏斗型 垂直 + 弯曲 60	矩形平行板 垂直 90	长漏斗型 宽度可调 90	中薄板
铸坯走出温度/℃ 注速/m·min⁻¹ /t·min⁻¹ 矫直辊间距/mm 连铸连轧线/m	4 ~ 5 约2.3 50 300	4 ~ 5 15 180	1100 ~ 1200 2 ~ 5 2.0 ~ 4.5 17 ~ 25 377	中间包： 上下振动 振幅： 60mm	1.8 ~ 2.8 135, 150
开发公司	德国 西马克	德国 德马克	日本 住友金属	意大利 达涅利	中国 鞍钢

6.3.2 薄板坯连铸用浸入式水口的类型和结构特点

由于结晶器是薄板坯连铸技术的核心之一，各开发公司采取各自特殊的结晶器，浸入式水口的形状和结构也随着结晶器内腔形状和结构的不同有很大的差别。图 6 - 25 示出了不同类型的结晶器和与之相配的浸入式水口的组合情况[13]。

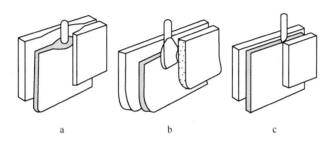

图 6 - 25   不同类型的结晶器和浸入式水口的配合情况
a—CSP 结晶器和浸入式水口；b—ISP 结晶器和浸入式水口；
c—QSP 结晶器和浸入式水口

如上所述，薄板坯连铸浸入式水口有各种不同的类型，从外形上看，有扁平头型和扁喇叭型；从出钢孔的数量和分布上看，有 2 孔侧流型，3 孔型（2 孔侧流，1 孔向下流），4 孔型（2 孔向上流和 2 孔向下流）等。

图 6 - 26 示出了德国迪迪尔（Didier）公司生产的一种 2 孔扁平头型浸入式水口的结构和与漏斗形结晶器的配合情况[15]。扁平头浸入式水口的头部厚度小，适合插进开口度小的薄板坯连铸的结晶器内。漏斗形结晶器的内腔空间较大，开口度较宽，浸入式水口的壁厚可以大些。这有利于提高浸入式水口的安全可靠性和使用寿命，同时也可为结晶器保护渣的熔化提供较大的空间。但这种组合形式对结晶器内的钢水流态不利，钢水弯月面波动大，影响钢水的洁净度。

图 6 - 27 为日本生产的一种扁平头浸入式水口的结构[13]，

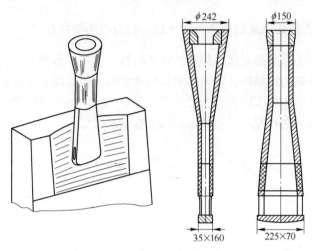

图 6-26　扁平头浸入式水口的结构和在漏斗形结晶器中的安放情况

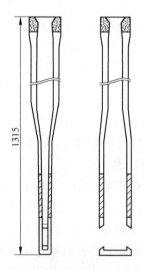

图 6-27　平行板型结晶器用扁平头浸入式水口的结构

水口全长 1.3m，适用于连铸中厚板的平行板型结晶器（QSP 技术）。矩形平行板型结晶器可减轻钢水弯月面的波动，并采用电磁制动装置和塞棒 – 水口钢流控制系统以进一步稳定弯月面。由于平行板型结晶器的开口度小，内腔空间小，厚 50～100mm，水口壁的厚度薄，水口的使用寿命短。为了保证连铸机组的连续运行，需增设浸入式水口快速更换机构。

图 6-28 为一种多出钢孔的扁平头浸入式水口的结构[16]，适用于连铸中薄板坯的结晶器。

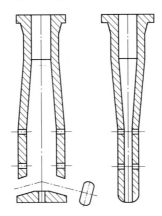

图 6-28　多出钢孔扁平头浸入式水口的结构

图 6-29 为一种 4 孔扁喇叭型浸入式水口[17]，它是唐山钢铁公司从意大利达涅利公司（Danieli）引进的 FTSC 薄板坯连铸技术使用的浸入式水口。水口全长 1200mm，壁厚 25mm，断面尺寸为（860～1350）mm×90mm 和（1250～1730）mm×90mm 两种。图 6-30 为用这种扁喇叭型浸入式水口浇注时结晶器内的钢水流动状况[18]。这种扁喇叭型浸入式水口有如下特点：

（1）保留并利用漏斗形结晶器的优点，即开口度宽，内腔大，可同时解决厚壁水口和保护渣熔化所需的空间；

（2）扁喇叭型浸入式水口设有 4 个出钢孔，上下各两个，可创建理想的钢水流态；

（3）从上出钢孔流出的钢水可提高结晶器液面的温度，有利于保护渣的熔化。并由于上出钢孔分流了一部分钢水，使下泄钢水的冲击作用减轻，结晶器钢水液面的波动减少。

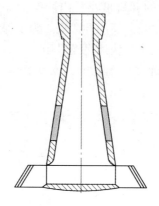

图 6 – 29　4 孔扁喇叭型浸入式水口的结构

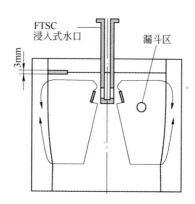

图 6 – 30　FTSC 型浸入式水口使用时结晶器内的钢水流态

6.3.3　薄板坯连铸用浸入式水口的耐火材料和性能

　　薄板坯连铸用浸入式水口通常采用复合式耐火材料结构，划分为碗部、本体和渣线三个部分，分别采用不同的耐火材料。但不同技术之间，水口所用的耐火材料的材质和性能存在较大的差别。表 6 – 2、表 6 – 3 和表 6 – 4 分别列出了唐钢 FTSC 型，济钢 ASP 型和宝钢 CSP 型浸入式水口的耐火材料的性能[17,19~21]。

表 6 - 2 唐钢薄板坯连铸用 FTSC 型浸入式水口的性能

水口部位	碗 部	本 体	渣 线
材 质	$MgO - C$	$Al_2O_3 - ZrO_2 - C$	$ZrO_2 - C$
化学组成 $w/\%$			
Al_2O_3	—	38.0	—
SiO_2	9.0	26.0	6.0
ZrO_2	—	8.0	74.0
MgO	72.0	—	—
灼减	17.0	28.0	15.0
体积密度/$g \cdot cm^{-3}$	2.52	2.38	3.62
显气孔率/%	16.5	15.5	17.0
常温抗折强度/MPa	10.0	6.5	7.0

表 6 - 3 济钢 ASP 型浸入式水口的性能

水口部位	本 体	渣 线
材 质	$Al_2O_3 - C$	$ZrO_2 - C$
化学组成 $w/\%$		
Al_2O_3	62 ~ 66	0.7
SiO_2	3.1	0.2
ZrO_2	—	79 ~ 84
C	10 ~ 13	5 ~ 8
体积密度/$g \cdot cm^{-3}$	2.57 ~ 2.69	3.92 ~ 4.05
显气孔率/%	11.0 ~ 18.2	12.5 ~ 18
常温耐压强度/MPa	75 ~ 140	55 ~ 129

唐钢 FTSC 型浸入式水口的耐火材料为：本体 $Al_2O_3 -$ $ZrO_2 - C$ 质耐火材料，渣线部位 $ZrO_2 - C$ 质材料，碗部 $MgO - C$ 质材料。渣线部位长 150mm，其下限距水口底部 250mm。水口浸入钢水的深度（从水口底部到钢液弯月面距离）为 295 ~ 355mm。

表 6 - 4　宝钢 CSP 型浸入式水口的性能

水口部位	碗　部	本　体	渣　线
材　质	$Al_2O_3 - C$	$MgO - C$	$ZrO_2 - C$
化学组成 $w/\%$			
Al_2O_3	$\geqslant 50$		
MgO		$\geqslant 60$	
$ZrO_2 + CaO$			$\geqslant 70$
$SiC + C$	$\leqslant 35$	$\leqslant 25$	$\leqslant 25$
体积密度/$g \cdot cm^{-3}$	15.0	14.5	14.5
显气孔率/%	2.67	2.60	3.60
常温抗压强度/MPa	30 ~ 40	30 ~ 40	30 ~ 40
常温抗折强度/MPa	6 ~ 8	6 ~ 8	6 ~ 8

6.3.4　薄板坯连铸用浸入式水口的生产工艺

　　薄板坯连铸浸入式水口的生产工艺基本上与普通浸入式水口相同。但由于形状特殊，模具比较复杂。在生产像图 6 - 28 那种薄板坯连铸浸入式水口时，等静压成型的外模套和内芯均需采用组合方式才能脱模。橡胶模套为双层组合：内层采用双分式，以保证异型水口外形尺寸及脱模。内芯采用蜡芯与金属芯套组合，成型后热处理熔化除去蜡内芯，形成钢水流道。

6.3.5　薄板坯连铸用浸入式水口的使用和改进

　　各种类型的薄板坯连铸用浸入式水口的使用情况列于表 6 - 5[14,17,21]。

　　薄板坯连铸用浸入式水口使用前需按特定的烘烤曲线进行预热，并做好保温防护工作，保证水口温度到达 900℃ 以上，以减少热震产生裂纹的危险。

　　薄板坯浸入式水口的使用厚度薄，如 CSP 型水口的厚度仅为 15mm，水口的使用寿命受到很大的制约。唐钢 FTSC 型水口的厚度较厚，为 25mm，有利于提高水口的使用寿命。但处于钢

表 6 - 5 薄板坯连铸用浸入式水口的使用情况

技术简称	材　质	结　构	使用寿命	中国钢厂
CSP	本体 Al_2O_3 – C 渣线 Al_2O_3 – ZrO_2 – C	壁厚 17.5mm， 两侧出钢孔，倾角 向上 20°，壁厚 15mm	3 炉	
ISP	Al_2O_3 – C	壁厚 10mm	2～3 炉， 最长 6 炉	
CONTROLL	Al_2O_3 – C Al_2O_3 – ZrO_2 – C	两侧出钢孔， 倾角向下 40°		
FTSC	本体 Al_2O_3 – ZrO_2 – C 渣线 ZrO_2 – C 碗部 MgO – C	壁厚 25mm， 两侧上下各 2 个 出钢孔	12h	唐山 钢铁公司
ASP	本体 Al_2O_3 – C 渣线 ZrO_2 – C	三孔出钢孔 插入深度 180mm	6 炉	济钢 三炼钢

水弯月面上的锆质区段受到的侵蚀作用很严重，平均侵蚀速度达 0.048mm/min，厚度 25mm 的水口也只能使用 400 多分钟。为延长水口的使用寿命和延长连铸连轧机组的运转时间，在实际操作中可采取下述两项措施：

(1) 浸入式水口的快速更换技术。图 6 - 31 为日本住友公司的浸入式水口快速更换技术的示意图[13]。经预热的新水口，通过油压系统可在 1 秒钟内迅速替换旧水口，使连铸连轧机组继续运转。

(2) 浸入式水口渣线部位的变换。唐钢为充分利用渣线部位的高抗侵蚀 ZrO_2 – C 质区段的材料和延长水口的使用寿命，在薄板坯连铸机的中间包台车上增设了上下振动装置，振幅 60mm，使水口渣线部位的使用范围扩大。济钢用两个液压油缸支撑薄板连铸机的中间包，用 Co^{60} 放射源检测液面高度，可实现水口渣线变位的自动化操作。每次变位设定为 3mm，实行多次小幅渣线变位，可避免液面大的波动。

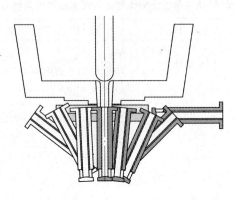

图 6 - 31　浸入式水口的快速更换技术

　　薄板坯连铸使用的浸入式水口易发生堵塞，由于厚度薄，从浸入式水口的结构和材质上采取防堵措施比较困难，比较有效的方法是对钢水进行钙处理，消除堵塞水口的固态 Al_2O_3 夹杂物，使它转化为低熔点液滴。另有探索研究电化学防堵技术，利用 ZrO_2 电解质陶瓷氧泵原理抽掉水口内表面形成氧化铝粘附物所需的氧源，如东北大学研究在水口内外壁间施加直流电场防止水口堵塞，发现与正极相连一侧的夹杂物粘附厚度减薄，而与负极相连一侧的粘附厚度则明显增厚[22]。

　　在提高耐火材料的抗侵蚀性能方面，研究开发方向有提高配料中 ZrO_2 含量（ > 80%），选用适宜的稳定剂，改善电熔 ZrO_2 的稳定度，以及调整电熔原料的粒度组成等[23]。利用电化学原理改变钢水和熔渣与耐火材料的润湿关系和相容性，以减轻对耐火材料的侵蚀作用[24]。

6.4　结晶器覆盖保护渣

6.4.1　洁净钢生产需要性能优良的结晶器保护渣

　　连铸作业时，铺撒在结晶器内钢水表面上的覆盖保护渣是无氧化连铸系统中的最后一道极为重要的防线，对铸坯的最终质量有最直接的影响。尽管结晶器覆盖保护渣与钢水液面的接触时间短促，但它不仅影响铸坯的表面质量，也影响钢坯的内在质量，钢中夹杂物和洁净度。例如，表 6-6 列出了一家钢铁公司的板坯连铸机曾经使用过的几种保护渣的性能和钢坯的质量[25]，1、2 和 3 号保护渣的化学稳定性较差，浇注过程中随着 Al_2O_3 的吸收，保护渣的黏度增大，对钢坯的润滑不好，钢坯表面纵裂及夹杂物比较严重。采用经过改进的 4 号保护渣后，保护渣的性能比较稳定，连铸钢坯的质量得到明显改善。

表 6-6　结晶器保护渣的理化性能和钢坯质量

保护渣编号	1	2	3	4
化学组成 w/%				
CaO	34.12	35.6	41.88	35.27
SiO_2	29.56	30.0	31.92	28.89
MgO	1.82	4.44	4.28	9.82
Al_2O_3	2.34	3.54	0.89	5.89
F	8.03	7.95	8.62	7.73
C	4.53	3.96	3.25	7.9
R_2O	9.17	7.92		4.45
熔点/℃	1108	1080	1050	1148
黏度/Pa·s	1.38	1.82	1.4	
钢坯不良率(纵裂及夹杂物)/%	2.15	1.11	1.13	0.28

图 6-32 示出了结晶器保护渣的黏度与注速和铸坯发生断裂的关系[26]。由此可以得知，结晶器覆盖保护渣的性能还影响到连铸机的运转，特别是连铸机的注速。因此，洁净钢的生产需要性能优良的结晶器覆盖保护渣。

6.4.2　结晶器保护渣的功能和对它的要求

图 6-33 示出了连铸过程中保护渣的工作状况[27]。在结晶器水冷铜壁的高强度水冷作用下，熔融钢水在结晶器水冷壁表面迅速凝固成硬坯壳。由于熔融钢水源源不断注入结晶器，结晶器

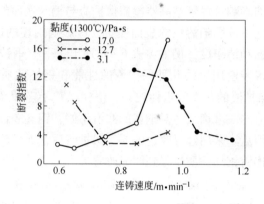

图 6 - 32　结晶器保护渣的黏度与注速和铸坯发生断裂的关系

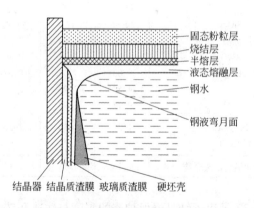

图 6 - 33　结晶器保护渣的工作状况

上部的钢水依然保持熔融状态,在结晶器的振动和牵引钢坯的拉力作用下,钢液面因表面张力呈弯月面(Meniscus)状态。钢液面上的结晶器保护渣在高温钢水的作用下形成多层结构:上层保持固态粉粒状态;中间部位为烧结层和半熔层;与钢水接触的下层形成液态熔融层。它们构成对钢液弯月面的保护屏障,对确保钢坯质量起着重要的作用。熔融的液态保护渣沿着钢液弯月面的斜坡流进正在固化的铸坯硬壳和结晶器水冷铜壁间的缝隙,随同钢坯下行冷却、结晶、凝固，充当两者之间的防护润滑介质。

根据保护渣的上述工作过程，结晶器保护渣在连铸过程中所起的作用和功能可归纳如下：

（1）粉粒状态的上层保护渣层起隔热保温作用，减少钢水的热量损失。

（2）熔融状态的下层保护渣层可防止空气渗透，避免钢水受到再氧化污染。

（3）吸纳从钢水中上浮的非金属夹杂物，提高钢水的纯度。

（4）为铸坯硬壳和结晶器间提供润滑保护，减少摩擦阻力，防止铸坯拉断和延长结晶器的使用寿命。

（5）将铸坯硬壳与结晶器水冷铜壁间的固相－固相接触传热方式转化为固相－液相－固相传热方式，使铸坯冷却均匀，防止铸坯硬壳鼓胀，减少应力集中和发生破裂漏钢。

为了充分发挥结晶器保护渣的上述各方面的功能，要求保护渣具有如下性能：

（1）应具有适当的软化温度和熔化速度，既能保证液态渣的供给量，又能保留适当的隔热保温功能。

（2）液态保护渣应具有适当的黏度，使液态保护渣有良好的流动性，但又能形成稳定的液态保护渣层，保护钢水，既能充分流展，又不至于被钢流卷入。

（3）对夹杂物有吸收能力，可净化钢水，但不应因成分改变使黏度发生显著变化。并希望降低腐蚀性，以减轻对浸入式水口的侵蚀作用。

（4）具有适当的结晶温度和析晶种类，使保护渣保持良好的润滑和传热功能。

6.4.3　结晶器保护渣的种类

结晶器保护渣通常为由多种粉末状原料配制的混合料。这种粉末状的保护渣有许多缺点：如粉尘大，易结团，流动性差，不易均匀散撒在结晶器表面各处，且容易产生粉粒和组分偏析，造成局部区域熔化过快,而有些地方烧结结块。其结果是对钢水、铸坯和结晶器水冷铜壁不能提供充分的保护,铸坯表面缺陷多,在进入下一步的轧制工序之前,要花费许多工时对钢坯表面进行处理。随着连铸技术的进步和对钢材品质的要求不断提高,结晶器保护渣的品种和性能也不断得到改进,以适应不同的要求和实现铸坯无表面缺陷的直接连轧。结晶器保护渣有许多不同的品种,按形态,结晶器保护渣大体上经历了下列变化[28]:

(1)粉末型保护渣。

(2)实心颗粒型保护渣。

(3)空心颗粒型保护渣。

(4)预熔实心颗粒型保护渣。

(5)预熔空心颗粒型保护渣。

颗粒型和空心颗粒型保护渣具有成分均匀,无粉尘,易存储,隔热性能和流动性好等优点。预熔型保护渣的特点是熔融特性可控,熔化速度均匀,熔渣成分稳定。

一般结晶器保护渣使用时自身是不发热的,即非发热型保护渣。在使用非发热型保护渣时,因某些原因造成结晶器上部钢水的热损失过多过快时,而保护渣的隔热保温能力有限,如图6-34所示[7],在弯月面上可出现过度凝结现象,可导致铸坯表面

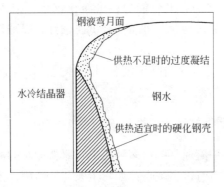

图6-34　钢液弯月面的供热和冷却凝固状况

产生夹渣、疵点等缺陷增多。为消除此类缺陷，须向弯月面提供热量，于是发热型保护渣应运而生。发热型保护渣以金属粉末和氧化剂作发热材料，要求它们能保持均衡熔化和持续发热，以消除和抑制钢水在弯月面区的初凝结壳。

6.4.4 结晶器保护渣的配料原则[29,30]

结晶器保护渣的基础配料一般在 Al_2O_3 – CaO – SiO_2 系相图中低熔点和低黏度的硅灰石初晶区（参见图 5 – 6）。为降低熔化温度和黏度，加入适量的 Na_2O、CaF_2 等熔剂，也有用 Li_2O、BaO、NaF、AlF_3 和 B_2O_3 等物料调整和优化保护渣的熔融特性。结晶器保护渣中还加有碳，主要用于调控保护渣的熔化速度。各种配料组分在结晶器保护渣中所起的作用和调配分别叙述如下。

6.4.4.1 碱度

保护渣的碱度对黏度和熔化温度的影响示于图 6 – 35。由于 SiO_2 含量的增加可使硅氧复合离子团的结构变大，因而黏度一般随碱度的提高而下降；熔化温度则随着碱度的提高而提高。高碱度保护渣的结晶倾向大，析晶温度高，润滑作用降低，使结晶器与钢坯硬壳间的阻力增大，拉漏事故增大。通常，结晶器保护渣的碱度选在 1.0 左右。

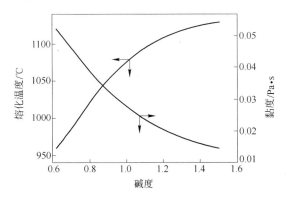

图 6 – 35　碱度（CaO/SiO_2）与保护渣熔化温度和渣黏度的关系

6.4.4.2　Al₂O₃

Al₂O₃ 可使保护渣的黏度发生很大的波动变化，一般控制在 6% 以下。

6.4.4.3　CaF₂

CaF₂ 的熔剂作用强烈，能显著降低保护渣的熔化温度和黏度（图 6-36）。但是，加入大量的 CaF₂ 时，在较高的温度下，枪晶石（3 CaO·2 SiO₂·CaF₂）、硅灰石（CaO·SiO₂）等矿物明显析晶，使润滑作用变差，摩擦阻力增大。此外，F⁻ 离子对浸入式水口的侵蚀作用严重。通常，CaF₂ 的含量控制在 10% 以下。

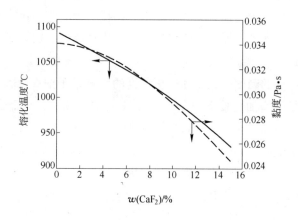

图 6-36　CaF₂ 含量与保护渣熔化温度和黏度的关系

6.4.4.4　Na₂O

Na₂O 也是一种强烈熔剂，与 CaF₂ 配合使用。当熔渣中的 Na₂O 含量过高时，会有霞石（Na₂O·Al₂O₃·2SiO₂）结晶析出。

6.4.4.5　Li₂O

Li₂O 可优化结晶器保护渣的熔融特性。图 6-37 示出了 Li₂O 含量对保护渣的黏度和渣耗量的影响[7]。在相同的黏度下，加有 Li₂O 的保护渣可获得较大的单位面积渣耗量。

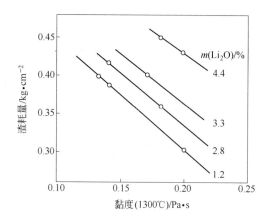

图 6-37　Li$_2$O 含量对保护渣的黏度和渣耗量的影响

6.4.4.6　碳

碳在保护渣中的主要作用是调控熔化速度。含碳原料的种类和分散度对保护渣的熔化速度有很大的影响，常用的含碳原料为石墨和炭黑。炭黑的分散度大，着火点低；而石墨的着火点高，在高温下可起骨架作用。因此，通常用两种碳原料配制保护渣，这对调控熔化速度比较有利。

6.4.5　结晶器保护渣的组成、物性与铸坯的质量、连铸机的运行[31,32]

图 6-38 示出了结晶器保护渣的组成、物性与铸坯的质量、连铸机的运行之间的相互关系，它们之间的关系极为复杂，对主要影响因素作如下说明。

6.4.5.1　保护渣的软化温度和熔化温度

软化温度和熔化温度与保护渣使用时的层状结构的性状密切相关，影响保护渣的熔化速度和保温性能。保护渣对钢水的保温作用不但与保护渣的固态颗粒层的厚度有关，还取决于半熔层和熔渣层的厚度。熔渣层除了防止空气渗透外，对防止钢液弯月面

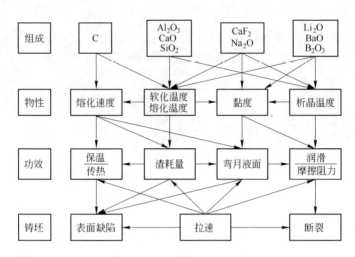

图 6 - 38　结晶器保护渣的组成、物性与铸坯质量、铸机运行之间的相互关系

的热量散失和避免钢液凝结也起重要的作用，因而要求熔渣层应保持一定的厚度。半熔层可阻止固态渣粒落入熔渣层造成铸坯夹渣，并向熔渣层不断地提供熔渣液滴。为使半熔层能向熔渣层提供足量的熔渣液滴，又能阻止固态渣粒落入熔渣，要求熔融层应有足够的厚度，这对高速连铸的结晶器保护渣尤为重要。

6.4.5.2　熔化速度

熔化速度决定保护渣向钢液弯月面供给熔渣的数量，进而影响进入和充填结晶器与坯壳间的熔渣数量和渣膜厚度。渣膜厚度不足时，影响渣膜的连续性，使润滑和传热效果不佳。而熔化速度过快时，粉状层和半熔层的厚度变薄，保护渣的保温隔热性能下降，容易形成冷皮和造成皮下夹杂物增多等缺陷。因此，要求保护渣应具有适当的熔化速度，保持适当的渣耗量，与铸机注速相适应。

6.4.5.3　黏度

黏度与保护渣的许多功能有关，对钢坯质量影响很大，并与连铸速度密切相关。为了防止空气渗漏，避免钢水受到空气的再氧化污染，要求液态保护渣具有良好的流展性能，在钢液弯月面上形成良好的液态保护渣层。为了保证向结晶器和硬坯壳间供应足量的液态渣，要求保护渣要有良好的流动性。这样保护渣的黏度应小以满足上述两项要求。但黏度过小时，保护渣可以被钢水卷入，造成夹杂物增加，并使结晶器与硬坯壳间的渣膜厚度变薄，润滑功能下降，可使钢坯压痕缺陷增加。然而，保护渣的黏度过高时，熔渣的流动性差，可使渣耗量减少，也使润滑功能下降。

保护渣的黏度与注速的关系很复杂。当保护渣的熔化速度和黏度一定时，随着注速提高，如熔渣供应量仍保持原样，渣膜厚度随之减薄，损害润滑功能和传热作用。这样，就需要调整保护渣的熔化速度和黏度。

但是保护渣的黏度降低后，钢液面上的熔渣层的稳定度下降，液面波动大，熔渣易被卷入钢水，使钢中的夹杂物增加，对钢坯质量产生有害影响。并且，当保护渣的黏度下降较大时，还使结晶器与坯壳间的渣膜厚度减薄，不利于润滑和传热。因此，高速连铸时结晶器保护渣应保持适当高的黏度。

6.4.5.4 结晶温度

流入结晶器与硬坯壳间的液态保护渣，随着铸坯下行温度下降发生析晶作用。结晶温度与保护渣的黏度、传热速度和渣耗量有关，如图6-39和图6-40所示[7]。保护渣析晶的常见矿物有枪晶石、黄长石（$CaO \cdot Al_2O_3 \cdot 2SiO_2$）、硅灰石和霞石。析晶温度和数量取决于保护渣的组成，例如，中碳钢保护渣的结晶矿相主要为枪晶石和硅灰石，硅灰石在1200℃时出现明显结晶，枪晶石在1250℃时结晶比较明显。析晶作用可恶化润滑和传热条件，使钢坯硬壳与结晶器间的摩擦阻力增大，初凝钢坯受到过大外力作用时，导致发生漏钢。

6.4.5.5 传热

前述的保护渣析出的矿物的热导率从大到小排列如下：

硅灰石 > 黄长石 > 枪晶石 > 霞石

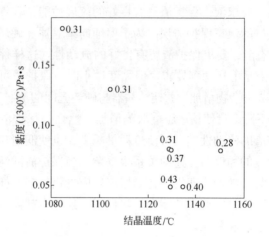

图 6 - 39　保护渣的结晶温度和黏度对渣耗量
（图中数字，kg/m² ）的关系

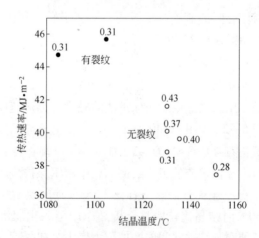

图 6 - 40　保护渣的结晶温度和传热速度对渣耗量
（图中数字，kg/m² ）的影响

　　黄长石在 $Al_2O_3 > 6\%$ 、$Na_2O < 6\%$ 时析出；霞石在 $Na_2O >$
8% 、$Al_2O_3 < 2\%$ 至 $Na_2O < 2\%$ 、$Al_2O_3 > 10\%$ 的很宽范围内都能

析晶生长；CaF_2 含量的增加可促进枪晶石析晶和结晶生长；Al_2O_3 能抑制枪晶石的生成，促进霞石的生成；MgO 能抑制枪晶石的析晶和结晶生长，但能促进硅灰石的析出。

因此，通过调整保护渣中各矿物的比例关系，可调节钢坯的冷却速度，从而减少连铸钢坯表面的缺陷。例如，由于枪晶石的热导率小，对热敏感易脆裂的钢种，通过提高保护渣中枪晶石含量的比例，钢坯可以实现弱冷，从而避免钢坯出现裂纹和断裂[33]。

6.4.5.6　渣耗量

渣耗量，即单位铸坯表面积上消耗的保护渣的数量，是保护渣渗入铸坯硬壳与结晶器间缝隙的数量的一个平均量度，一个重要的过程控制参数。其值一般要求在 $0.3kg/m^2$ 以上。拉坯速度提高可导致渣耗量降低，保护渣的耗量不足时，将导致铸坯的润滑和传热状况不良。渣耗量除了与保护渣的上述许多因素有关外，铸坯拉速的影响很大。

6.4.5.7　连铸速度

高速连铸是连铸技术的发展方向，努力追求的目标。普通连铸机的铸坯拉速一般为 1 ~ 1.5m/min，高速连铸机可达 4.5 ~ 5m/min，或更高。高速连铸使结晶器保护渣的熔融状态和流动状态发生很大的改变，主要表现在：

（1）结晶器液面波动大。由于高速连铸机的钢水需求量大，从浸入式水口供给结晶器的钢水流量增大，使结晶器钢水液面波动激烈，易造成卷渣，夹杂物增加，钢坯品质下降。

（2）保温作用变差。在高速拉坯的作用下，钢水弯月面上的液态保护渣的流速加快，渣层减薄，钢水的热量损失增加，导致弯月面上产生凝结现象，钢坯表面夹杂缺陷增加。

（3）结晶器的润滑条件恶化。高速拉坯可使渣耗量减少，渣膜厚度变薄，保护渣的润滑功能下降，摩擦阻力增大。

（4）传热状态变坏。同样由于渣耗量不足，结晶器与钢坯硬壳之间失去保护渣的固相 - 液相 - 固相的传媒功能，传热不均匀，坯壳生长不均衡。

　　上述不利因素可造成钢坯硬壳的减薄和不均匀，应力集中，产生鼓肚。由于摩擦阻力增大，需要加大钢坯牵引拉力，使拉漏危险性增大。

　　从以上所述可知，高速连铸结晶器保护渣的关键是要保证有足够的渣耗量。这要求保护渣要有高的熔化速度，高的流动性以补充液态保护渣的快速消耗。同时要求保护渣有足够高的黏度，以保持结晶器液面稳定和保温功能，以及防止结晶器与铸坯间的渣膜厚度变薄，丧失润滑功能和均化传热的作用等。因此，在配制高速连铸的结晶器保护渣时，对上述各种因素要综合权衡利弊。

6.4.6　结晶器保护渣的性能和选用

　　结晶器保护渣的使用效果，除了上述诸多因素外，还取决于钢水的凝固特性。钢水的凝固特性随着钢种和成分的不同而不同，简要说明如下。

　　低碳钢凝固时相变引起的体积变化小，对裂纹的敏感性小，连铸拉坯速度通常较高。因此，选用低碳钢连铸保护渣时主要考虑保护渣的润滑功能和渣耗量。

　　中碳钢凝固过程中发生 $\delta \rightarrow \gamma$ 相变，体积强烈收缩，容易产生表面裂纹，对裂纹的敏感性高。因此，中碳钢连铸保护渣应具有较大的热阻，选用低黏度和高结晶温度的保护渣比较合适，使铸坯在结晶器内均匀缓慢冷却。

　　高碳钢的特点是热态强度差，浇注温度较低，容易产生粘结漏钢。因此，高碳钢保护渣的重点放在保证润滑功能和防止钢水冻结，选用体积密度较小，隔热性能好，碳含量较高的保护渣比较合适。

　　以上所述表明，为了满足不同钢种和不同连铸速度的要求，需要研究和开发适应不同要求的保护渣。如以连铸中碳钢为例，参见表 6 - 7[34]，从注速为 0.4m/min 左右的低速连铸到 2.10m/min 的高速连铸使用性能不同的结晶器保护渣。表 6 - 8 举例列出了一些连铸用结晶器保护渣的理化性能指标和适用范围[7]。

表 6 - 7　中碳钢连铸用结晶器保护渣的性能

编　号	1	2	3	4	5	6
化学组成 $w/\%$						
SiO_2	35. 2	33. 6	31. 4	30. 1	35. 0	29. 3
Al_2O_3	4. 7	4. 9	3. 0	3. 7	6. 5	6. 6
CaO	42. 7	41. 9	42. 1	40. 6	42. 1	35. 9
CaO/SiO_2	1. 21	1. 25	1. 34	1. 35	1. 20	1. 22
软化温度/℃	1165	1130	1060	1030	1175	1100
黏度/Pa·s(1300℃)	0. 17	0. 12	0. 06	0. 05	0. 23	0. 12
结晶温度/℃	1140	1145	1175	1155	1140	1110
适应注速/m·min^{-1}	0. 4 ~ 0. 9	0. 7 ~ 1. 2	1. 2 ~ 1. 7	1. 6 ~ 2. 00	0. 7 ~ 1. 1	1. 3 ~ 1. 9
形　态	球状粉	细粉	细粉	细粉	细粉	细粉

表 6 - 8　结晶器保护渣的性能与适用范围

编　号	L	M	N	O	P	Q	R	S
化学组成 $w/\%$								
SiO_2	34. 1	31. 0	33. 3	28. 9	29. 7	34. 0	30. 4	43. 5
Al_2O_3	5. 8	4. 7	5. 5	4. 5	6. 7	6. 7	8. 2	5. 6
CaO	31. 2	38. 7	40. 4	28. 4	36. 7	28. 1	37. 4	37. 0
CaO/SiO_2	0. 92	1. 25	1. 21	0. 98	1. 24	0. 83	1. 27	0. 85
软化温度/℃	1020	1015	1035	990	1110	940	1135	1100
黏度/Pa·s(1300℃)	0. 12	0. 06	0. 24	0. 06	0. 13	0. 13	0. 21	0. 87
结晶温度/℃			1165	1010	1120			1150
连铸机型	薄板	薄板	大型板坯	大型板坯	大型板坯	大型板坯	大型板坯	大型板坯
钢种	低碳	低碳	中高碳	高碳	中碳	高碳	中碳	低中碳
连铸速度/m·min^{-1}	约5. 5	约4. 5	0. 5 ~ 0. 8	0. 8 ~ 1. 1	1. 1 ~ 1. 4	1. 5 ~ 2. 0	1. 5 ~ 2. 0	1. 8 ~ 3. 0

参 考 文 献

[1]　Lin Yulian. Roles and Progress of Refractories for Clean Steel Technology [J]. China's

　　　Refractories, 2011, 20 (2): 8 ~ 15

[2] 牛岛清人. 鋼連續鑄造と耐火物 [J]. 耐火物, 1979, 31 (8): 402~408

[3] Senaneuch D, Poupon M. Protection Jet Dàcier Liquide Entre Poche et Repartiteur de Coulée Continue [J]. Protection du Jet par Tube Réfractaire. Revue de Metallurgic. 1981, 78 (6): 526~529

[4] Nishio H. Steelmaking Refractory Trends in Japan [C]. Proceedings of UNITECR, Osaka, Japan, 2003: 1~4

[5] 野村 修, 高井政道, 小形昌德, ほか. 段差型浸漬ノズルょるモールド 内溶鋼 流動改善 [J]. Shinagawa Technical Report, 2003, 46: 95~104

[6] Nomura O, Horiuch T, Takai M. Analysis of Submerged Entry Nozzle with Inner Annular Steps by Water Simulation Model [J]. Journal of the Technical Association of Refractories, Japan, 2002, 22 (1): 58~62

[7] Kawabe Y, Tsuru T, Morito A, et al. 采用新开发浸入式水口与结晶器保护渣改进连铸铸坯质量 [C]. 第三届国际耐火材料学术会议论文集 (中文版), 北京, 1998: 118~125

[8] Nomura O, Horiuch T, Takai M. Analysis of Submerged Entry Nozzle with Inner Annular Steps by Water Simulation Model [J]. Journal of the Technical Association of Refractories, Japan, 2002, 22 (1): 58~62

[9] 中村 真, 井上慎祐, 崛起俊男. モーグル型浸漬ノズル [J]. Shinagawa Technical Report, 2006, 49: 59~64

[10] Millss N. T, Barnhardt L. F. Development of Submerged Entry Tundish Nozzles [J]. Journal of Metals, 1971, 23 (1): 37~43

[11] 沈志益, 朱神中, 秦世民, 等. 武钢炼钢生产用耐火材料的现状及发展 [J]. 耐火材料信息, 2007, (8): 1~6.

[12] Jeschke P, Bourgion P. Feuerfeste Stoffe im Stranggießbereich [M]. Düsseldorf, Germany: Verlag Stahleisen GmbH, 1982: 51~57

[13] 南村八十八. 鋼板ミニミル向け薄、中厚スラブ連鑄機 [J]. 耐火物, 1998, 50 (7): 366~374

[14] 李红霞, 刘国齐, 杨彬, 等. 连铸功能耐火材料的发展 [J]. 耐火材料, 2001, 35 (1): 45~49

[15] Schruff F, Oberbach M, Muschner U, et al. High Quality Refractory Materials and Systems for the Clean Steel Technology [C]. Proceedings of the Second International Symposium on Refractories, Beijing, China, 1992: 34~53

[16] 董文全, 韩伟, 高雪梅, 等. 连铸连轧用异型快换浸入式水口的研制 [J]. 耐火材料, 2003, 37 (1): 61

[17] 赵建平, 徐海芳, 王爱东. 达涅利薄板坯连铸机浸入式水口使用中的问题及改进措施 [J]. 耐火材料, 2004, 38 (4): 286~287

[18] 徐海芳，赵素华，王爱东. 薄板坯连铸用浸入式水口国产化的开发与应用 [J]. 河北冶金，2005，(2)：24~26

[19] 王爱东，徐海芳. 唐钢薄板坯连铸中间罐耐火材料工艺 [J]. 河北冶金，2004，(6)：39~42

[20] 高靖超. 中薄板铸机用浸入式水口寿命的工艺优化 [J]. 耐火材料，2007，41 (4)：310~315

[21] 李永全，李泽亚，金从进. 薄板坯连铸用浸入式水口的性能和使用 [J]. 耐火材料，2005，39 (4)：277~279

[22] 孙勇，马北越，于景坤. 施加电场对连铸水口防堵塞性能的影响 [J]. 连铸，2008，(6)：11~13

[23] Li Hongxia, Yang bin, Yang Jinsong, et al. Improvement on Corrosion Resistance of Zirconia-Graphite Material for Power Line of SEN [C]. Proceedings of UNITECR, Osaka, Japan, 2003：588~591

[24] Aneziris C. G, Homola F, Hops M. Electric Assisted Corrosion and Erosion Resistance of Carbon Bonded Refractories for Special Lining Zone and Near Net Shape Casting Technology [C]. Proceedings of UNITECR, Osaka, Japan, 2003：230~239

[25] 张贵磊，高新军，王云忠，等. 安钢板坯连铸保护渣的性能优化 [J]. 耐火材料，2003，37 (4)：244~245

[26] Mcphorson N. A, Henderson S. The Effect of Refractory Materials on Slab Quality [J]. Iron and Steel International，1983，56 (6)：203~206

[27] 王健，关勇，郭惠久. 连铸保护渣技术的发展和应用 [J]. 鞍钢技术，2004；(2)：4~8

[28] 郭飞. 高效连铸用耐火材料的发展 [J]. 耐火材料，1997，31 (2)：103~106

[29] 姜学峰，陶力群，林家，等. 板坯连铸结晶器保护渣的研制和应用实践 [J]. 炼钢，2004，20 (26)：3~6

[30] 张国栋，邵雷，刘海啸，等. 中碳钢连铸保护渣显微结构的研究 [J]. 耐火材料，2004，38 (6)：423~425

[31] 李博知. 高速连铸结晶器保护渣 [J]. 耐火材料，2006，40 (4)：306~309

[32] 张国栋，邵雷，刘海啸，等. 基于BP网络的保护渣性能预测模型 [J]. 耐火材料，2004，38 (2)：115~117

[33] 韩文习，张健，张恩勋，等. 含铌中碳异型保护渣固态渣膜的研究 [J]. 山东冶金，2008，58 (3)：46

[34] 李廷寿，王泽田. 连铸用耐火材料的技术发展 [J]. 耐火材料，1995，29 (6)：307~310，316

7 滑 动 水 口

7.1 洁净钢生产与滑动水口

滑动水口是 1960 年代炉外精炼技术发展催生的一项钢流控制新技术。在那个年代，西欧发明了许多至今仍在广泛应用的炉外精炼技术（参见表 1-1）。那些经典的炉外精炼技术要求在钢包内外增添多种精炼装置和功能器件，使钢包从钢水盛器逐渐变为钢水的精炼装置。

置于钢包内的传统塞棒-水口钢流控制系统对精炼装置的安放和处理作业带来诸多不便，且妨碍精炼过程中钢水运动和冶金物理化学反应。塞棒-水口系统不但影响精炼效率，同时还由于精炼过程加剧了侵蚀作用，致使塞棒的寿命缩短和加重对钢水的污染，成为严重阻碍炉外精炼技术发展的一个瓶颈，急迫期待改变。

1964 年滑动水口在德国使用成功后，大受钢厂欢迎，世界各地钢厂纷纷效仿推广应用[1~3]。例如，日本 1968 年开始使用，到 1970 年全部钢包都改用滑动水口，并在部分中间包上使用滑动水口。我国鞍山钢铁公司 1972 年开始使用滑动水口，1976 年全部取代塞棒-水口控制系统。钢包采用滑动水口钢流控制系统取代塞棒-水口系统，不仅为炉外精炼处理的操作过程创造了有利条件，并且还可明显改善钢坯的质量（图 7-1[4]）。

滑动水口主要用于钢包和中间包的钢流控制系统，为无氧化连铸保护系统的重要组成部分之一。此外，滑动水口还用于转炉出钢口和电炉出钢口，拦截炼钢炉出钢时炉渣流进钢包，为钢水精炼创造条件。本章叙述钢包和中间包钢流控制系统中使用的滑动水口，其他应用在第 9 章叙述。

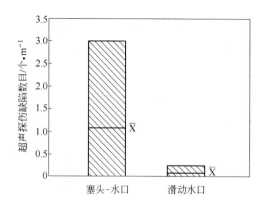

图 7-1 钢流控制方法对钢坯质量的影响

7.2 连铸系统中的滑动水口

在连铸钢水的无氧化保护系统中，有两个位置需要使用滑动水口（参见图 5-2），即在钢包和中间包底部外装的滑动水口。滑动水口的耐火材料部件包括上、下滑板和上、下水口，其中上下滑板为控制钢流的关键部件。

7.2.1 滑动水口的类型

图 7-2 简约示出了滑动水口的类型[5]，有两板式和三板式，或可分为往复式和旋转式两种类型。在两板式中，上滑板固定，

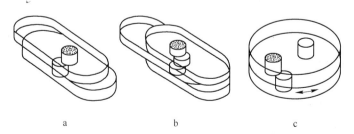

图 7-2 滑动水口的种类

a—两板往复式滑动水口；b—三板往复式滑动水口；c—两板旋转式滑动水口

下滑板可往复滑动或旋转滑动以控制钢流。在三板式中,上下两块滑板固定,中间滑板可以往复滑动。往复式滑动水口为广泛流行使用的滑动水口,以下所述的滑动水口均为往复式滑动水口。

7.2.2　滑板的材质和结合方式的演变

为了提高滑动水口的使用寿命和满足连铸不断提高的要求,对滑板耐火材料进行了不断的改进,图7-3示出了滑板在材质和结合方式方面的演变进化过程。其中,碳结合铝碳质和铝锆碳质耐火材料为现今广泛应用的滑板耐火材料,金属-非氧化物复相结合滑板具有优异的使用性能,成为适应性强的新一代滑板。

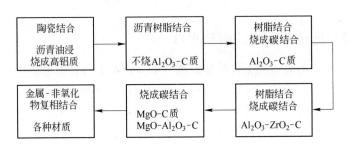

图7-3　滑板耐火材料的材质和结合方式的发展进化过程

7.3　滑板耐火材料的技术基础

7.3.1　钢包滑动水口的使用条件和损毁作用

钢包滑动水口通常采用二板往复式滑动水口,图7-4示出了它们的大致使用条件和工作环境,随钢包的容量和浇注的钢种不同有所不同。图7-5示出了用后滑板的受损情况[6],滑板使用时受到的损毁作用及相互关系示于图7-6。

7.3.2　热机械应力的作用

图7-7示出了滑动水口使用时受到的热机械应力图解[7],

钢包容量/t	50	300	
钢水高度 H/m	2	4	
钢包直径 ϕ/m	2	4	
钢水温度/℃	1620~1640	1610~1630	
钢水密度/g·cm⁻³	7	7	
浇注时间/min	40	100	
滑板尺寸 （长×宽×厚）/mm	350×140×55	600×240×80	
铸孔直径 ϕ/mm	50	120	

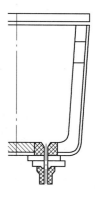

图 7-4　钢包滑动水口的使用条件和环境

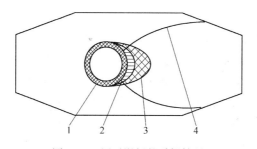

图 7-5　用后滑板的受损情况

1—铸孔内径扩大；2—铸孔口缘磨偏；3—铸孔滑行面磨毛蚀损；
4—滑板热震开裂

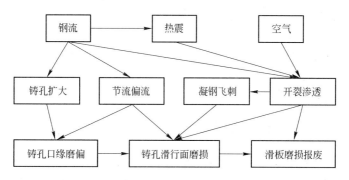

图 7-6　滑板使用时受到的损毁作用及相互关系

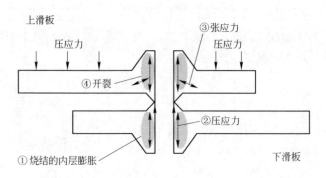

图 7 – 7　滑板使用时受到的热机械应力

说明如下。

钢包底部的钢水静压力（铁静压头）很高。钢包容量为 50t 时，钢水液面高度约为 2m，钢包底部的钢水静压力为 0.14MPa；钢包容量为 300t 时，钢水液面高度约为 4m，钢包底部的钢水静压力为 0.28MPa。为防止钢液渗透进入上下滑板之间，通过螺栓弹簧对上下滑板施加高压，使其表面紧密接触，上下滑板受到很大的压应力。在滑动水口开/关滑行时，在上下滑板的接触表面上就会产生很大的摩擦阻力，造成滑板磨损。

钢包滑动水口开浇时，钢水冲开座砖和上水口内的引流砂，涌入滑板铸孔内的钢水使铸孔内表面温度瞬间升至 1600℃ 以上的高温，滑板受到强烈的热震作用。铸孔内表层耐火材料因热膨胀受到铸孔外围耐火材料挤压所给予的压应力的作用；而铸孔外围耐火材料则因受到内表层耐火材料热膨胀的胀拉所给予的张应力的作用。使用过程中，滑板铸孔内表层发生烧结，强度较高；外层由于未烧结，强度较低。烧结内层发生的膨胀将导致滑板铸孔外层开裂。

7.3.3　钢水偏流的磨损作用

滑板铸孔全开和铸孔直径保持恒定时，钢包钢水的流出量可按下列公式计算[8]：

$$Y = A\sigma C \sqrt{2gH} \qquad (7-1)$$

式中　Y——钢包钢水流量；

　　　A——滑板铸孔的断面积；

　　　σ——钢水密度；

　　　C——流态常数；

　　　g——重力加速度；

　　　H——钢水静压头。

　　上述流量方程为一抛物线，钢包钢水流量与钢水静压头的关系示于图 7-8。图中，直线 CCMR 表示连铸机要求的恒定钢水流量，它将流量曲线分成两个区段。主要区段处在图中 CCMR 直线左上方的区域，在这种情况下，全开滑动水口的钢水流量大于连铸机要求的流量，因此，在此范围内可通过调节滑动水口，使供给连铸机的钢水流量保持稳定。而在钢包的浇注后期，即处于图中右下方带阴影的部位时，由于剩余钢水的静压头小，全开滑动水口的钢包钢水流量小于连铸机要求的流量，在这种情况下，滑动水口不能调控钢水流量，连铸机只能降低浇注速度运行。由此可见，在整个连铸过程中的绝大部分的使用时间内，滑

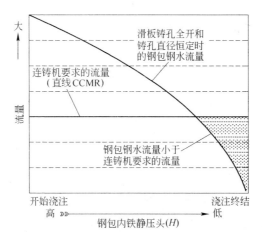

图 7-8　滑动水口铸孔孔径恒定时的流量与钢水铁静压头的关系

动水口都处于部分关闭的节流状态，由此产生的钢流扭转偏流对滑板铸孔将造成严重的磨损作用。

7.3.4 化学侵蚀作用

滑板使用时受到的化学侵蚀作用与热震开裂有密切的关系。如前所述，滑动水口使用时铸孔内表面突然受到高温钢水的强烈热冲击作用，导致产生以铸孔为中心的辐射状裂纹。裂纹的出现诱发空气和钢水的渗透，使滑板中的碳发生氧化损失，造成滑板的强度降低，组织结构疏松。其结果又使钢水更易渗透，加速滑板的化学侵蚀损坏和冲刷磨损损坏，并进一步引起滑板间渗钢、夹钢、冷凝形成毛刺，使滑板的摩擦阻力增加，加速滑板表面的磨损，特别是在滑板铸孔的滑行面上产生严重的拉毛和变粗，磨损作用严重[9]。

7.3.5 滑动水口的蚀损状态和对滑板耐火材料的要求

图7-9示出了滑动水口使用时的工作状态和易损部位[10]，它们分别为：铸孔内径扩大，热震开裂，铸孔口缘磨损和铸孔滑

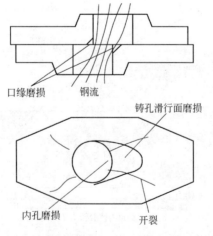

图7-9 滑动水口使用时的工作状态和易损部位

行表面磨损变粗。表7-1列出了对用后滑板的报废更换原因的
调查结果[8,11]。该表明晰显示，滑板铸孔滑行表面的磨蚀损坏为
滑动水口报废更换的首要原因，其次为铸孔口缘磨损和热震
开裂。

表7-1 滑板的报废更换原因调查结果

滑板更换原因	更换原因所占比例/%	
	日本 住友鹿岛制钢	中国 首钢三炼钢
内孔直径扩大①	0	20~40((①+③)
本体热震开裂②	17	10~20
铸孔口缘磨损扩大③	13	
铸孔滑行表面磨损④	73	40~60

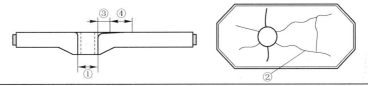

根据上述滑动水口使用时遭受的损毁作用，表7-2列出了
对滑板耐火材料的要求。

表7-2 对滑板耐火材料的性能要求

性　能	对滑板耐火材料的要求
抗热震性	高
抗侵蚀性	高，很高
耐磨损性	很高

7.4 铝碳质和铝锆碳质滑板的生产

7.4.1 工艺原理

生产铝碳质滑板使用矾土熟料、电熔刚玉、板状氧化铝、莫
来石等铝硅系耐火原料作为粉粒配料的组分，加入石墨、焦炭粉
或炭黑作为碳的来源，并添加抗氧化剂，以树脂作为结合剂，经

混练，成型，烧成，油浸等工序。铝锆碳质滑板的生产工艺与铝碳质滑板基本相同，主要差别在于配料中使用部分电熔锆刚玉或锆莫来石以引入氧化锆。图 7 - 10 示出了滑板生产中主要原料和工艺因素与滑板主要性能之间的关系，作如下说明。

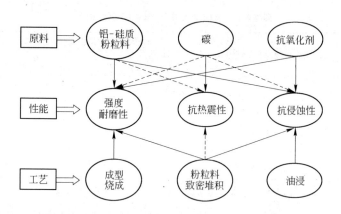

图 7 - 10   滑板的性能与原料和工艺因素的关系

——→ 正的有利作用；----→ 负的不利作用

7.4.1.1 铝硅系耐火物料的作用

铝硅质耐火物料具有高耐火度、高密度、高强度和高抗侵蚀等特点，在滑板中构成基本刚性架构结构，但有抗热震性能差的缺点。

7.4.1.2 碳

为克服铝硅系耐火物料抗热震性能差的缺点，在滑板配料中加入一定比例的碳。滑板中的碳有两种形式：一是以石墨、焦炭粉末或炭黑形式加入的单质游离碳；二是树脂结合剂分解焦化后生成的结合碳。前者为铝碳滑板的碳的主要来源。碳的导热性高、弹性模量小，可显著地提高耐火材料的抗热震性能。由树脂热解形成的结合碳对耐火材料的高温强度和抗侵蚀性能的提高有重要的作用。

但是，碳易发生氧化损失，使耐火材料的结构疏松，导致磨损侵蚀损毁。为克服碳的这一缺点,在配料中添加一些抗氧化剂,如金属铝粉等。抗氧化剂不仅可防止碳被氧化,还可提高耐火材料强度和抗侵蚀性能。

由于单质碳的成型性能差,不易压实,有损耐火材料的强度、耐磨损性和抗侵蚀性能,单质碳的加入量应严格限制。

7.4.1.3 粒度组成的影响

耐火粉粒料的粒度组成对滑板的主要性能也存在正负两个方面的不同影响。为了使滑板具有高强度,高耐磨性和高抗侵蚀性能,耐火粉粒料应采用最紧密堆积的粒度组成,但这有损滑板的抗热震性能。

7.4.1.4 烧成

不烧铝碳质滑板生产时的烘烤温度低(200～250℃),使用时结合剂遇热发生热解冒烟,放出难闻的有害气体,对工作环境不利。同时,由于不烧滑板的强度低,使用寿命短,不受钢厂的欢迎。

铝碳和铝锆碳滑板在还原气氛中经过1300℃以上的高温焙烧,结合剂经热解和焦化转化为结合碳。同时,由于抗氧化剂与碳和空气中的氮发生反应生成碳化物和氮化物结合相,并充填气孔,使组织结构致密化,滑板的强度、耐磨损性和抗热震性能都大大提高,并且使用时不再冒烟。这样,烧成碳结合滑板成为普遍使用的滑板。

7.4.2 原料的选配

7.4.2.1 $Al_2O_3 - SiO_2$ 质耐火原料

图7-11示出了 $Al_2O_3 - SiO_2$ 系富 Al_2O_3 区域的耐火材料的主要性能与其氧化铝含量的关系[12]。据此,可以初步确定制造铝碳质滑板所需要的 $Al_2O_3 - SiO_2$ 质耐火原料的组成范围。随着氧化铝含量的提高,从硅酸铝质→莫来石质(70% Al_2O_3)→刚玉质(>80% Al_2O_3)→纯刚玉质(100% Al_2O_3),耐火材料的

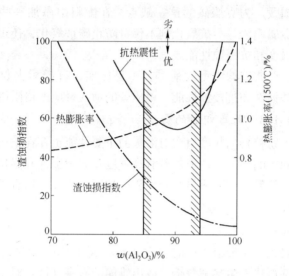

图 7 - 11　Al₂O₃ - SiO₂ 系富 Al₂O₃ 区域的耐火材料的性能
与其 Al₂O₃ 含量的关系

抗侵蚀性能不断提高。但是随着氧化铝含量的提高，耐火材料的热膨胀率不断增大，如按此推断，这将损害耐火材料的抗热震性能。然而，Al_2O_3 - SiO_2 质耐火材料的抗热震性能与其氧化铝含量呈现比较复杂的抛物线形变化状态，在 Al_2O_3 含量约为 90% 时，材料的抗热震性能最好，并兼有优良的抗侵蚀性能。

　　上述 Al_2O_3 - SiO_2 质耐火材料的抗热震性能的变化特性可从 Al_2O_3 - SiO_2 系相图（图 7 - 12[13]）找到解释。在富 Al_2O_3 区域内，耐火材料由莫来石和刚玉两种晶相构成，它们的相组成关系对耐火材料的抗热震性能起控制作用。莫来石和刚玉的热膨胀系数相差较大（参见表 5 - 4），在 1200℃ 时，莫来石为 $6.0 \times 10^{-6}/℃$，刚玉为 $9.0 \times 10^{-6}/℃$。莫来石和刚玉的热膨胀系数差可导致耐火材料产生显微裂纹，这可以缓冲耐火材料在受到热震作用时的热应力，从而提高材料的抗热震性能。因此，随着氧化铝含量的提高，尽管材料的热膨胀率增大，但显微裂纹的作用也

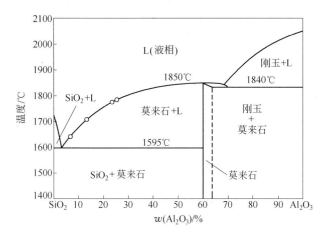

图 7 - 12 $Al_2O_3 - SiO_2$ 系二元相图

倍增，使材料的抗热震性能得到显著改善。但当氧化铝含量进一步提高到90%以上，由于刚玉相占绝对优势，刚玉的热膨胀系数大，导致材料的抗热震性能急剧下降。

为了获得最佳的技术经济效果，滑板的 $Al_2O_3 - SiO_2$ 质粉粒料一般由两种以上的多种 $Al_2O_3 - SiO_2$ 系原料搭配构成。可用作生产滑板的 $Al_2O_3 - SiO_2$ 质原料有天然原料和人工合成原料。天然原料可选用一级和特级高铝矾土熟料及红柱石。天然原料的缺点是成分波动大和杂质含量较高，对提高滑板的抗侵蚀性能不利。但天然原料的价格低廉，可以选作中小钢包用滑板的原料。合成原料有烧结和电熔两类原料，由于烧结原料兼有良好的抗侵蚀性能和抗热震性能，滑板生产偏向于选用烧结合成原料。在烧结合成原料中，有烧结 Al_2O_3，板状 Al_2O_3，烧结合成莫来石等原料。

为了提高滑板的使用寿命和适应大型钢包的严酷要求，在 $Al_2O_3 - C$ 质滑板中引入氧化锆组分，通常以电熔锆刚玉或电熔锆莫来石原料加入。锆刚玉和锆莫来石不但能显著提高滑板的抗侵蚀性能，而且还可以显著改善滑板的抗热震性能，因为它们的高温热膨胀率比莫来石更小（图 7 - 13[1]）。表 7 - 3 和表 7 - 4

列出了合成莫来石、烧结和电熔 Al_2O_3 原料的性能[14]。

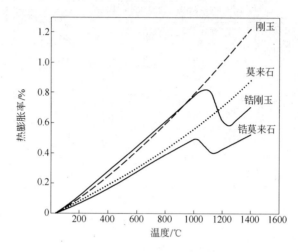

图 7 - 13　合成 Al_2O_3 - SiO_2 质耐火材料的热膨胀性能的比较

表 7 - 3　合成莫来石的性能

材　　料	烧结莫来石		电熔莫来石	电熔锆莫来石	
产　　地	山东	美国	梅河口	梅河口	日本黑崎
化学组成 w/%					
Al_2O_3	66 ~ 76	60 ~ 70	66 ~ 77	42 ~ 47	46 ~ 49
SiO_2	27 ~ 22	35 ~ 25	31 ~ 22	16 ~ 20	16 ~ 19
ZrO_2				30 ~ 37	≥33
Fe_2O_3	1.6 ~ 0.5	1.3 ~ 1.4	0.17 ~ 0.1		≤0.15
$K_2O + Na_2O$	0.1 ~ 0.2	0.5	0.1 ~ 0.5		≤0.5
体积密度/g·cm⁻³	2.84 ~ 2.96	2.80 ~ 2.85	>3.03	>3.6	
气孔率/%	0.55 ~ 2.30			<3	
耐火度/℃	1770 ~ 1550				
矿物组成/%					
莫来石			90	50 ~ 55	≥55
玻璃相				≤5	≤5
斜锆石				30 ~ 33	≥35
刚　玉				≤5	≤5

表 7 - 4 烧结和电熔氧化铝原料的性能

材　料	烧结 Al_2O_3		电熔 Al_2O_3	电熔锆刚玉
产　　地	中国	美国	中国(白刚玉)	中国
烧结温度/℃ 颜色	1830 白	1800 ~ 1900 白	白	黄白、灰褐
化学组成 $w/\%$ Al_2O_3 ZrO_2 SiO_2 Fe_2O_3 $K_2O + Na_2O$	≥98.0 <0.6 <0.5 <0.3	≥99.5 <0.2 <0.05 <0.4	≥98.6 <0.1 <0.5 <0.3	10 ~ 40
物理性能 　体积密度/g·cm⁻³ 　显气孔率/% 　显微硬度	>3.55 <4.5	3.5 ~ 3.7 2 ~ 3	>3.90 2200 ~ 2300	4.05 1965 ~ 2450
相组成 　主晶相 　次晶相			$\alpha - Al_2O_3$	$\alpha - Al_2O_3$ 斜锆石

7.4.2.2　关于碳的加入

图 7 - 14 示出了碳含量对铝碳质耐火材料的抗热震性能和抗侵蚀性能的影响[15]。随着碳含量的增加，铝碳质耐火材料的抗热震性能得到明显改善。但是，碳的含量与抗侵蚀性能的关系并非成线性关系，在大约 10% 时，铝碳质耐火材料的抗侵蚀性能最好，因而，铝碳质滑板的碳含量一般约为 10%。

铝碳质滑板中的碳主要来自配料中的石墨（天然或人造）、焦炭粉和炭黑。石墨的优点是化学稳定性好，抗氧化性能高，常作为首选材料。但是石墨的硬度小，且鳞片石墨有较强的取向性，成型和烧结均比较困难，使滑板的强度降低，使用时易被磨损，造成滑板表面粗糙。而炭黑类非晶质碳可能更容易与金属硅反应，炭黑微粒可以充填空隙。焦炭粉末的硬度和强度较高，易

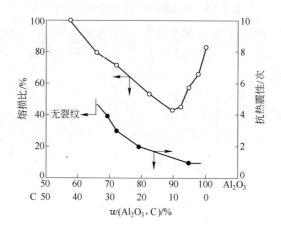

图 7 - 14　碳含量对铝碳质耐火材料的抗热震性能和抗侵蚀性能的影响

于成型压制，有利于提高耐火材料的机械强度和抗磨性。因此，生产中常采用由 2 ~ 3 种含炭原料构成的复合碳源，使滑板具有更好的性能。

　　碳的缺点是易氧化，由此导致和加速滑板的磨损。为防止碳的氧化损失，滑板配料中需添加抗氧化剂，抗氧化剂的作用在前面已有叙述，可参见第 5.4.2.2 节。

　　7.4.2.3　关于 ZrO_2 的加入

　　在铝锆碳质滑板生产中，通常用含锆的电熔锆莫来石或电熔锆刚玉原料引入氧化锆。在锆莫来石和锆刚玉含锆原料中，氧化锆以斜锆石存在。单斜氧化锆在加热和冷却时，在 1000 ~ 1200℃发生单斜⇌四方可逆晶型转变，伴有 7% ~9% 的膨胀/收缩的体积效应。ZrO_2 的这种异常体积效应使锆莫来石和锆刚玉的高温热膨胀明显小于无锆的莫来石和刚玉（参见图 7 - 13），这可使铝锆碳滑板的抗热震性能显著提高。开发铝锆碳滑板的另一个目的是提高滑板的抗侵蚀性能。

　　铝碳锆滑板砖的氧化锆含量一般在 7% ~10% 范围内。日本黑崎播磨公司对 ZrO_2 在 $Al_2O_3 - ZrO_2 - C$ 滑板中的作用重做了一次评估试验，结果与实际情况不完全一致[16]，值得关注。该评估试验在实验室制备了四种试样，一种为不含 ZrO_2 的 Al_2O_3 - C 质试样（A），其余三种为 ZrO_2 含量不同的 Al_2O_3 - ZrO_2 - C 质试样，分别为：试样 B 含 3% ZrO_2，试样 C 含 6% ZrO_2 和试样 D 含 11% ZrO_2，测试结果如下。

图 7 - 15 示出了上述四种试样的热膨胀情况，正如所料，随着 ZrO_2 含量的增加，Al_2O_3 - ZrO_2 - C 质材料的热膨胀率逐渐变小。

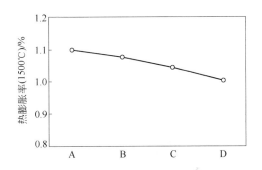

图 7 - 15　ZrO_2 含量对 Al_2O_3 - ZrO_2 - C 质材料的热膨胀性能的影响
试样的 ZrO_2 含量：A—0%；B—3%；C—6%；D—11%

图 7 - 16 示出了试样在还原气氛中 1500℃重烧后的抗折强度的损失，随着 ZrO_2 含量的增加，显然随着 ZrO_2 晶型转变时的体积效应增强，重烧后试样的抗折强度的损失也随之增大。

图 7 - 17 示出了试样的抗热震性能的测试结果。抗热震性能测试时，试样浸入到 1600℃的钢水中 3min，然后在空气中冷却，重复进行，直至试样表面出现起皮剥落。结果显示，含 3% ~ 6% 的试样的抗热震性能最好。

图 7 - 18 示出了试样的抗侵蚀性能与氧化锆含量的关系。随着 ZrO_2 含量的增加，试样的抗侵蚀性能下降，在 ZrO_2 含量超过 6% 以后，下降趋势更大。这可能也是由于 ZrO_2 晶型转变时的体积效应招致结构损坏的结果。

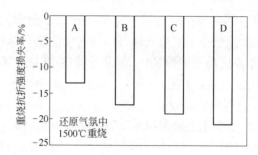

图 7 – 16　ZrO_2 含量对 Al_2O_3 – ZrO_2 – C 质材料的重烧抗折强度损失的影响

试样的 ZrO_2 含量：A—0%；B—3%；C—6%；D—11%

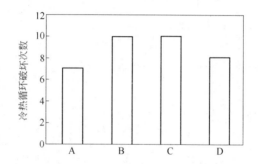

图 7 – 17　ZrO_2 含量对 Al_2O_3 – ZrO_2 – C 质材料的抗热震性能的影响

试样的 ZrO_2 含量：A—0%；B—3%；C—6%；D—11%

热震试验条件：1600℃铁水—空气中冷却

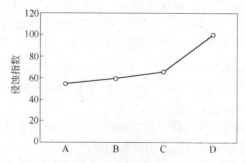

图 7 – 18　ZrO_2 含量对 Al_2O_3 – ZrO_2 – C 质材料的抗侵蚀性能的影响

试样的 ZrO_2 含量：A—0%；B—3%；C—6%；D—11%

　　从以上试验结果可看出，$Al_2O_3 - ZrO_2 - C$ 质滑动水口的适宜 ZrO_2 含量应小于 6%。含 ZrO_2 3% ~ 4% 的低锆 $Al_2O_3 - ZrO_2 - C$ 滑板在日本已用于实际生产，并取得了良好的结果，在 300t 钢包上使用，寿命达到 8 ~ 9 次。表 7 - 5 列出了低锆和现用的两类 $Al_2O_3 - ZrO_2 - C$ 滑板耐火材料的性能比较。图 7 - 19 和图 7 - 20 分别示出了使用后滑板的孔径扩大速度和铸孔滑行面受损速度的比较，结果显示，低锆 $Al_2O_3 - ZrO_2 - C$ 滑板具有明显的优势。

表 7 - 5　低 ZrO_2 和现用 $Al_2O_3 - ZrO_2 - C$ 滑板耐火材料的性能

种　　类	低 ZrO_2 滑板		现在使用的滑板	
化学组成 $w/\%$				
$\quad Al_2O_3$	86.3	81.0	73.8	73.0
$\quad ZrO_2$	2.9	4.0	11.1	12.0
$\quad$游离 C	6.3	12.0	8.4	12.0
体积密度/$g \cdot cm^{-3}$	3.38	3.14	3.41	3.22
显气孔率/%	4.1	4.4	4.2	4.8
常温耐压强度/MPa	290		270	
高温抗折强度（1400℃）/MPa	23	22	22	22
应　　用	中型滑板	大型滑板	大型滑板	大型滑板

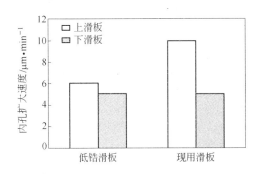

图 7 - 19　滑板铸孔内径的扩大速度比较

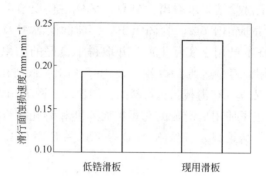

图 7 - 20　滑板铸孔滑行面的受损速度（长度方向）比较

7.4.3　粒度组成的影响[8]

　　滑板配料的粒度组成影响滑板的两项重要性能，即滑板表面的抗磨损性和抗热震性。由于滑板报废的首要原因为铸孔滑行表面的磨蚀损毁，因此，滑板配料的粒度组成常按紧密堆积原理进行选配，以尽可能提高材料的强度和耐磨性。但这可能损害耐火材料的抗热震性能和抗氧化性能。图 7 - 21 示出了两种滑板配料的粒度分布，一种为普通滑板配料，它的粒度组成接近范纳斯（Furnas）的理论紧密堆积的粒度分布曲线；另一种是为改进滑板的抗热震性能的配料，它的中间颗粒含量较少，粗颗粒含量增大，粒度分布与理论曲线偏离较大。改进的配料可使滑板的抗热震性能得到显著改善，但同时却使滑板的抗氧化性能下降（图 7 - 22 上）。为防止滑板的强度和抗氧化性能下降，作为一项补救措施，可适当地增加金属粉末和抗氧化剂的含量（图 7 - 22下）。

7.4.4　生产工艺

　　铝碳质滑板和铝锆碳质滑板的生产工艺过程基本相同，示于图 7 - 23，简要说明如下。

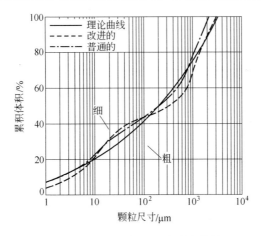

图 7-21 滑板配料的粒度分布曲线

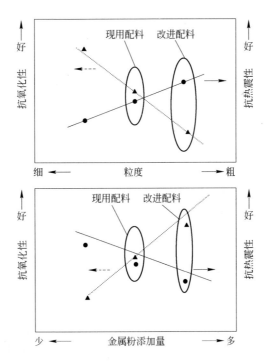

图 7-22 粒度和金属粉加入量对滑板的抗热震性能和抗氧化性能的影响

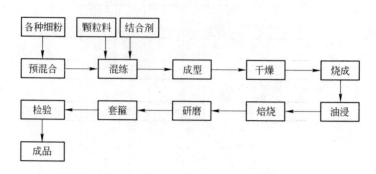

图 7 - 23　滑板的生产工艺流程

7.4.4.1　混合

各种细粉末,如鳞片石墨、焦炭末和/或炭黑,Al – Si 金属粉,及铝硅质细粉原料,预先充分混合均匀。再与铝硅质骨料,如刚玉、莫来石骨料混合,加入结合剂,如沥青、焦油和酚醛树脂等充分混练。混练方法有常温混练和加热混练两种方式。加热混练可使结合剂均匀分布包裹干粉料颗粒表面,成型物料更加紧密均匀一致,有利于降低滑板的气孔率,提高滑板的体积密度和强度。但加热混练有工作环境的卫生和设备方面的问题需要考虑。

7.4.4.2　成型

滑板为薄板形制品（图 7 – 24[14]）,中小钢包滑板的尺寸（$L \times B \times H$）为 250mm ×150mm ×35mm,300t 大型钢包的滑板尺寸为 600mm ×330mm ×80mm。为提高滑板的体积密度和强度,要求采用大吨位真空摩擦压砖机或液压机成型。

7.4.4.3　滑板铸孔的成孔

滑板铸孔的成孔方法有两种:一种是滑板在成型时压制成孔;另一种是滑板经高温烧成后,用金刚石管钻进行机械加工钻孔。压制成孔有许多缺点:成型时滑板铸孔周边布料不易填充密实;压制时模具边缘的阻力大,不能充分压紧压实。压制成孔的

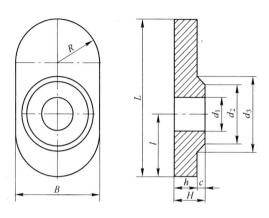

图 7 - 24   钢包滑板的形状和结构

铸孔周边密度小，颗粒之间的结合状态差，不如滑板的本体部位。用金刚石管钻成孔可克服压制成孔的缺点，可显著提高滑板的铸孔质量，对提高滑板的使用寿命有利。

7.4.4.4   烧成

为了提高滑板的强度和耐磨性能，铝碳质滑板成型干燥后，埋入焦炭末中，在还原保护气氛下于1300℃烧成。铝锆碳质滑板需要在较高的温度下烧成，一般为1400～1500℃。在滑板烧成过程中，抗氧化剂 Al - Si 金属粉与碳和气氛中的氮发生如下反应[13]495：

$$2Al + N_2 \xrightarrow{800℃} 2AlN \qquad (7-2)$$

$$4Al + 3C \xrightarrow{900℃} Al_4C_3 \qquad (7-3)$$

$$Si + C \xrightarrow{1000℃} SiC \qquad (7-4)$$

$$3Si + 2N_2 \xrightarrow{1200℃} Si_3N_4 \qquad (7-5)$$

上述反应产物会填充气孔，使滑板的气孔率降低，体积密度、强度和抗侵蚀性能提高。

7.4.4.5   质量检查

滑动水口钢流控制系统是重要的连铸功能耐火材料之一，要求具有高度的安全可靠性。因此，在出厂之前，应对滑板进行严格的质量检查。日本东芝陶瓷公司利用滑板钻孔时留下的每块小圆柱体作为检测滑板的气孔率，体积密度和强度等性能的试样，同时对每块滑板都进行超声无损检测，检测位置为滑板的铸孔滑行侧[17]。这种质量检测方式能真实反映每块滑板的实际质量水平，可对它们的使用情况进行准确深入的跟踪调查分析，为研究改进和开发新的滑板提供有价值的信息。

7.4.5　铝碳滑板和铝锆碳滑板的性能

表 7 - 6 列出了有代表性的铝碳滑板和铝锆碳滑板的性能[2,12,18]。

表 7 - 6　铝碳滑板和铝锆碳滑板的性能

生产厂/使用厂	上 耐 厂		伯马公司		日本东芝陶瓷	
材　　　质	铝碳	铝锆碳	铝碳	铝锆碳	铝碳	铝锆碳
化学组成 w/%						
Al_2O_3	70 ~ 75	70 ~ 75	60 ~ 70	70 ~ 80	80.3	77.8
SiO_2					5.6	0.8
ZrO_2		7 ~ 10		5 ~ 9		9.5
C	12 ~ 15	5 ~ 10	6 ~ 12	6 ~ 12	10	8.5
体积密度/g·cm^{-3}	2.80 ~ 3.0	3.06 ~ 3.18	2.8 ~ 3.0	3.0 ~ 3.2	3.31	3.27
显气孔率/%	7.5 ~ 9	6.0 ~ 9.0	5 ~ 10	5 ~ 9	5.2	5.9
常温抗压强度/MPa	130 ~ 200	150 ~ 230	80 ~ 120	90 ~ 160	170	177
抗折强度/MPa						
常温					33	32
1400℃	11 ~ 14	13 ~ 16	12 ~ 16	14 ~ 20	23	21
热膨胀率/%		1.0 ~ 1.1 (1500℃)			0.7 (1000℃)	0.7 (1000℃)

7.5　镁碳和镁尖晶石碳滑板

7.5.1　钙处理钢对滑板的侵蚀作用及对滑板耐火材料的要求

铝碳和铝锆碳耐火材料为滑板的主要材质，得到广泛的应用。但是,在用于钙处理钢的浇注时,由于钢水中存留有游离 Ca,可使上下滑板遭受到严重的侵蚀作用,在铸孔滑行侧的口缘处呈现奇特的"马蹄印"形状的熔损。当马蹄印形的熔损面达到铸孔滑行面的 $1/4 \sim 1/3$ 时,即使滑板完全关闭,钢水仍可沿马蹄印形的缝隙渗漏,导致滑动水口失去控制钢水的能力,寿命大大缩短和威胁作业的安全。

图 7-25 示出了 Al_2O_3-C 滑板在浇注钙处理钢时形成马蹄印形熔损的机理图解[19]。下滑板使用时与钢流直接接触,钢水中的 Ca 与滑板的 Al_2O_3 发生熔损反应。Ca 与 Al_2O_3 反应生成低熔点化合物 $12CaO \cdot 7Al_2O_3$,熔点 $1450℃$,参见图 4-22 所示的 CaO-Al_2O_3 二元系相图,低共熔点温度仅 $1360℃$,由此可导致下滑板的铸孔口缘和滑行面的严重熔损。

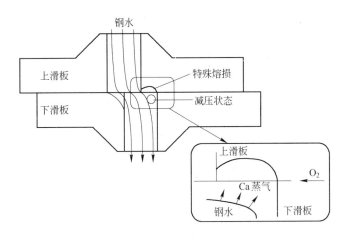

图 7-25 Al_2O_3-C 滑板发生马蹄印形熔损的机理图解

然而,上滑板发生马蹄印形蚀损的部位与钢流并不直接接触。因此,上滑板发生马蹄印形蚀损的原因应归于钢水中 Ca 蒸气的作用。在浇注过程中,钢流快速通过滑板铸孔时,在滑板的铸孔滑行面间产生负压,在减压条件下钢水中的 Ca 发生气化并进入上滑板铸孔的滑行区。Ca 蒸气还可被从滑板缝隙吸入的空气氧化生成 CaO，或与滑板中的 SiO_2 经由下列反应生成 CaO，其结果与上述情况一样，可导致上滑板的严重侵蚀：

$$2Ca + SiO_2 \longrightarrow 2CaO + Si \qquad (7-6)$$

使用无硅铝碳质滑板时，上述侵蚀作用有所减轻，滑板的抗侵蚀性能提高。但是，无硅铝碳质滑板中 Al_2O_3 仍不可避免遭受到钙处理钢的严重侵蚀作用。

从上述分析可以得出，浇注钙处理钢的滑板耐火材料应能耐受 Ca 和 CaO 的侵蚀作用，即耐火材料的组分不与 Ca 和 CaO 反应生成低熔点化合物。

7.5.2　钙处理钢用滑板的材质选择

符合上述要求的钙处理钢用滑板的候选材料有氧化镁（方镁石）、镁铝尖晶石和氧化锆，表 7-7 列出了上述耐火氧化物与氧化铝的基本性能对比。MgO 的熔点高达 2850℃，从相图上看可知，MgO 与 CaO 之间没有化合物，低共熔点温度高达 2300℃。MgO 与 FeO 形成连续固溶体，吸收大量的 FeO 后仍能保持高的熔化温度。这表明，MgO 适合用作钙处理钢的滑板材料，也适合用作高氧钢的滑板材料，缺点是热膨胀率高，抗热震性差。镁铝尖晶石的性能与方镁石相近，具有高的耐火性能和抗侵蚀性能，突出的优点是热膨胀系数较小，体积稳定性好，抗热震性能高。氧化锆也具有很高的耐火性能和抗氧化钙侵蚀的性能，但与 FeO 的低共熔点温度低于 1400℃，易受高氧钢的侵蚀。

图 7-26 示出了 Al_2O_3 - C、ZrO_2 和 MgO - C 三类滑板材料在高钙钢中的侵蚀试验结果[20]，试验温度为 1520℃，1650℃ 和 1710℃，按抗侵蚀性能的高低排列如下：

$$MgO - C = ZrO_2 > Al_2O_3 - C$$

从上述可以得出，方镁石和镁铝尖晶石对 CaO 有很强的抗侵蚀性能，适合选作钙处理钢的滑板材料。ZrO_2 也有很好的抗 CaO 侵蚀性能，但由于价格昂贵，应用受到很大的限制。

表7-7　钙处理钢用滑板候选氧化物的基本性能比较

氧 化 物	氧化镁	尖晶石	氧化锆	氧化铝
分 子 式 矿 物 名	MgO 方镁石	MgO·Al$_2$O$_3$ 镁铝尖晶石	ZrO$_2$ 斜锆石	Al$_2$O$_3$ 刚玉
比重	3.65	4.0	5.68~6.1	3.99
热膨胀率(1000℃)/%	1.4	0.9	0.8	0.9
熔点/℃	2850	2135	2677	2050
最低共熔点/℃				
与 FeO	无		<1400	1310
与 CaO	2300	>1700	>2200	1360

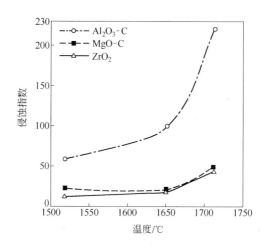

图7-26　Al$_2$O$_3$-C，ZrO$_2$ 和 MgO-C 滑板对高 CaO 渣的抗侵蚀性能比较

（Al$_2$O$_3$-C 滑板在 1650℃ 的侵蚀指数 =100）

7.5.3　镁碳和镁尖晶石碳滑板的特性

　　日本川崎炉材对镁碳和镁铝尖晶石碳滑板与铝碳质滑板的抗热震性、抗高钙渣和高氧钢的侵蚀性能进行了对比试验。对比试验的滑板材料的理化性能列于表7-8，结果叙述如下[21]。

表7-8 碱性滑板与铝碳质滑板的性能比较

滑板种类	铝 碳 质		尖晶石碳	镁碳
代 号	AG1	AG2	AMG	MG
结合材料	SiC		树脂 + Al	
化学组成 w/%				
Al_2O_3	82	80	36	8.1
MgO	—	—	57	86
SiO_2	2.3	—	—	—
ZrO_2	5.3	8.6	—	—
F. C	4.5	7.5	4.5	3.7
体积密度/g·cm^{-3}	3.38	3.38	3.09	3.11
显气孔率/%	2.5	4.0	6.4	5.8
常温抗压强度/MPa	210	255	170	215
抗折强度/MPa				
常温	29	38	26	23
1400℃	26	21	37	42
弹性模量/GPa	65	48	52	60
热膨胀率(1500℃)/%	0.98	1.09	1.45	2.15
应 用	钢 包		钢 包	中间包

图7-27示出了碱性滑板和铝碳质滑板的抗热震性能的试验结果,热震试验的条件为加热至1600℃—水冷,循环进行直至开裂。试验结果表明,镁碳滑板的抗热震性能明显比铝碳质滑板差,而镁尖晶石碳滑板的抗热震性能与铝碳质滑板几乎相同。镁碳滑板的抗热震性能低的原因为热膨胀系数高,而镁尖晶石碳滑板则由于尖晶石取代部分镁砂,热膨胀系数变小,抗热震性能得到改善。

图7-28示出了碱性滑板和铝碳质滑板对高钙炉渣的抗侵蚀试验的结果。镁尖晶石碳滑板显示出非常好的抗侵蚀性能,高钙渣的侵蚀量仅为铝碳质滑板的1/5,与镁碳质滑板相当。由于CaO与Al_2O_3反应生成低熔点化合物,因此,可以认定,钙处理

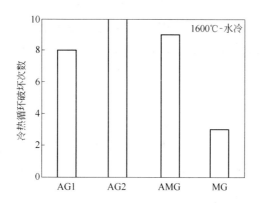

图7-27 碱性滑板和铝碳质滑板的抗热震性能比较

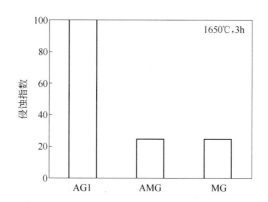

图7-28 碱性滑板和铝碳质滑板对高 CaO 渣的抗侵蚀性能比较
侵蚀试验条件：铁水 + 高 CaO 渣（CaO 60%，Al_2O_3 18%，SiO_2 15%，CaO 7%）

钢中的 CaO 可使铝碳质滑板受到严重的侵蚀。而对于镁尖晶石碳滑板，由于 Al_2O_3 是以化合态尖晶石存在，含量较少，因而不至于危害滑板的抗侵蚀性能。

图7-29 示出了上述碱性滑板和铝碳质滑板对高氧钢的抗侵蚀试验的结果。试验使用铁水 + FeO 及铁水 + Mn 和 Si 的复合氧化物作为侵蚀介质，它们可以代表高氧钢的主要侵蚀因素。试验

结果与高钙炉渣的侵蚀试验结果相似,镁碳质和镁尖晶石碳滑板
都显示出很高的抗侵蚀性能,镁碳质滑板的侵蚀量为铝碳质滑板
的 1/4,镁尖晶石碳滑板的抗侵蚀性能与镁碳质滑板相当,为铝
碳质滑板的 1/3。

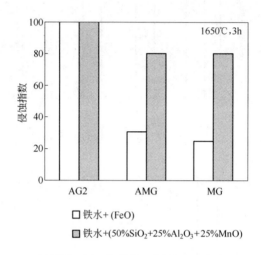

图 7-29　碱性滑板和铝碳质滑板对高氧钢的抗侵蚀性能比较

7.5.4　镁碳质和镁尖晶石碳滑板的制造和使用

　　在镁碳质和镁尖晶石碳滑板的生产中,重点是要考虑提高滑
板的抗热震性能,强度和抗氧化性能。伯马公司选用大结晶电熔
镁砂和高纯镁尖晶石为主要原料,采用颗粒较细的石墨粉,以热
固性树脂和金属铝粉作结合剂,低温烧成,制造金属结合镁尖晶
石碳滑板。表 7-9 列出了国产和日本产镁碳质和镁尖晶石碳滑
板的性能[19,22,23]。

　　镁碳质和镁尖晶石碳滑板的实际使用效果良好,明显优于铝
碳滑板和铝锆碳滑板。碱性滑板不但适用于钙处理钢,还适用于
高氧钢。不过碱性滑板用后裂纹较多,在抗热震性能方面还要进
一步提高。

表7-9　碱性滑板的性能

制造厂/使用厂	日本黑崎窑业		中国伯马	上海宝钢
滑板材质	镁碳	尖晶石碳	镁尖晶石碳	镁尖晶石碳
化学组成 $w/\%$				
MgO	89.5	23.7	66.32	79.0
Al_2O_3	10.4	75.3	15.56	11.39
C	3.9	3.9	5.56	6.0
体积密度/g·cm^{-3}	3.11	3.08	2.95	2.95
显气孔率/%	4.8	6.9	6.4	7
常温抗压强度/MPa			115	202
抗折强度/MPa				
常温	25	22		21
1400℃	44	39	33	32
热膨胀率(1500℃)/%	1.94	1.30		$13\times10^{-6}/℃$ (20~1600℃)

7.6　金属－非氧化物复相结合滑板

金属－非氧化物复相结合滑板是为适应更严格的要求而开发的新一代滑板，其生产工艺原理和产品的特点与铝碳滑板和铝锆碳滑板有颇大的差异，叙述如下。

7.6.1　金属细粉的作用

在普通铝碳质滑板的生产中，添加少量的铝粉、硅粉，单独使用或一起合用，用作抗氧化剂，以防止碳的氧化损失，并可提高滑板的强度和抗侵蚀性能。在金属结合的铝碳质滑板中，金属细粉的加入量达到6%~10%，或更高（15%~20%），大大超出作为抗氧化剂所需要的数量。由于在数量上发生了很大的变化，从少量变成大量，金属粉末在滑板耐火材料的生产和应用中的作用也就相应地发生了本质上的变化。除了起抗氧化剂的作用外，还起金属塑性过渡结合相的作用。

从金属粉末在金属结合滑板的生产过程中所起的作用、使用过程中的表现和材料的组织结构上看，金属结合滑板应归属于以金属塑性过渡相工艺（Transient plastic phase process）制造的新一代金属 – 非氧化物复相结合的耐火材料[24]。金属铝粉和硅粉，单用或合用，除了像在普通滑板耐火材料的制造和应用中防止碳的氧化损失作用外，还有下述多方面的特殊作用：

（1）成型物料的增塑作用。金属的特点是在压力作用下因晶格可发生滑移而具有塑性。金属铝和硅具有良好的延展性和塑性，在瘠性（刚性）耐火骨料配料中加入相当数量的金属粉末，在高压成型的条件下，可使物料具有一定程度上的塑性成型物料的特征。表 7 – 10 所列数据明晰显示[25]，在一定含量范围内，金属铝粉可改善物料的成型性能，可使制品的气孔率降低，密度和强度提高。

表 7 – 10   金属铝粉加入量对滑板材料的气孔率和强度的影响

试 样	A	B	C	D	E	AG（铝碳）
铝粉加入 $w/\%$	30	20	15	10	5	—
显气孔率/%	5.0	7.7	8.6	3.8	5.4	7.0
抗压强度/MPa	133	94	192	394	373	200
抗折强度/MPa	27	58	99	53	60	24

（2）助烧结作用。金属粉末的熔点低，铝 660℃，硅 1410℃。无论在生产制品的热处理过程中，或是不烧制品在高温环境的使用条件下，易熔化的金属产生的液相可起助烧结作用，促进制品的烧结，提高制品的强度和密度。

（3）形成非氧化物结合基质相的过渡金属相。加入配料中的金属粉末并非为最终制成品中所期望的金属单质 Al 或 Al + Si 相，而是以期在半成品的热处理过程中或在制成品的高温环境使用中转化为高性能的非氧化物结合基质相，以大幅度提高材料的性能[26~28]。

例如，$Al – Al_2O_3 – C$ 材料的试样，在埋碳条件下，下列温度加热后的检验分析结果为：

在 800℃，试样中有纤维状 Al_4C_3 + 针状 AlN；

在 1200 ~ 1400℃，试样中有大量针状 AlN。

又如，（Al + Si）- Al_2O_3 - C 材料的试样，在埋碳条件下，下列温度加热后的分析结果为：

在 800℃，试样中有 Al_4C_3 + AlN；

在 1100℃，试样中有 AlN + SiC；

在 1400℃，试样中有 AlN，SiC 和 β - SiAlON。

由此可见，金属粉末在半成品的烧成中或在制成品的高温环境使用时是作为产生以上非氧化物结合基质相的过渡金属相存在的。Al_4C_3、AlN、SiC 和 SiAlON 为耐火性能优良的非氧化物，最终制成品中所期望获得的结合相，构成材料的结合基质，可使材料的抗折强度显著提高。如表 7 - 10 所示，含 Al 15% 的试样的抗折强度要比一般铝碳试样高 4 倍。

（4）提高耐火材料的抗热震性能。滑板耐火材料的基础配料电熔刚玉、板状刚玉、电熔锆刚玉和锆莫来石等物料，它们为高脆性耐火骨料，遇到温度骤变时极易发生热震破裂。加入配料中的铝粉，经熔化和渗透，以金属薄膜的形式存留于骨料颗粒的间隙或包裹于颗粒表面，对材料可起增韧作用。滑板受到热机械应力的作用时，金属薄膜可缓冲和吸收断裂能量。金属铝的导热性好，也有利于提高材料的抗热震性能（图 7 - 30[25]）。

（5）自卫功能。金属结合的滑板使用时，滑板热面上的金属铝接触到钢水中的氧化铁时可发生脱氧反应，生成金属铁和二次刚玉[29]。二次刚玉在滑板热面上形成致密刚玉层，可防止熔渣对滑板的浸透和侵蚀。反应方程式如下：

$$3FeO_{(砖/钢水界面)} + 2Al_{(砖中)} \longrightarrow 3Fe_{(热面细小铁颗粒)} + Al_2O_{3(致密刚玉层)}$$

$$(7 - 7)$$

7.6.2 金属-非氧化物复相结合滑板的种类

金属-非氧化物复相结合滑板有不烧制品和烧成制品（低温烧成与高温烧成）。材质上分为含碳的 Al_2O_3 - C 质，Al_2O_3 - ZrO_2 - C 质，MgO - 尖晶石 - C 和不含碳的刚玉质等不同品种。不烧制品的预期结合基质相，依靠配料组成的合理选配和在高温

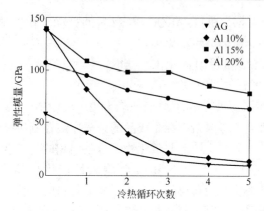

图 7 - 30　金属铝粉加入量对滑板材料的抗热震性能的影响

热震试验条件：快速加热到 1450℃ —保温 30min—空冷

环境使用时自然形成。烧成滑板的预期结合基质相，除了要有合理的配料组成外，还需仔细控制烧成温度、气氛条件和加热程序等。通过适当地调控烧成条件，金属铝粉在烧后滑板材料的组织结构中仍能以单质状态的金属铝存在。不过，单质金属铝的形态发生了改变，经熔化和渗透，可在颗粒界面上形成连续金属薄膜结合相。

7.6.3　金属 – 非氧化物复相结合滑板的性能和特点

表 7 - 11 列出了各类金属 – 非氧化物复相结合滑板与普通的 Al_2O_3 – C 质滑板和 Al_2O_3 – ZrO_2 – C 质滑板的性能比较[26,29~32]。由此表可以看出，金属 – 非氧化物复相结合滑板具有下列突出特点：

（1）抗压强度高，并有增大的潜能。通常，含碳耐火材料再加热后，因发生碳氧化损失，强度下降。然而，从表 7 - 11 注释列出的数据可以看到，唐钢的 Al – AlN 结合铝碳滑板经再加热处理后，滑板的抗压强度不但没有下降反而有所提高，这有利于提高滑板的耐磨损性。这也表明，Al – AlN 结合铝碳滑板的抗氧化性能较高，对提高滑板的抗侵蚀性能有利。

（2）高温抗折强度高于常温抗折强度。耐火材料的高温抗折强度一般都低于常温抗折强度。表7－11数据显示，金属－非氧化物复相结合滑板的高温抗折强度可接近达到或甚至超过常温抗折强度。滑板使用时受到苛刻的热机械应力的作用，显然，高的高温抗折强度有利于提高滑板的寿命。

表7－11　金属－非氧化物复相结合滑板与普通铝（锆）碳质滑板的性能比较

生产厂/使用厂	伯	马	宝钢	唐钢	首钢	日本黑崎
材　质 结合相	铝（锆）碳 C	铝碳 金属－非 氧化物	刚玉 SiAlON	铝碳 Al－AlN	铝锆碳 Al－AlN	铝碳 Al
化学组成 w/%						
Al_2O_3	80~88 (72~78)	85~95	81.97	96.6	83.5	95.8
SiO_2（Si）			(10.29)			4.1
ZrO_2	(6~8)				5.5	
MgO						
C	8~11	3~5		3.23	5.2	3.1
N			5.52	2.36		
体积密度/g·cm^{-3}	3.10~ 3.30	3.10~ 3.15	3.05	3.23	3.17	3.08
显气孔率/%	5~9	5~9	16	8	6	7.5
常温抗压强度/MPa	120~160	120~200	251	185[1]	120	120
抗折强度/MPa						
常温			24	51.6		24
1400℃	26 (27)	43		47.1	38.8	32
热膨胀率(1200℃) /%			6× 10^{-6}℃$^{-1}$	1.2		0.76 (1000℃)
热震后的强度保持 率/%	47 (56)	69				
烧成温度/℃	>1300 (>1400)	低温 烧成	1450~1470 氮化	<1100 氮化	1000 氮化	不烧

① 再经热处理后的常温抗压强度为：188 MPa（600℃，3h），209MPa（800℃，3h），194MPa（1000℃，3h）。

（3）抗热震性能明显改善。从热震后强度保持率的测定结果可以看到，与普通 Al_2O_3 – C 质滑板和 Al_2O_3 – ZrO_2 – C 质相比，金属 –非氧化物复相结合滑板的抗热震性能得到明显改善。

（4）含碳量低。金属 – 非氧化物复相结合滑板的碳含量明显低于 Al_2O_3 – C 质滑板和 Al_2O_3 – ZrO_2 – C 质滑板的碳含量。这有利于提高滑板的耐磨损性和抗侵蚀性能，扩大滑板对钢种的适应范围，还可避免钢水增碳，对超低碳钢、IF 钢的生产有意义。

7.6.4　金属 –非氧化物复相结合滑板的应用

表 7 – 11 所列的金属 – 非氧化物复相结合滑板与相应的 Al_2O_3 – C 质滑板和 Al_2O_3 – ZrO_2 – C 质滑板用作钢包、中间包滑动水口的对比使用试验中，它们的表现都很出色，寿命大都提高 1 倍左右，并且在用于高氧钢、低合金钢和钙处理钢的浇注时，滑板铸孔滑行表面的侵蚀现象明显减轻。

日本黑崎窑业对用后金属结合不烧 Al_2O_3 – C 质滑板的显微组织结构检测发现，在滑板铸孔热面上有金属铁的小颗粒和一层致密刚玉层[29]，表明，金属铝在使氧化铁脱氧后，自身氧化生成二次尖晶石（反应方程式 7 – 7），它能有效保护滑板中的碳，避免被 FeO 氧化，防御钢渣的渗透和侵蚀。

7.7　钢包和中间包用滑动水口的滑板选择

滑板为滑动水口钢流控制系统的关键部件。选择钢包和中间包用滑动水口的滑板时，应该着重考虑的因素有：

（1）滑板的使用条件和使用场合。

（2）滑板耐火材料的特性。

（3）不同钢种对滑板耐火材料的侵蚀作用。

（4）滑板的价格因素等。

7.7.1　钢包和中间包用滑动水口的使用条件

表 7 – 12 列出了钢包和中间包滑动水口的使用条件比较。总

的看来，钢包滑动水口的使用条件和要求比中间包滑动水口严酷得多：钢水温度高，热震冲击作用强烈，钢流偏流程度高。然而，中间包滑动水口要求连续使用的时间很长，在多炉连铸的情况下，长达 600 ~ 900min，或者更长。因此，钢包滑动水口偏重于选择抗侵蚀性能和抗热震性能好的滑板，而中间包滑动水口则偏重于选择抗侵蚀和使用寿命长的滑板。例如，在选择钙处理钢用的滑板时，碱性滑板为首选滑板，但需考虑碱性滑板的特性和使用场合，钢包滑动水口宜选用抗热震性能优于 MgO – C 滑板的镁尖晶石滑板，而中间包滑动水口则选用抗侵蚀性能优于镁尖晶石碳滑板的 MgO – C 滑板。

表 7 – 12　钢包滑动水口与中间包滑动水口的使用条件对比

环 境 条 件	钢包滑动水口	中间包滑动水口
钢水条件		
容量	很大	很小
高度	变化大	恒定
温度	高	较低
滑板使用		
预热	不预热	预热
开启度	小，变化大	大，恒定
开关频率	高	低
注速	高	低
浇注时间	短	很长
滑板尺寸	大	小

7.7.2　各类滑板的特性比较

表 7 – 13 列出了主要类型滑板的特性比较。由于铝碳滑板和铝锆碳滑板具有高的性价比，在钢包和中间包滑动水口中获得广泛应用。但是，铝碳滑板和铝锆碳滑板中含有一定数量的 SiO_2，可被钢水中对氧有很强亲和性的 Mn 等合金元素还原，造成严重的侵蚀和污染钢水。铝碳滑板的主成分 Al_2O_3 具有很高的抗侵蚀性能，但在遇到钙处理钢水中的 Ca 和 CaO 时，由于与 CaO 形成

熔点很低的化合物（$12CaO \cdot 7Al_2O_3$，熔点 1450℃），可对滑板造成严重的侵蚀。滑板中的 C 对提高滑板的性能起着重要的作用，但易被钢渣中的 FeO 氧化，招致严重的蚀损，还可使钢水增碳。因此，铝碳滑板不宜用于浇注锰钢、钙处理钢、高氧钢和超低碳钢的滑动水口。

表 7 - 13　各类滑板的特性比较

滑板种类	主要化学成分构成	特　　性
铝碳滑板 铝锆碳滑板 镁碳滑板 镁尖晶石碳滑板	$Al_2O_3 - C$ $Al_2O_3 - ZrO_2 - C$ $MgO - C$ $MgO - MgO \cdot Al_2O_3 - C$	抗热震，抗侵蚀 优于 $Al_2O_3 - C$ 材质 高抗侵蚀、抗热震性较差 高抗侵蚀、抗热震
氧化锆滑板（套环）	ZrO_2	高抗侵蚀，价格昂贵
金属 - 非氧化物结合滑板	$\left.\begin{array}{l} Al \\ Al - Si \\ Al - AN \end{array}\right\}+ \begin{array}{l} Al_2O_3 + C \\ Al_2O_3 + ZrO_2 + C \end{array}$	低碳低硅 高抗侵蚀、抗热震
	$SiAlON - Al_2O_3$	无碳，抗侵蚀

碱性滑板对 Mn、MnO、FeO 和 CaO 有很高的抗侵蚀性能，但 MgO 的热膨胀系数大，抗热震性能较差。

ZrO_2 滑板有很高的抗侵蚀性能，但价格昂贵，应用范围受到限制。

金属 - 非氧化物复相结合滑板的特点是低硅/无硅，低碳/无碳，具有很好的抗侵蚀性能和抗热震性能，可减少对超低碳钢的增碳危害，适应范围广。

7.7.3　钢种与滑板的选配

滑板的使用寿命与浇注钢种有关，根据钢水成分对滑板的侵蚀作用和洁净钢生产的要求，从选配滑板的角度上看，钢水钢种可大致分为以下六类：

（1）普通碳素钢和低合金钢。

（2）铝镇静钢。

（3）锰钢，合金钢。

（4）高氧钢。

（5）钙处理钢。

（6）低碳、超低碳钢。

表 7-14 列出了不同钢种对耐火材料的主要侵蚀作用和适用的滑板。

表 7-14　钢种与滑板的选配

钢　种	对滑板的侵蚀作用	适 用 滑 板
普通碳素钢，低合金钢	侵蚀损毁作用较轻	铝碳滑板、铝锆碳滑板
铝镇静钢	脱氧产物易造成粘堵	低碳低硅滑板
锰钢，合金钢	Mn 等合金元素可还原滑板中的 SiO_2，造成严重侵蚀和污染	低硅/无硅滑板，碱性滑板，金属-非氧化物结合滑板
高氧钢	FeO、MnO 对含硅 Al_2O_3-C 质滑板的侵蚀作用严重	低碳低硅滑板，碱性滑板，金属-非氧化物结合滑板
钙处理钢	Ca、CaO 对 Al_2O_3-C 质滑板侵蚀作用严重	碱性滑板，金属-非氧化物结合滑板
低碳、超低碳钢（IF 钢）	含碳滑板可造成钢水增碳	低碳、无碳滑板，金属-非氧化物结合滑板

7.7.4　价格因素

铝碳质滑板的性价比高，为普遍采用的滑板，特别适用于中小钢包的滑动水口。铝锆碳质滑板的性能优越，普遍适用于大型钢包和连铸中间包。ZrO_2 滑板具有很高的抗侵蚀性能，但价格昂贵，主要用于一些长时连续的多炉连铸中间包滑板的铸孔镶嵌耐磨损套环。

7.8　钢包滑动水口

7.8.1　钢包滑动水口钢流控制系统

钢包滑动水口钢流控制系统由耐火材料系统和滑行机构两部分构成。钢包滑动水口的滑行机构的设计方案大体相似，上框架为固定框架，下框架为滑动框架。上、下滑板分别紧固在上、下框架内。通过弹簧紧固件在上、下滑板之间施加适当的压力，使它们紧密接触，既能防止漏钢，又可在液压系统推动下滑行开闭铸孔。

图 7-31 为日本黑崎-播磨公司新推出的一种钢包滑动水口

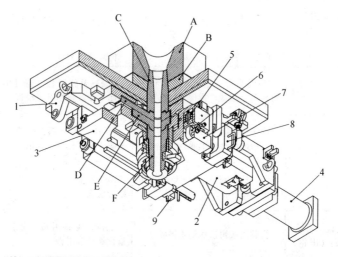

耐火材料部件		机 械 部 件		
A、B	上、下座砖	1	上框架	6	肘节
C	上水口	2	滑动框架	7	滑动面加压块
D、E	上、下滑板	3	悬挂框架	8	滑动框架限位器
F	下水口	4	驱动装置	9	安全栓
		5	弹簧圈		

图 7-31　钢包滑动水口的钢流控制系统

钢流控制系统[16]，滑行控制机构具有滑板更换安装迅速，操作方便，减少烧氧等优点，主要由下列部件构成：

（1）用于安装和固定上滑板（D）的上框架（1），固定在钢包底。

（2）用于安装和固定下滑板（E）的滑动下框架（2），与驱动装置（4）直接相连。

（3）用于安装固定滑动下框架（2）的悬挂框架（3）。

（4）滑板面加压装置（6和7）。

钢包滑动水口的使用寿命除了主要取决于滑板耐火材料的性能和使用条件外，滑板的形状和滑行框架的结构及紧固方法等对使用寿命也有很大的影响。

7.8.2　钢包滑动水口的使用和改进

7.8.2.1　滑板的形状和紧固方法的改进

最早的滑板为圆端长方形滑板（参见图7-24）。滑板使用时不可避免会发生裂纹，为抑制裂纹的扩大，滑板的外周用钢箍箍紧。滑板的紧固方式与滑板裂纹扩展方向有关，图7-32示出了滑板的紧固加压方式对滑板裂纹扩散的影响[1]。滑板的外形也就随着滑板的紧固方式和滑板框架而变。

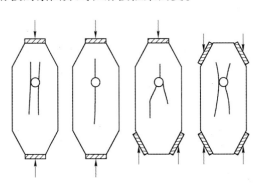

图7-32　滑板形状和紧固加压方式对裂纹扩展的影响

　　图 7-33 示出了首钢第三炼钢厂的锥形滑板和紧固方法[33]。对角四面加压可抑制滑板纵向裂纹（A 向）的产生，并可使滑板裂纹分散，朝 C 向和 B 向转移，避免裂纹的集中。这种滑板的使用效果显著，寿命大幅提高。

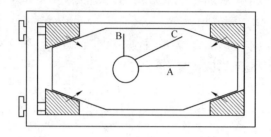

图 7-33　锥形滑板的紧固加压方式和对裂纹扩展的影响

7.8.2.2　滑板铸孔直径对使用寿命的影响

　　滑动水口节流时引起的偏流是造成滑板损毁的主要原因之一。在铸速和钢水的铁静压头一定的条件下，偏流程度取决于滑板的铸孔直径。图 7-34 示出了孔径为 $\phi90mm$（a）和 $\phi80mm$（b）的两种滑动水口的扼流程度比较[5]。显然，铸孔的孔径越大，扼流程度也越大，由此产生的偏流程度也就越高，对滑板的损毁作用也越严重。

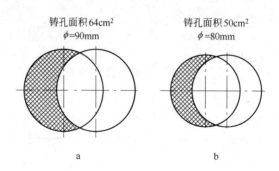

图 7-34　铸孔直径不同的两种滑动水口的扼流程度比较

日本住友鹿岛制铁所对滑板铸孔直径进行调整,从孔径 $\phi 80mm$ 改小为 $\phi 75mm$,在使用条件大体相同的情况下,滑板寿命提高约14%,效果示于图7-35[8]。唐钢小方坯连铸滑板的铸孔直径原为 $\phi 50mm$,由于直径较大,使用过程中滑板开闭频繁,导致滑板侵蚀严重,后改小为 $\phi 45mm$,作为减轻滑板的侵蚀,提高重复使用率的一项措施[34]。

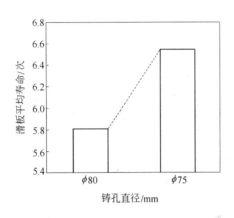

图7-35 铸孔直径对滑动水口寿命的影响

7.8.2.3 复合型滑板

铝碳滑板的铸孔和滑行表面在使用中极易发生蚀损,为延长滑板的使用寿命,铸孔周边和滑行表面常采用比滑板本体更加耐磨损的耐火材料,如 $Al_2O_3 - ZrO_2 - C$,$ZrO_2 - C$,$MgO - C$,$MgO - Al_2O_3$ 和 ZrO_2 质等材料,构成复合型滑板。复合型滑板的复合方式有两种类型:一次压制成型的复合型滑板(图7-36[3])和镶嵌式复合型滑板(图7-37[35])。ZrO_2 镶嵌式复合型滑板在连铸中间包滑动水口上应用较多。

7.8.2.4 环保型滑板[36]

滑板耐火材料的有效使用部分仅在铸孔周边的很小范围,滑板报废时,滑板的其余大部分耐火材料仍然基本完好。基于工业废物排放最小化和资源利用最大化的环保理念,日本黑崎窑业推

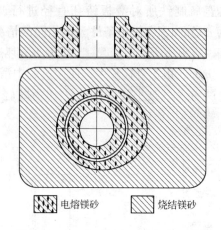

电熔镁砂　　　　烧结镁砂

图 7 - 36　一次压制成型的复合型滑板

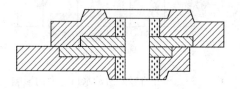

图 7 - 37　镶嵌式复合型滑板的结构

出环保型滑板。

图 7 - 38 为一种可再生的环保型滑板的结构,它由中心部件和外围部件两部分构成。中心部件和外周部件都由抗侵蚀的 $Al_2O_3 - ZrO_2 - C$ 质耐火材料制造,分别压制成型,烧成和油浸。中心部件用火泥固定在外周部件中,之后对工作面进行磨平加工。中心部件损坏后可更换 2 ~ 3 次,耐火材料的费用可降低 15% ~ 30% 。滑板耐火材料和火泥的性能列于表 7 - 15 。

图 7 - 39 为一种节约稀缺资源的环保型滑板的结构,中心部件为抗侵蚀的 $Al_2O_3 - ZrO_2 - C$ 质耐火材料,外周部件为高耐磨不定形耐火材料。组装时,先将中心部件放入钢模框,外周充填

不定形耐火材料。经过 300℃ 干燥后，对工作面进行磨平加工。这种环保型滑板可节约制造滑板的稀缺资源，如石墨，重量可减轻 9%，费用可降低 12%。滑板耐火材料和不定形耐火材料的性能列于表 7 – 16。

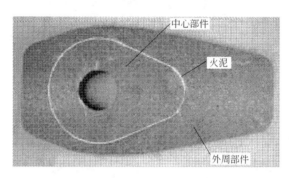

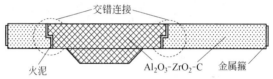

图 7 – 38   可再生环保型滑板的结构

中心部件：$Al_2O_3 - ZrO_2 - C$ 材料

外周部件：$Al_2O_3 - ZrO_2 - C$ 材料

表 7 – 15   可再生环保型滑板耐火材料的性能

部 位	中心部件和外周部件	结合火泥
化学组成 $w/\%$		
Al_2O_3	81. 8	88
SiO_2	2. 3	8
ZrO_2	5. 3	—
游离 C	4. 5	—
体积密度/$g \cdot cm^{-3}$	3. 56	2. 74
显气孔率/%	11. 5	25. 2
常温抗折强度/MPa	22	23. 2

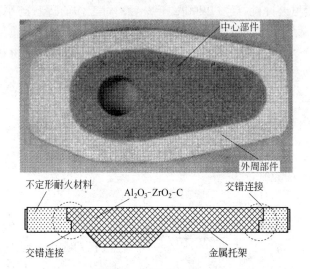

图 7 - 39　资源节约环保型滑板的结构

中心部件：$Al_2O_3 - ZrO_2 - C$ 材料

外周部件：不定形耐火材料

表 7 - 16　资源节约环保型滑板耐火材料的性能

部　位	中心部件	外周不定形材料
化学组成 $w/\%$		
$\quad Al_2O_3$	82. 7	51
$\quad SiO_2$	2. 3	45
$\quad CaO$		1. 6
$\quad ZrO_2$	5. 8	—
$\quad F. C$	4. 2	—
体积密度/$g \cdot cm^{-3}$	3. 26	2. 67
显气孔率/%	11. 5	20
常温抗压强度/MPa	137	47. 4
常温抗折强度/MPa	22	10

7.8.2.5　滑板的修理[37]

滑板磨损报废后，铸孔外周的耐火材料通常依然比较完好，仍保留75%~85%的强度。为了充分利用滑板耐火材料,日本东芝窑业和住友金属鹿岛钢厂组织报废滑板的回收、修复翻新和循环使用。滑板的修复方法不断得到改进,翻新效果也不断提高。

图7-40示出了用耐火浇注料修复报废滑板的方法。报废滑板经清理干净后,放入铸孔模芯,填充耐火浇注料,经养护、烘烤和磨平即可。耐火浇注料选用磷酸铝结合的材料较好。此法简单易行,但翻新滑板的使用效果不如新滑板。

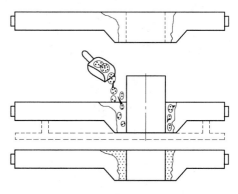

图7-40 用耐火浇注料修复滑板

图7-41示出了使用与原材质相同的铸孔环套镶嵌修复报废滑板的方法。报废滑板清理干净后,用金刚石管钻除去铸孔外周已磨损的部位,然后镶嵌新的铸孔环套。

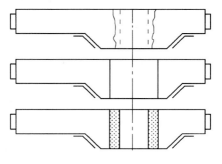

图7-41 用铸孔套环修复滑板

图 7-42 示出了将非工作面改为工作面的滑板修复方法。报废滑板清理后，用金刚石管钻除去铸孔外周已磨损的部位，镶嵌带凸缘的铸孔环套。对滑板的非工作面进行磨光加工，作为翻新滑板的工作面。

报废滑板的回收翻新已在住友金属鹿岛钢厂作为常规工作，翻新率达到40%以上。

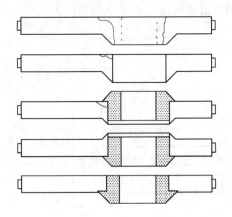

图 7-42　将非工作面改为工作面的滑板修复方法

7.8.3　滑动水口引流砂

7.8.3.1　钢包自开率与影响因素

钢包自开率是指浇钢时滑板打开后钢水能从滑板铸孔自动流出经长水口注入中间包的比例。如果不能自动开浇，则需要烧氧引流。这将导致部分钢水敞开浇注，造成钢水二次氧化，并威胁设备和操作人员的安全，还有损滑板的使用寿命的不利影响。因此，人们努力寻找提高钢包自开率的途径。

钢包接受炼钢炉的钢水后，通常需要对钢水进行长达数十分钟至100多分钟的精炼处理作业。为避免滑动水口受到钢水的长期浸泡侵蚀作用和钢水凝结造成不能自动开浇，在钢包受钢前，钢包座砖和上水口内充填滑动水口引流砂。引流砂的使用效果受到诸多因素的影响，除了引流砂自身组成和性能外，钢水条件，座砖的形状和材质，以及使用操作方法等因素都影响钢包的自开率（图7－43）。

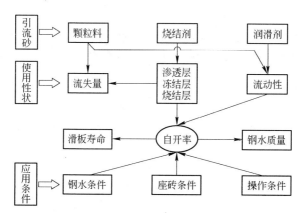

图7－43 影响滑动水口自开率的各种因素

7.8.3.2 引流砂的工作过程

引流砂的工作过程示于图7－44[38]，解说如下。

图7－44（a）为座砖内的引流砂在滑板打开之前的状况。在钢包接受钢水时，座砖上部的部分松散引流砂会被湍急的钢水带走和上浮。随着钢水的渗入，上层引流砂迅速熔化和烧结，钢水停止渗入。座砖内的引流砂从上至下形成多层结构：流空区，钢水冻结层，渗透层，烧结层和原砂层。这样，引流砂可保护滑动水口免受钢水的长时间浸泡损害，减少钢水的热损失和防止钢水冻结。

图7－44（b）为座砖内的引流砂在打开滑板开浇的瞬间状况。随着滑板的打开，烧结层因下部的引流砂流失而悬空。此时，在钢水静压力的作用下，若烧结层的强度小于钢水静压力，则可被钢水冲破，钢水紧跟引流砂自行流出开浇。如果烧结层过厚，强度高，超过钢水静压力，或者由于引流砂的保温性能较

差，钢水冻结层厚，导致座砖阻塞，钢水不能自行冲破开浇，这时必须烧氧引流。

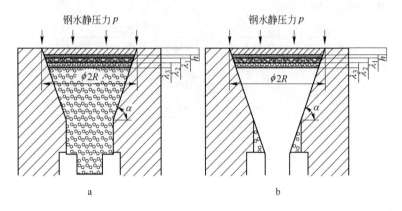

图 7 - 44　滑动水口引流砂的工作状态示意图

a—打开滑板前；b—打开滑板引流砂流出的瞬间

h—流空区；λ_1—冻结层；λ_2—渗透层；λ_3—烧结层

7.8.3.3　引流砂的构成和作用

引流砂一般由耐火颗粒料，烧结助剂和润滑剂配制而成，配料的选配和作用叙述如下。

A　耐火颗粒物料

可用作引流砂的耐火颗粒物料有河沙、海砂、石英砂、铬铁矿砂、锆英石砂和镁橄榄石砂等。海砂和石英砂的来源丰富，价格便宜，品质比较稳定，广泛用作引流砂的耐火颗粒料，缺点是对钢种的适应性差，对高碳、高合金等钢种的自开率较低。铬铁矿颗粒引流砂受钢种的影响小，使用时生成二次尖晶石，因体积变化使烧结层变脆和产生裂纹，自开率较高[39]。其变化可用下列反应式表示：

$$n(\mathrm{Fe,Mg})\mathrm{R}_2\mathrm{O}_4 + \mathrm{O}_2 \longrightarrow (n-4)(\mathrm{Fe,Mg})\mathrm{R}_2\mathrm{O}_4 + 3\mathrm{Fe}_2\mathrm{O}_3 + 4\mathrm{R}_2\mathrm{O}_3$$

$$(7-8)$$

$$2\mathrm{Fe}_2\mathrm{O}_3 + \mathrm{C} \longrightarrow 4\mathrm{FeO} + \mathrm{CO}_2 \tag{7-9}$$

$$FeO + R_2O_3 \longrightarrow FeR_2O_4 \qquad (7-10)$$

反应（7-8）表示使用前期由于供氧充足，铬铁矿发生脱溶反应；

反应（7-9）表示加入引流砂中的还原剂碳对溶脱的 Fe_2O_3 发生还原反应；

反应（7-10）表示上述反应的反应产物 FeO 和 R_2O_3 发生二次尖晶石化反应。

为了改善硅质引流砂的性能，可配入适量的铬矿颗粒料，成为硅-铬质引流砂。如武汉钢铁公司使用的硅铬质引流砂，主要化学组成为：SiO_2 42.0%，Cr_2O_3 27.9%，FeO 14.4%，Al_2O_3 9.2%，MgO 6.1%，钢包的自开率达到99.5%[40]。

为使引流砂具有高的流动性，颗粒料的安息角要小。因此，在配制引流砂之前，需要对耐火颗粒料进行机械加工和整形，清除表面尖锐的不规则棱角，筛选和分级。引流砂要有合适的临界粒度和粒度组成，粒度太粗易造成颗粒偏析，混料不均匀，粒度太细易造成过度烧结，投放时粉尘大。如舞阳钢铁公司使用的引流砂的临界粒度为3mm，按3～2mm，2～1mm，1～0.5mm 三级配料，配比为(4～6):(15～17):1[41]。

B 烧结助剂

烧结助剂通常使用钾长石或钠长石细粉，其加入量与自开率有关（图7-45[38]）。长石粉可使引流砂快速形成大量的液相，促使引流砂表层迅速烧结，防止上浮和被钢流带走。但加入量过多时，会产生过多的液相，致使深层物料烧结，导致自开率下降。加入量为0.75%～1%时可获得较高的自开率。

C 润滑剂

为提高引流砂的流动性和抑制引流砂使用时发生过度烧结，引流砂中常添加润滑剂。润滑剂一般使用炭粉，可选用石墨粉或炭黑粉。石墨粉可改善引流砂的流动性，降低引流砂的安息角，减少引流砂自身和与座砖内壁之间的摩擦力和粘结作用。但是碳的导热性高,可导致座砖上部的冻结层和下部的烧结层变厚,影响自开率。图 7 - 46 示出了引流砂中石墨添加量对自开率的影响[38]。石墨的添加量约 2% 时,自开率最高。

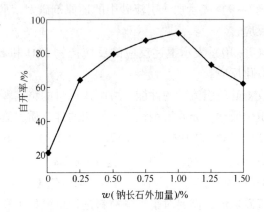

图 7 - 45　引流砂中钠长石的加入量对自开率的影响

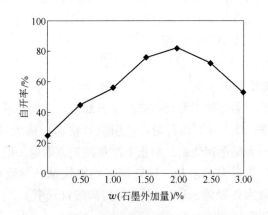

图 7 - 46　引流砂中石墨的添加量对自开率的影响

7.8.3.4　引流砂的使用

如上所述,引流砂的使用效果与许多因素有关,举例说明如下。

A　钢水条件

钢水条件包括钢包容量、钢水温度、钢种和钢包搁置时间等。钢包容量与钢包自开率有一定的关系，一般中小钢包的自开率较低，通常为 40% ~ 70%，大型钢包的自开率可达 98% 以上。

钢包温度随着冶炼钢种不同有较大的差别。低碳低硅钢的出钢温度为 1650 ~ 1680℃，中高碳钢为 1600 ~ 1650℃，这将影响引流砂的烧结层的烧结程度或厚度。引流砂的组成和性能应随着钢种和出钢温度进行调整，或者，设法降低引流砂的烧结性能对温度的敏感性，提高引流砂的适用范围。在这一方面，铬矿质和铬矿 – 硅石质引流砂具有明显的优势。

钢包精炼时间以及从精炼结束到连铸开浇的搁置时间等对自开率均有影响。在用铬质引流砂时，美国内陆钢铁公司统计得出，总搁置时间超过 80min 以上，钢包自开率出现下降，从精炼结束至连铸开浇时间超过 20min，钢包自开率显著下降。由此提示，加强科学管理和调度，可以提高钢包自开率[42]。

B　座砖

座砖的位置：座砖与钢水冲击区的相对位置影响引流砂被钢水冲走的数量。杭州钢铁公司将两者的夹角从 30° 调整到 60° 以后，钢包自开率从 10% 提高到 60% 以上[38]。

座砖的材质：座砖的传统材质为刚玉质（$Al_2O_3 \geq 90\%$），易与引流砂中的 SiO_2，钢中的 FeO 和 CaO 发生反应，在内壁形成结瘤，造成引流砂流动不畅，影响自开率。日本新日铁和宝钢等大吨位钢包采用刚玉 – 尖晶石 – 碳质座砖（$Al_2O_3 \geq 85\%$，$MgO \geq 8\%$，$C \geq 5\%$），以减少与引流砂的反应，避免内壁结瘤[43]。

座砖的形状：座砖的形状影响引流砂的流动性。首钢二炼钢通过改进座砖的锥度，自开率得到明显提高[43]。

C　操作方法

座砖的清理和烧洗，引流砂的预热处理，加砂工序及出钢前合金、铝锭、石灰和废钢锭等物料的加入方法等都影响钢包自开率[44]。

　　日本新日铁吴市钢厂使用铬矿砂＋硅砂混合引流砂，粒度分布示于图7-47。用料斗机械装填取代人工投料装填（图7-48），可避免颗粒偏析，同时可改善作业环境，钢包自开率达到99.9%[45]。

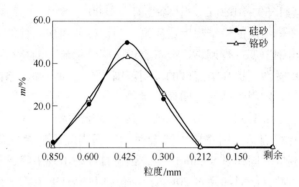

图7-47　日本新日铁引流砂的粒度分布

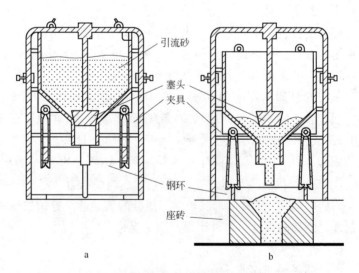

图7-48　装填引流砂的料斗机械

a—填砂前；b—填砂中

7.8.4 钢包滑动水口的上、下水口耐火材料

上下水口为滑动水口的配套部件，引导钢水流进流出，要求具有良好的抗热震性能，耐高温钢水的侵蚀和冲刷磨损。此外，还要求上水口耐火材料与引流砂不会发生粘结和形成结瘤，使滑动水口开浇时钢流畅通。表 7-17 列出了钢厂使用的上下水口耐火材料的性能。

表 7-17　钢包滑动水口的上下水口耐火材料的性能

制品名	上水口			下水口				
钢　厂	鞍钢	宝钢	武钢	鞍钢	宝钢		武钢	
材　质	铝碳	铝碳	刚玉	铝碳	铝碳	高铝	镁尖晶石	刚玉
化学组成 $w/\%$ Al_2O_3 MgO C	75 8	$\geqslant 90$ $\geqslant 3$	$\geqslant 93$	75 8	$\geqslant 70$ $\geqslant 3$	$\geqslant 60$	$20 \sim 28$ $\geqslant 50$ $\geqslant 3$	$\geqslant 84$ $\leqslant 22$
体积密度/$g \cdot cm^{-3}$ 显气孔率/% 常温抗压强度/MPa	$\geqslant 2.90$ $\leqslant 12$ $\geqslant 40$	$\geqslant 3.0$ $\leqslant 10$ $\geqslant 78$	$\geqslant 2.90$ $\leqslant 23$ $\geqslant 40$	$\geqslant 2.90$ $\leqslant 12$ $\geqslant 40$	$\geqslant 2.65$ $\leqslant 10$ $\geqslant 88$	2.35 $\leqslant 20$ $\geqslant 50$	$\leqslant 8$	$\leqslant 22$ $\geqslant 39$

7.9　中间包滑动水口

7.9.1　中间包滑动水口钢流控制系统

中间包滑动水口有两种类型（图 7-49）：二板式和三板式。由于三板式滑动水口在使用过程中更换容易、快速，滑板滑行开闭过程不受外部空间制约，成为中间包滑动水口的主要形式。图 7-50 为日本神户制钢公司的一种适合自动控制的中间包滑动水口钢流控制机构[46]。

7.9.2　中间包滑动水口的使用

中间包滑动水口处于连铸保护系统的末段，易发生夹杂物的

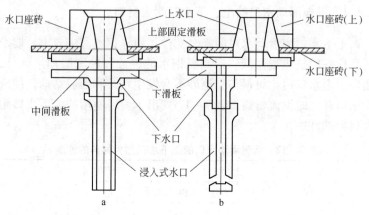

三板式滑动水口(开启时)　　二板式滑动水口(关闭时)

图 7 - 49　中间包滑动水口的类型

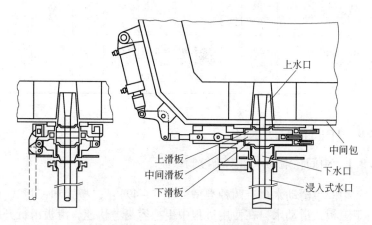

图 7 - 50　中间包滑动水口钢流控制系统

粘结堵塞，通常采取喷吹氩气防堵。图 7 - 51 示出了从滑动水口的滑板和上水口喷吹氩气的方法[29]，要求透气耐火材料具有均匀良好的透气性能，抗热震性能和抗侵蚀性能。表 7 - 18 列出了上、下水口和吹氩透气砖的性能。

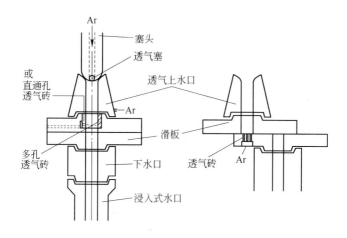

图 7-51 中间包滑动水口的吹氩方法

表 7-18 中间包滑动水口的上、下水口耐火材料的性能

生产厂/使用厂	宝 钢		日本黑崎窑业			
制品名	透气上水口	下水口	透气上水口	透气上水口	下水口	滑板透气塞
材　质	莫来石	铝碳	莫来石	刚玉	铝碳	刚玉
化学组成 $w/\%$						
Al_2O_3	≥77	≥75	80	96	75	99
SiO_2			19	2	17	—
C		≥3			5	
体积密度/g·cm^{-3}	≥2.40	≥2.7	2.45	2.97		3.05
显气孔率/%	≤27	≤10	23.8	23.4		20.5
常温抗压强度/MPa	≥39	118	47	120		75
常温抗折强度/MPa			7	10		8
透气性	≥200L/min（标态）（1kg/cm^2）					

参 考 文 献

[1] Sugino T, Hayamizu K, Kawamura T. Wear of Slide Gate Plate [J]. Taikabutsu Overseas, 1993, 13 (4): 50~54

[2] Fushini T. Alumina – C Slide Gate Plates [J]. Taikabutsu Overseas, 1996, 16 (4): 13~17

[3] Yan Xingjian, Li De. Recent Development of Refractories in Anshan Iron and Steel Company [C]. Proceedings of International Symposium on Refractories, Hangzhou, China, 1988: 355~369

[4] Schruff F, Oberbach M, Muscher U, et al. High Quality Refractory Materials and Systems for the Clean Steel Technology [C]. Proceedings of the Second International Symposium on Refractories, Beijing, China, 1992: 34~53

[5] Hintzen U, Jeschke P, Lührsen E. Selection and Service Life of Refractories in Slide Gates [C]. Proceedings of International Symposium on Refractories, Hangzhou, China. 1988: 50~69

[6] Ohba H, Yamamoto Y, Sasaka I, et al. New Gate and Plate Materials for Ladle Applications [C]. Tehran International Conference on Refractories, Tehran, Iran. May 2004: 192~202

[7] 赤峰經一郎, 佐坂勳穗, 溝部有人, ほか. SNプレート耐火物の耐スポーリング性改善 [J]. 耐火物, 2003, 55 (7): 312~331

[8] Sato M, Miki T, Ito K, et al. Improvement of the Service Life of Slide Gate Plates for Ladle Application – Part Ⅰ [J]. Journal of the Technical Association of Refractories, Japan, 2004, 24 (4): 278~284

[9] 张煦, 李新键, 唐坤, 等. 连铸用滑板的发展及其损毁机理 [J]. 耐火材料, 2007, 41 (3): 225~229

[10] 片冈慎一郎. 製鋼用耐火物の現狀—日本に於ける製鋼用耐火物の變遷 [J]. 耐火物. 1996, 48 (5): 201~227

[11] 张启东, 石凯, 李彩霞. 钢水中的含氧量对滑板蚀损的影响 [J]. 耐火材料, 2000, 36 (2): 92~93, 117

[12] 王天仇. 铝碳锆质滑板的生产工艺和应用 [J]. 耐火材料, 1992, 26 (4): 207~209

[13] 李红霞主编. 耐火材料手册 [M]. 北京: 冶金工业出版社, 2007: 16

[14] 钱广荣, 范广举. 耐火材料实用手册 [M]. 北京: 冶金工业出版社, 1992: 59

[15] 张文杰, 李楠. 碳复合耐火材料 [M]. 北京: 科学出版社, 1990: 273

[16] Ohba H, Yamamoto Y, Sasaka I, et al. New Gate and Plate Materials for Ladle Ap-

plications [C]. Tehran International Conference on Refractories, Tehran, Iran. May 2004: 192~202

[17] Itoh K, Mineoi S, Fushimi T, et al. Improvement of the Service Life of Slide Gate Plates for Ladle Application – Part Ⅱ [J]. Journal of the Technical Association of Refractories, Japan, 2004, 24 (4): 285~290

[18] 石凯, 孙建林. 近十年我国钢包用滑动水口的发展 [C]. 第三届国际耐火材料学术会议论文集 (中文版), 北京, 1998: 126~131

[19] Akamine K, Ninawaki S, Keneko T, et al. MgO – C Sliding Nozzle Plate for Casting Calcium-Alloy-Treated Steel [J]. Taikabutsu Overseas, 1998, 18 (1): 22~27

[20] 吉村裕次, 今井伸彦. 連鋳用 MgO – C プレート及ぴ上ノズル [J]. Shinagawa Technical Report, 2004, 47: 115~118

[21] Kiyota Y, Ikegami H, Aida K, et al. Development of Basic Sliding Nozzle Plates for Steel Ladles [J]. Journal of the Technical Association of Refractories, Japan, 2004, 24 (4): 255~261

[22] 卫忠贤, 韩相明, 黄天杰, 等. 金属铝结合镁 – 尖晶石 – 碳滑板的研制 [J]. 耐火材料, 2007, 41 (6): 457~459, 464

[23] 金从进, 邱文东, 杨时标, 等. 钙处理钢用镁尖晶石碳滑板的损毁机理 [J]. 耐火材料, 2000, 34 (6): 322~324

[24] 洪彦若, 孙加林, 王玺堂, 等. 非氧化物复合耐火材料 [M]. 北京: 冶金工业出版社, 2003: 35

[25] 笹島康, 川本英司, 吉田毅, ほか. 複合材料のSNプレートへの応用 [J]. 耐火物, 1997, 49 (10): 578~579

[26] 石凯, 钟香崇. 金属 Al – Si 结合 Al_2O_3 – C 滑板的性能和使用 [J]. 耐火材料, 2007, 41 (3): 205~207, 209

[27] 石凯, 卫忠贤, 钟香崇. Al_2O_3 – Al – C 材料加热过程的变化 [J]. 耐火材料, 2007, 41 (1): 22~25

[28] 岳卫东, 聂洪波, 钟香崇. 金属 Al – Si 复合不烧铝碳滑板材料的热机械性能及显微结构 [J]. 耐火材料, 2006, 40 (3): 177~180

[29] Lizuka S, Shikano H, Hiragushi K. Recent Development in Refractories for Continuous Casting [C]. Proceedings of International Symposium on Refractories, Hangzhou, China, 1988: 555~569

[30] 金从进, 朱伯铨, 江宁, 等. 塞隆结合刚玉质滑板的性能及应用 [J]. 耐火材料, 2003, 37 (5): 303~304

[31] 杨晓春, 姚春战, 高阳, 等. 金属 – 氮化物结合滑板的研制与应用 [J]. 耐火材料, 2003, 37 (5): 271~273

[32] 徐香汝, 杨阳. 金属氮化物结合 $Al_2O_3 - ZrO_2 - C$ 滑板的生产应用实践 [J]. 首钢科技, 2009, (3): 37~40, 43

[33] 吴松根, 曹勇, 张启东. 新型滑板及其机构在首钢 90t 钢包上的应用 [J]. 耐火材料, 2006, 40 (3): 217~220

[34] 郭连英, 夏春学, 李熙锋. 钢包滑动水口存在的问题及解决办法 [J]. 耐火材料, 2005, 39 (6): 473~474

[35] Feng Kunhao, Yang Yufu, Lu Jiaguan. Manufacture and Application of Slide Gate Refractories [C]. Proceedings of International Symposium on Refractories, Hangzhou, China, 1988: 580~590

[36] Ohshita A, Kinoshita H, Takeshita S, et al. Development of "ECO Sliding Nozzle Plates" [C]. Proceedings of UNITECR, Osaka, Japan, 2003: 140~149

[37] Kuwabara A, Miki T, Kawamura T, et al. Repair Technology for Slide Gate Plates [J]. Taikabutsu Overseas, 1996, 16 (1): 30~33

[38] 黄燕飞, 杜丕一, 李友胜, 等. 提高同侧出钢钢包自开率的研究 [J]. 耐火材料, 2006, 40 (6): 433~436

[39] 刘开琪, 李琳. 钢包用铬质引流砂的研制 [J]. 耐火材料, 2001, 35 (4): 219~220

[40] 米源. 影响钢包自动开浇率的因素分析及措施 [J]. 武钢技术, 2007, 45 (2): 17~20

[41] 马征明. 精炼钢包引流砂的研制与应用 [J]. 耐火材料, 2002, 36 (1): 51

[42] 邱文冬, 金从进. 提高连铸钢包自动开浇率的研究 [J]. 耐火材料, 2003, 37 (1): 15~21, 27

[43] 苏树红, 王建伟, 聂作禄. 提高大钢包水口自动开浇率的措施 [J]. 耐火材料, 2001, 35 (6): 363~368

[44] 张怀宾, 李勇, 陈树林, 等. 影响钢包自动开浇率的因素及改进措施 [J]. 耐火材料, 2005, 39 (5): 396~397

[45] 大杉佳原, 萩原真治, 榊谷勝利, ほか. 2 製鋼取鍋·自然開孔率向上への取り組み [J]. 耐火物, 2009, 61 (2): 86~87

[46] Ebato K, Wakasugi I, Suzuki Y. On Nozzle Clogging of Tundish Sliding Gate in Bloom Casters [J]. Taikabutsu Overseas, 1985, 3 (2): 21~25

8 IF 钢生产集成技术中的耐火材料问题和对策

8.1 IF 钢的生产集成技术和耐火材料的作用

IF 钢（Interstitial free steel/ Interstitial atom free steel）系无间隙原子钢的简称，有时也称超低碳钢或纯净钢，具有极其优异的深冲性能，中外现代汽车工业的流行用材。IF 钢为钢材市场的高端产品，附加值高，需求潜力巨大。除了汽车薄板钢材外，随着 IF 钢生产技术的发展和进步，IF 钢生产技术不断扩大应用于生产取向硅钢、高强钢板、镀锌钢板和消声钢板等新品种。

IF 钢是碳含量极低的钢种，碳质量分数为 $(10 \sim 50) \times 10^{-6}$。钢中间隙原子碳、氮被铌、钛等微量合金元素结合，形成碳、氮化合物固定质点，使钢中不再存在间隙原子。为达到 IF 钢的严格质量要求，钢厂通常采取的生产工艺路线为[1]：铁水预处理 + 复吹氧气转炉吹炼 + RH – TOB 钢液真空循环吹氧脱碳精炼 + 中间包精炼 + 无氧化保护连铸 + 结晶器冶金。

IF 钢的生产实际上涵盖了从高炉出铁后至连铸终结的一系列先进钢铁生产工艺的洁净钢集成生产技术，包括：在高炉出铁后的铁水预处理，脱硫、脱磷、脱硅；转炉钢水出炉后进行的炉外二次精炼处理（RH – TOB 真空精炼），钢水钙处理；连铸全过程实施的无氧化保护浇注和采用合理的中间包冶金技术，以降低钢中 N，H，O 和夹杂物的含量；在结晶器中采用的结构合理的浸入式水口，保护渣和电磁技术，为夹杂物的排除创造条件。

　　参见表 1 - 4，在 IF 钢的优化生产工艺中所采取的 20 多项技术措施中，绝大多数都需要有优质耐火材料或功能耐火材料的配合才能取得成效。可见耐火材料在 IF 钢的生产中起着多么重要的作用，尤其是精炼中间包的钙质涂料，挡流堰 - 钢水过滤器，可调节控制钢水流态的浸入式水口等各种功能耐火材料，为确保 IF 钢质量的关键性功能耐火材料[2]。

　　以下着重于 IF 钢生产中最为关切的钢水增碳、增氧和夹杂物缺陷等问题，论述耐火材料在 IF 钢生产中的应用和研发中所采取的应对策略和措施。

8.2　IF 钢生产集成技术中的耐火材料问题

8.2.1　IF 钢的特点和对耐火材料的要求

　　传统的 IF 钢的含碳量为 0.005% ~ 0.01%。由于降低碳含量可提高钢的延展性，改善 IF 钢的成材率，因而降低碳含量就成为生产 IF 钢的追求目标（图 8 - 1[3]）。除了碳含量极低之外，对 IF 钢的总氧含量和有害元素也有极为严格的要求（参见表 8 - 1[4]）。

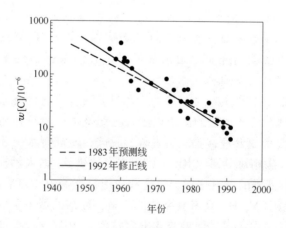

图 8 - 1　日本炼钢碳含量的变化趋势

表 8 - 1　IF 钢的化学成分要求①

元素含量 $w/\%$	企 业 标 准	目　　标
C	≤0.003	≤0.003
Si	≤0.03	≤0.02
Mn	0.10 ~ 0.20	0.15
P	≤0.006	≤0.005
S	≤0.007	≤0.006
Al$_s$②	0.02 ~ 0.05	0.03
Ti	0.04 ~ 0.08	0.06
O	≤0.0030	≤0.0025
N	≤0.0040	≤0.0030

① 本溪钢铁公司企业标准；② Al$_s$—酸溶解铝。

　　为使钢水的质量达到上述要求，经过铁水预处理 + 复吹氧气转炉吹炼的合格钢水在 RH - TOB 真空精炼装置中进行吹氧脱碳精炼。在 RH - TOB 真空吹氧脱碳精炼时，从 RH 真空室顶部插入的水冷氧枪对循环钢水进行吹氧脱碳，CO 二次燃烧以补充钢水处理过程损失的热量。在真空、吹氧和提温条件下，RH - TOB 真空脱碳终结的钢水碳含量可降至很低，日本新日铁八幡厂达到 0.00018%，上海宝钢为小于 0.002%，以保证成品 IF 钢对碳含量的要求。

　　可是，从 RH - TOB 真空精炼结束后，在后续的炼钢工序中，纯净超低碳钢水在接触一系列耐火材料时，耐火材料可对钢水发生增碳作用和再氧化污染，严重危害 IF 钢的品质。例如，根据生产实践和估算，铝镁碳砖钢包内衬，可使钢水增碳（6 ~ 7）$\times 10^{-6}$；渣线镁碳砖，增碳（1 ~ 2）$\times 10^{-6}$；铝碳质长水口，增碳（1 ~ 2）$\times 10^{-6}$；铝碳质浸入式水口，增碳 3×10^{-6}；中间包保护渣和连铸保护渣，增碳（3 ~ 6）$\times 10^{-6[5,6]}$。

　　从以上所述可以看到，RH - TOB 真空精炼结束后的后续工序应用的耐火材料，包括从钢包至结晶器的耐火材料，对 IF 钢的质量尤为重要。因而 IF 钢生产用耐火材料通常也就主要指这些方面的耐火材料。为确保 IF 钢的超低碳和洁净度的严格要求，耐火材料应满足如下两个方面的基本要求：

（1）尽可能避免和减少耐火材料对钢水的增碳；

（2）尽可能避免和减少耐火材料对钢水的增氧和夹杂物污染。

8.2.2 含碳耐火材料对 IF 钢的增碳作用

碳极易溶于铁水，在 1600℃ 的铁水中的溶解度约为 5.4%。钢水与耐火材料接触时，耐火材料中的碳可直接溶入钢水，造成对钢水的增碳，耐火材料中的碳含量越高，对钢水的增碳作用越大，危害也越大（参见图 3-12）。值得注意的是，在有些含碳耐火材料中，除了游离态碳外，还可能含有 SiC，作为主成分或添加剂，也可引起严重的增碳作用。

含碳耐火材料的使用初期，表层中的碳可直接溶入钢水，对钢水造成严重的增碳作用。随着表层碳的氧化损失，表层形成脱碳烧结层，可阻隔碳与钢水的直接接触，对钢水增碳起着一定的抑制作用。但对 IF 钢来说，由于要求碳含量极低，有脱碳烧结层的含碳耐火材料对钢水的增碳作用仍然相当的高（参见图 3-13）。

以上所述表明，IF 钢用耐火材料应采用无碳耐火材料。在不能摆脱使用含碳耐火材料的情况下，至少也应使用低碳耐火材料。

8.2.3 耐火材料对 IF 钢总氧含量及夹杂物的影响

IF 钢中起脱氧作用的 Al、Ti 金属元素也可对耐火材料中的一些氧化物发生脱氧反应，例如，与耐火材料中的 SiO_2 发生如下反应：

$$4[Al] + 3SiO_{2(s)} = 3[Si] + 2Al_2O_{3(s)} \qquad (8-1)$$

$$[Ti] + SiO_{2(s)} = [Si] + TiO_{2(s)} \qquad (8-2)$$

式中，[ ] 代表钢水液相；（s）代表固相。上述反应消耗了钢中的 Al 和 Ti，导致钢中氧含量增加，反应产物成为钢中夹杂物。

耐火材料中的氧化物及复合氧化物在与钢水接触时还可直接

溶解或分解产生氧，进入钢液中使钢水增氧，图 8-2、图 8-3 示出了陈肇友根据热力学数据计算的各种耐火氧化物和复合耐火氧化物与钢水的平衡氧含量的关系[7]，按对钢水增氧作用大小排列如下：

氧化物：$Cr_2O_3 > SiO_2 > Al_2O_3 > MgO > ZrO_2 > CaO$

复合氧化物：$MgO \cdot Cr_2O_3 > ZrO_2 \cdot SiO_2 > 3Al_2O_3 \cdot 2SiO_2 > 2MgO \cdot SiO_2 > 2CaO \cdot SiO_2 > MgO \cdot Al_2O_3 > CaO \cdot Al_2O_3$

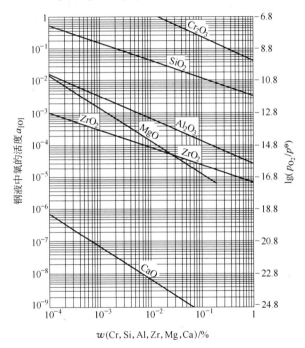

图 8-2　耐火氧化物中的金属元素在钢水中的含量与钢水中
平衡氧的活度及 $lg(p_{O_2}/p^{\ominus})$ 的关系（1600℃）

李会利研究了电熔镁砂质、刚玉质、熔融石英-刚玉质三种耐火材料对 IF 钢总氧含量及夹杂物的影响[8]，研究结果示于图 8-4，按对 IF 钢的总氧含量影响大小的顺序排列如下：

熔融石英-刚玉质　＞　刚玉质　＞　镁质

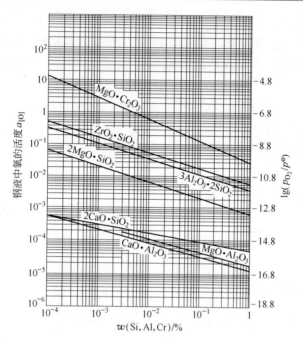

图 8 – 3   复合耐火氧化物中的金属元素 Si，Al，Cr 在钢水中的
含量与钢水中平衡氧的活度及 $\lg(p_{O_2}/p^\ominus)$ 的关系 （1600℃）

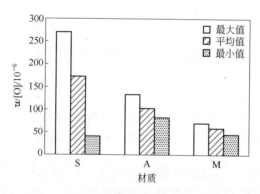

图 8 – 4   耐火材料对 IF 钢总氧含量的影响
S—熔融石英 – 刚玉质耐火材料；A—刚玉质耐火材料；M—电熔镁砂质耐火材料
试验条件：宝钢 IF 钢 + 钢包渣；加热温度：1600℃，保温，45min

试验后 SEM 观测到的钢中夹杂物颗粒数量的多寡与上述顺序相同,这正好反映前述反应(8-1)和(8-2)产生的生成物(Al_2O_3 和 TiO_2)被钢水带走形成的夹杂物。

从上述研究结果可以得出,在 IF 钢生产中,从 RH-TOB 真空精炼结束后的后续工序中,需采用低硅/无硅耐火材料,理想的材料为氧化铝质、镁质和镁钙质耐火材料。

8.3 IF 钢生产用钢包内衬耐火材料

8.3.1 普通含碳钢包内衬耐火材料对 IF 钢的增碳作用

钢水经过 RH-TOB 真空吹氧脱碳处理后,纯净钢水与钢包内衬耐火材料的接触面大,时间长,可能对钢水发生增碳作用。宝山钢铁公司对现用钢包含碳耐火材料对 IF 钢的增碳作用情况作了对比试验[9]。试验选取具有代表性的工业生产中使用的钢包渣线镁碳砖,包底工作层用蜡石-碳化硅砖,实验室开发的钢包渣线用 MgO-Al_2O_3-SiC 质浇注料,它们的化学组成列于表 8-2。将上述试验耐火材料制成环形砖,分别砌筑在用刚玉-尖晶石浇注料作内衬的感应坩埚炉内,加入 IF 钢,通电加热,在 1600℃熔炼 90min。试验结果示于图 8-5,解读如下:

(1)含碳耐火材料中的碳以两种形式存在,即以游离单质状态存在的碳,如石墨;以化合结合状态存在的碳,如 SiC 中的碳。这两种形式存在的碳都可使钢水发生增碳,后者比前者更为严重。

(2)蜡石-碳化硅砖对钢水的增碳作用十分严重,增碳速度高,并且一直维持到蜡石-碳化硅砖全部熔损。MgO-Al_2O_3-SiC 质浇注料对钢水的增碳作用也很严重。

(3)试验选用的镁碳砖有普通镁碳砖和碳含量较低的镁碳砖两种。镁碳砖对钢水的增碳作用随着碳含量的降低而减弱,但碳含量较低的镁碳砖对 IF 钢仍有着明显的增碳作用。

(4)从总体上看,除蜡石-碳化硅砖外,在试验的前期,由于从含碳耐火材料表层直接溶入钢水中的碳不断增加,耐火材料对钢水的增碳作用逐渐加重。在经过一定的时间后，由于表层碳的损失，内衬表面形成脱碳烧结层，它可阻止碳直接溶入钢水，钢水的增碳作用趋向缓和并逐渐减少，但对 IF 钢水的增碳作用仍然明显。

以上试验结果表明，蜡石 - 碳化硅包底衬砖和渣线用 $MgO - Al_2O_3 - SiC$ 质浇注料不能用作 IF 钢的钢包内衬材料。钢包渣线镁碳砖应慎用，如必须使用，则应采用碳含量低的镁碳砖。

表 8 - 2   宝钢含碳钢包耐火材料的化学组成（$w/\%$）

耐 火 材 料	SiO_2	Al_2O_3	MgO	C	SiC
镁碳砖 1 号	2. 14	4. 72	83. 09	8. 3	—
镁碳砖 2 号	1. 24	3. 47	78. 44	15. 5	—
镁碳砖 3 号	1. 18	5. 38	74. 86	17. 9	—
蜡石 - 碳化硅砖	46. 99	34. 79	—	3. 71[①]	11. 1
$MgO - Al_2O_3 - SiC$ 质浇注料	4. 96	19. 15	63. 78	4. 07[②]	13. 58

① 包括 SiC 中的 C；② SiC 中的 C。

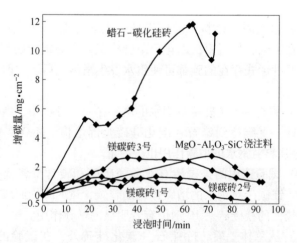

图 8 - 5   钢包内衬含碳耐火材料对 IF 钢的增碳作用

8.3.2　低碳钢包内衬耐火材料

含碳耐火材料是连铸钢包普遍使用的内衬耐火材料，非渣线包壁工作衬通常用铝镁碳砖，渣线部位使用镁碳砖。普通铝镁碳砖含碳 8% ~ 10%，钢包渣线镁碳砖含碳 12% ~ 14%，它们对钢水的增碳作用大。为减少含碳钢包内衬对钢水的增碳作用，人们努力降低含碳钢包衬砖的含碳量。本溪钢铁公司对低碳钢包内衬在超低碳钢和纯净钢生产中的使用情况作了调研[10]。表 8 - 3 列出了低碳钢包衬砖的性能，碳含量约为普通含碳钢包衬砖的一半。在一个钢包内衬的使用周期内，对钢水和钢坯取样，测定碳含量的变化情况，结果示于图 8 - 6。钢包使用初期，由于钢水直接接触内衬的工作层，钢水增碳严重。随着钢包使用次数增加，对钢水的增碳作用有所减轻和趋于稳定，但直至钢包内衬的使用后期，仍有明显的增碳作用。因此，低碳耐火材料钢包内衬不适合用于要求很高的 IF 钢的生产。

表 8 - 3　低碳钢包衬砖的理化性能

钢 包 衬 砖	低碳铝镁碳砖	低碳镁铝碳砖
化学组成 $w/\%$		
Al_2O_3	≥75	≥12
MgO	≥10	≥70
C	≤5	≤6
体积密度/$g·cm^{-3}$	≥3.10	≥3.05
常温抗压强度/MPa	≥30	≥30
线变化率/%	0 ~ 1.0	0 ~ 1.5

8.3.3　无碳钢包耐火材料内衬

冶炼超低碳钢的无碳钢包耐火材料内衬有三种类型：铝镁浇注料整体钢包内衬；浇注料预制块和机压成型砖内衬。由于整体浇注料钢包内衬的施工受施工季节、现场条件和烘烤设施等多方

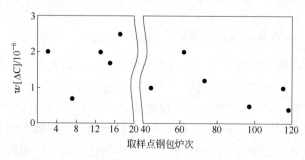

图 8-6　RH 处理后的钢水在低碳内衬钢包中的增碳情况

增碳 $w[\Delta C]$ = 成品钢碳含量 - RH 处理后的钢水碳含量

面条件的限制，而浇注料预制块和机压成型砖的生产工艺简单，施工便捷，适应性广，在不同地区的许多钢厂得到应用。表 8-4

表 8-4　无碳钢包衬砖的性能和应用

生产厂/使用厂	东瑞/武钢		鞍山钢铁公司		首钢	耕生公司
品名	包壁预制块	包底浇注料	高档机压砖	中档机压砖	机压砖	浇注料预制块
化学组成 w/% Al_2O_3	≥80.0	≥70.0	≥80	≥65	89.57	95.8(Al_2O_3 + MgO)
MgO	+ Al_2O_3 ≥90	+ Al_2O_3 ≥80	≥5	≥5	4.43	
体积密度/g·cm^{-3} 110℃,24h	≥2.95	≥2.80	≥3.30	≥3.00	3.35	3.22
显气孔率/%			≤15	≤15	5.8	
常温抗压强度/MPa 110℃,24h,冷后	≥30	≥30	≥30	≥30	112	45.6
1600℃,3h,冷后	≥50	≥50				98.7
常温抗折强度/MPa 110℃,24h,冷后	≥5	≥5				5.2
1600℃,3h,冷后	≥10	≥10				15
线变化率/% 1600℃,3h	±1.0	±1.0	±1.0	±1.0	+1.13	+0.96
钢包/t	250				210	210
寿命/次	250		80~100	40~45	122	122
增碳/%					<1×10^{-4}	

列出了无碳钢包耐火材料内衬的性能和应用情况[11~13]。铝镁浇注料预制块和机压成型砖钢包内衬的使用效果好，对钢水不会发生增碳，使用寿命长。

铝镁质无碳钢包用浇注料预制块和机压成型砖以电熔刚玉、电熔镁砂、电熔铝镁尖晶石为主要原料，加入氧化铝微粉和铝酸钙水泥等添加剂。经混练成型后，采用浇注成型制成预制块，或以高吨位摩擦压砖机压制成型，经养护和 200℃ 烘烤。为提高无碳钢包衬砖的抗渣性和热稳定性，可添加脱硅氧化锆粉（ZrO_2 >98%），工业氧化铬粉（Cr_2O_3 >98%）等添加物。

8.4 IF 钢的中间包精炼用耐火材料

8.4.1 IF 钢生产中采取的中间包精炼净化技术和耐火材料

中间包精炼净化技术是提高 IF 钢连铸钢坯质量所采取的一项重要技术措施。精炼中间包的结构和功能耐火材料可参见图 4-2 和表 4-2，IF 钢生产采取的中间包精炼净化技术有：

（1）中间包三重堰结构，用以稳定钢流和增大钢水流动轨迹，增加钢水平均停留时间，增加夹杂物的上浮机会。为减少对钢水的污染，堰墙通常采用镁质浇注料预制件修筑。

（2）挡流堰墙上的钢水过滤器，采用对钢水有净化作用的 CaO 质耐火材料，可有效滤除固态颗粒夹杂物，夹杂物颗粒的数量和尺寸都可大大减小，并可使钢水流态平稳。

（3）中间包内衬表面涂抹含游离 CaO 的碱性涂料，它不会使钢水增氧，还能吸收夹杂物，起净化钢水的作用。

（4）中间包底部的透气砖、透气梁，向钢水中喷吹氩气，改善钢水流态，促使夹杂物上浮。

（5）中间包保护渣，采用不含碳双层高碱度覆盖渣，可避免钢水增碳，对 Al_2O_3 夹杂物有较强吸收能力。

（6）等离子加热，调控中间包钢水温度，实现低过热度连铸，改善钢的显微结构。等离子加热需使用优质导电镁碳砖。

（7）滑动水口采用炉渣流出检测技术。

　　上海宝钢在生产 IF 钢时，通过采用中间包精炼技术，可使钢水总氧含量减少 20% ~ 30%，并成为生产 IF 钢的重要技术措施之一。宝钢使用的中间包功能耐火材料的化学组成列于表 8 - 5[14,15]。

表 8 - 5　宝钢使用的中间包耐火材料的化学组成 (w/%)

耐火材料和使用部位		MgO	CaO	SiO$_2$	Al$_2$O$_3$
镁钙质浇注料	下部	67.6	17.7	7.0	2.4
	中部	57.2	33.0	5.9	0.8
	上部	35.4	54.6	3.5	0.3
CaO 过滤器			98.97	0.05	0.49
碱性保护渣	TD - 1	8.9	44.3	25.4	2.9
	TD - 2	1.1	69.5	17.1	0.5
碱性挡流堰/冲击垫		>90	<2	<6	
等离子加热导电镁碳砖		80.4	T. C. 12.1		

8.4.2　IF 钢的中间包保护渣

　　普通连铸中间包保护渣用炭化稻壳作为保护渣的上层保温覆盖材料，炭化稻壳含固定碳 45% ~ 55%，可造成钢水增碳。并且炭化稻壳的灰分中 $w(SiO_2) > 90\%$，可形成一些酸性渣，使保护渣的碱度下降，降低保护渣吸收钢水夹杂物的能力。

　　为防止钢水增碳，IF 钢的中间包保护渣应避免含碳成分。表 8 - 6 为美国内陆钢铁公司 (Inland) 连铸 IF 钢时使用的无碳中间包保护渣的性能[1]。保护渣的上层采用熔点较高的无碳铝硅钙系保护粉料；下层为熔化温度低和碱度高的铝硅钙系渣，可形成对钢水夹杂物吸收能力强的液态渣层。

表 8 - 6　美国内陆钢铁公司的无碳中间包保护渣

中间包覆盖保护粉	上　层	下　层
化学成分 w/%		
CaO	41.2	45.1
MgO	19.2	21.4
SiO_2	11.0	9.6
Al_2O_3	13.7	13.4
Fe_2O_3	4.3	0.7
Na_2O	3.1	3.3
CaF_2		3.8
CaO/SiO_2	3.75	4.7
熔化温度/℃	1450	1325

8.5　IF 钢连铸用耐火材料

8.5.1　铝碳质连铸用耐火材料对 IF 钢质量的危害作用

铝碳质连铸三大件耐火材料的主要成分为电熔刚玉和石墨,为提高制品的抗热震性,还添加部分熔融石英和碳化硅。石墨易溶于钢水中,普通铝碳质连铸用耐火材料中的碳含量很高(参见表 8-7),显然,易对连铸 IF 钢造成增碳作用。普通铝碳质连铸耐火材料在连铸 IF 钢时,除了与钢水接触的碳可直接溶入钢水造成增碳作用外,还可因碳的氧化损失,自身成分之间的氧化 - 还原反应及与钢水中的元素反应,造成增碳和污染钢水等不利作用。这些反应有[16]:

$$2C_{(s)} + O_2 =\!\!=\!\!= 2CO_{(g)} \qquad (8-3)$$

$$SiC_{(s)} + 2CO_{(g)} =\!\!=\!\!= SiO_2 + 3C_{(s)} \qquad (8-4)$$

$$SiO_2 + C_{(s)} =\!\!=\!\!= SiO_{(g)} + CO_{(g)} \qquad (8-5)$$

$$3SiO_{(g)} + 2Al =\!\!=\!\!= Al_2O_{3(s)} + 3Si \qquad (8-6)$$

$$3CO_{(g)} + 2Al =\!\!=\!\!= Al_2O_3 + 3C \qquad (8-7)$$

上述反应对连铸 IF 钢的不利影响有:

(1) 反应(8-3),可使水口表面的碳氧化损失。与连铸普通钢时的情况一样,结果造成水口表面形成空洞,耐火材料组织结构脆弱，表面粗糙，失去平滑性，容易粘附堆积钢水中的夹杂物颗粒，造成水口堵塞，影响连铸作业和钢水的质量。

（2）反应（8-4）表明 SiC 对钢水洁净度不利作用的反应机理。

（3）反应（8-5）表明 SiO_2 不仅造成碳的氧化损失，而且还产生可进一步危害钢水洁净度的反应产物 $SiO_{(g)}$。

（4）反应（8-6）发生在钢水中，产生的 Al_2O_3 可粘附水口表面造成水口堵塞，脱落掉入钢中造成钢水污染。另一种反应产物 Si 进入钢水对钢的洁净度也有不利的影响。

（5）反应（8-7）也发生在钢水中，造成钢水增碳和产生新的 Al_2O_3 夹杂物。

表 8-7   普通连铸耐火材料的含碳量

材料名称	常用材质	含碳量/%
钢包滑板	$Al_2O_3 - ZrO_2 - C$	10
长水口	$Al_2O_3 - C$	25 ~ 30
整体塞棒	$Al_2O_3 - C$	15 ~ 20
浸入式水口	$Al_2O_3 - ZrO_2 - C$	25 ~ 30
中间包滑板	$Al_2O_3 - ZrO_2 - C$	9

由于 IF 钢的钢水温度较高，钢水中的碳含量很低，使上述反应速度加快，有害作用加重。武汉钢铁公司做过测试[6]，在使用铝碳质浸入式水口连铸极低碳钢和洁净钢时，可使钢水平均增碳 $w[\Delta C\%] = 3.8 \times 10^{-6}$。因此，IF 钢连铸耐火材料应使用低碳低硅/无碳无硅的耐火材料。

8.5.2   复合式无碳无硅尖晶石质内壁浸入式水口[17]

表 8-8 列出了尖晶石质材料与铝碳质材料的性能比较，尖晶石材质的导热性差，热膨胀率高，抗热震性能差，估计难于满足浸入式水口对抗热震性能的要求。但是，浸入式水口对钢水的增碳

作用主要发生在接触钢水的内壁含碳材料。日本用无碳无硅的尖晶石质材料作为内壁材料，研究开发复合式浸入式水口，表 8 – 9

表 8 – 8　浸入式水口用铝碳质材料和尖晶石质材料的性能

材　　　质	铝碳质（AG）	尖晶石质
化学组成 $w/\%$		
C	28.6	—
Al_2O_3	66.4	76.0
SiC	4.4	—
SiO_2	—	—
MgO	—	23.0
体积密度/$g \cdot cm^{-3}$	2.55	18.5
显气孔率/%	16.4	2.68
常温抗折强度/MPa	10.2	9.0
热导率/$kJ \cdot (m \cdot h \cdot \text{℃})^{-1}$	113.3	15.5
热膨胀率（900℃）/%	0.27	0.55

表 8 – 9　无碳无硅浸入式水口耐火材料的模拟热震性试验结果

材料结构	一体式	一体式	复合式
材　　　质	Al_2O_3（AG）	尖晶石	AG（外层）尖晶石（内层）
热震试验温差			
$\Delta T = 800$℃	○	×	○
1000℃	○	×	○
1200℃	○	×	○
1400℃	×	×	×
结构示意图			

注：○不开裂；×开裂。

试验条件：试样尺寸 100mm×500mm，尖晶石内层厚 5mm，感应炉加热→水冷。

示出了浇钢模拟对比试验的结果。试验结果显示，全尖晶石材质
试样的耐热稳定性差，温差 800℃时即发生开裂，不能满足实际
浸入式水口的耐热震性能的要求。内层为无碳无硅尖晶石材质的
复合型结构试样，内层厚 5mm，外层为水口本体的 Al_2O_3 - C 质
材料，具有与 Al_2O_3 - C 质材料试样基本相同的抗热震性能。

表 8 - 10 列出了日本品川公司生产的复合式无碳无硅尖晶石
质内壁浸入式水口的性能。复合式无碳无硅尖晶石质内壁浸入式
水口的抗侵蚀性能好，实际浇注使用后无 Al_2O_3 粘附，有良好的
抑制 Al_2O_3 粘附的特性。

表 8 - 10　日本复合式无碳无硅尖晶石浸入式水口的性能

部　位	本体	内壁	渣线
材　质	Al_2O_3 - C	MgO - Al_2O_3	ZrO_2 - C
化学组成 $w/\%$			
Al_2O_3	54	70	
SiO_2	12	—	
ZrO_2	2	—	79
MgO	—	27	
C + SiC	30	—	16
体积密度/g·cm^{-3}	2.45	2.9	3.75
显气孔率/%	15	20	15
常温抗折强度/MPa	8.5	4.5	8.5
热膨胀率（1000℃）/%	0.32	—	0.46

8.5.3　复合式无碳无硅 Al_2O_3 - MgO - ZrO_2 质内壁浸入式水口[6]

武汉钢铁公司为减少铝碳质浸入式水口对取向硅钢和超低碳
钢的增碳危害，使用内壁由无碳无硅的 Al_2O_3 - MgO - ZrO_2 质材
料制造的复合式浸入式水口。这种复合式浸入式水口本体采用
Al_2O_3 - C 质材料，渣线部位采用 ZrO_2 - C 质材料，内壁为无碳
无硅的 Al_2O_3 - MgO - ZrO_2 质材料。上述三种材料分别放入橡胶

模套，经冷等静压机加压成型，无氧化条件下烧成，外表进行机加工和喷涂防氧化涂层，理化性能列于表 8-11。$Al_2O_3 - MgO - ZrO_2$ 质无碳无硅复合内层的厚度为 8mm。

表 8-11　复合式无碳无硅 $Al_2O_3 - MgO - ZrO_2$ 质内壁
浸入式水口的性能

部　位	本　体	内　壁	渣　线
化学组成/%			
Al_2O_3	50~55	≥70	—
ZrO_2	—	5~10	78~80
MgO	—	≥20	—
C + SiC	16~18	—	15~20
体积密度/g·cm^{-3}	2.45~2.50	2.60~2.65	3.5~3.6
显气孔率/%	16~18	18~20	14~17
常温抗压强度/MPa	20~25	20~25	20~25
常温抗折强度/MPa	6~7	≥6	5.5~7.5

图 8-7 示出了使用普通铝碳质水口和复合式无碳无硅 $Al_2O_3 - MgO - ZrO_2$ 质内壁浸入式水口浇注超低碳钢时的钢水增碳情况对比。在使用普通铝碳质浸入式水口浇注时，超低碳钢的平均增碳 $w[\Delta C\%] = 3.8 \times 10^{-6}$；而使用复合式无碳无硅 $Al_2O_3 - MgO - ZrO_2$ 质内壁浸入式水口浇注时，超低碳钢的平均增碳 $w[\Delta C\%] =$

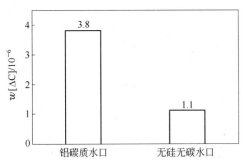

图 8-7　铝碳质和无硅无碳内壁复合式浸入式水口对
钢水的增碳情况比较

1.1×10^{-6}，并且铸坯无增硅现象。

复合式无碳无硅 $Al_2O_3 - MgO - ZrO_2$ 质内壁浸入式水口的抗热震性能好，内孔基本无侵蚀，渣线部位的平均侵蚀速度为 $0.04mm/min$。

8.5.4　复合式无碳无硅内壁长水口

与浸入式水口的情况一样，长水口对钢水的增碳作用主要发生在长水口的含碳内壁材料。为减轻长水口对钢水的增碳危害，长水口也可采用无碳无硅内壁的复合式结构。表 8 – 12 列出了日本复合式长水口的 $Al_2O_3 - MgO$ 质无碳内壁材料的性能[5]，对超低碳钢水的增碳比以往的长水口降低 6×10^{-6}。

表 8 – 12　复合式长水口的 $Al_2O_3 - MgO$ 质无碳内壁材料的性能

长水口内壁			
化学组成/%		体积密度/g·cm⁻³	2.70
Al_2O_3	87.0	显气孔率/%	25.1
MgO	10.2	抗压强度/MPa	17
SiC	0.8	抗折强度/MPa	5.9
		线变化率/%	- 0.03

8.5.5　低碳中间包整体塞棒

上海宝钢有一件连铸用低碳中间包整体塞棒的发明专利（专利号：CN101134238）。棒身采用铝碳质材料，棒头采用低碳镁质材料，其配料组成为（w）：电熔镁砂（$w(MgO) > 96\%$）$50\% \sim 80\%$；镁铝尖晶石 $0 \sim 30\%$；石墨（$w(C) > 95\%$）$5\% \sim 12\%$；金属硅、金属铝、碳化硅、碳化硼中的一种或数种，$2\% \sim 10\%$；外加酚醛树脂结合剂 $4\% \sim 8\%$。

8.6　低碳/无碳滑动水口

普通铝碳/铝锆碳滑板含碳约 10%，使用时受到钢流的严重冲刷磨损作用，易对钢水造成增碳作用。为减少和避免滑板对 IF 钢的增碳危害，IF 钢的滑动水口应采用低碳滑板或最好采用无碳滑板，如金属－非氧化物复合相结合滑板（参见表 7 – 11）。

8.7 IF 钢的结晶器冶金用耐火材料

8.7.1 IF 钢的钢水特性

图 8 – 8 为 Fe – C 相图的左上角部分，示出了炼钢温度与碳含量的关系[18]。Fe – C 合金的液相线温度随着碳含量的降低而逐渐升高，液相线与固相线之间的范围随着碳含量的降低而迅速变小，在低碳区域内，液相线和固相线之间的间隙缩至非常小。这表明，高温熔融状态的超低碳钢水冷却到液相线温度时，可很快就达到固相线，迅速结晶凝固。换而言之，IF 钢的连铸钢水的凝固温度高，液相线和固相线之间的温差小，钢水的可浇注性差。这将给 IF 钢的连铸带来许多困难，铸坯容易出现各种缺陷，特别是在为了提高生产效率，提高连铸速度的情况下，问题更为突出。

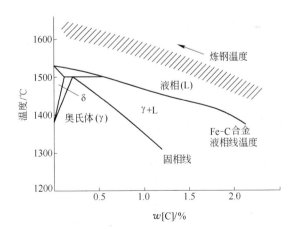

图 8 – 8　Fe – C 相图的左上角部分：炼钢
温度与碳含量的关系

8.7.2　IF 钢的钢水特性与连铸钢坯缺陷

　　连铸钢坯的缺陷，按在铸坯中的分布状态，有三种类型：一是表面粘渣和针眼等表面缺陷；二是未来得及上浮排除被困的夹杂物和气泡及卷渣造成的皮下缺陷；三是初凝坯壳被拉裂，液态保护渣渗入裂口，再凝合后形成的贯通型缺陷。它们的形成和数量与连铸钢水的特性，浸入式水口的结构和保护渣的性能有密切的关系（图 8 - 9）。浸入式水口的材质对 IF 钢生产的影响此前已有论述，下面将进一步讨论浸入式水口的结构和保护渣对 IF 钢的连铸钢坯缺陷的影响和发展改进。

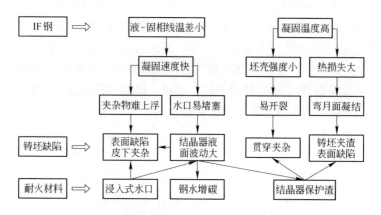

图 8 - 9　IF 钢的钢水特性和浸入式水口及结晶器保护渣与钢坯缺陷的关系

8.7.3　IF 钢用连铸浸入式水口

　　从以上所述可知，IF 钢的液 - 固相线温差小，钢水的凝固速度快，结晶器液面波动大，气泡和固体夹杂物的上浮排除的几率小，水口易堵塞，容易产生铸坯缺陷。为了减少水口易堵塞和铸坯缺陷，通常采取的措施是加大从透气上水口和浸入式水口狭缝喷吹的氩气用量。但是，由于 IF 钢的凝固速度快，气泡来不及上浮排除，结果使铸坯表面针眼缺陷增多。这又要求减少氩气吹入量，结果又产生前述问题。

浸入式水口不仅在材质上并且在结构上对水口堵塞和连铸钢坯质量有很大的影响，改进浸入式水口的结构是减少水口堵塞和铸坯缺陷的一项有效技术措施。图 8-10 示出了浸入式水口结构的改进对改善钢水流态和减少连铸钢坯缺陷所起的作用[2,19~21]，解说如下：

（1）消除滑板节流偏流，涡流滞留死角减少，水口堵塞减少；

（2）钢水供应保持稳定，稳定连铸作业；

（3）氩气吹入量减少，表面针孔缺陷减少；

（4）减少钢流的冲击作用，钢水液面保持稳定，卷渣和钢

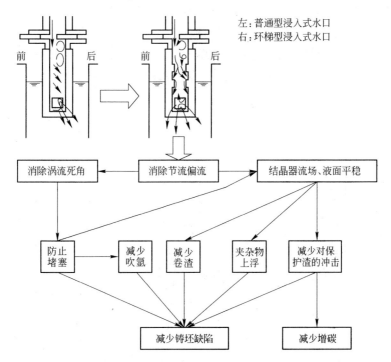

图 8-10　浸入式水口的结构改进对改善钢水流态与
减少铸坯缺陷的作用

水增碳减少；

（5）改善钢水流场，减少涡流，有利于夹杂物颗粒和气泡上浮，铸坯缺陷减少。

由于 IF 钢的钢水浇注性能较差，容易产生铸坯缺陷，上述作用对 IF 钢的连铸来说就显得更有意义。日本已将环梯型浸入式水口作为提高 IF 钢连铸钢坯质量的一项重要技术措施。

图 8-11 为钢铁研究总院发明的一种变径内螺纹浸入式水口[22]，据称对钢水偏流具有更强的矫正功能，可有效减少水口的堵塞和改善铸坯的质量。

8.7.4　IF 钢用结晶器保护渣

8.7.4.1　结晶器保护渣对 IF 钢的污染作用

结晶器保护渣是保证连铸钢坯质量和连铸机正常运转不可或缺的重要功能材料。但是，从图 8-12 所示的结晶器保护渣对钢坯的污染作用机理可以看到[23]，保护渣同时也可能由于浇注环境

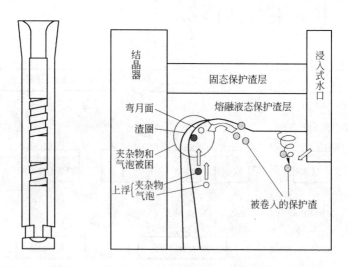

图 8-11　变径内　图 8-12　结晶器保护渣对钢坯的污染作用机理
螺纹浸入式水口

和自身因素污染钢坯和造成钢坯缺陷。由于 IF 钢的浇注性能较差,结晶器保护渣的负面作用对 IF 钢尤为突出,主要表现在如下几个方面:

(1) 在通常的连铸过程中,在钢水的弯月面上因热量供应不足会形成凝固/半凝固态的渣圈。固态颗粒夹杂物和气泡的上浮因而受到拦阻,被围困在初凝钢壳内,造成铸坯缺陷。IF 钢的钢水温度较高,热量损失较大,更易形成渣圈,凝结范围甚至还可以向下延伸(参见图 6 - 34),导致铸坯表面夹杂缺陷增多,高速连铸时更为严重。

(2) 从浸入式水口出钢孔流出的钢水,对弯月面的冲击可造成卷渣。IF 钢连铸时易发生水口粘堵,造成钢流不稳和涡流,结晶器的钢水液面波动大,保护渣易被钢流卷入,产生夹渣缺陷。

(3) 含碳保护渣可使钢水增碳,特别是结晶器液面波动大时,钢水接触富碳保护渣层,卷入富碳保护渣,增碳作用加重。

8.7.4.2 IF 钢对结晶器保护渣的要求

基于以上所述,为减少结晶器保护渣对 IF 钢的不利作用,IF 钢连铸对结晶器保护渣的主要要求是:

(1) 为避免钢水增碳,IF 钢结晶器保护渣应为低碳或最好不含碳。

(2) IF 钢的结晶器保护渣的保温隔热性能要好。结晶器保护渣对钢水的保温作用由上部的原固态粉粒层和下部的液态熔渣层两部分构成。其中,下部的液态熔渣层为钢水提供的保温作用对钢坯缺陷有最直接的影响。液态渣层的保温能力主要取决于液态保护渣层的厚度,如图 8 - 13 所示[23],随着液态保护渣层厚度的增加,钢水温度提高,即保温效果好。因此,为了减少弯月面上的凝结造成的铸坯表面缺陷,液态保护渣层应保持适当的厚度。这就要求保护渣要有足够高的熔化速度。特别是在高速连铸时,要能保证供给充足的液态熔渣,以保持液态保护渣层有足够的厚度。自然,原固态粉粒层的保温性能也很重要,这与保护渣的形态和组成有关。

（3）为稳定钢水液面和减少液态保护渣被钢水卷走造成钢坯夹渣缺陷，要求液态保护渣具有适当高的黏度。但是，黏度提高使渣的流动性降低，渣耗量下降（图 8 – 14[23]），可导致钢坯硬壳与结晶器之间的液态渣膜的厚度减薄，使两者之间的摩擦阻力增加，钢坯拉断风险增加。

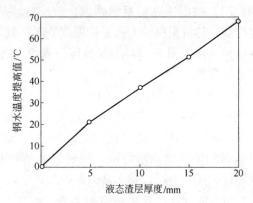

图 8 – 13　液态保护渣层的厚度对钢水的保温效果的影响

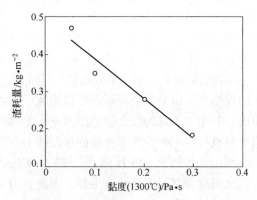

图 8 – 14　保护渣的渣耗量与黏度的关系

8.7.4.3　低碳/无碳结晶器保护渣

表 8 – 13 列出了日本开发的低碳/无碳保护渣的性能[23]，保护渣的基本配料应是 Al_2O_3 – CaO – SiO_2 系的低熔点、低黏度物

料。低碳/无碳保护渣的配料要点是：

（1）保护渣中的碳为控制保护渣熔化速度的关键因素，降低保护渣中的碳含量，将使熔化速度下降，供应液态渣层的熔渣数量减少，渣层厚度减薄，不利于钢水保温。为克服此种困难，向保护渣中添加金属粉末和氧化剂，通过放热反应来提高保护渣的熔化能力。

表 8-13　低碳/无碳结晶器保护渣的性能

类　　型	低碳/无碳保护渣			普通保护渣
	A	B	C	
化学组成 $w/\%$				
$\quad Li_2O$	1.0	1.2	2.3	—
$\quad F$	4.5	5.4	6.3	-7.4
$\quad T.C$	2.9	2.4	—	3.2
CaO/SiO_2	0.86	0.84	0.86	0.96
黏度(1300℃)/Pa·s	0.48	0.60	0.40	0.15

（2）在低碳/无碳保护渣中，除了常见的熔剂（CaF_2 等）外，还加有 Li_2O。加入 Li_2O 熔剂的目的是使液态保护渣在保持适当高黏度的同时，保持渣耗量。图 8-15 示出了 Li_2O 添加量对

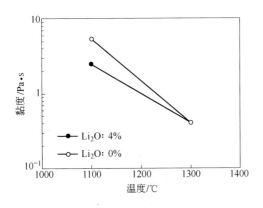

图 8-15　Li_2O 添加量与温度对保护渣黏度的影响

黏度的影响，Li_2O 可使保护渣的黏度对温度的敏感性减弱，这有利于保持渣耗量和润滑功能。

参 考 文 献

[1] 赵沛，成国光，沈甦. 炉外精炼及铁水预处理实用手册 [M]. 北京：冶金工业出版社，2004：339

[2] 林育炼. IF 钢生产用耐火材料的技术发展 [J]. 耐火材料，2010，45 (2)：130～136

[3] Takechi H. Metallurgical Aspects on Interstitial Free Sheet Steel from Industrial Viewpoints [J]. ISIJ International，1994，34 (1)：1～8

[4] 宋满堂，于华财，徐明，等. IF 钢主要成分冶炼控制的生产实践 [J]. 炼钢，2004，20 (2)：1～4

[5] 徐延庆. 连铸无碳功能耐火材料的研究进展 [J]. 耐火材料，2003，37 (3)：170～172

[6] 吴永胜，喻承欢，邱同榜，等. 低碳耐火材料在连铸极低碳钢和纯净钢生产中的应用 [J]. 炼钢，2004，20 (6)：6～7

[7] 陈肇友，田守信. 耐火材料与洁净钢的关系 [J]. 耐火材料，2004，38 (4)，219～225

[8] 李会利，李楠，魏耀武. 耐火材料对 IF 钢总氧含量及夹杂物的影响 [J]. 耐火材料，2003，37 (1)：22～24

[9] 何平显，陈荣荣，甘菲芳，等. 几种钢包用含碳耐火材料对 IF 钢增碳的比较 [J]. 耐火材料，2005，39 (4)：280～282

[10] 林东，白长柱，毛晓刚，等. 低碳钢包工作衬砖在本钢炼钢厂的应用 [J]. 耐火材料，2005，39 (4)：317～320

[11] 佟新，何家梅，鲍士学，等. 鞍钢炼钢用耐火材料的现状及新进展 [J]. 耐火材料，2005，39 (2)：130～134

[12] 徐德亭，张光普，赵洪伟，等. 精炼钢包工作衬用无碳预制件的研制与应用 [C]. 2004 全国耐火材料综合学术年会论文集，鞍山，2004，9：141～145

[13] 吴松根，钟凯，邵俊宁. 超低碳钢用钢包无碳衬砖的开发与应用 [C]. 2008 年全国耐火材料学术交流会论文集，山东，淄博. 见：耐火材料信息，2008，(15)：10

[14] Shouxin Tian，Jin Conggin，Yao Jinfu，et al. Development of Refractories for Continuous Casting In Baosteel [C]. Proceedings of UNITER，2003，Osaka，Japan：623～626

[15] 姚金甫，张耀璜，姜周华，芮树森. 中间包等离子加热用导电镁碳砖的研制及应用 [J]. 宝钢技术，1999，(5)：45~49

[16] Andoh M, Muroi T, Ozeki H. Alumina Graphite Nozzles for Continuous Casting [J]. Taikabutsu Overseas, 1996, 16 (4)：37~42

[17] 笹岛康，安藤满，高橋成彰，ほか. カーボン及びシリカレス浸漬ノズルの開発 [J]. 耐火物，1999，51 (7)：391~396

[18] 《中国冶金百科全书编辑部》. 中国冶金百科全书：钢铁冶炼卷 [M]. 北京：冶金工业出版社，2001：363

[19] Lin Yulian. Roles and Progress of Refractories for Clean Steel Technology [J]. China' Refractories, 2011, 20 (2)：8~15

[20] Terao M, Nakamura R. Thends in Continuous Casting Refractories [J]. Shinagawa Technical Report. 2003, 16：11~34

[21] 野村修，高井政道，小形昌德，ほか. 段差型浸漬ノズルょるモールド内溶鋼流動改善 [J]. Shinagawa Technical Report. 2003, 46：95~104

[22] 冶金工业部钢铁研究总院. 一种变径内螺纹浸入式水口 [P]. 中国：CN2390720Y [P]. 2000-08-09

[23] Ito J, Iwamoto Y, Omoto T, et al. Mold Powder Development for Improving LC and ULC Steel Sheet Quality [J]. Shinagawa Technical Report, 2009, 52：17~24

9 洁净钢生产集成技术用
其他功能耐火材料

9.1 初炼炉挡渣用耐火材料

9.1.1 挡渣的缘由和方法

炼钢过程的炉渣可大致分为初炼炉炉渣和精炼炉炉渣。初炼炉，即转炉和电炉，炼钢的主要任务是去除铁水中的多余 C、Si 和 S、P 等有害元素，炼钢过程主要为氧化过程，炉渣自然主要也就是氧化性炉渣。钢水转入钢包后的精炼过程，主要任务是去除残存于钢水中的游离态和结合态氧、气态和固态杂质，合金化，以及进行成分和温度的调节等，精炼过程主要为还原过程，炉渣主要为还原性炉渣。

初炼炉炉渣和精炼炉炉渣的组成范围可参见图 3-4。前者为 $CaO - SiO_2 - FeO/Fe_2O_3$ 系炉渣，主要特点是具有高的氧化势，可向炼钢氧化过程提供所需要的氧。后者为 $CaO - SiO_2 - Al_2O_3$ 系炉渣，炉渣的氧化势小，可为精炼钢水提供保护，避免受到氧化。因此，为了避免和减少初炼炉渣对精炼过程的干扰，自然就希望在初炼炉钢水转入钢包时尽量避免初炼炉渣混入钢包。同时，减少初炼炉渣流入精炼钢包不仅有利于提高钢的质量，还可带来许多好处，如提高精炼效率和合金收得率以及降低精炼成本等。这样，初炼炉出钢时的挡渣也就成为洁净钢生产必须的普遍实行的一道准备程序。

挡渣有多种不同的方法，使用不同的装置和器具[1]。例如：电炉炉前的除渣箱；转炉的气动挡渣，挡渣球，挡渣锥，滑动水口挡渣；除渣站的真空吸渣，钢包倾动扒渣和钢包倒换除渣等等。表 9-1 列出了钢水精炼前的除渣方法比较，其中，应用耐火材料的挡渣技术具有简便有效，安全经济等许多优越性。以下着重叙述转炉出钢时利用耐火材料作为挡渣用具的挡渣技术。

表 9 – 1 钢水精炼前的除渣方法比较

除渣方法	耐火材料挡渣		气动挡渣	泥塞挡渣	出渣站除渣
器具	挡渣塞/挡渣球	滑动水口	压缩空气挡渣装置	泥塞挡渣装置	①钢包倾动＋扒渣器 ②倒换钢包 ③真空吸渣器
适用场合	转炉	转炉，电炉	转炉	电炉	钢包
除渣效果	好	很好	可	可	好
钢水温度下降	无	无	无	无	较大
操作难易	简易	简易	较难	较难	很难
安全性	好	好	差	差	差
运行投资费用	很少	很少	少	少	很高

9.1.2 转炉出钢时钢 – 渣的流出状态

图 9 – 1 示出了转炉炼钢到达吹炼终点后，摇炉出钢时转炉的熔融液态钢 – 渣从出钢口自然流放的过程[2]。当转炉从吹炼终结位置 a 翻转到位置 b 时，浮在钢水液面上的炉渣首先从出钢口溢出和流入钢包，为叙述方便，此时首次流出的少量炉渣在此称为溢出渣。当转炉继续翻转到位置 c 时，炉渣浮在钢水的液面上，钢水流入钢包，炉渣不会流出。随着转炉内的钢水不断减少，钢水液面高度下降，当钢水液面下降到某一高度时，如图 9 – 1c，钢水液面上的炉渣会被钢水漩涡卷入一同流入钢包，在此称为卷入渣。转炉继续出钢，钢水流完后，炉渣流出转炉（图 9 – 1d），在此称为末尾渣。

从上述转炉出钢时的钢 – 渣流出状态可以看到，转炉出钢时炉渣分三次以不同的方式流进钢包。为了尽可能阻止炉渣流入钢包，在设计挡渣方法时，应根据炉渣流出的特点，相应采取不同的措施和器具。下面叙述依据上述转炉钢 – 渣流出特点研制和使

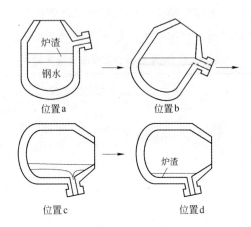

图 9 - 1   转炉自然出钢时钢 - 渣的流出过程

a—转炉吹炼终结时的位置；b—转炉翻转出钢炉渣溢流时的位置；
c—转炉出钢位置和钢水在低液面时的出钢状态；d—钢水出完后的出渣状态

用的耐火材料挡渣用具。

9.1.3   转炉挡渣用耐火材料

9.1.3.1   挡渣塞

挡渣塞用于拦截转炉出钢时的溢出渣。图 9 - 2 为上海宝钢转炉出钢使用的挡渣塞的形状与结构[2]，外形呈空心塞子状。挡渣塞由两层耐火材料构成，内层为具有一定刚性的耐火材料预制件。由于转炉出钢口的形状在每次出钢后都发生改变，为使挡渣塞能与出钢口内侧紧密粘结，挡渣塞的外层为具有一定塑性的耐火材料。使用时挡渣塞装上手柄，塞入出钢口。

用挡渣塞封堵转炉溢出渣的情景示于图 9 - 3。当转炉的位置从 b 继续向 c 翻转时（图 9 - 1），在钢水的温度和压力的作用下，钢水可冲破挡渣塞自行流进钢包，此时挡渣塞则完成了封堵溢出渣的任务，转炉进入出钢状态（图 9 - 1c）。根据上述挡渣塞的工作过程，要求挡渣塞耐火材料具有如下性能：

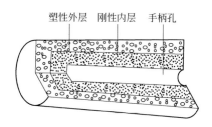

图 9 – 2　转炉挡渣塞的结构

图 9 – 3　挡渣塞封堵转炉溢出渣的情景

（1）具有良好的抗热震性能，遇到溢出渣时不发生爆裂；

（2）具有适宜的强度，能抵挡转炉溢出渣的作用，但受到钢水的温度和压力作用时能被冲开，自行开通出钢。

为了使挡渣塞与钢水接触时能自行开通,可在配料中添加一些收缩剂,如白云石等。表 9 – 2 列出了转炉挡渣塞耐火材料的性能。

表 9 – 2　转炉挡渣塞用耐火材料的理化性能

挡 渣 塞 部 位	刚性层	塑性层
化学组成 $w/\%$		
$\quad Al_2O_3$	4.5	47.2
$\quad SiO_2$	80.0	48.6
$\quad Fe_2O_3$	0.6	1.2
耐火度/℃	1630	1750
体积密度/$g \cdot cm^{-3}$	1.02	0.34
常温抗折强度/MPa	5.4	
重烧线变化率(1200℃, 1h)/%	-0.07	-1.20

9.1.3.2 挡渣球

挡渣球用于封堵转炉出钢时的末尾渣，图 9-4 示出了挡渣球的挡渣情况。当转炉钢水的液面下降至适当高度时，从炉口投入挡渣球，挡渣球沉没于炉渣中，但漂浮在钢水液面上（图 9-4c）。随着钢水继续流出，挡渣球随同钢水液面的下降不断下落。最后钢水出完时，挡渣球也就随即堵住出钢口，挡住炉渣流出，炉渣留在转炉内（图 9-4d）。

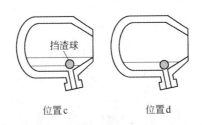

位置c   位置d

图 9-4 挡渣球封堵转炉末尾渣的过程
c—挡渣球悬浮于炉渣－钢水液面之间；
d—钢水出完，挡渣球封住出钢口，封堵末尾渣

图 9-5 示出了宝钢的挡渣球结构[2]，它由球芯和耐火浇注料外层两部分构成。为了使挡渣球能够停留于炉渣和钢水之间，

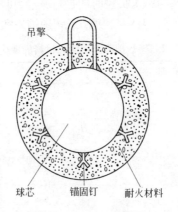

吊擎

球芯   锚固钉   耐火材料

图 9-5 挡渣球的结构

挡渣球的密度应大于炉渣的密度（2.6~2.8g/cm³），但要小于钢水的密度（6.8~7.0g/cm³）。由于耐火材料的密度小，不可能达到这个要求，为此，用铸铁球芯配重调节。

根据上述挡渣球的使用条件，挡渣球耐火浇注料应满足以下要求：

（1）抗热震性能好，从室温投入到1630~1700℃的转炉钢-渣中不会爆裂；

（2）具有一定的抗侵蚀性能。

表9-3列出了挡渣球用高铝浇注料的理化性能。

表9-3 挡渣球用高铝浇注料的理化性能

化学组成 $w/\%$		体积密度/g·cm⁻³	
Al_2O_3	59.4	110℃干燥后	2.14
SiO_2	35	1500℃，2h	2.08
耐火度/℃	1790	抗折强度/MPa	
重烧线变化率/%	-0.07	110℃干燥后	24.9
(1500℃，3h)		1500℃，2h	50.3

上述内芯铸铁球芯配重式挡渣球可因成型时内芯配重偏心造成定位不准，影响挡渣效果。山东莱芜钢铁公司采用转炉喷溅渣经磁选得到的粒钢和高铝细粉为主要原料，以铝酸钙水泥作结合剂，用振动成型方法制得体积密度大于4.0g/cm³的均质挡渣球[3]。这种均质挡渣球的挡渣效果好，挡渣成功率从内芯配重式挡渣球的85%提高到98%，钢包渣层厚度从90mm降低到70mm。均质挡渣球的理化性能为：$w(Al_2O_3 + SiO_2) = 46.6\%$，$w(Fe) = 45.3\%$；体积密度4.02g/cm³，耐压强度52.3MPa，加热永久线变化率为0~+0.1%。生产制造均质挡渣球还可实现资源再利用的循环经济效益，成本降低，并有利于环保。

9.1.3.3 挡渣锥

挡渣锥是在挡渣球的基础上改进的一种产品[4]。安阳钢铁公司使用的挡渣锥为棱锥形制品，不是圆锥形制品，体积密度

$4.0 \sim 4.5 g/cm^3$。为确保使用时锥尖小头朝下并悬浮于钢水中，锥体小头部分的密度应大于锥体大头部分的密度。

挡渣锥可在转炉出钢的前期投入，在投入的时间点上没有严格限制，这是挡渣锥的优点之一。使用时，悬浮于炉渣－钢水之间的挡渣锥会随同钢水流动移向出钢口附近的旋流区。在旋流的推动下，棱锥形挡渣锥会产生自转，并顺势进入涡流中心，自动找准出钢口。在使用挡渣锥挡渣时，由于挡渣锥自动朝下提前介入漩涡中心的下部，可抑制涡流，防止和减轻炉渣卷入。当钢水即将流尽时，挡渣锥会随即堵住出钢口。

9.1.4　滑动水口挡渣系统[5]

图 9 - 6 示出了德国迪迪尔（Didier）公司安装在转炉出钢口的滑动水口挡渣系统。为了准确控制炉渣的流出，还配置一套探测炉渣流出的电磁装置（图 9 - 7）。当从转炉流出的钢水携带炉渣时，电磁探测装置发出警报，执行机构随即关闭滑动水口，切断渣流。

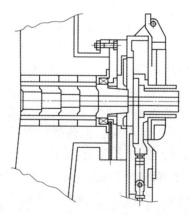

图 9 - 6　安装在转炉出钢口上的滑动水口挡渣系统

滑动水口挡渣系统还可用于电炉出钢、钢包、中间包等的渣流切断控制（图 9 - 8，图 4 - 2）。

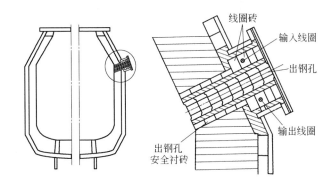

图 9 - 7 安装在转炉出钢口上的探测炉渣流出的电磁系统

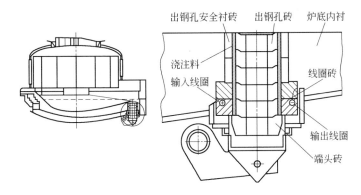

图 9 - 8 安装在电炉出钢口的探测炉渣流出的电磁系统

9.2 中间包钢水测温热电偶保护套管

9.2.1 中间包钢水温度与连铸机的运转和钢坯质量

连铸钢水的温度通常是根据钢种的液相线温度和过热度的要求来确定的。连铸钢水的温度，也就是中间包钢水的温度，随着钢种的不同而不同。为了保证铸坯的质量和连铸作业的顺利进行，普通碳素钢的过热度一般为 10 ~ 25℃，合金钢为 5 ~ 10℃，铝镇静钢为 15 ~ 20℃。

中间包钢水温度对连铸机的运转和钢坯质量的影响列于表 9 - 4，图 9 - 9 和图 9 - 10 分别示出了过热度对连铸拉漏率和钢坯质量的影响[6]。由于低过热度浇注对连铸机的运转和钢坯质量有许多有利作用，因而它成为提高洁净钢连铸钢坯质量的一项重要技术措施。因此，对中间包钢水的温度进行实时连续监测有重要意义。

表 9 - 4　中间包钢水温度对连铸机的运转和钢坯质量的影响

高 过 热 度	低 过 热 度
拉速低，产量低	拉速高，产量高
增加拉漏的危害性	拉漏的几率小
柱状晶发达，中心等轴区小	柱状晶小，中心等轴区大
中心偏析加重	中心偏析减轻
有利于夹杂物上浮	夹杂物上浮困难
耐火材料侵蚀加快	耐火材料使用寿命延长

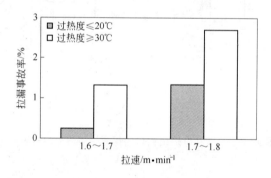

图 9 - 9　中间包钢水过热度对连铸拉漏率的影响

9.2.2　中间包热电偶钢水测温装置

中间包钢水测温热电偶有一次性间断快速测温和长期连续测温两种类型。连续测温对实时监测钢水温度，特别是对于采用加热方法调整钢水温度的中间包具有明显的优越性。连续测温热电偶有上部插入式和包衬埋入式两种类型。由于插入式热电偶安装

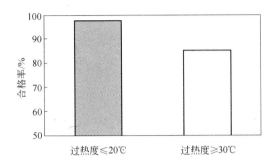

图 9 - 10　中间包钢水过热度对钢坯质量的影响

便捷，容易处理使用中出现的问题，因而得到普遍应用。图 9 -
11 示出了连铸中间包内的热电偶钢水测温装置[7]。在外形上，
中间包热电偶钢水测温装置为端部封闭的细长管子，内置铂 - 铂
铑热电偶。钢水测温热电偶保护套管的使用环境与整体塞棒相
似，受到高温钢水的强烈热冲击作用，以及钢水和覆盖保护渣的
严重侵蚀作用，因此要求热电偶保护套管应具有优良的抗热震性
能和抗侵蚀性能。

　　热电偶保护套管可由不同的材料制造，下面叙述使用寿命
长，应用广泛和新开发的几种热电偶保护套管。

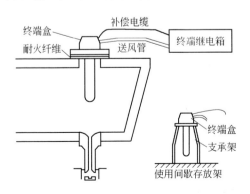

图 9 - 11　连铸中间包钢水测温热电偶装置

9.2.3　碳复合耐火材料热电偶保护套管

图 9 - 12 为美国产牌号为 Accumetrix 的中间包钢水连续测温热电偶的碳复合耐火材料保护套管的构造[1]617，保护套管长 460 ~ 1265mm，有三种不同的结构类型。标准型套管由 Al_2O_3 - C 质材料制作，复合型套管的渣线部使用抗侵蚀的 ZrO_2 - C 质材料或 MgO - C 质材料制作。上下两段型保护套管是为低液位操作的中间包设计的，上半部分使用 Al_2O_3 - C 质材料，下半部分使用 ZrO_2 - C 质材料或 MgO - C 质耐火材料。标准型 Al_2O_3 - C 质热电偶保护套管的使用寿命为 25h，采用 ZrO_2 - C 质或 MgO - C 质的上下两段复合型保护套管的使用寿命可达 150h。

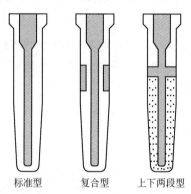

标准型　　　　复合型　　　上下两段型

图 9 - 12　中间包钢水连续测温热电偶保护套管的类型和构造

中间包钢水测温热电偶保护套管通常采用 Al_2O_3 - C 质耐火材料制造，以电熔刚玉（Al_2O_3）、石墨（C）和熔融石英（SiO_2）为主要配料原料。传统的 Al_2O_3 - C 质保护套管的抗侵蚀性能较差，在连铸钙处理钢等钢种时遭受到非常严重的侵蚀作用，使用寿命短。日本研制其他材质的热电偶保护套管，以提高保护套管的使用寿命。表 9 - 5 列出了候选试验材料的组成和性能，抗侵蚀性能试验结果示于图 9 - 13，MgO - C 质材料显示出最好的抗侵蚀性能。在钢厂实际生产中使用时，Al_2O_3 - C 质热电

表9－5 热电偶保护套管候选耐火材料的组成和性能

试　样	A	B	C	D	E	F
	电熔 MgO	电熔尖晶石（理论组成）	烧结尖晶石（理论组成）	50% 电熔 MgO – 尖晶石	氧化锆	Al₂O₃
化学组成 w/%						
C	20	20	20	20	20	20
MgO	75	21	22	36	—	—
Al₂O₃	—	54	53	39	—	75
ZrO₂	—	—	—	—	75	—
SiC	5	5	5	5	5	5
显气孔率/%	18.5	14.0	14.8	12.0	16.5	12.5
体积密度/g·cm⁻³	2.48	2.54	2.41	2.57	3.06	2.65
常温抗折强度/MPa	7.0	8.3	8.8	14.0	11.2	10.5
热导率/W·(m·K)⁻¹	21.1	21.0	19.6	21.1	13.2	21.7
热膨胀系数/×10⁻⁶℃⁻¹ (0~900℃)	4.4	3.8	3.7	4.2	3.7	3.2
弹性模量/GPa	8.5	7.8	11.5	14.6	14.2	12.3

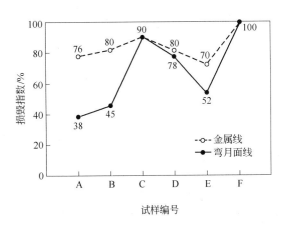

图 9 – 13 热电偶保护套管候选耐火材料的
抗侵蚀性能试验结果

偶保护套管的使用寿命为 80 次，MgO – C 质热电偶保护套管的使用寿命达到 115 次，使用寿命延长 40%[8]。

9.2.4　Mo – ZrO₂ 金属陶瓷 – 耐火材料复合热电偶保护套管

图 9 – 14 为日本品川公司研发的 Mo – ZrO₂ 金属陶瓷 – 耐火材料复合套管热电偶测温探头的结构[7]。测温探头的热电偶保护管由两部分构成：接触钢水的前段为 Mo – ZrO₂ 金属陶瓷管（MZ 管），渣线部位护套为 ZrO₂ – 非氧化物复合耐火材料。Mo – ZrO₂ 金属陶瓷的导热性高（117.5W/(m·K)），对测温探头的灵敏度有利；ZrO₂ – 非氧化物复合耐火材料的抗侵蚀性能好，对延长使用寿命有利。这两种材料的抗热震性好，可以直接插入钢水测温。暂时间歇不用时，可取出自然放置冷却。但这两种材料使用时易氧化，需要用防氧化涂料涂刷表面。在连铸实际使用时，寿命达到 100h。

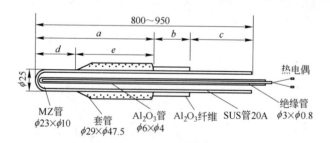

图 9 – 14　Mo – ZrO₂ 金属陶瓷 – 耐火材料复合套管
热电偶测温探头的结构

9.2.5　ZrB₂ 热电偶保护套管

ZrB₂ 具有耐高温、抗侵蚀和抗热冲击等优良特性。图 9 – 15 为日本钢铁公司使用 ZrB₂ 耐热陶瓷保护套管的钢水连续测温装置[1]617，ZrB₂ 热电偶保护套管的平均寿命为 40h，最长可达 100h。

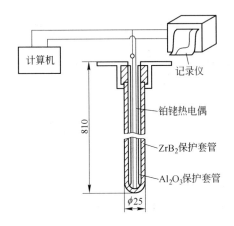

图 9 - 15　使用 ZrB_2 保护套管的
钢水连续测温系统

9.3　氧化锆高温电解质陶瓷测氧探头 [9]

9.3.1　氧含量测定在洁净钢生产技术中的意义与应用

　　钢中氧含量是衡量钢的洁净度的最重要的技术指标，也是洁净钢生产中的一个重要过程控制参数。如图 9 - 16 所示[10]，钢中氧含量与钢坯的缺陷和夹杂物数量之间有着密切的关系。在洁净钢的生产中，为了提高钢的质量，人们采取种种技术措施，千方百计降低钢中的氧含量。因此，实时、快速、准确检测钢水中的氧含量对指导洁净钢的现场生产具有重要的技术经济意义。

　　氧化锆高温电解质陶瓷测氧探头是钢水测氧的主要传感元件，在洁净钢生产的质量监控中有许多应用，主要有：

　　（1）冶炼和精炼过程中钢水的氧含量测定。

　　（2）钢水铝含量测定。

　　（3）冶炼和精炼过程的测控。

　　（4）铁水含硅量测定。

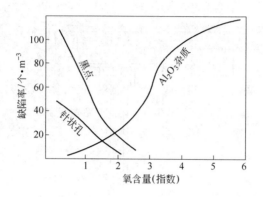

图 9 - 16   钢中的氧含量与钢坯缺陷和夹杂物含量的关系

9.3.2   氧化锆测氧探头的测氧原理

在一定的温度和气氛条件下，以 ZrO_2、Sr_2O_3、CeO_2、HfO_3 及 ThO_2 等氧化物为主要成分的高温陶瓷材料具有氧离子导电特性，可以作为原电池的电解质材料，因而，这类材料通常又被称为高温固体电解质陶瓷。由于技术上和经济上的原因，工业上应用最早和应用最多的是氧化锆固体电解质陶瓷。

氧化锆（ZrO_2）在常温下属于单斜晶系，在加热时随着温度的升高，发生可逆同质异晶转化，伴随发生体积和密度的变化：

$$单斜 ZrO_2 \underset{950℃膨胀}{\overset{1150℃收缩}{\rightleftharpoons}} 四方 ZrO_2 \overset{2370℃}{\rightleftharpoons} 立方 ZrO_2$$

密度： $5.65g/cm^3$ $6.10g/cm^3$ $6.27g/cm^3$

在由单斜晶系转变为四方晶系的过程中，伴随发生约 7% 的体积收缩；而在冷却时，从四方晶系转变成单斜晶系时，则发生约 7% 的体积膨胀。为了使氧化锆的体积在加热和冷却过程中保持稳定，通常加入一定数量的氧化钙、氧化镁及氧化钇等与锆离子的价态不同的金属氧化物，经过高温煅烧后，便形成不随温度变化的萤石（CaF_2）型立方晶系的稳定结构。

在萤石型结构中，如图 9 - 17 所示，阳离子形成面心立方紧密堆积，阴离子为简单立方堆积。阳离子处于阴离子的简单立方体的体心位置，配位数为8；阴离子处于阳离子的四面体的中心位置，配位数为4。从结晶化学的角度来看，在理论上，这种8配位的离子半径比（阳离子半径/阴离子半径）是0.73。但是，在纯ZrO_2中，离子半径比是0.58（Zr^{4+} -0.82Å，O^{2-} -1.40），故变为相当歪斜的萤石型结构。若把具有比Zr^{4+}离子的半径还大的阳离子（如Ca^{2+}）和它共溶，则可转变为阳离子半径接近于理论的8配位的离子半径，从而使萤石型结构得到稳定。此时，由于部分4价锆离子（Zr^{4+}）被2价（如Ca^{2+}）或3价（如Y^{3+}）离子置换，为了保持电中性，晶格中便出现了氧离子（O^{2-}）空位。如当引入CaO时，由于每引进一个Ca^{2+}离子仅引入一个O^{2-}离子，因而多余的一个阴离子格点就变成了氧离子空位，可用下列类似化学反应方程式的空位反应方程式表示：

$$(1-x)ZrO_2 + xCaO === Zr_{(1-x)}Ca_xO_{(2-x)} + xCa_{(Zr)''} + xV_{\ddot{O}}$$

$$(9-1)$$

式中　$V_{\ddot{O}}$——带2价正电荷的氧离子空位；

$\quad\quad Ca_{(Zr)''}$——2价阳离子Ca^{2+}占据4价阳离子Zr^{4+}的位置后，

$\quad\quad\quad\quad\quad$为平衡电荷，该结点变为带两个负电荷。

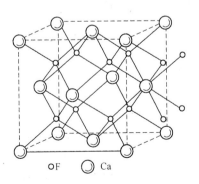

$\circ$ F　$\bigcirc$ Ca

图9-17　萤石（CaF_2）结晶结构

上述氧离子空位可被看作是一种类似物理化学上的质点。在一定的条件下，这种氧离子空位移动时可成为传导体。如图 9 - 18 所示，当空位附近的氧离子向空位移动时，空位便向其相反的方向移动。因此，氧离子空位的移动如同导电离子的运动一样，显示出导电特性，于是出现氧离子的导电性。

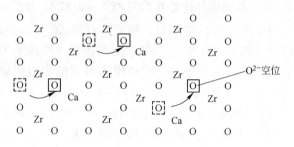

图 9 - 18　稳定氧化锆的导电机理

ZrO_2 高温废气测氧探头就是基于上述稳定氧化锆的导电机理设计的，测氧原理示于图 9 - 19。测氧探头实质上如同一个氧浓差电池，它主要由稳定氧化锆和两个电极组成。稳定氧化锆陶瓷材料作为电池的固体电解质，起着传递电荷和输送氧离子的媒介作用。在高氧压侧（左方，阴极），氧离子（O^{2-}）通过电解质传递到低氧压侧（右方，阳极），氧离子在阳极释放出电子并变成氧分子，与此同时，电流从高氧压侧流向低氧压侧，上述电池的结构可用下式表示：

$$Pt·p'\|ZrO_2（CaO）固体电解质陶瓷\|p''·Pt$$

Pt 为铂电极，p' 和 p'' 分别是氧化锆电解质陶瓷左右两侧气流中的氧分压。当 $p' > p''$ 时，两个半电池的反应为：

阴极：　　　　$O_{2(p')} + 4e^- \longrightarrow 2O^{2-}$

阳极：　　　　$2O^{2-} \longrightarrow O_{2(p'')} + 4e^-$

上述电池的电动势（E）由下列能斯特方程式给出：

$$E = \frac{RT}{4F}\ln\frac{p'}{p''} \qquad\qquad (9-2)$$

式中　T——电池的绝对温度，K；

R——气体常数；

F——法拉第常数；

p'，p''——阴极和阳极侧的氧分压。

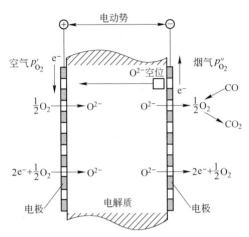

图 9 – 19　氧化锆固体电解质陶瓷氧浓差测氧电池的原理图解

因此，如果 p' 和 T 已知，则此电池可以用于测定电池另一电极侧的氧分压（p''）。T 可由装在电池上的热电偶测出，p' 一般是预定的保持恒定的参比气氛。如果用空气作为参比气氛，则上述方程式可改写为：

$$E_{(mV)} = 4.96 \times 10^{-2}\, T \lg(0.21/p'') \qquad (9-3)$$

图 9 – 20 示出了典型的测氧探头的剖面图，稳定氧化锆电解质陶瓷头熔接在纯氧化铝套管的管端，电解质头的表面上涂敷多孔铂电极，并用金属导线连接，利用热电偶的绝缘套管把参比空气送给内电极。为防止机械撞损，测氧探头外面可加装保护外套。

9.3.3　测氧探头的制造工艺

图 9 – 21 示出了高温固体电解质陶瓷测氧探头的生产工艺过程。在主要原料纯 ZrO_2 细粉中混入稳定剂，约于 1300℃ 焙烧，使单斜 ZrO_2 转变成稳定的萤石型结晶结构。然后放进振动磨机

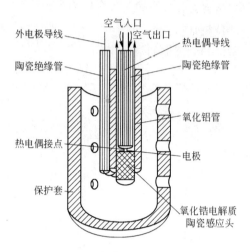

图 9 - 20   氧化锆测氧探头感应端的剖面图

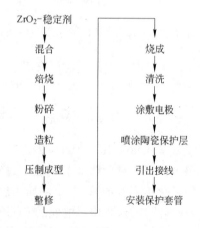

图 9 - 21   高温固体电解质陶瓷测氧探头的生产工艺过程

中粉碎成微粒料浆,用喷雾干燥法制得颗粒料,再压制成型,或以一般的陶瓷生产工艺,用泥浆浇注成型,坯体烧成后,经清洗、涂敷电极和上涂陶瓷保护涂层,最后引出接线和装上保护套管。

ZrO_2 的稳定剂可采用碱土金属氧化物, 如 CaO 和 MgO , 及稀土金属氧化物，如 Y_2O_3，加入量一般为 5%～15%。稳定剂的种类与用量对电解质陶瓷的导电性能有很大的影响，将在后面进一步阐述。为便于生产和改进材料的性能，特别是抗热震性能，需加入其他添加剂。例如，用 CaO 作稳定剂时，达到完全致密化烧结的温度较高，在 1700℃ 以上。如加入一些 SiO_2 或 Al_2O_3 或其他添加物，烧结过程可以大大加快，烧结温度可降低到 1600℃ 以下。从经济上看，用氧化钙作稳定剂最便宜。但在用氧化钙作稳定剂时，电导率较低。目前趋向于采用其他稳定剂，最常用的是氧化钇（Y_2O_3）。但 Y_2O_3 的价格较贵，因而有许多人研究复合稳定剂，如 $MgO - Y_2O_3$ 复合稳定剂，以降低生产成本。

测氧探头固体电解质陶瓷上的电极，除了要求有优良的导电性能和与电解质陶瓷粘接牢固外，从图 9 - 19 所示的电池工作原理图解上可以看到，电极还必须是多孔的，以减少氧扩散阻力。由于氧离子的移动速度受电极部位的氧分子的扩散速度的影响，所以电极的多孔性对探头检测电极正负极两侧的氧压变化的灵敏度有很重要的影响。能满足这些要求的电极材料是铂（Pt）。通常先将铂粉制成糊状，涂刷在固体电解质陶瓷的表面上，经焙烧后即成为铂电极，也可采用喷涂法，电镀法或烧结法嵌入铂丝或网等方法。铂电极为固体电解质陶瓷测氧探头的理想电极，但其价格昂贵，需要研究寻求非金属电子传导材料代替铂。例如用 $(ZnO)_{0.97}(Al_2O_3)_{0.03}$ 或 $(ZnO)_{0.95}(ZrO_2)_{0.05}$ 材料，于 1300℃ 下焙烧，作为阴极的电极材料；用含有 Ni 的 $(ZrO_2)_{0.90}(Y_2O_3)_{0.10}$ 金属陶瓷材料作为电极材料。

对于在恶劣环境条件下使用的测氧探头，电极形成后，为了保护电极，可涂刷一层陶瓷涂层。通常用 Al_2O_3、$MgO \cdot Al_2O_3$、ZrO_2 等粉末以等离子喷涂法喷涂。

9.3.4 高温固体电解质陶瓷的结构与性能

表 9 - 6 列出了几种 ZrO_2 质固体电解质陶瓷的性能。下面着重叙述对测氧探头的使用有较大影响的气孔率、电导率、离子迁

移率和稳定性等性能。

表 9 - 6　ZrO₂ 质固体电解质陶瓷的性能

材料及组成 x/%	94ZrO₂ + 6Y₂O₃	88ZiO₂ + 12Y₂O₃	85ZrO₂ + 15CaO
烧成条件			
温度/℃	1750	1750	1750
保温时间/h	2	2	2
体积密度/g·cm⁻³	5.90	5.70	5.50
显气孔率/%	0	0	约 0.01
电导率/ (Ω·cm)⁻¹			
700℃	7.24×10^{-3}	9.37×10^{-3}	1.90×10^{-3}
800℃	3.20×10^{-2}	3.57×10^{-2}	1.45×10^{-2}
1000℃	8.01×10^{-2}	7.93×10^{-2}	5.1×10^{-2}
氧离子迁移数			
700℃	0.98	0.98	0.99
800℃	约 1.0	0.99	约 1.0
1000℃	约 0.99	0.99	0.99

注：x 为摩尔分数。

9.3.4.1　气孔率

前面的叙述指出，测氧探头的测氧过程是依靠测氧电池两极间的氧的传递，通过固体电解质的氧离子传导来实现的。但是，除了氧离子传导传递氧以外，由于固体电解质陶瓷材料中存在着气孔，因而电池两极间的氧的传递还可能通过气孔通道进行。在多晶陶瓷中，氧分子通过气孔或裂纹扩散的氧（J_{O_2}）与固体电解质陶瓷材料的气孔率（ρ）、厚度（l）和电极两侧的氧压差（$p_{O_2 参} - p_{O_2 测}$）有关，它们之间有如下关系：

$$J_{O_2} = \left(\frac{1}{J} \right) \left(\frac{\rho}{l} \right) D_{O_2} \left(\frac{1}{RT} \right) (p_{O_2 参} - p_{O_2 测}) \tag{9-4}$$

式中　J——气孔的变形系数；

　　　D_{O_2}——气体的扩散系数；

　　　R——气体常数；

T——绝对温度。

因此，为了保证测量精度，应尽量减少经由气孔通道扩散的氧。根据上述方程式可知，减少从气孔通道扩散氧的措施有如下三条：

（1）尽量降低气孔率，通常要求固体电解质陶瓷的气孔率小于1%；

（2）增大测氧探头固体电解质陶瓷的厚度，但这会导致降低测氧探头的灵敏度；

（3）选择适当的参比气氛，减小固体电解质陶瓷两侧的氧压差。

9.3.4.2 电导率

图9-22示出了氧化锆基陶瓷电解质的电导率随着稳定剂的种类和加入数量的变化情况。由此可以清楚地看到，无论对于哪一种稳定剂，都存在一个使电导率达到最大值的含量范围。在达到最大值之前，氧化锆的电导率随着稳定剂的加入量的增加而提

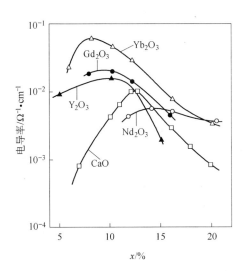

图9-22 稳定氧化锆的电导率与各种稳定剂的
添加量（摩尔分数 x）的关系

高。这是由于随着稳定剂加入量的增加产生越来越多的氧离子空位（$V_{\ddot{O}}$）。但是，当稳定剂超过最佳含量以后，再增加稳定剂的添加量将使氧化锆的导电性能降低，这是因为继续增加稳定剂的添加量将导致氧离子空位的浓度进一步增加，晶格缺陷间相互作用加强，结果是使氧离子空位排列规则化，自由移动的晶格缺陷的数目减少。

9.3.4.3 离子迁移数

固体电解质陶瓷的电导率除了主要由氧离子迁移产生的离子导电外，还有一部分归于电子导电。作为测氧探头应用的固体电解质陶瓷，从前述的测氧原理可知，要求固体电解质陶瓷不仅应具有优良的氧离子导电性能，并希望它们的电子电导率应尽可能的小，因为部分的电子导电会造成测氧电池发生局部短路，致使氧浓差电池的电动势降低，影响测量的精确度。

固体电解质陶瓷的这种导电特性通常用所谓的离子迁移率（t_i）来评价，其定义为离子电导率与总的电导率之比，即 $t_i = \sigma_i/(\sigma_i + \sigma_e)$，$\sigma_i$ 和 σ_e 分别代表离子电导率和电子电导率。陶瓷电解质材料的离子迁移系数与材料的组成和结构有关，通常为确保氧化锆基固体电解质陶瓷具有高的离子电导率，在结构上要以立方晶相占优势。

9.3.4.4 稳定性

氧化锆陶瓷材料具有很高的化学稳定性和优良的抗侵蚀性能。然而在许多情况下，测氧探头使用在氧分压很低的环境中，像冶炼过程控制用的测氧探头的使用环境，转炉钢水的氧活度为 0.02 ~ 0.1，镇静脱氧钢为 0.0002 ~ 0.0008，高炉铁水为 0.00005 ~ 0.0001。因此，在这种情况下，氧化锆固体电解质陶瓷的稳定性就需要考虑了，因为氧化锆的分解可导致产生测量误差。

固体电解质氧化物在低氧压条件下的稳定性可从化学平衡关系来评判。例如，当氧化物陶瓷元件与铁水接触时，假如溶解于铁水中的金属的活度为 $[Me]_{Fe}$，铁水中的氧含量为 $[O]_{Fe}$，金属与氧之间的化学反应式可写为：

$$x[Me]_{Fe} + y[O]_{Fe} \longrightarrow Me_xO_y \qquad (9-5)$$

图 9-23 示出了在 1600℃下，$[Me]_{Fe}$ 和 $[O]_{Fe}$ 的浓度为 1%（重量）时，溶解于铁水中的各种耐火氧化物的金属元素与氧发生上述反应时的平衡关系。图中的每条曲线可将该图分别划分成两个区域。当铁水中氧的活度处于曲线的下方时，则氧化物处于不稳定状态，分解成金属元素和氧。相反，当铁水中的氧的活度处于曲线的上方时，氧化物则处于稳定状态，金属氧化变成金属氧化物。因而此图可以用来评判氧化物电解质陶瓷在低氧压条件下的稳定性。从图 9-23 可以看到，在用氧化锆基电解质陶瓷测

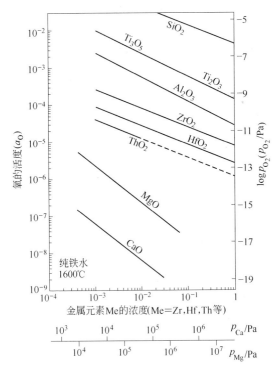

图 9-23　耐火氧化物在铁水中的稳定性

氧探头测定铝镇静钢的氧含量（含 Al 0.05%，氧活度 a_O = 0.0002）时，氧化锆电解质陶瓷基本上是最稳定的。但应当注意的是，当钢液中的氧活度在 $10^{-5} \sim 10^{-4}$ 之间时，氧化锆处于不稳定状态，会发生分解。

9.3.5 钢液测氧探头

9.3.5.1 钢液测氧探头的测氧原理

图 9 - 24 示出了钢液测氧探头的测氧原理图解。钢液测氧探头一般用 CaO 稳定 ZrO_2 作固体电解质，采用固态金属铬和三氧化二铬粉的混合物（$Cr + Cr_2O_3$）的分解压作为参比氧分压，这种氧浓差电池测氧探头的电池结构可写成：

$$Pt \cdot (Cr, Cr_2O_3) \| ZrO_2 \cdot CaO \| [O]_{钢液} \cdot Pt$$

在上述电池中，$Cr + Cr_2O_3$ 混合物在恒温下产生一定的分解压（p_{O_2}）。由于它小于钢液中的氧分压，故成为氧浓差电池的负极，钢液则成为电池的正极。上述电池的反应为：

负极 $O^{2-} \Longrightarrow 1/2O_2 + 2e$

$$2/3Cr_{(固)} + 1/2O_2 \Longrightarrow 1/3Cr_2O_{3(固)}$$

正极 $[O] + 2e \Longrightarrow O^{2-}$

电池总反应 $2/3Cr_{(固)} + [O] \Longrightarrow 1/3Cr_2O_{3(固)}$ (9 - 6)

在利用上述电池的电动势测定钢液中的氧含量时，首先需计算电池反应的标准自由能的变化（$\Delta G^\ominus$）：

已知： $1/2O_2 + 2/3Cr_{(固)} \Longrightarrow 1/3Cr_2O_{3(固)}$

$$\Delta G^\ominus = -373422 + 86.6T \qquad (9 - 7)$$

$$1/2O_2 \Longrightarrow [O]^{2-}$$

$$\Delta G^\ominus = -116985 - 2.673T \qquad (9 - 8)$$

以上两式相减得到电池总反应及 $\Delta G^\ominus$：

$$2/3Cr_{(固)} + [O] \Longrightarrow 1/3Cr_2O_{3(固)}$$

$$\Delta G^\ominus = -256437 + 89.237T \qquad (9 - 9)$$

当电池反应处于实际条件测氧时，用活度（a）代替浓

度,则:

$$\Delta G = \Delta G^{\ominus} + RT\ln \frac{a_{Cr_2O_3}^{1/3}}{a_{Cr}^{2/3} \cdot a_{[O]}} \qquad (9-10)$$

由于 Cr 及 Cr_2O_3 为纯固体,a_{Cr} 及 $a_{Cr_2O_3}$ 等于 1。当钢液中氧浓度不大时,可用浓度代替氧活度,则:

$$\begin{aligned} \Delta G &= (-256437 + 89.237T) - RT\ln[O] - nFE \\ &= -256437 + 89.237T - 8.314T \times 2.303\ln[O] \end{aligned}$$
$$(9-11)$$

因此,

$$\begin{aligned} \lg[O] &= \frac{2 \times 96500E - 256437 + 89.237T}{2.303 \times 8.314T} \\ &= 4.66 - \frac{13392 - 10079.3E}{T} \end{aligned} \qquad (9-12)$$

测得温度 T 和电池电动势 E 后,即可根据上式求出钢液中所溶解的氧含量。图 9-25 示出了在 1600℃ 下钢液中的氧含量与测氧电池电动势的关系。

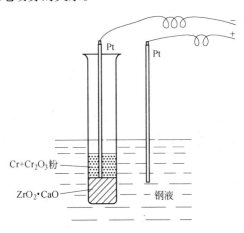

图 9-24 钢液测氧用氧化锆测氧探头的测氧原理图解

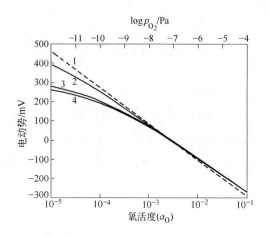

图 9 – 25   钢液中的氧含量与测氧电池电动势的关系（1600℃）

（电池：$Cr + Cr_2O_3$ ｜固体电解质｜铁水）

固体电解质：1—理想电解质（$t_i = 1$）；2—$0.92ThO_2$，$0.08Y_2O_3$；

3—$0.94ZrO_2$，$0.06MgO$；4—$0.87ZrO_2$，$0.13CaO$

9.3.5.2   钢液测氧探头的结构

钢液测氧探头分为快速测氧和长期连续测氧两类结构不同的测氧探头，分别叙述如下。

A   快速测氧探头

这种测氧探头通常是迅速插入钢液或铁水中用以快速检测熔融金属中的氧含量，因而要求探头的抗热震性好、灵敏度高，测氧信号的响应时间短。钢液测氧探头一般采用热稳定性能优良的部分稳定氧化锆作为固体电解质陶瓷，它有三种不同的结构形式：塞式、管式和针式，图 9 – 26 示出了它们的结构及测氧信号的响应时间。

塞式测氧探头是早期的一种测氧探头，它是将一小块氧化锆固体电解质陶瓷封接在石英管管端，插入钼丝作为参比电极，填入 $Cr + Cr_2O_3$ 混合物和用 Al_2O_3 粉填实。这种探头的抗热震性能较好，其缺点是测氧信号响应时间较长，探头插入钢液后需要经

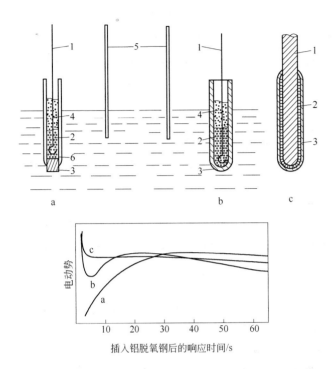

图 9 - 26 快速测氧探头的结构类型及其测氧信号的响应时间

a—塞式；b—管式；c—针式

1—参比电极（钼丝）；2—参比材料（Cr + Cr₂O₃ 或 Mo + MoO₂）；

3—固体电解质（ZrO₂·CaO）；4—填充材料（Al₂O₃ 粉）；

5—回路电极（钼丝或其他金属）；6—石英管

过 35 ~ 40 秒钟才能取得准确的读数，同时当钢液中含有脱氧能力较 Si 强的元素（如 Mn，Al）和钢中氧含量较低时（$a_0 <$ $(20 ~ 40) \times 10^{-4}\%$），石英管的 SiO_2 可被溶解，造成测定区域的含氧量增加，因而影响测量准确度。以 Al 为例。其反应机理如下：

$$4[Al] + 3SiO_{2(固)} \Longrightarrow 3[Si] + 2Al_2O_{3(固)} \qquad (9-13)$$

钢液中存在下列平衡：

$$2Al_2O_{3(固)} \rightleftharpoons 4[Al] + 6[O] \qquad (9-14)$$

反应（9-13）使［Al］减少，因而使反应（9-14）向右进行，结果使测氧探头附近的含氧量增加。合并反应（9-13）和（9-14），得总反应式为：

$$3SiO_{2(固)} \rightleftharpoons 3Si + 6[O] \qquad (9-15)$$

因此，也可以说，由于［Al］的存在，石英管在插入钢液的瞬间，SiO_2 溶解产生氧，使测氧探头附近的氧含量高于炼钢炉熔池内原有的含氧量。因此，当钢液中存在脱氧能力较强的元素时，例如，Mn、Al、Ti、Zr、Mg、Ca 及稀土元素等，都会产生同样的现象。从反应式（9-15）还可以看出，钢液中的氧含量越低，SiO_2 溶解产生的氧也越多。为避免此种现象的发生，可在石英管表面涂一层 Al_2O_3 或 ZrO_2 粉，或采用氧化锆固体电解质陶瓷管，即下述的第二种管式测氧探头。

管式测氧探头是用一端封闭的壁厚约 1 mm 的氧化锆管，插入铂丝作参比电极，填充 $Cr + Cr_2O_3$ 参比混合物。这种测氧探头可以克服上述脱氧能力较 Si 强的元素对测量精度的干扰，并且测氧信号的响应时间较短，探头插入钢液 15~20 秒钟后可获得准确的读数，其缺点是抗热震性能不如塞式测氧探头。

针式测氧探头是最近开发的新型探头，它的内芯为直径 1~2mm 的钼丝，在其表面上用等离子火焰或氧乙炔火焰喷涂一层厚 0.1~0.3mm 的金属 – 金属氧化物的涂层作为参比电极，然后在该涂层上再涂一层 0.1~0.3mm 厚的半稳定氧化锆涂层。这种探头的生产成本低，测氧响应时间短，浸入钢液后 5~8 秒钟即可获得准确的读数。

B 长期连续测氧探头

这种测氧探头使用时长期浸泡在钢液中，用于连续监测钢液的氧含量变化。由于在高温下受到钢液的长期侵蚀作用，因而要求探头的抗侵蚀性能好，使用寿命长。长期连续钢液测氧探头，如图 9-27a 所示，通常是用一端封闭的氧化锆管作高温固体电解质材料，插入铂丝作电极，以空气流或氧气流作为参比气氛。

为防止热震破坏，使用时需先经预热或缓缓插入钢液中，也可以将探头安装在炉墙或炉底内衬中（图9－27b）。

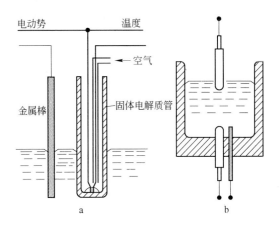

图9－27 长期连续钢液测氧探头

9.3.6 连铸镇静钢的含铝量测定[11]

铝镇静钢中的铝含量对连铸作业和钢的质量的影响都很敏感。例如，加入的铝过多时，多余的铝存留于钢水中，连铸过程中可被二次氧化生成 Al_2O_3 夹杂物颗粒，这将使水口堵塞，导致连铸中断。若铝的加入量不足，钢水中的氧含量增高，在结晶器中产生沸腾，影响钢的表面质量。优质镇静钢要求严格控制铝含量，如深冲钢规定，溶解铝浓度范围为 $0.04\% \leqslant w[Al] \leqslant 0.06\%$。因此，实时监测钢水的铝含量对于指导洁净钢的生产具有重要意义。

钢水中的铝含量，即通常所说的可溶［Al］，指分析钢样时可被酸溶解的 Al，与测氧探头测定的毫伏值 E 之间存在一定的关系，如：

$$\lg[Al](10^{-3}\%) = a - bE(mV) \qquad (9-16)$$

式中，a 和 b 为与钢包和操作有关的系数。表9－7列出了不同的钢厂使用的经验公式。这样，便可利用氧化锆测氧探头测定钢液中的铝含量。

表 9－7　用测氧探头测定钢水 Al 含量时使用的经验公式

钢包容量/t	计 算 公 式
200	$\lg[Al] = 0.567 - 0.082E$
100	$\lg[Al] = 0.575 - 0.0728E$
40	$\lg[Al] = 0.6 - 0.00765E$

9.3.7　VOD 炉精炼过程的监测[12]

9.3.7.1　VOD 炉精炼过程的气氛变化特点和监测的意义

图 9－28 示出了日本新日铁公司用红外分析仪对 60t VOD 炉冶炼不锈钢时的气氛组成随精炼过程的变化情况作的跟踪监测结果。开始吹氧后的前数分钟内，由于钢水的温度还较低，碳氧反应微弱，气氛中的 CO 含量接近于零。紧接着由于碳氧反应剧烈，气氛中的 CO 含量突然升至 60% 以上，并一直保持约 60min，然后突然下降。这一突然变化表明碳氧反应结束，此时应立即停止吹氧。但实际上往往有些过吹，炉内气氛中的 O_2 和 CO_2 含量有所增加。在 VOD 炉停止吹氧，转入真空脱氧阶段，气氛中的 CO 含量又略有升高。

由于氧气过吹会使铬的回收率显著降低（图 9－29），因此，准确判断碳氧反应的终点对 VOD 炉的冶炼操作极为重要。

9.3.7.2　氧化锆测氧探头在 VOD 炉过程监控中的应用

上述 VOD 炉气氛变化情况可用仪器分析进行监控，但仪器分析设备复杂且昂贵，对工作环境要求高，不便于现场应用。而利用氧化锆测氧探头可迅速连续测定 VOD 炉气氛的变化情况，准确判断碳氧反应的终点，并且操作简便，装置简单，可实现对 VOD 炉精炼过程的自动化控制，得到了推广应用。

图 9－30 为大连钢厂采用氧化锆测氧探头检测系统的 VOD 炉精炼装置。氧化锆测氧探头属于废气氧含量测氧探头，结构参

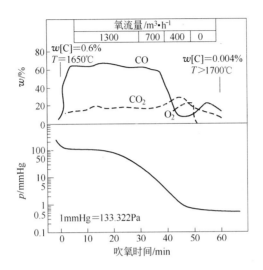

图9-28 VOD炉冶炼时气氛的组成和压力随吹氧时间的变化情况

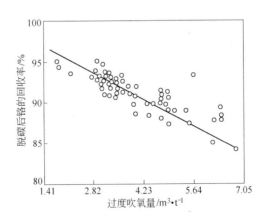

图9-29 VOD炉过吹对铬回收率的影响

见图9-20。测氧探头在VOD炉正常冶炼过程中测定的电动势变化曲线示于图9-31。与图9-28所示的变化情况相似，开动真空泵后的数分钟内，由于碳氧反应尚未进行，VOD炉废气的

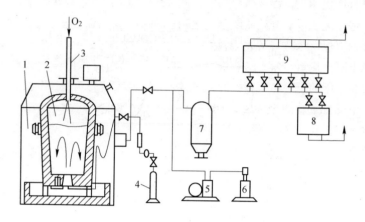

图 9 - 30　VOD 炉精炼装置和氧化锆测氧探头检测系统

1—真空室；2—精炼钢包；3—拉瓦尔式水冷氧枪；4—氩气瓶；5—小型真空泵；
6—ZrO₂ 测氧探头测量装置；7—除尘器；8—水环泵；9—蒸汽喷射泵

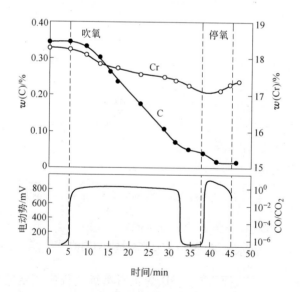

图 9 - 31　氧化锆测氧探头测定的电动势随 VOD 炉
精炼过程的变化情况

氧分压仍相当于参比气氛（流动空气）的氧分压，测氧探头的电动势接近于零。开始吹氧后的不久，电动势突然升高至约 800mV，并一直保持 20 多分钟。在经过约 30min 时，测氧探头的电动势突然下降至接近于零，表明碳氧反应结束。这时可以停止供氧，随着真空度的提高，真空碳脱氧开始，电动势又突然升高。约 15min 后电动势重新降至为零，真空碳脱氧结束。精炼结束，钢水的碳含量小于 0.03%，铬含量略有回升。大连钢厂采用 ZrO_2 测氧探头监测 VOD 炉真空精炼过程获得满意的技术经济效果。

9.3.8 铁水含硅量的测定[1]162,620

在对高炉铁水实施脱硅预处理过程中，为了获得最佳的技术经济效益，脱硅剂的添加量需根据铁水硅含量的波动变化情况和转炉炼钢对铁水硅含量的要求随时进行调整。利用氧化锆钢液测氧探头的测氧原理制造的铁水测硅探头，可在现场快速准确测定铁水的硅含量，使铁水脱硅过程实现自动控制和确保供给转炉炼钢的低硅铁水的质量稳定。

氧化锆钢液测氧探头实质上是氧浓差电池（参见图 9-24），被测电极为含有氧的钢液；另一电极为氧压已知的某一金属及其氧化物的混合物如 $Cr + Cr_2O_3$、$Mo + MoO_2$ 在高温下的分解气氛，通常称作参比电极。为了使氧化锆测氧探头能用来直接测定铁水的硅含量，在被测电极一侧需增添一个辅助电极，也称副电极，以便在被测电极一侧所测定的氧含量（分压）与铁水的硅含量之间建立起化学平衡关系。

图 9-32 示出了一种利用氧化锆电解质陶瓷的铁水测硅探头的结构图析，其结构式为：

$$Mo/Cr + Cr_2O_3 \left| ZrO_2(MgO) \right| SiO_2/[Si]_{Fe}/Mo$$

实质上，铁水测硅探头，如同钢液测氧探头，也是一种以稳定 ZrO_2 陶瓷作为高温固体电解质的氧浓差电池。图 9-32 中的①和②，即 $Mo/Cr + Cr_2O_3$ 为电池的参比电极；③是稳定 ZrO_2 管，为电池的高温固体电解质；④是石英管（SiO_2）与⑤铁水中

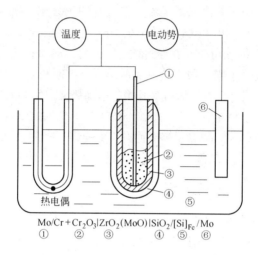

$$Mo/Cr + Cr_2O_3|ZrO_2(MoO)|SiO_2/[Si]_{Fe}/Mo$$
①　　　②　　　③　　　④　⑤　　⑥

图 9 – 32　铁水测硅探头的结构示意图

的［Si］/⑥Mo 构成辅助电极。检测时探头上的反应为：

$$[Si] + 2[O] \Longrightarrow SiO_{2(s)} \tag{9-17}$$

探头的 SiO_2 为固态，活度为 1，通过探头测出铁水的氧活度后，按上述化学平衡关系，即可相应得出铁水的含硅量。将电池输出的电动势转换为铁水含硅量（图 9 – 33），就成了铁水测硅探头。

铁水脱硅探头的辅助电极还可采用其他简便方法和材料，例如：

（1）在稳定 ZrO_2 管外表面上涂一层 $SiO_2 + 10\% \sim 30\% CaF_2$ 的泥浆，SiO_2 涂层与铁水中的［Si］构成辅助电极，建立［Si］$+ 2[O] \Longrightarrow SiO_2$ 平衡关系。

（2）在稳定 ZrO_2 管外表面上涂刷 $ZrO_2 + ZrSiO_4$ 涂料作为辅助电极，测硅探头的反应为：

$$ZrO_2 + [Si]_{Fe} + 2[O]_{Fe} \Longrightarrow ZrSiO_4 \tag{9-18}$$

采用涂料涂层作为氧化锆电解质陶瓷测硅探头辅助电极的优点是探头的测量速度快，响应时间少于 30 秒。

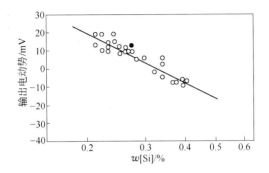

图 9 - 33　铁水测硅探头的输出电势与硅含量的关系

参 考 文 献

[1] 赵沛，成国光，沈甦编. 炉外精炼及铁水预处理实用技术手册 [M]. 北京：冶
金工业出版社，2004：114

[2] 潘永康，蒋虎灌. 宝钢转炉挡渣方法及挡渣耐火材料 [J]. 耐火材料，1992，26
(6)：324 ~ 326

[3] 李建平，鹿洪利，王尖锐. 转炉出钢用均质挡渣球的研制与应用 [J]. 耐火材
料，2011，45 (4)：294 ~ 295，300

[4] 李军希，郑会立，石立光，等. 转炉挡渣器的开发与应用 [J]. 耐火材料，
2003，37 (30)：145 ~ 146

[5] Schruff F, Oberbach M, Muscher U, et al. High Quality Refractory Materials and Sys-
tems for the Clean Steel Technology [C]. Proceedings of the Second International Sym-
posium on Refractories, Beijing, 1992：34 ~ 53

[6] 白素宏，王强，孙玉春. 连铸机中间包温度的控制 [J]. 河北冶金，2005，
(6)：45 ~ 46

[7] Fujii Y, Mimura T. Development of a Continuous Temperature Measurement System for
Tundishes [J]. Shinagawa Technical Report, 1997, 40：83 ~ 88

[8] Miyagama N, Yukimuro Y, Oguri K, et al. The Use of Basic Materials for Continuous
Casting Refractories [J]. Taikabutsu Overseas, 1996, 16 (4)：99

[9] 林育炼，刘盛秋. 耐火材料与能源 [M]. 北京：冶金工业出版社，1993：298

[10] Parry V, Courternay J. H. A Review of Continuous Casting Tundish Technology [J]. Steel Times, 1984, 212 (2): 68 ~ 72

[11] 魏寿昆. 固体电解质定氧电池的近况、应用及展望 [C]. 1980 中国金属学会炼钢学术年会论文集. 武汉, 1980: 30 ~ 42

[12] 张鉴. 炉外精炼的理论与实践 [M]. 北京: 冶金工业出版社, 1999: 378 ~ 394

附　录

附录1　洁净钢-耐火材料
英文缩略语义释

【AG SG】Alumina-graphite slide gate，铝碳质滑动水口。

【AG SN】Alumina-graphite submerged nozzle，铝碳质浸入式水口。

【AHF】化学升温合金调整防止钢液二次氧化的钢包处理装置。与 CAS - OB 类似，隔离罩封闭钢包钢水，吹氧吹氩加铝升温。1998 年本溪钢铁公司从联邦德国引进，用于处理连铸钢水。

【ALON】阿隆，铝氧氮化合物，氧氮化铝。

【ANS - OB】以发明公司简称命名的一种钢包钢水处理法。与 CAS - OB 处理法类似，钢包底透气砖吹氩气 + 密封浸渍罩 + 双重套管顶吹，内管吹氧气，环缝吹氩气，能保证钢水温度波动在 ±3℃。鞍钢第三炼钢厂开发，1990 年投入使用。

【AOD】Argon oxygen decarburization，氩氧脱碳精炼法，氩氧炉。氩氧混合气体喷吹生产不锈钢的精炼技术，利用氩气作稀释气体降低 CO 分压，以提高脱碳率和减少铬氧化损失。美国联合碳化物公司（Union Carbide Corporation）1968 年发明，首座 AOD 炉建于乔斯林钢公司（Joslyn Steel）。

【AOD - L】AOD - Lance，顶吹 AOD。在 AOD 基础上增加顶枪，喷吹氧/混合气体，以加快脱碳速度，缩短冶炼周期和提高生产能力。

【AOD - VCR】AOD - Vacuum converter refiner，真空 AOD 精炼炉。AOD 炉基础上增加真空系统，在脱碳末期炉体套上真空罩，在减压状态下进行脱碳精炼，可缩短冶炼周期，降低氩气和硅铁消耗，可用于生产低碳不锈钢。日本大同特殊钢公司 1993年开发。

【AP】Apparent porosity，显气孔率。

【ASEA – SKF】以发明公司命名的一种钢包钢水精炼处理技术，真空＋电弧加热＋电磁搅拌。瑞典滚珠轴承公司（SKF）与通用电气公司（ASEA）合作发明，1965 年在瑞典 SKF 公司海莱伏斯钢厂（Hallefors）建成第一座 ASEA – SKF 钢包精炼炉。

【ASP】鞍钢在引进奥钢联 ConRoll 技术的基础上改进的中厚板连铸连轧生产技术。

【AZG SN】Alumina – zirconia – graphite submerged nozzle，铝锆碳质浸入式水口。

【BD】Bulk density，体积密度。

【BF】Blast furnace，高炉。

【BOF】Basic oxygen furnace，碱性氧气转炉。

【BOP】Basic oxygen process，碱性氧气转炉法。

【CAB】Capped argon bubbling，隔离罩密封钢包吹氩精炼法。

【CAS】Composition adjustment by sealed argon bubbling，密封吹氩调整合金成分的钢包炉外处理方法。钢包底部透气砖吹氩＋钢包上部装浸渍密封罩，隔离炉渣和大气，以减少合金损失。日本新日铁 1975 年开发。

【CAS – OB】Composition adjustment by sealed argon bubbling – oxygen blowing，CAS 法基础上发展起来的一种钢包炉外处理法。在浸渍密封罩上部增设氧枪吹氧，加入铝或硅与氧反应，放出的热量加热钢水，补偿 CAS 法工序的温降。日本新日铁 1985 年开发。

【CAS – OB – RP】Composition adjustment by sealed argon bubbling – oxygen blowing under reduced pressure，CAS – OB 法基础上

加装抽真空系统的减压脱碳钢包炉外精炼方法，钢水中的碳含量可从 $700 \times 10^{-4}\%$ 降低到 $400 \times 10^{-4}\%$。日本新日铁名古屋钢厂1995年开发。

【CC】Continuous casting，concasting，连续铸钢，连铸。

【CCS】（1）Continuous casting of steel，连续铸钢，连铸。

（2）Cold crushing strength，常温耐压强度。

【CLU】以发明公司简称命名的蒸汽-氧气混吹不锈钢精炼法，利用稀释气体促进碳氧反应。法国克勒索特-洛勒公司（Creusot-Loire SA）和瑞典伍德霍尔姆公司（Uddeholm SA）1972年发明，首台设备建于伍德霍尔姆公司德吉尔福尔厂（De-gerfors）。

【CMOR】Cold modulus of rupture，常温抗折强度。

【ConRoll】Continuous casting and roll，薄板坯连铸连轧技术。1986年奥地利奥钢联（VAI）对瑞典阿维斯塔（Avesta）的传统连铸机进行改造时，采用薄平板型结晶器及薄型浸入式水口首次浇注出厚度为70mm的不锈钢薄板坯。

【CSP】Compact strip production，紧凑型带钢生产技术，薄板坯连铸连轧生产技术。德国西马克公司（SMS）开发，1989年在美国纽柯公司克劳福兹维尔钢厂（Nucor，Crawfordsville）建成世界上第一条商业化运行的薄板坯连铸连轧生产线。

【DB brick】Direct bonded brick，直接结合砖。

【DC EAF】Direct current EAF，直流电炉。

【De-P】Dephosphorization，脱磷。

【De-Si】Desiliconization，脱硅。

【De-S】Desulphurization，脱硫。

【DH】以发明公司简称命名的钢水真空脱气法，真空室或钢包升降吸吐钢包钢水脱气处理。联邦德国多特蒙德-赫尔德联合冶金公司（Dortumund-Hörder）1956年发明。

【DI can plate】Drawing and ironing can plate，易拉罐薄板。

【DIOS】 Direct iron ore smelting reduction process，铁矿石直接熔融还原法。

【EAF】 Electric arc furnace，（炼钢）电（弧）炉。

【F. C】 Free carbon，游离碳。

【Finkl】 以发明公司命名的真空钢包吹氩精炼法，钢包＋真空＋钢包底部透气砖吹氩。美国芬克尔公司（Finkl）1958 年发明。

【FTSC】 Flexible thin strip casting and rolling，柔性薄板坯连铸连轧生产技术。意大利达涅利公司（Danieli）开发，1997 年在 Algoma 钢厂建成首条生产线。

【FTSCC】 Flexible thin slab continuous caster，薄板坯连铸机。意大利达涅利公司（Danieli）开发。

【FTSR】 见 FTSC。

【GAZID】 真空吹氩搅拌钢包脱气法。法国 Usinor 钢厂 1963 年实现工业化。

【GOR】 Gas oxygen refining converter，气氧精炼转炉，GOR 转炉。通过安装在转炉底部的多重套管式喷嘴向熔池内吹入成分可调的氧气、氩气、氮气、天然气或其他碳氢化合物类的混合气体，冶炼工艺与 AOD 炉相似，可用较低廉的原料冶炼不锈钢。乌克兰国家冶金学院（Национальная металлургическая академия украины. National Metallurgical Academy of Ukraine）1996 年获国家发明专利。我国首套 65t GOR 转炉 2006 年落户四川西南不锈钢公司，随后有多座 GOR 转炉在其他公司建成营运。

【HMOR】 Hot modulus of rupture，高温抗折强度。

【HP – EAF】 High power EAF，高功率电炉。

【IF Steel】 Interstitial free steel ∕ Interstitial atom free steel，IF

钢，即无间隙原子钢，有时也称超低碳钢，纯净钢。IF 钢是碳含量极低的钢种，碳质量分数为（$10 \sim 50$）$\times 10^{-6}$。为消除基体中的间隙原子 C 和 N 对薄板表面性能的不利影响，IF 钢中加有微量强化元素 Ti、Nb，使残存在钢中的间隙原子碳和氮结合形成碳化物和氮化物 Nb(CN)、TiN 固定质点。IF 钢是现代汽车工业的重要用材，主要特点是具有优异的深冲性能。

【IN】Immersion nozzle，浸入式水口。

【IP】Injection powder，喷粉精炼技术。

【ISP】Inline strip production，在线带钢生产技术，薄板坯连铸连轧生产技术。德国德马克公司（MDH）开发，在意大利阿维迪钢厂（ARVEDI）1992 年建成首条生产线。

【KAT】Kobe argon treatment，以发明公司命名的钢包吹氩处理技术。日本神户制钢（Kobe）开发。

【K - BOP】以开发公司简称冠名的转炉复合吹炼法。在碱性氧气转炉（BOP/BOF）基础上增加底吹喷嘴，喷吹氧气，冷却介质甲烷及石灰。1981 年日本川崎制钢（Kawasaki）在千叶炼钢厂 85t K - BOP 转炉上开发的以预处理铁水和铬矿，焦炭粉补热的铬不锈钢冶炼工艺。

【K - OBM - S】Combined oxygen bottom blowing Maxhutte - stainless，以开发公司简称冠名的转炉复吹不锈钢冶炼工艺。在 K - BOP 基础上增加底吹喷嘴/侧吹喷嘴，奥钢联（VAI, Voest - Alpine Industrieanlagenbau GmbH & Co.）设计改进和发展的技术。中国太原钢铁公司 2002 年建成的第二条不锈钢生产线采用此项技术。

【KIP】Kimitsu injection process，以开发钢厂命名的钢包喷吹精炼法。日本川崎制铁君津制铁所（Kimitsu）开发。

【KR】Desulphurization by Kanbara reactor，反应罐机械搅拌铁水脱硫技术。耐火材料搅拌器浸入铁水罐内，旋转搅拌铁水，使脱硫剂随同铁水漩涡卷入铁水内部进行充分反应脱硫，可将铁水中的硫含量降低到极低。日本新日铁广畑制铁所 1963 年开始研发，1965 年应用于工业生产。

【KST】钢包喷粉精炼法。

【LC castable】Low cement castable，低水泥浇注料。

【LD converter】以发明公司的简称命名的氧气顶吹转炉炼钢法。奥地利林茨钢厂（Linz）和多纳维兹钢厂（Donawitz）1952 年共同发明。

【LD – ORP】LD – PB 氧气顶吹转炉喷粉（Powder blasting）专用于铁水预处理，称为 LD – ORP，同时脱硅脱碳。日本新日铁名古屋厂 1989 年开发。

【LF】Ladle furnace，钢包精炼炉，钢包下部透气砖吹氩搅拌，上部电弧加热。日本特殊钢公司 1971 年发明。

【LF – VD】Ladle furnace – vacuum degassing，钢包精炼炉 + 真空脱气双联精炼工艺。

【LMF】Ladle metallurgy facility，钢包精炼处理中转站。备有氧气、熔剂、合金供料系统，电弧炉加热装置，位于炼钢厂与连铸厂之间，起钢包精炼处理、加热保温、等待备用、确保多炉连铸的作用。

【LN】Long nozzle，长水口。

【L. O. I.】Loss on ignition，灼减。

【MD】Mold，结晶器。

【MDF】Mold flux，结晶器覆盖保护渣，呈熔融液态。

【MDP】Mold powder，结晶器覆盖保护渣，总体呈粉粒态。

【MOR】modulus of rupture，抗折强度。

【m. p.】melting point，熔点。

【ORP】Optimizing the refining process，优化精炼法，鱼雷铁

水罐车串联双脱磷工艺，日本新日铁君津厂1995开发。

【PB】Powder blasting，喷粉精炼技术。

【P. C. E】Pyrometric cone equivalent，测温锥弯倒温度，测温锥号，耐火度。

【PSZ】Partially stabilized zirconia，部分稳定氧化锆。

【Q–BOP】Quieter blowing process，纯氧顶底复吹转炉。

【QSP】Quality strip production，优质带钢生产技术，中厚板坯连铸连轧生产技术。日本住友金属公司（Sumitomo，简称SMI）开发，1996年在美国North Star/BHP公司建成首条生产线。

【RH】以发明公司简称命名的真空钢液循环脱气精炼法。真空室下端的两根浸渍管中的一根通入引导氩气，钢包钢水循环流动真空脱气处理。联邦德国莱茵钢公司（Rheinstahl AG）和海拉斯公司（Heraus AG）1959年共同发明。

【RH–IJ】RH-Injection，RH基础上改进的真空喷吹精炼法，从RH的上升管下方以氩气为载气喷吹脱硫剂的精炼法。日本新日铁大分厂1992年开发。

【RH–KPB】RH–Kawasaki powder blasting，RH基础上改进的真空喷吹精炼技术，用真空室顶部氧枪向钢水喷吹脱硫剂与精炼粉剂。日本川崎制铁（Kawasaki）在RH–KTB基础上1989年开发。

【RH–KTB】RH–Kawasaki top oxygen blowing，RH基础上改进的真空顶吹氧精炼技术，真空室顶部喷枪对循环钢水吹氧脱碳，CO二次燃烧提温，生产优质超低碳钢。日本川崎制铁（Kawasaki）1988年发明。

【RH–MFB】RH–multiple function burner method，RH基础上改进的真空多功能喷嘴精炼技术，冶金功能与RH–KTB相

近，但在真空吹炼中还能吹入一定量的天然气，天然气燃烧可提高钢水温度，真空室结瘤少。日本新日铁 1992 年开发。

【RH－O】 RH 基础上改进的真空顶吹氧气精炼技术，从真空室顶部插入氧枪，向钢水吹氧脱碳，冶炼低碳不锈钢。联邦德国蒂森公司恒尼西钢厂 1969 年开发。

【RH－OB】 RH－oxygen blowing degassing，RH 基础上改进的真空侧吹氧精炼技术，真空室下侧吹氧气脱碳生产超低碳不锈钢。日本新日铁室兰钢厂 1972 年开发。

【RH－PB】 RH－powder top blowing，RH 基础上改进的真空喷粉精炼技术，从真空顶部氧枪以氩气为载气向钢水喷吹脱硫剂或其他粉剂。日本住友金属和歌山钢厂 1992 年开发。

【RH－TOB】 RH－top oxygen blowing，见 RH－KTB。

【RH－WPB】 RH 基础上改进的真空喷吹精炼技术。武汉钢铁公司开发。

【RLC】 Reheat linear change，重烧线变化。

【RUL】 Refractoriness under load，荷重耐火度，荷重软化温度。

【SAB】 Sealed argon blowing，隔离罩密封吹氩钢包精炼法。

【SARP】 (1) Soda ash refining process，苏打灰精炼法（铁水预处理）。

　　　　　　(2) Slag all recycle process，全渣回收法（铁水预处理）。

【SEN】 Submerged entry nozzle，浸入式水口。

【SG】 Slide gate，滑动水口。

【SIALON】 硅铝氧氮化合物，氮氧化铝硅（SiAlON），音译塞隆。

【SL】 以发明公司简称命名的钢包喷粉精炼法，用喷枪向钢包喷入 CaSi 粉，精炼处理优质特殊钢。瑞典斯堪的纳维亚联赛公司（Scandinavia lancer）1976 年发明。

【SN】（1）Sliding nozzle，滑动水口。

（2）Subentry nozzle／Submerged nozzle，浸入式水口。

【SS. VOD】Strong stirring VOD，强搅拌真空氩氧脱碳法，在 VOD 钢包底部安装两块透气砖，增大吹氩搅拌强度，专门用于生产超纯铁素体不锈钢。日本川崎公司 1976 年发明。

【SV】Slide valve，滑动水口。

【SVP】Shinagawa vibration process，日本品川干式振动施工法。

【TD】Tundish，中间包。

【TDF】Tundish flux，中间包覆盖保护渣，呈熔融液态。

【TDS】Torpedo de - sulfurizing，鱼雷铁水车顶喷铁水脱硫法，脱硫剂用载气经喷枪吹入铁水深部，充分接触反应脱硫。

【TDP】（1）Tundish powder，中间包覆盖保护渣，总体呈粉态。

（2）鱼雷铁水车三脱技术，宝钢引进的技术，三脱全部在鱼雷罐车中进行，先脱硅，再脱硫，最后脱磷。喷粉枪为套管结构，内管吹气。

【TN】以发明公司简称命名的钢包喷粉精炼法，用喷枪向钢包喷入 CaSi，CaC_2 粉，吹氩气搅拌，精炼低硫钢。联邦德国蒂森公司（Thyssen Niederrhein）1974 年发明。

【T. O】total oxygen，总氧含量。

【TOP】Torpedo oxidization process，鱼雷铁水车顶喷氧化法，脱硅脱磷。

【TPC】Torpedo car，鱼雷铁水罐车。

【TSCC】Thin slab continuous casting，薄板坯连铸。

【TSR】Thermal shock resistance，抗热震性。

【UHP - EAF】Ultra - high power EAF，超高功率电炉。

【ULC castable】Ultra - low cement castable，超低水泥浇注料。

【UST】 Ultrasonic test，超声测试。

【VAD】 Vacuum arc degassing，真空电弧加热脱气法，钢包底部安装透气砖吹氩气搅拌，低压电弧加热，真空脱气处理钢水。美国芬克尔父子公司（A. Finkl & Sons）与莫尔公司（Mohr）1967 年合作发明。也称 Finkl - VAD 法，亦称 Finkl - Mohr 法，德国称 VHD 法。

【VAD/VOD】 VAD/VOD 双联炉外精炼方法。

【VD】 Vacuum degassing，真空处理脱气法。

【VF】 Vibrating forming，振动成型。

【VHD】 Vacuum heating degassing，见 VAD。

【VHD/VOD】 VHD/VOD，双联炉外精炼方法。

【V - KIP】 Vacuum Kimitsu injection process，真空钢包喷吹脱硫法。日本川崎制铁君津（Kimitsu）制铁所开发。

【VOD】 Vacuum oxygen decarburization，真空氩氧脱碳法不锈钢生产技术，钢包上部氧枪吹氧脱碳 + 钢包底部透气砖吹氩。联邦德国维腾特殊钢厂（Witten）1965 年发明。

【VODC】 VOD converter，转炉加真空罩精炼不锈钢的方法。在大气条件下用转炉顶吹氧气和底吹氩气搅拌进行粗脱碳和在真空下利用炉渣中的氧化物或添加铁矿石进行真空精脱碳炼制不锈钢。1975 年联邦德国蒂森公司（Thyssen）开发。

【WL】 Wire lance，喂线枪精炼技术。铝包芯线通过浸入钢包的耐火材料喷枪喂入钢水，并通过喷枪吹入氩气搅拌。一般喂线技术（WF，Wire feeding），钙的收得率小于 20%；而 WL 喂线枪精炼技术，钙的收得率可达 50%。

【ZG SN】 Zirconia - graphite SN，锆碳质浸入式水口。

附录 2 英文内容提要 (Briefing in English)

Refractories & Clean Steel Technology

Briefing

Clean steel has been proved a core philosophy in contemporary steel industry, wherefrom clean steel technology has been proposed as a strategic solution approach to meet increasing demands for steel materials in terms of quality and quantity with economic growth under circumstances facing extraordinary pressures from resources, energy and environmental protection, whereon refractories are vital products to ensure the productivity and cleanliness of steel, in particular, the total oxygen content and inclusion defects in steel.

Taking a clean steel superfine, IF steel technology, as an example, this book presents a comprehensive description in deep covering various essential and functional refractories that are to create clean environments, benefit cleanliness and productive effectiveness for the clean steel production in every aspects and links of the integrated clean steel technology. Their roles and functions in clean steel technology, technological considerations, selection, application and damage mechanisms as well as improvement are fully addressed in details. Great attentions have been paid to the strategies and countermeasures that have been taken or are under researching against the detriment of steel cleanliness induced from refractories that are concerned most in clean steel technology, which would be, undoubtedly, enlightening in efforts to improve clean steel quality, develop and initiate sophisticated refractories.

This book, with 441 figures, 204 tables and 410 references in 9 chapters, fully embodying the spirit of close binding between theory and practice, is a valuable reference in science and practice for individuals and enterprises engaging in the production, management, R & D in refractories, iron and steel industry, college staffs and students, youth learners in particular.

附录3　英文目录（Contents in English）

Refractories & Clean Steel Technology

Contents

附录 4　分类索引
Classification Index

1. 洁净钢冶金学

2. 洁净钢生产装置和耐火材料内衬结构

3. 耐火材料与钢的洁净度

4. 化学热力学的应用

5. 相图的应用

6. 洁净钢生产用基本耐火材料

8. 耐火原材料的基本性能

9. 耐火材料中各种组分的相互关系

10. 耐火材料损毁机理的研究

11. 洁净钢生产中耐火材料的选择

12. 耐火材料应用、改进和发展

冶金工业出版社部分图书推荐